Michael Springborg
Einführung in die Physikalische Chemie
De Gruyter Studium

Weitere empfehlenswerte Titel

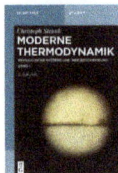

Michael Springborg

Einführung in die Physikalische Chemie

2. Auflage

DE GRUYTER

Autor
Prof. Dr. Michael Springborg
Universität des Saarlandes
FB 11 – Physikalische Chemie
Postfach 15 11 50
66041 Saarbrücken
m.springborg@mx.uni-saarland.de

ISBN 978-3-11-063691-8
e-ISBN (PDF) 978-3-11-063693-2
e-ISBN (EPUB) 978-3-11-063704-5

Library of Congress Control Number: 2019956302

Bibliografische Information der Deutschen Nationalbibliothek
Die Deutsche Nationalbibliothek verzeichnet diese Publikation in der Deutschen
Nationalbibliografie; detaillierte bibliografische Daten sind im Internet über
http://dnb.dnb.de abrufbar.

Vorbemerkung

Für viele Studierende der Chemie ist die Begegnung mit Physikalischer Chemie voll unerwarteter Überraschungen. Dass Chemie nicht nur Synthese und Laborarbeit ist, ist für viele neu, und die mathematischen und physikalischen Formulierungen der Physikalischen Chemie sind oft eine erhebliche Herausforderung für die Studierenden, mit denen sie im Chemieunterricht in den Gymnasien kaum konfrontiert wurden. Physikalische Chemie kann deswegen oft eine große Hürde für den Erfolg des Chemiestudiums sein.

Um den Einstieg in die Physikalische Chemie für Studienanfänger der Chemie zu erleichtern, bieten wir an der Universität des Saarlandes in Saarbrücken seit vielen Jahren für Chemiestudierende im ersten Semester einen Kurs an, der einen nicht vertiefenden Durchgang über das Gesamtgebiet der Physikalischen Chemie bietet. Dieser Kurs beinhaltet auch kleine Diskussionen zu verschiedenen mathematischen Themen, wie sie im Laufe des Kurses gebraucht werden. Die Mathematik wird gerade nur so tiefgehend behandelt, wie man es als Anwender in der Physikalischen Chemie braucht. Letztendlich werden die Studierenden mit Hilfe einiger Folien auch mit Englisch als Sprache in den Naturwissenschaften konfrontiert. Als Schwerpunkt des Kurses werden die unterschiedlichen Begriffe, die in der Physikalischen Chemie vorkommen, eingeführt, während Anwendungen dieser eher exemplarisch gebracht werden.

Der Kurs wird während eines Semesters angeboten mit zwei Stunden Vorlesungen und zwei Stunden Übungen pro Woche. Die Rückmeldungen der Studierenden zeigen, dass dieses Konzept sehr gut ankommt, und dass sie deutlich besser für die anschließenden Vorlesungen, wo alle Themen im Detail behandelt werden, vorbereitet sind. Ferner wird der Kurs auch für Studierende der Nebenfächer verwendet, die keine vertiefende Behandlung der Physikalischen Chemie brauchen.

Das vorliegende Buch beinhaltet das komplette Manuskript des oben erwähnten Kurses. Im Gegensatz zu vielen anderen kurzen Einführungen in die Physikalische Chemie wird versucht, auf beinahe alle Themengebiete der Physikalischen Chemie einzugehen, obwohl die Wahl der Schwerpunkte (klassische Thermodynamik und Grundlagen der chemischen Bindung) subjektiv von mir, dem Autor, gewählt wurden.

Über die Jahre, in denen das Manuskript als Basis für Kurse in Saarbrücken verwendet wurde, sind verschiedene Fehler erkannt und behoben worden. Trotzdem kann es noch weitere Fehler geben. Sollten Sie welche finden, wäre ich für eine kurze Mitteilung sehr dankbar.

Saarbrücken, August 2019 Michael Springborg

https://doi.org/10.1515/9783110636932-201

Inhalt

1 Physikalische Chemie

1.1 Einleitung

Eine zentrale Aufgabe der Chemie ist die Herstellung von Werk- und Wirkstoffen, oft um sie für bestimmte Anwendungen einsetzen zu können. Für solche Fragestellungen ist die erfolgreiche Synthese bzw. Produktion der Stoffe ein wesentlicher Bestandteil, aber auch die Sicherstellung, dass der produzierte Stoff tatsächlich die Anforderungen erfüllt, ist essentiell:

Was nützt es, einen neuen Klebstoff herzustellen, der nicht kleben kann, oder der instabil gegenüber Sonnenlicht oder Sauerstoff in der Atmosphäre ist? Oder einen neuen Kunststoff für Schutzkleidung herzustellen, der nach einer Woche zerbröckelt, oder der nur unter großer Belastung der Umwelt hergestellt werden kann? Oder einen Kunststoff herzustellen, der für die Verpackung von Lebensmitteln verwendet werden soll, der aber giftige Stoffe abgibt? Oder einen neuen Farbstoff zur Färbung von Kleidern herzustellen, der unter Sonnenlicht oder Einfluss von Schweiß die Farbe ändert? Oder eine neue Synthese vorzuschlagen, die aber nur mit der Produktion von Abfallstoffen möglich ist, die zur Sterilität von bestimmten Tieren führen?

Diese Beispiele sollen illustrieren, dass Chemiker sich nicht nur mit der Herstellung, sondern auch mit den Eigenschaften von Stoffen beschäftigen müssen. Die Untersuchung und Beschreibung von Materialeigenschaften ist Inhalt des Gebiets der Physikalischen Chemie. Neben der Anorganischen Chemie und der Organischen Chemie ist die Physikalische das dritte zentrale Fach der Chemie.

In der Physikalischen Chemie beschäftigt man sich mit den Eigenschaften von Materialien: Wie misst man sie? Was kann man aus den Ergebnissen einer Messung lernen? Wie beschreibt man die Eigenschaften? Gibt es Zusammenhänge, so dass die Messung einer Eigenschaft Informationen zu einer andern liefert? Viele der Fragestellungen besitzen oft große praktische Relevanz, z. B.:

Was passiert, wenn ich die drei Stoffe A, B und C mische? Bekomme ich dann das Produkt E, das ich mir wünsche? Wie kann ich dafür sorgen, dass die Menge von E maximal wird? Wie kann ich die Reaktion beschleunigen? Muss ich Angst haben, dass durch die Reaktion viel Wärme produziert wird, so dass ich das Gefäß abkühlen muss? Wie kann ich untersuchen, welche Reaktionen tatsächlich in dem Gefäß ablaufen? Kann ich mit Hilfe von Temperatur, Druck oder elektrischen Spannungen die Reaktionen beeinflussen?

Dass man sehr oft diese Fragen im Vorfeld mindestens zum Teil beantworten kann, beruht darauf, dass es fundamentale Gesetze gibt, die einem nützlich sind. So wissen wir alle, dass bei einem Druck von 1 Atmosphäre Wasser bei 0 °C gefriert und bei 100 °C siedet. Dass das so ist, ist eine Folge dieser Gesetze. Es gibt viele andere Folgen, die der Chemiker oder die Chemikerin ausnutzen kann, und die Bestandteil der Physikalischen Chemie sind.

https://doi.org/10.1515/9783110636932-001

Die Gesetze werden häufig mathematisch ausgedrückt und erlauben oft ferner, dass man Zusammenhänge zwischen unterschiedlichen Eigenschaften erkennt. Wärmt man z. B. ein Gas in einem geschlossenen Behälter auf, steigt seine Temperatur. Wegen dieser Zusammenhänge steigt gleichzeitig auch der Druck. Letztendlich kann man solche Zusammenhänge ausnutzen: Misst man den Druck, kennt man die Temperatur. Dies kann von großer praktischer Bedeutung sein: Durch Untersuchungen einer Eigenschaft erhält man Informationen über eine andere, und oft benutzt man diese Zusammenhänge, um eine nicht messbare Größe zu bestimmen.

Selten sind Gesetze absolut genau. Man stellt sich vereinfachte Modelle vor, die hoffentlich die richtigen Materialien beschreiben können. Diese Modelle werden mathematisch behandelt, und die Ergebnisse liefern dann Gesetze. Die Modelle sagen voraus, wie die Materialien auf Störungen reagieren, und durch Vergleich mit Experimenten kann man dann die Gültigkeit des Modells kontrollieren. Ist man dann von der Gültigkeit überzeugt, kann man das Modell für weitere Vorhersagen zu den Materialeigenschaften verwenden.

Dass man so vorgehen muss, mag zuerst nicht einleuchtend sein. Aber man muss bedenken, dass niemand auf der ganzen Welt z. B. ein Atom oder eine chemische Bindung mit dem bloßen Auge gesehen hat. Über viele Jahre haben sehr viele Experimente Ergebnisse geliefert, die mit der Existenz von Atomen und chemischen Bindungen im Einklang sind, und deswegen wird deren Gültigkeit angenommen. So auch mit anderen Modellvorstellungen: Solange es keinen experimentellen Widerspruch gibt, wird die Gültigkeit angenommen.

1.2 Fundamentales zur Physikalischen Chemie

Die Chemie beschäftigt sich mit Synthese, Herstellung und Eigenschaften von bestimmten Materialien, d. h. Werk- und Wirkstoffen. Ohne dass die Aufteilung als besonders streng betrachtet werden soll, gilt doch zum Teil, dass sich die Organische, die Anorganische und die Technische Chemie mit der Synthese und Herstellung von Materialien beschäftigen, während sich die Physikalische Chemie mit der Untersuchung und Beschreibung von Eigenschaften beschäftigt. Ein wichtiger Bestandteil ist dabei, dass es oft Zusammenhänge zwischen den Eigenschaften gibt. Zum Beispiel kennen wir wohl alle (?) das Gesetz der idealen Gase,

$$P \cdot V = n \cdot R \cdot T \, , \tag{1.1}$$

wobei ausgedrückt wird, dass die drei Größen P, V und T nicht unabhängig voneinander variiert werden können, sondern dass es einen Zusammenhang zwischen den drei Größen gibt.

Das Gesetz in Gl. (1.1) illustriert zwei weitere Aspekte der Physikalischen Chemie. Zum einen werden die Gesetze meistens (= immer!) mathematisch ausgedrückt. Dies bedeutet, dass mathematische Kenntnisse sehr hilfreich sind, um die Physikalische

Chemie zu verstehen und zu beherrschen. Zum anderen ist die Gleichung (1.1) nicht nur eine Beziehung zwischen fünf zunächst undefinierten Größen, P, V, T, n und R, sondern eine spezielle ‚Sprache' ist verwendet worden, so dass erwartet wird, dass ‚man' weiß, dass mit P, V, T, n und R Druck, Volumen, Temperatur, Molzahl und die Gaskonstante gemeint sind.

Wegen der Bedeutung der Mathematik werden in diesem Kurs wiederholt mathematische Grundlagen behandelt. Dabei wird eine eher saloppe (‚naturwissenschaftliche') Vorgehensweise verwendet. Beweise werden nicht geführt, und ab und zu werden Methoden verwendet, die mathematisch exakt gesehen nicht immer ganz in Ordnung sind, aber doch in unseren Fällen funktionieren. Mathematik wird eben als Werkzeug und nicht als Zweck betrachtet.

Ähnlich wird gelegentlich ein bisschen Englisch verwendet. Die englische Sprache ist die wichtigste in den Naturwissenschaften und ist deswegen auch ein wichtiges Werkzeug. Wie bei der Mathematik lohnt es sich deswegen, sich diese beiden Werkzeuge so früh und so gut wie möglich anzueignen.

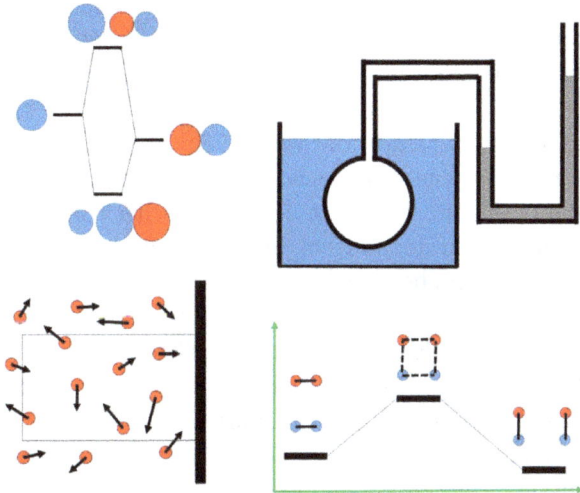

Abb. 1.1: Schematische Darstellung einiger Gebiete der Physikalischen Chemie. Oben links: Orbitaldiagramm. Oben rechts: Anwendung des Gesetzes der idealen Gase. Unten links: Zusammenhang zwischen Stoßprozessen und Druck. Unten rechts: Energieprofil einer chemischen Reaktion.

1.3 Gebiete der Physikalischen Chemie

Die Physikalische Chemie ist traditionell in mehrere Untergebiete aufgeteilt (siehe Abb. 1.1). Einige davon, die in diesem Kurs behandelt werden sollen, sind:
- **Thermodynamik**. Dieses Gebiet beschäftigt sich mit makroskopischen Eigenschaften wie Energie, Entropie, Volumen, Temperatur, Druck, Konzentration,

Gleichgewicht, etc. Dass die Stoffe aus Atomen oder Molekülen bestehen, wird nicht berücksichtigt, sondern die Materialien werden als (beinahe) homogene Systeme aufgefasst.

- **Kinetische Gastheorie** und **Statistische Thermodynamik**. Hier werden die Zusammenhänge zwischen den Eigenschaften von sehr vielen Teilchen (Atome oder Moleküle) und den makroskopischen Eigenschaften behandelt.
- **Quantentheorie**. Die Quantentheorie beschäftigt sich mit den Eigenschaften einzelner Moleküle und liefert die Grundlagen für zwei weitere Gebiete:
- **Chemische Bindung**. In diesem Teilgebiet werden die Grundlagen der Bindungen zwischen den Atomen einzelner Moleküle behandelt. Auch die genauere Behandlung dieser mittels Computer kann als Bestandteil dieses Gebiets aufgefasst werden.
- **Spektroskopie**. Mit Hilfe der Spektroskopie werden Materialien charakterisiert. Spektroskopische Experimente liefern (z. B.) indirekte Informationen zu Aufbau, Struktur, Zusammensetzung und Stabilität von Molekülen, womit z. B. neu synthetisierte Moleküle untersucht werden können.
- **Kinetik**. Dieses Gebiet beschäftigt sich mit der Beschreibung, Kontrolle und Untersuchung von chemischen Reaktionen. Es ist also ein wichtiges Teilgebiet für die Optimierung von Ausbeute und die Minimierung von Kosten sowie Abfällen einer Produktion.
- **Elektrochemie**. In diesem Teilgebiet werden die Wechselwirkungen zwischen elektromagnetischen Feldern und chemischen Reaktionen behandelt. Dazu gehört auf der einen Seite die Erzeugung von Strom oder elektrischer Spannung durch chemische Reaktionen und auf der anderen Seite die Steuerung chemischer Reaktionen mit Hilfe von elektrischer Spannung.

Es mag wichtig sein, die naturwissenschaftlichen Disziplinen Physik und Chemie abzugrenzen. Eine mögliche Definition ist, dass Physik sich mit Phänomenen beschäftigt („Warum fällt ein Körper herunter, unabhängig von der Materie des Körpers?"), während Chemie sich mit den Materialien beschäftigt („Warum haben H_2O und NH_3 unterschiedliche Eigenschaften?").

Letztendlich soll betont werden, dass alle Gesetze, die hier vorgestellt werden, auf empirischen Grundlagen basieren. Die Erfahrung, die man entwickelt hat, ist im Einklang mit den empirischen Grundlagen und den Gesetzen, die man daraus hergeleitet hat. Dies bedeutet, dass man bisher keine überzeugenden Beispiele gefunden hat, die andeuten, dass die Annahmen, die man gemacht hat, falsch sind. Gleichzeitig bedeutet es aber auch, dass es nicht ausgeschlossen werden kann, dass man entdeckt, dass die Annahmen, die man empirisch hergeleitet hat, doch nicht immer gültig sind. Die Geschichte der Naturwissenschaften ist voll von Beispielen, die zeigen, dass Korrekturen zu den bisher etablierten Annahmen notwendig gewesen sind.

1.4 Absolute Wahrheiten?

Physikalische Chemie ist ein Teil der Naturwissenschaften. In den Naturwissenschaften basieren alle Kenntnisse letztendlich auf empirischen Befunden, was bedeutet, dass irgendwelche Beobachtungen oder Schlussfolgerungen gemacht worden sind, für welche es noch keine überzeugenden Gegenbeispiele gibt. Beginnend mit diesen empirischen Grundkenntnissen werden dann weitere Theorien entwickelt, die unsere Welt beschreiben sollen.

Oft ist aber bekannt, dass die dabei entwickelten Theorien nur näherungsweise gültig (exakt) sind. Zum Beispiel weiß man, dass die kleinsten Bausteine der Welt nicht Atome, deren Kerne, oder Elektronen sind, obwohl diese Vorstellung ausreichend ist, um die größten Teile der Chemie zu rationalisieren.

Basierend auf einigen wenigen empirischen Befunden werden wir Theorien entwickeln, die unsere Welt ausreichend genau beschreiben. Wir werden wissen, dass die Theorien nicht absolut exakt sind, aber für die Fragestellungen, die wir behandeln werden, sind die Abweichungen akzeptabel. Gelegentlich werden wir auch die Theorien, die wir einmal entwickelt haben, verbessern und dabei auch Abweichungen erkennen, die nicht immer vernachlässigbar klein sind.

Deswegen muss betont werden, dass die Aussagen, die mit Hilfe z. B. der Physikalischen Chemie gemacht werden (können), nicht absolut 100 %ig genau sind. Sie sind aber für unsere praktischen Anwendungen meistens ausreichend genau. Es gibt also keine einfache Aufteilung in Falsch/Richtig, Nein/Ja, 0/1, ... Dies ist anders als es bei einigen anderen Wissenschaften, z. B. der Informatik, der Fall ist, wo mit absoluten Wahrheiten gearbeitet wird. Kommt man aus einer solchen Disziplin, ist es sehr wichtig, diesen Unterschied zu erkennen, wenn man versucht, sich mit Physikalischer Chemie (und vielen anderen Disziplinen der Naturwissenschaften) auseinanderzusetzen.

2 Grundbegriffe der Thermodynamik

2.1 Zustand

Immer wieder werden wir Materie betrachten. Wir werden vor allem den Zustand der Materie beschreiben: zuerst statisch, also ohne zeitliche Änderungen, und später dynamisch, wo dann auch zeitliche Änderungen behandelt werden. Für die Beschreibung des Zustands verwenden wir verschiedene makroskopische Größen wie Druck, Temperatur, Volumen, Dichte, usw. Wir werden nicht berücksichtigen, dass auf der atomaren Ebene das Material sehr inhomogen ist, sondern das Material nur makroskopisch betrachten.

2.2 System und Umgebung

In Abb. 2.1 zeigen wir ein Gefäß mit einer Lösung. Typisch wäre es, sich für die Lösung zu interessieren. Den Teil des Universums, womit man sich beschäftigt, bezeichnet man als **System**, während der Rest des Universums als **Umgebung** bezeichnet wird. Die Aufteilung des Universums in diese beiden Teile ist nicht vorgegeben, und man kann im Prinzip jede Wahl dafür treffen. In Abb. 2.1 sind zwei solche Möglichkeiten angedeutet: In einem Fall (gestrichelte Linien) beinhaltet das System sowohl die Lösung als auch das Gefäß sowie einen Teil der Atmosphäre oberhalb der Lösung. Im zweiten Fall (gepunktete Linien) besteht das System aus der Lösung sowie einem kleinen Teil der Atmosphäre. Einer der beiden Fälle ist möglicherweise besonders **zweckmäßig**.

Abb. 2.1: Verschiedene Möglichkeiten, um das System für ein Gefäß mit einer Flüssigkeit zu definieren.

Verschiedene Systeme werden in **abgeschlossene Systeme, geschlossene Systeme** und **offene Systeme** aufgeteilt. Abgeschlossene Systeme können weder Energie noch Stoffe mit der Umgebung austauschen, geschlossene Systeme können nur Energie, aber nicht Stoffe mit der Umgebung austauschen, und offene Systeme können sowohl Energie als auch Stoffe mit der Umgebung austauschen.

Abbildung 2.2 zeigt einen Thermostat, indem sich ein Gefäß befindet. Wenn man das ganze Innere des Thermostats als System definiert, und wenn die Wände des Ther-

https://doi.org/10.1515/9783110636932-002

mostats isolierend sind, ist das System abgeschlossen. Das gilt auch, wenn man das Innere des Gefäßes als System betrachtet, das Gefäß einen Deckel hat (wie in der Abbildung), und die Wände des Gefäßes isolierend sind. Sind aber die Wände des Gefäßes aus Metall (und können damit Wärme leiten), ist das System im zweiten Fall geschlossen. Entfernt man letztendlich den Deckel auf dem Gefäß, ist das System offen.

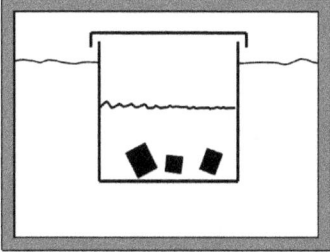

Abb. 2.2: Ein Gefäß in einem Thermostat. Im Gefäß befindet sich eine Flüssigkeit mit einigen kleinen Kristallen.

2.3 Phase

Eine **Phase** ist ein räumliches Gebiet, worin sich die Eigenschaften der Materie nicht abrupt, sondern nur langsam und kontinuierlich ändern. Phasen sind damit am besten über die Phasengrenzen definiert. In Abb. 2.2 bildet jeder der drei kleinen Kristalle eine Phase (auch wenn sie aus demselben Stoff bestehen), während die Flüssigkeit, worin sie sich befinden, eine andere Phase bildet. Die Wände des Gefäßes bilden eine weitere Phase, was auch für die Wände des Thermostats gilt. Eine weitere Phase wird vom Deckel des Gefäßes gebildet (wenn wir annehmen, dass er aus einem anderen Material als das Gefäß besteht), was auch für die Flüssigkeit im Thermostat und für die Atmosphäre im Thermostat gilt.

2.4 Gleichgewichte

Die Erfahrung zeigt, dass alle Systeme, die nicht unter dem Einfluss äußerer Kräfte stehen, zu einem Gleichgewichtszustand streben. Eine wichtige Aufgabe ist deswegen, Gleichgewichtszustände bestimmen zu können. Deswegen ist es zunächst relevant, verschiedene Typen von Gleichgewichten zu unterscheiden.

In Abb. 2.3 zeigen wir eine schematische Darstellung einer Kugel, die in einer Berglandschaft hin und her rollen kann. Die Kugel kann verschiedene stabile Zustände erreichen, wie diejenigen, die in der Abbildung mit 1 und 4 markiert sind. Um die Kugel von einem solchen Zustand wegzubringen, muss Energie aufgebracht werden. Auf der anderen Seite ist der Zustand 3 instabil: Jede kleine Störung würde dazu führen, dass

Potentielle Energie

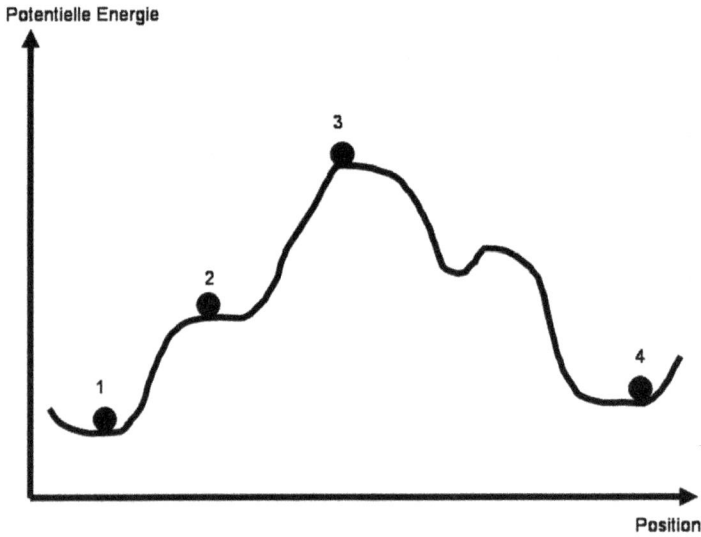

Abb. 2.3: Verschiedene Typen von Gleichgewichten: 1 und 4 markieren stabile Gleichgewichte, 2 ein metastabiles Gleichgewicht und 3 ein instabiles Gleichgewicht.

die Kugel herunterrollt. Letztendlich ist der Zustand 2 metastabil, so dass eine kleine Störung in der einen Richtung dazu führt, dass die Kugel herunterrollt, während eine Störung in der anderen Richtung keine Änderungen im Zustand der Kugel mit sich bringt.

Wir werden uns hier nur mit den stabilen Gleichgewichtszuständen beschäftigen. Sind diese erreicht, kann das System diese Zustände nicht ohne Einfluss von außen verlassen.

2.5 Arbeit

Aus der Physik wissen wir, dass Arbeit durch Kraft und Strecke definiert ist. Bezogen auf Abb. 2.4 ist eine kleine Menge Arbeit gegeben durch

$$\Delta W = \vec{F} \cdot \Delta \vec{s} \,. \tag{2.1}$$

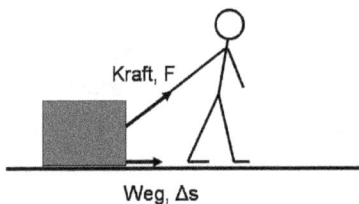

Kraft, F

Weg, Δs

Abb. 2.4: Die Definition von Arbeit.

Die gesamte Arbeit erhalten wir, indem wir die kleinen Beiträge aufsummieren,

$$W = \sum \Delta W = \sum \vec{F} \cdot \Delta \vec{s} \,, \tag{2.2}$$

oder, wenn wir die kleinen Größen infinitesimal klein machen,

$$\Delta W \rightarrow \delta W$$
$$\Delta \vec{s} \rightarrow \mathrm{d}\vec{s} \,, \tag{2.3}$$

wobei die Summe durch eine Integration ersetzt wird,

$$W = \int \delta W = \int \vec{F} \cdot \mathrm{d}\vec{s} \,. \tag{2.4}$$

In Kapitel 3 werden wir diese mathematische Vorgehensweise etwas näher erläutern.

Die Kraft $\vec{F}$ muss nicht konstant sein, so dass man, um das Integral in Gl. (2.4) ausrechnen zu können, die genaue Form der Kraft als Funktion des Orts kennen muss.

Ein für uns wichtiger Sonderfall ist in Abb. 2.5 dargestellt. Mittels einer Kraft von außen wird das Volumen eines Systems (z. B. eines Gases) in einem Gefäß reduziert. Dadurch ändert sich die Höhe der Oberfläche. Auch wenn in der Abbildung angedeutet wird, dass die Kraft auf eine Art Stempel wirkt, muss das nicht der Fall sein. Es könnte auch z. B. die Kraft der Atmosphäre sein, die auf die Oberfläche einer Flüssigkeit in einem offenen Gefäß wirkt.

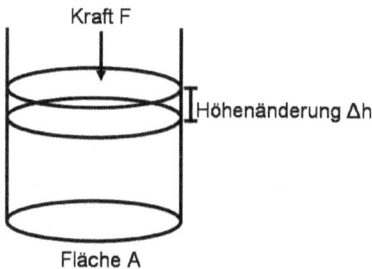

Abb. 2.5: Die Arbeit, die ausgeübt wird, um das Volumen eines Systems in einem Gefäß zu ändern.

In jedem Fall haben wir (vgl. Abb. 2.5)

$$\Delta W = \text{Kraft} \cdot \text{Höhenänderung}$$
$$= F \cdot (-\Delta h)$$
$$= \frac{F}{A} \cdot (-A \Delta h)$$
$$= P \cdot (-\Delta V)$$
$$= -P \Delta V \,, \tag{2.5}$$

wo wir ausgenutzt haben, dass die Kraft und die Höhe antiparallel sind (deswegen das Minuszeichen). Ferner haben wir den Druck P gleich Kraft/Fläche (F/A) und die Volumenänderung $\Delta V = A \Delta h$ eingeführt.

Wiederum lassen wir die Änderungen infinitesimal klein werden und erhalten dann diesen Ausdruck für die sogenannte Volumenarbeit

$$\delta W = -P\,dV\,.\tag{2.6}$$

2.6 Nullter Hauptsatz und Temperatur

Die Erfahrung zeigt, dass sich zwei Körper, die zusammengebracht werden und sich vorher unterschiedlich warm anfühlten, später gleich warm anfühlen. Normalerweise wird es so formuliert, dass zwei Körper, die ursprünglich unterschiedliche Temperaturen haben, nach dem Zusammenbringen im Gleichgewicht dieselbe Temperatur besitzen werden. Sie sind dann im **thermischen Gleichgewicht.**

Der **Nullte Hauptsatz** der Thermodynamik besagt: Wenn zwei Systeme A und B im thermischen Gleichgewicht sind, was auch für die zwei Systeme A und C gilt, dann sind auch die zwei Systeme B und C im thermischen Gleichgewicht.

Dadurch kann man eine **Temperatur** einführen. Man betrachtet irgendeine Eigenschaft, die temperaturabhängig ist, z. B. das Volumen einer bestimmten Menge Quecksilber in einem Gefäß, z. B. in einem dünnen Rohr. Dieses entspricht dem System B. Als System A betrachten wir ein Gefäß mit Wasser bei einem Atmosphärendruck von 1 atm. Die Temperatur θ, bei welcher das Wasser gefriert, bezeichnen wir als $\theta = 0\,°C$. Wenn das System B im thermischen Gleichgewicht mit diesem System A ist, hat es ebenfalls die Temperatur $\theta = 0\,°C$, und wir können dann das Volumen des Quecksilbers V_{Hg} bei dieser Temperatur markieren. Ähnlich können wir bei der Temperatur vorgehen, bei der das Wasser siedet. Diese Temperatur bezeichnen wir als $\theta = 100\,°C$. Wenn wir jetzt das System B in Kontakt mit einem dritten System C bringen und finden, dass im thermischen Gleichgewicht zwischen den Systemen B und C das Quecksilbervolumen denselben Wert hat, wie wir bei der Wassertemperatur von $\theta = 0\,°C$ gefunden haben, wissen wir, dass das System C ebenfalls die Temperatur $\theta = 0\,°C$ hat. Wir haben somit ein Thermometer eingeführt, womit wir zwei Temperaturen, $\theta = 0\,°C$ und $\theta = 100\,°C$, messen können.

Um auch andere Temperaturen messen zu können, macht man eine Näherung: Man nimmt an, dass das Volumen des Quecksilbers linear von der Temperatur abhängt,

$$V_{\text{Hg}}(\theta) = V_{\text{Hg}}(\theta = 0\,°C) + \frac{\theta - 0\,°C}{100\,°C - 0\,°C}\left[V_{\text{Hg}}(\theta = 100\,°C) - V_{\text{Hg}}(\theta = 0\,°C)\right]\,.\tag{2.7}$$

Also kann man eine Temperatur bestimmen,

$$\theta = 0\,°C + 100\,°C\,\frac{V_{\text{Hg}} - V_{\text{Hg}}(\theta = 0\,°C)}{V_{\text{Hg}}(\theta = 100\,°C) - V_{\text{Hg}}(\theta = 0\,°C)}\,.\tag{2.8}$$

Dadurch wird die Celsius-Temperaturskala eingeführt. Auch andere Temperaturskalen können eingeführt werden. In diesem Buch werden wir vor allem die Kelvin-Temperaturskala benutzen, die hoffentlich schon bekannt ist, die aber später näher behandelt wird.

Gleichung (2.7) ist eine Annahme. Würde man eine andere Substanz als Quecksilber für das System B verwenden (z. B. Ethanol, dass bei $-117\,°C$ schmilzt und bei $78\,°C$ siedet) und dieselben Annahmen für dieses System verwenden, wird man höchst wahrscheinlich nicht identisch dieselbe Temperaturskala erhalten. Die Unterschiede sind für ‚normale' Anwendungen jedoch unwichtig, sind aber trotzdem vorhanden.

2.7 Wärme

Im Abschnitt 2.6 haben wir gesehen, dass die Temperaturen sich angleichen, wenn zwei Körper mit unterschiedlichen Temperaturen zusammengebracht werden. Dieser Ausgleichsprozess ist mit dem Transport eines bestimmten Typs von Energie, den wir als Wärme bezeichnen, verbunden. Wärme fließt vom wärmeren Körper zu kälterem Körper.

Für Wärme wird das Symbol Q benutzt.

2.8 Wärmekapazität

Wenn zwei Körper, A und B, mit unterschiedlichen Temperaturen, θ_A und θ_B ($\theta_A < \theta_B$), zusammengefügt werden, haben sie im thermischen Gleichgewicht eine gemeinsame Temperatur θ_{AB}, die irgendwo zwischen θ_A und θ_B liegt,

$$\theta_A < \theta_{AB} < \theta_B \,. \tag{2.9}$$

Welchen Wert θ_{AB} tatsächlich hat, hängt von einer bestimmten Eigenschaft der beiden Körper ab, der **Wärmekapazität**.

Die Wärmekapazität C eines Körpers beschreibt die Menge der Wärme, die benötigt wird, um die Temperatur des Körpers um einen bestimmten Betrag zu erhöhen,

$$\Delta Q = C \cdot \Delta \theta \,, \tag{2.10}$$

oder für sehr kleine Änderungen,

$$\delta Q = C \cdot d\theta \,. \tag{2.11}$$

Im allgemeinen Fall ist C temperaturabhängig, so dass die gesamte Menge von Wärme, die gebraucht wird, um die Temperatur von θ_1 auf θ_2 zu erhöhen,

$$Q = \int \delta Q = \int_{\theta_1}^{\theta_2} C(\theta) \cdot d\theta \tag{2.12}$$

ist, also die ‚Summe' (oder eher Integral – in Kapitel 3 kommen wir darauf zurück) der kleinen Beiträge.

Im Fall oben ist die Menge der Wärme, die Körper B abgibt, dieselbe wie die, die Körper A aufnimmt, also

$$\int_{\theta_A}^{\theta_{AB}} C_A(\theta) \cdot d\theta = - \int_{\theta_B}^{\theta_{AB}} C_B(\theta) \cdot d\theta \ . \tag{2.13}$$

Im Prinzip kann man daraus die gemeinsame Temperatur θ_{AB} bestimmen, wenn die Temperaturabhängigkeiten der Wärmekapazitäten bekannt sind.

Ein **besonders einfacher Fall** tritt auf, wenn die Wärmekapazitäten temperatur-unabhängig sind,

$$C_A(\theta) = C_A$$
$$C_B(\theta) = C_B \ . \tag{2.14}$$

Dann erhält man aus Gl. (2.13)

$$C_A \cdot (\theta_{AB} - \theta_A) = C_B \cdot (\theta_B - \theta_{AB}) \tag{2.15}$$

und daraus

$$\theta_{AB} = \frac{C_A \theta_A + C_B \theta_B}{C_A + C_B} \tag{2.16}$$

als gewichteten Mittelwert der Anfangstemperaturen der beiden Körper mit den Wärmekapazitäten als Gewichte.

Gleichung (2.16) kann verallgemeinert werden zu dem Fall, dass N Körper, deren Wärmekapazitäten $C_1, C_2, \ldots, C_N$ alle temperaturunabhängig sind, und deren Anfangstemperaturen gleich $\theta_1, \theta_2, \cdots, \theta_N$ sind, zusammengebracht werden. Im Gleichgewicht ist ihre gemeinsame Temperatur dann

$$\theta = \frac{\sum_{i=1}^{N} C_i \theta_i}{\sum_{i=1}^{N} C_i} \ . \tag{2.17}$$

Dies kann dadurch hergeleitet werden, dass ausgenutzt wird, dass keine Wärme von draußen zugeführt wird. Deswegen ist

$$\sum_{i=1}^{N} \int_{\theta_i}^{\theta} C_i \, d\theta = 0 \ . \tag{2.18}$$

Wenn dann ausgenutzt wird, dass die Wärmekapazitäten temperaturunabhängig sind, erhält man Gl. (2.17).

Ein weiteres Beispiel zu den Wärmekapazitäten ist in Abb. 2.6 gezeigt. Dass diese Abbildung, wie viele andere in diesem Buch, Englisch beinhaltet, soll auch betonen, dass Englischkenntnisse wichtig sind.

HERE, AT LAST, IS THE PRECISE RELATIONSHIP BETWEEN TEMPERATURE AND HEAT:

Heat change = Mass × ΔT × Specific heat

ΔT?

CHANGE IN TEMPERATURE.

FROM THAT SINGLE FORMULA AND WATER'S SPECIFIC HEAT, WE CAN FIND ALL OTHER SPECIFIC HEATS! LET'S START WITH COPPER. IMMERSE 2 kg COPPER AT 25°C IN 5 kg WATER AT 30°C. LET THE TEMPERATURE STABILIZE. CHECK THE THERMOMETER. IT READS 29.83°C. THE WATER BARELY CHANGED TEMPERATURE, BUT THE COPPER REALLY HEATED UP!

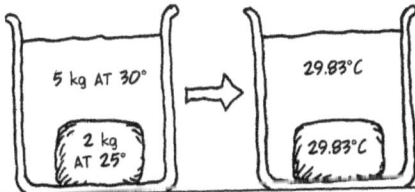

5 kg AT 30°

2 kg AT 25°

29.83°C

29.83°C

THE TEMPERATURE CHANGES (ΔT) ARE

$\Delta T_{WATER} = -0.17°$

$\Delta T_{COPPER} = 4.83°$

WE CAN IMMEDIATELY CALCULATE WATER'S HEAT LOSS. (HEAT CHANGES ARE DENOTED BY THE LETTER q):

$q_{WATER} = (5000g)(-0.17°C)(4.18 \text{ J/g°C})$

$= -3553 \text{ Joules}$

THE MINUS SIGN MEANS THAT THE WATER GAVE UP ENERGY.

BUT THE WATER'S LOSS IS PRECISELY COPPER'S GAIN (ASSUMING NO HEAT LEAKS OUT OF THE VESSEL). THAT IS,

$q_{COPPER} = 3553 \text{ Joules.}$

SINCE THERE WERE 2000g OF COPPER, THE FORMULA SAYS:

$3553 \text{ J} = (2000g)(4.83°)C_{Cu}$

(C_{Cu} = COPPER'S SPECIFIC HEAT)

SOLVING FOR C_{Cu},

$C_{Cu} = \dfrac{3553 \text{ J}}{(2000g)(4.83°)} = 0.37 \text{ J/g°C}$

Abb. 2.6: Beispiel zu Wärmekapazitäten. Reproduziert mit freundlicher Genehmigung von Harper-Collins Publishers aus dem Buch Larry Gonick und Craig Criddle, *The Cartoon Guide to Chemistry*, 2005.

2.9 Isotherme und adiabatische Prozesse

Der Wärmeaustausch aus dem letzten Abschnitt ist ein Beispiel für einen Prozess, also einen Vorgang, bei dem ‚etwas' sich im Laufe der Zeit ändert, hier die Temperaturen der beiden Körper.

Es gibt viele andere Prozesse. Die Bedingungen, unter welchen die Prozesse ablaufen, sind dann wichtig. Für einige Prozesse hat man spezielle Namen:

- **Isotherme Prozesse** laufen bei konstanter Temperatur ab.
- **Adiabatische Prozesse** laufen ohne Wärmeaustausch mit der Umgebung ab (also ist es wichtig, System und Umgebung klar zu definieren).

2.10 Intensive und extensive Größen

Die Temperatur ist eine Größe, die nicht von der Stoffmenge des Systems abhängt. Das gilt auch für andere Eigenschaften wie Farbe, Dichte und Druck. Andere Größen sind proportional zur Stoffmenge. Das ist z. B. der Fall für Gewicht, Volumen und Wärmekapazität. Die ersteren Größen werden als **Intensive Größen** bezeichnet, während die letzteren als **Extensive Größen** bezeichnet werden.

Es ist immer möglich, eine extensive Größe in eine intensive umzuwandeln. Wenn die Zahl der Teilchen (Atome, Moleküle, ...) gleich N ist, kann aus der extensiven Größe Z eine intensive Größe Z/N gebildet werden. Oft wird nicht N sondern

$$n = \frac{N}{N_A} \tag{2.19}$$

benutzt. Hier ist N_A Avogadros (oder Loschmidts) Zahl, $6{,}02214 \cdot 10^{23}$. Man bezeichnet n als die Zahl der Mole des Systems. Dann definiert man eine intensive Größe durch

$$\overline{Z} = \frac{Z}{n}, \tag{2.20}$$

also als extensive Größe pro Mol, was auch als **molare Größe** bezeichnet wird.

Dass $\overline{Z}$ unabhängig von der Systemgröße ist, gilt nur in der sogenannten **thermodynamischen Grenze**. Das bedeutet nichts anders als, dass das System so groß sein muss, dass $\overline{Z}$ unabhängig von der Systemgröße ist. Gerade das Interesse an Nanosystemen, also Systeme mit einem Ausmaß von höchstens 100 nm, stammt daher, dass diese Systeme so klein sind, dass die Eigenschaften größenabhängig sind, und dass die thermodynamische Grenze noch nicht erreicht ist. Man erhofft sich, dass durch gezielte Variation der Größen der Systeme, die Eigenschaften gezielt variiert werden können, wobei die Zusammenhänge zwischen Größe und Eigenschaften dann oft kaum bekannt sind.

Für eine extensive Größe (z. B. Masse, Volumen, Energie, ...) Z gilt auch: Wenn zwei Systeme, für welche Z die Zahlenwerte Z_1 und Z_2 hat, zusammengeführt werden, hat Z für das Gesamtsystem einen Wert $Z = Z_1 + Z_2$. Dieses gilt im allgemeinen Fall nur dann, wenn die zwei Systeme zusammengeführt werden, aber nicht immer, wenn sie miteinander gemischt werden. Zum Beispiel ist das Volumen einer Mischung verschiedener Stoffe nicht einfach die Summe der Volumina der einzelnen Stoffe. Als Beispiel können wir das Volumen betrachten, wenn 1 mol Wasser (Volumen ungefähr 18 ml) und 1 mol Ethanol (Volumen ungefähr 58 ml) gemischt werden. Für die Mischung ist das Gesamtvolumen dann ungefähr 72–73 ml (Abb. 8.1), also deutlich anders als die Summe der Volumina der reinen Substanzen.

Letztendlich gilt diese Summenregel nicht für intensive Größen (z. B. Temperatur, Dichte, Druck, ...).

2.11 Aufgaben mit Antworten

1. **Aufgabe:** Im Inneren eines mit Luft gefüllten Stahlbehälters befindet sich ein Glas mit Wasser. Im Wasser liegen zwei Kupferschrauben. Aus wie viel Phasen besteht dieses System? Begründen Sie die Antwort.

   Antwort: Innerhalb einer Phase ändern sich die chemischen/physikalischen Eigenschaften nur langsam und kontinuierlich. Nur an den Phasengrenzen treten Diskontinuitäten auf. Nimmt man dann an, dass sich die zwei Kupferschrauben nicht berühren, gibt es folgende Phasen im System: Luft, Glas, Wasser, eine Schraube, die zweite Schraube. Insgesamt fünf Phasen.

2. **Aufgabe:** Zwei Körper werden zusammengebracht. Der eine Körper hat die Temperatur 350 K und eine Wärmekapazität von 20 J/K, während die Werte des anderen Körpers 380 K und 10 J/K betragen. Welche Temperatur herrscht anschließend im Gleichgewicht? Begründen Sie die Antwort.

   Antwort: Es gilt für die gemeinsame Temperatur

   $$T = \frac{T_1 c_1 + T_2 c_2}{c_1 + c_2} = \frac{350 \cdot 20 + 380 \cdot 10}{20 + 10} \, \text{K} = 360 \, \text{K} . \tag{2.21}$$

3. **Aufgabe:** Stellt eine glühende, elektrische Glühlampe ein offenes, ein abgeschlossenes oder ein geschlossenes System dar? Begründen Sie die Antwort!

   Antwort: Geschlossenes System, weil Energie, aber keine Stoffe mit der Umgebung ausgetauscht werden können.

4. **Aufgabe:** Welche der folgenden zehn Größen sind intensive Größen: Masse, Dichte, Volumen, Druck, Temperatur, Entropie, Innere Energie, Wärmekapazität, Farbe, molares Volumen? Begründen Sie die Antwort.

Antwort: Extensive Größen sind proportional zur Stoffmenge, intensive Größen unabhängig von der Stoffmenge. Deswegen extensiv: Masse, Volumen, Entropie, Innere Energie, Wärmekapazität; intensiv: Dichte, Druck, Temperatur, Farbe, molares Volumen.

5. **Aufgabe:** In einem abgeschlossenen Behälter verbrennt Zucker vollständig. Dabei entstehen Wasserdampf und CO_2. Aus wie viel Phasen besteht das System dann? Begründen Sie die Antwort.

   Antwort: Innerhalb einer Phase ändern sich die chemischen/physikalischen Eigenschaften nur langsam und kontinuierlich. Nur an den Phasengrenzen treten Diskontinuitäten auf. CO_2 und H_2O bilden eine homogene gasförmige Phase. Also eine Phase.

6. **Aufgabe:** Ist $r = (PV^2)/(nRT)$ eine intensive oder eine extensive Größe? Begründen Sie die Antwort.

   Antwort: P, R, und T sind intensiv, n und V extensiv. Deswegen ist r proportional zur Stoffmenge, also extensiv.

7. **Aufgabe:** Drei Körper aus demselben Stoff aber mit unterschiedlichen Anfangstemperaturen und Massen werden in thermischen Kontakt gebracht. Der eine Körper wiegt 100 g, der andere 200 g und der dritte 100 g. Die Anfangstemperaturen der drei Körper sind 300 K, 300 K und 400 K. Die Wärmekapazitäten der Körper seien unabhängig von der Temperatur. Welche Temperatur haben die Körper im thermischen Gleichgewicht? Begründen Sie die Antwort.

   Antwort: Weil keine Wärme mit der Umgebung ausgetauscht wird und keine Arbeit geleistet wird, ist die Gesamtmenge an Wärme konstant. Deswegen ist die Gleichgewichtstemperatur davon unabhängig, wie sie erreicht wird. Wir fügen dann zuerst Körper 1 und Körper 2 zusammen, deren Gleichgewichtstemperatur gleich $T_{12} = (T_1 c_1 + T_2 c_2)/(c_1 + c_2) = (T_1 m_1 + T_2 m_2)/(m_1 + m_2)$ ist, weil die temperaturunabhängigen Wärmekapazitäten proportional zur Masse sind. Anschließend fügen wir Körper 3 dazu und erhalten dann

$$T_{123} = \frac{T_{12} c_{12} + T_3 c_3}{c_{12} + c_3} = \frac{T_{12} m_{12} + T_3 m_3}{m_{12} + m_3} = \frac{\frac{T_1 m_1 + T_2 m_2}{m_1 + m_2}(m_1 + m_2) + T_3 m_3}{m_1 + m_2 + m_3}$$

$$= \frac{T_1 m_1 + T_2 m_2 + T_3 m_3}{m_1 + m_2 + m_3} = \frac{100 \cdot 300 + 200 \cdot 300 + 100 \cdot 400}{100 + 200 + 100} \, \text{K}$$

$$= 325 \, \text{K} \,. \tag{2.22}$$

Dasselbe Ergebnis hätten wir auch erhalten, wenn wir zuerst Körper 1 und Körper 3 zusammengefügt hätten, oder zuerst Körper 2 und Körper 3 zusammengefügt hätten. Letztendlich hätten wir auch Gl. (2.17) direkt benutzen können.

8. **Aufgabe:** Bestimmen Sie die Arbeit, die bei einem isothermen, reversiblen Prozess an 2 mol eines idealen Gases geleistet wird. Die Temperatur beträgt 300 K. Das Gas wird komprimiert von einem Volumen von 100 l bis zu einem Enddruck von 2 bar. $R = 8{,}31441\,\text{J}/(\text{K mol})$. 1 bar l = 100 J.

Antwort:

$$\Delta W = - \int_{V_1}^{V_2} P\,\mathrm{d}V = - \int_{V_1}^{V_2} \frac{nRT}{V}\,\mathrm{d}V = -nRT \ln\left(\frac{V_2}{V_1}\right) = -nRT \ln\left(\frac{nRT}{P_2 V_1}\right)$$

$$= -2\,\text{mol} \cdot 8{,}31441\,\frac{\text{J}}{\text{K mol}} \cdot 300\,\text{K}$$

$$\cdot \ln\left[\frac{2\,\text{mol} \cdot 8{,}31441\,\text{J}/(\text{K mol}) \cdot 300\,\text{K}}{2\,\text{bar} \cdot 100\,\text{l}}\right]$$

$$= -4{,}9886\,\text{kJ} \ln\left[\frac{4{,}9886\,\text{kJ}}{200\,\text{l} \cdot \text{bar}}\right] = -4{,}9886\,\text{kJ} \ln\left[\frac{4{,}9886\,\text{kJ}}{20\,\text{kJ}}\right]$$

$$= 6{,}927\,\text{kJ} . \tag{2.23}$$

9. **Aufgabe:** Für einen Körper ist die Wärmekapazität gegeben als $C = a + bT$ mit $a = 25\,\text{kJ/K}$ und $b = 80\,\text{J/K}^2$. Der Körper hat eine Anfangstemperatur von 350 K und wird in eine Flüssigkeit mit Temperatur 290 K getaucht. Die Flüssigkeit hat eine molare Wärmekapazität von 6 kJ/(mol K). Wie viel Mol der Flüssigkeit braucht man, damit die Gleichgewichtstemperatur 300 K wird?

Antwort: Die Anfangstemperatur des Körpers wird T_1 genannt, während die der Flüssigkeit T_2 und die Gleichgewichtstemperatur T_0 genannt werden. Dann gibt der Körper folgende Wärmemenge ab:

$$Q = \int_{T_0}^{T_1} C\,\mathrm{d}T = \int_{T_0}^{T_1} (a + bT)\,\mathrm{d}T = a(T_1 - T_0) + \frac{b}{2}(T_1^2 - T_0^2)$$

$$= \left[25 \cdot 50 + \frac{0{,}08}{2}(350^2 - 300^2)\right]\text{kJ} = (1250 + 1300)\,\text{kJ} = 2550\,\text{kJ} . \tag{2.24}$$

Mit $\tilde{c}$ als der molaren Wärmekapazität und n als die Molzahl der Flüssigkeit ergibt sich dann

$$Q = \int_{T_2}^{T_0} n\tilde{c}\,\mathrm{d}T = n\tilde{c}(T_0 - T_2) \tag{2.25}$$

oder

$$n = \frac{Q}{\tilde{c}(T_0 - T_2)} = \frac{2550}{6 \cdot 10}\,\text{mol} = \frac{2550}{60}\,\text{mol} = 42{,}5\,\text{mol} . \tag{2.26}$$

10. **Aufgabe:** Betrachten Sie einen festen Körper mit einer Masse von $m = 400\,\text{g}$, einer Molmasse von $M = 100\,\text{g/mol}$ und einer Temperatur von $T_1 = 350\,\text{K}$. Seine molare Wärmekapazität kann als $a + bT$ genähert werden, mit $a = 2\,\text{kJ/(mol\,K)}$ und $b = 10\,\text{J/(mol\,K}^2)$. Er wird in eine Flüssigkeit mit einer Dichte von $1{,}5\,\text{kg/l}$, einer Molmasse von $30\,\text{g/mol}$, einer molaren Wärmekapazität von $4\,\text{kJ/(mol\,K)}$ und einer Temperatur von $T_2 = 300\,\text{K}$ getaucht. Welches Volumen muss diese Flüssigkeit haben, damit die Gleichgewichtstemperatur $T_0 = 310\,\text{K}$ ist?

Antwort: Der Körper gibt folgende Wärmemenge ab:

$$Q = \int_{T_0}^{T_1} \frac{m}{M}(a + bT)\,\mathrm{d}T = \frac{am}{M}(T_1 - T_0) + \frac{bm}{2M}(T_1^2 - T_0^2)$$

$$= (8 \cdot 40 + 0{,}02 \cdot 26.400)\,\text{kJ} = 848\,\text{kJ}\,. \tag{2.27}$$

Volumen, Dichte, Molmasse, molare Wärmekapazität und Anfangstemperatur der Flüssigkeit werden V, ρ, M', $\overline{c}$ und T_2 genannt. Die Masse der Flüssigkeit ist dann $m = V\rho$, und die Molzahl wird

$$n = \frac{V\rho}{M'}\,, \tag{2.28}$$

so dass

$$Q = \frac{V\rho}{M'} \cdot \overline{c}(T_0 - T_2) \tag{2.29}$$

oder

$$V = \frac{QM'}{\rho\overline{c}(T_0 - T_2)} = \frac{848 \cdot 30}{1500 \cdot 4 \cdot (310 - 300)}\,\text{l} = 0{,}4241\,. \tag{2.30}$$

11. **Aufgabe:** Ein Thermometer ist mit irgendeiner Flüssigkeit gefüllt. Um das Thermometer zu eichen, werden Schmelz- und Siedetemperatur einer anderen Substanz benutzt. Man findet dann, dass die Flüssigkeit des Thermometers ein Volumen von $57{,}2\,\text{cm}^3$ bei $10\,°\text{C}$ und $63{,}6\,\text{cm}^3$ bei $60\,°\text{C}$ besitzt. Bei einer anschließenden Temperaturmessung findet man ein Volumen von $59{,}6\,\text{cm}^3$. Welche Temperatur bestimmt man daraus?

Antwort: Linearität wird angenommen. Also $\theta = aV + b$. Aus den gegeben Daten erhalten wir

$$\frac{\theta - 10\,°\text{C}}{60\,°\text{C} - 10\,°\text{C}} = \frac{V - 57{,}2\,\text{cm}^3}{63{,}6\,\text{cm}^3 - 57{,}2\,\text{cm}^3}\,. \tag{2.31}$$

Für $V = 59{,}6\,\text{cm}^3$ ergibt das

$$\theta = 10\,°\text{C} + 0{,}375 \cdot 50\,°\text{C} = 28{,}75\,°\text{C}\,. \tag{2.32}$$

12. **Aufgabe:** Für zwei Körper kann die Wärmekapazität als $C_P = a + b \cdot T$ geschrieben werden. Der eine Körper hat $a = 100\,\text{kJ/K}$, $b = 200\,\text{J/K}^2$ und eine Temperatur von 300 K. Für den anderen Körper sind $a = 100\,\text{kJ/K}$, $b = 300\,\text{J/K}^2$ und $T = 400\,\text{K}$. Bestimmen Sie die gemeinsame Gleichgewichtstemperatur der beiden Körper, nachdem sie zusammengebracht worden sind.

Antwort: Die Wärme, die der kältere Körper (Körper 1) aufnimmt, ist gleich der Wärme, die der wärmere Körper (Körper 2) aufnimmt. Daraus

$$\int_{T_1}^{T} (a_1 + b_1 T)\,\mathrm{d}T = -\int_{T_2}^{T} (a_2 + b_2 T)\,\mathrm{d}T \,, \tag{2.33}$$

woraus

$$a_1(T - T_1) + \frac{b_1}{2}(T^2 - T_1^2) = a_2(T_2 - T) + \frac{b_2}{2}(T_2^2 - T^2) \tag{2.34}$$

oder

$$\frac{b_1 + b_2}{2} T^2 + (a_1 + a_2)T - \frac{1}{2}(b_1 T_1^2 + b_2 T_2^2) - (a_1 T_1 + a_2 T_2) = 0 \,. \tag{2.35}$$

Mit Zahlen:

$$0{,}25\left(\frac{T}{K}\right)^2 + 200\left(\frac{T}{K}\right) - 33.000 - 70.000 = 0 \tag{2.36}$$

oder

$$\left(\frac{T}{K}\right)^2 + 800\left(\frac{T}{K}\right) - 412.000 = 0 \,. \tag{2.37}$$

Die Lösung ist $T/K = -400 \pm \sqrt{160.000 + 412.000}$ oder $T = 356{,}3\,\text{K}$ (die negative Lösung gilt nicht).

2.12 Aufgaben

1. Geben Sie die Zahl der Phasen für ein System an, das aus einem Glas Wasser mit zwei Kupfermünzen und einer Silbermünze besteht. Begründen Sie die Antwort.

2. Ein Körper (Wärmekapazität 4 kJ/K und Temperatur 320 K) wird mit einem anderen Körper (Wärmekapazität 1 kJ/K und Temperatur 400 K) in thermischen Kontakt gebracht. Welche Temperatur haben die beiden Körper im thermischen Gleichgewicht? Begründen Sie die Antwort.

3. Zwei Körper aus demselben Stoff, aber mit unterschiedlichen Anfangstemperaturen und Massen werden in thermischen Kontakt gebracht. Der eine Körper wiegt 100 g und der andere 300 g. Die Anfangstemperaturen sind 420 K und 440 K. Die Wärmekapazitäten der beiden Körper seien unabhängig von der Temperatur. Welche Temperatur haben die beiden Körper im thermischen Gleichgewicht? Begründen Sie die Antwort.

4. Drei Körper aus demselben Stoff aber mit unterschiedlichen Anfangstemperaturen und Massen werden in thermischen Kontakt gebracht. Der eine Körper wiegt 100 g, der andere 200 g und der dritte 300 g. Die Anfangstemperaturen der drei Körper sind 300 K, 400 K und 400 K. Die Wärmekapazitäten der Körper seien unabhängig von der Temperatur. Welche Temperatur haben die Körper im thermischen Gleichgewicht? Begründen Sie die Antwort.

5. Zwei Körper mit unterschiedlichen Temperaturen werden zusammengebracht. Welche Temperatur herrscht dann im Gleichgewicht? Für jeden Körper lässt sich die Wärmekapazität als $a + b \cdot T$ ausdrücken. Die Konstanten a und b sind für den einen Körper gleich 10 kJ/K und 50 J/K^2 und für den zweiten Körper gleich 20 kJ/K und 30 J/K^2. Die Anfangstemperatur des ersten Körpers sei 250 K und die des zweiten 300 K.

6. Ein Körper mit einer Masse von 400 g, einer Molmasse von 32 g/mol, einer molaren Wärmekapazität von 4 kJ/(mol K) und einer Temperatur von 80 °C wird in eine Flüssigkeit mit der Temperatur 20 °C getaucht. Die Flüssigkeit hat eine temperaturunabhängige molare Wärmekapazität von 6 kJ/(mol K). Wie viel Mol der Flüssigkeit braucht man, damit die Gleichgewichtstemperatur 35 °C wird?

7. Bestimmen Sie die Arbeit, die bei einem isothermen Prozess an 5 mol eines idealen Gases geleistet wird, wenn ein Druck von 1,5 bar angelegt wird. Die Temperatur beträgt 350 K. Das Gas wird komprimiert von einem Volumen von 200 l, bis der von außen angelegte Druck das Gas nicht weiter zusammendrücken kann. $R = 8,31441$ J/(K mol). 1 bar $\cdot$ l = 100 J. Für ein ideales Gas gilt $PV = nRT$.

3 Ein bisschen praktische Mathematik I

3.1 Warum Mathematik?

Wie wir in Kapitel 2 gesehen haben, wird Mathematik immer wieder verwendet. Mathematik kann in gewisser Weise als die Sprache der Naturwissenschaften aufgefasst werden, und es lohnt sich deswegen, sich vertraut mit dieser Sprache zu machen. Ohne die Sprache zu beherrschen, ist es nicht möglich, den Inhalt zu verstehen!

Mathematik in den Naturwissenschaften ist aber anders als Mathematik für Mathematiker. In den Naturwissenschaften ist Mathematik ein Werkzeug, und wie bei jedem Werkzeug ist der Hauptzweck, dass es funktioniert, und nicht warum. Dementsprechend wird nicht versucht, mathematische Vorgehensweisen oder deren Gültigkeit zu beweisen: Solange es funktioniert, ist alles in Ordnung!

Die typische Vorgehensweise ist in Abb. 3.1 gezeigt. Angefangen mit einer naturwissenschaftlichen Fragestellung wird diese mathematisch formuliert (Schritt $A \rightarrow B$), und die mathematische Fragestellung wird gelöst (Schritt $B \rightarrow C$). Letztendlich wird die mathematische Antwort benutzt, um die ursprüngliche naturwissenschaftliche Fragestellung zu beantworten (Schritt $C \rightarrow D$). Sehr selten wird der direkte Weg $A \rightarrow D$ verfolgt. In dem vorliegenden Kurs beschäftigen wir uns vorrangig mit den Schritten $A \rightarrow B$ und $C \rightarrow D$, während die Vorgehensweise bei der Behandlung von Schritt $B \rightarrow C$ weitgehend als beherrscht betrachtet wird und deswegen nicht im Vordergrund stehen wird. In diesem Kapitel (sowie in zwei weiteren) soll dennoch kurz auf die Methoden eingegangen werden, die wir beim Schritt $B \rightarrow C$ benutzen werden.

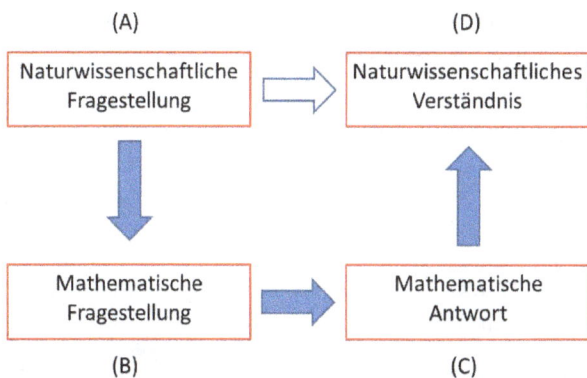

Abb. 3.1: Typische Vorgehensweise bei der Behandlung einer naturwissenschaftlichen Fragestellung.

https://doi.org/10.1515/9783110636932-003

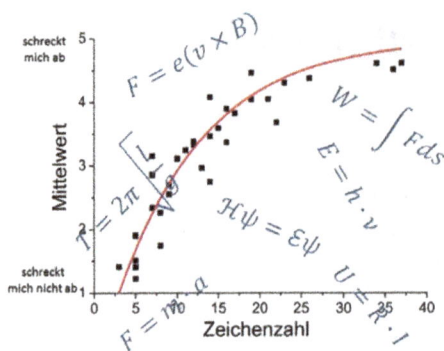

Abb. 3.2: Eine empirische Studie an der Technischen Universität Braunschweig hat gezeigt, dass die Antwort auf der Frage, wie abschreckend eine Formel auf Schülerinnen und Schüler wirkt, im wesentlichen nur von einem Parameter abhängt: von der Zeichenzahl der Formel.

Nicht alle Studierenden der Naturwissenschaften (einschließlich der Chemie) haben ein gutes Verhältnis zu Mathematik. Das Unwohlsein bei mathematischen Fragestellungen, was es nicht nur für Studierende der Naturwissenschaften gibt (Abb. 3.2), darf sich aber nie so weit entwickeln, dass es dabei schwierig wird, die Anwendungen von Mathematik in den Naturwissenschaften zu verstehen und naturwissenschaftliche Fragestellungen mit Hilfe von Mathematik anzugehen. Deswegen kann nur stark empfohlen werden, sich mathematische Grundkenntnisse anzueignen und sich mit ihnen vertraut zu machen.

Es kann nicht stark genug betont werden, dass in diesem Kurs davon ausgegangen wird, dass die Themen dieses Kapitels nicht nur bekannt sind, sondern so weit beherrscht werden, dass sie problemlos und ohne Zögern verstanden, eingesetzt, und verwendet werden können. Ist dies nicht der Fall, wird nicht nur dieser Kurs, sondern das ganze Studium der Chemie kaum zu bewältigen sein.

3.2 Ein Beispiel

Ein klassisches Rätsel ist ungefähr wie folgt:

> 4 Männer graben 4 Löcher in 4 Stunden. Wie viele Löcher graben dann 8 Männer in 8 Stunden? Und 5 Männer in 5 Stunden?

Mit mehr oder weniger großer Mühe werden die meisten es schaffen, die richtigen Antworten zu finden. Schwieriger wird es, wenn die Frage so ist:

> 3 Männer graben 6 Löcher in 9 Stunden. Wie viele Löcher graben dann 4 Männer in 2 Stunden?

Mit ein bisschen Mathematik geht alles relativ einfach. Hier ist die allgemeinere Fragestellung:

M_1 Männer graben L_1 Löcher in T_1 Stunden. Wie viele Löcher (L_2) graben dann M_2 Männer in T_2 Stunden?

Geht man davon aus, dass die Loch-Erstellungs-Geschwindigkeit (Zahl der erstellten Löcher pro Mann und Stunde) v konstant ist, erhält man

$$v = \frac{L_1}{M_1 \cdot T_1} = \frac{L_2}{M_2 \cdot T_2} \,. \tag{3.1}$$

Daraus findet man sofort die gesuchte Unbekannte:

$$L_2 = \frac{M_2 \cdot T_2 \cdot L_1}{M_1 \cdot T_1} \,. \tag{3.2}$$

Verwendet man diese Formel auf die Fragen von oben, erhält man übrigens

$$L_2 = \frac{8 \cdot 8 \cdot 4}{4 \cdot 4} = 16$$

$$L_2 = \frac{5 \cdot 5 \cdot 4}{4 \cdot 4} = 6\frac{1}{4}$$

$$L_2 = \frac{4 \cdot 2 \cdot 6}{3 \cdot 9} = 1\frac{7}{9} \,. \tag{3.3}$$

3.3 Erwartete Vorkenntnisse

Viele Aspekte, die in diesem Kapitel diskutiert werden, sollten eigentlich wohlbekannt sein. Trotzdem kann es selten schaden, sie nochmals kurz zu behandeln. Es gibt aber mehrere Punkte, die hier nicht behandelt werden, die aber trotzdem als bekannt betrachtet werden. Sollte das nicht der Fall sein, ist es überhaupt keine schlechte Idee, diese Punkte aufzufrischen. Zu diesen gehören verschiedene Typen von Funktionen wie trigonometrische Funktionen ($\sin x$, $\cos x$, ...), logarithmische Funktionen ($\ln x$, $\log x$), Exponentialfunktionen ($\exp x$) und Potenzen (x^p). Auch Vektoren werden in diesem Manuskript als bekannt betrachtet, während Matrizen und Determinanten wenig benutzt werden.

Gleichungssysteme lösen zu können, wird immer wieder erwartet. Dies gilt sowohl für eine Gleichung höherer Ordnung mit einer Unbekannten als auch für mehrere lineare Gleichungen mit mehreren Unbekannten.

Trotzdem soll ein Aspekt von linearen Gleichungssysteme mittels eines Beispiels kurz diskutiert werden, das bei späteren Kursen relevant werden kann. Wir betrachten die Gleichungen

$$2x + y = 4$$

$$x + 2y = 5 \,. \tag{3.4}$$

Jede der beiden Gleichungen stellt eine Gerade in einer (x, y) Ebene dar. Allgemein haben zwei solcher Geraden einen, keinen oder unendlich viele gemeinsame Punkte. Der zweite Fall ist hier nicht relevant. Der erste Fall tritt dann auf, wenn die beiden Gerade nicht parallel sind, was für Gl. (3.4) der Fall ist. Der Punkt, an welchem sie sich kreuzen, ist $(x, y) = (1, 2)$, was also die Lösung ist.

Jetzt betrachten wir

$$2x + y = 0$$
$$x + 2y = 0 . \tag{3.5}$$

Wiederum sind die beiden Geraden nicht parallel, und es gibt deswegen genau eine Lösung. Es ist sehr leicht zu erkennen, dass diese Lösung $(x, y) = (0, 0)$ ist.

Zuletzt betrachten wir

$$(2 - \lambda)x + y = 0$$
$$x + (2 - \lambda)y = 0 \tag{3.6}$$

und fragen uns, ob es Werte für die Konstante λ gibt, so dass diese Gleichungen Lösungen ungleich $(x, y) = (0, 0)$ haben. Das ist dann der Fall, wenn die beiden Geraden aufeinander liegen. Es lässt sich zeigen, dass dies der Fall ist, wenn $\lambda = 1$ oder $\lambda = 3$ ist. Für $\lambda = 1$ sind die beiden Geraden $x + y = 0$; im zweiten Fall $x - y = 0$.

Auch Differenziation soll beherrscht werden. Während Differenziation als ‚Handwerk‘ aufgefasst werden kann, wird Integration oft als ‚Kunst‘ betrachtet. Es gibt eben wenige Standardregeln, die man automatisch einsetzen kann, und die automatisch zum richtigen Endergebnis führen (solange man richtig rechnet und keine Fehler macht!). Umso wichtiger ist, dass man Vertrauen in die Integration entwickelt.

3.4 Differenziale und Integrale

Im letzten Kapitel haben wir schon gesehen, wie wir die Änderungen bei einem Prozess berechnen: Wir summieren viele, viele kleine Änderungen. Wir gehen dabei wie folgt vor.

Um die gesamte Änderung in einer Größe Z zu bestimmen, stellen wir uns vor, dass wir ‚irgendwie‘ wissen, wie eine Beziehung zwischen den Änderungen in Z und denen einer anderen Größe x aussieht,

$$\Delta Z = f(x) \cdot \Delta x . \tag{3.7}$$

Die gesamte Änderung in Z erhalten wir dann durch Summation der kleinen Änderungen,

$$Z_e - Z_a = \sum \Delta Z = \sum [f(x) \cdot \Delta x] \rightarrow \int_{x_a}^{x_e} f(x) \, dx , \tag{3.8}$$

wo wir die Grenze betrachtet haben, dass Δx infinitesimal klein wird,

$$\Delta x \rightarrow dx . \tag{3.9}$$

Dann wird aus der Summe ein Integral, das über das Intervall zwischen dem Anfangswert von x, x_a, und dem Endwert von x, x_e, läuft. Z_e und Z_a sind End- und Anfangswert
von Z.

Wir werden wiederholt so vorgehen: Zuerst stellen wir eine Beziehung im Stil von
Gl. (3.7) auf, die die Änderung in einer Größe in Verbindung mit der Änderung einer
anderen Größe bringt. Anschließend führen wir eine infinitesimale Änderung wie in
Gl. (3.9) ein, um letztendlich die Gesamtänderung mit Hilfe von Gl. (3.8) zu bestimmen.

Es gibt ein paar einfache ‚Spielregeln'. Betrachten wir z. B. die Änderung eines
Produkts $Z = ab$, haben wir

$$\begin{aligned}
\Delta Z &= \Delta(ab) \\
&= (ab)(\text{nachher}) - (ab)(\text{vorher}) \\
&= a(\text{nachher})\, b(\text{nachher}) - a(\text{vorher})\, b(\text{vorher}) \\
&= (a + \Delta a)(b + \Delta b) - ab \\
&= a\Delta b + b\Delta a + \Delta a \Delta b \\
&\rightarrow a \cdot \mathrm{d}b + b \cdot \mathrm{d}a + \mathrm{d}a \cdot \mathrm{d}b \\
&\rightarrow a \cdot \mathrm{d}b + b \cdot \mathrm{d}a \\
&\equiv \mathrm{d}Z\,.
\end{aligned} \tag{3.10}$$

D. h., für den Grenzfall, dass die Änderungen sehr klein werden, Gl. (3.9), werden
Produkte aus zwei (oder mehreren) kleinen Änderungen ignoriert. Das Ergebnis der
Gl. (3.10) werden wir wiederholt verwenden.

Die Größen $\mathrm{d}Z$ und $\mathrm{d}x$ werden übrigens Differenziale genannt. Deren Quotienten
bilden die wohlbekannten Differenzialquotienten.

3.5 Zahlen und Stellen

Wie Zahlen angegeben werden, hat in den Naturwissenschaften eine weitere Bedeutung im Vergleich mit der Mathematik. Viele Zahlen, die angegeben werden, stammen
aus experimentellen Befunden und beinhalten auch eine gewisse (obwohl möglicherweise sehr kleine) Messungenauigkeit.

Diese drückt man in der Angabe der Zahlen aus. So bedeutet $x = 0{,}02$, dass x
weder 0,01 noch 0,03 ist, aber dass x, wenn abgerundet, gleich 0,02 ist. Also dass
$0{,}015 \le x < 0{,}025$. Mit der Angabe $x = 0{,}020$, auf der anderen Seite, wird gezeigt,
dass $0{,}0195 \le x < 0{,}0205$, also eine deutlich größere Genauigkeit als im ersten Fall
vorliegt. Die Zahl der angegebenen Stellen zeigt also, wie genau die Zahl bekannt ist.

Vor allem bei Zahlen, die sehr groß oder sehr klein sind, verwendet man eine
Schreibweise mit Zehnerpotenzen. Bei den beiden vorherigen Zahlen wird man da-
her $x = 2 \cdot 10^{-2}$ und $x = 2{,}0 \cdot 10^{-2}$ schreiben können. Dabei lässt sich die Genauigkeit
viel leichter zum Ausdruck bringen. Zum Beispiel ist eine Angabe $x = 123.456.789$

sehr genau. Die Angabe $x = 123.000.000$ ist nicht geeignet, um anzugeben, dass nur die ersten drei Stellen bekannt sind. Stattdessen verwendet man $x = 1,23 \cdot 10^8$.

Es ist wichtig, dies zu beachten, wenn man die Zahlen benutzt, um andere Größen zu berechnen. Mit $x = 3,14$ und $y = 2,9$ ist angegeben, dass $3,135 \le x < 3,145$ und $2,85 \le y < 2,95$. Dann gilt für $z = x \cdot y$, dass $8,93475 \le z < 9,27775$, während $3,14 \cdot 2,9 = 9,106$. Wegen der großen Ungenauikeit in den möglichen z-Werten sollte man keine höhere Genauigkeit als $z = 9,1$ angeben. Besser ist eigentlich $z = 9,1 \pm 0,2$.

In diesem Kurs werden wir aber kaum Zahlenwerte verwenden, die nicht sehr genau (obwohl nicht exakt) bekannt sind, so dass die Fehler dann vernachlässigt werden können. Das ist anders, wenn man Zahlen behandelt, die man selber im Labor bestimmt hat. Dies ist aber nicht Thema dieses Kurses, sondern (z. B.) Thema eines Grundpraktikums in Physikalischer Chemie.

3.6 Einheiten

Beinahe alle Größen, mit denen wir uns beschäftigen werden, haben Einheiten. Es ist oft sehr hilfreich, diese immer zu berücksichtigen. So kann z. B. die Gaskonstante R in J/(K mol), in Nm/(K mol), in (Pa m^3)/(K mol), oder in (l atm)/(K mol) ausgedrückt werden. Der Zahlenwert ist 8,314 für die ersten drei Möglichkeiten und 0,08206 für die letzte. Es ist also gar nicht irrelevant, ob der eine oder der andere Satz von Einheiten verwendet wird. Setzt man zuerst nur den Zahlenwert ein und erst nachher die richtigen Einheiten, kann das Ergebnis gänzlich daneben liegen. Es lohnt sich also (wie wir in Beispielen in Kapitel 4 sehen werden), die Einheiten konsequent mitzunehmen.

Ein weiterer Vorteil von Einheiten ist, dass man mit deren Hilfe wichtige (mehr oder weniger) vergessene Formeln herleiten kann. Kennt man z. B. Masse und Volumen eines Körpers (z. B. $m = 3$ kg und $V = 2$ l), kann man die Dichte ρ bestimmen. Sie wird z. B. in kg/l angegeben, was sich aus dem Ausdruck $\rho = m/V$ ergibt. Also muss gelten $\rho = m/V$.

3.7 Algebra

Hat man mathematische Ausdrücke wie $x = (a + b \cdot c) + d \cdot e$, ist es wichtig zu wissen, wie man diese ausrechnet. Es gilt folgendes:
- Zuerst werden Ausdrücke im Klammern ausgerechnet, wonach man dieselben Regeln verwendet.
- Anschließend werden Potenzen berechnet.
- Danach werden Multiplikationen und Divisionen ausgeführt, wobei man von links anfängt.
- Schließlich werden Additionen und Subtraktionen ausgeführt, wiederum von links anfangend.

Mit diesen Regeln kann man z. B. $x = 1/2/4$ ausrechnen. Man hat zuerst $1/2 = \frac{1}{2}$, das durch 4 geteilt werden soll. Dies gibt dann $1/8$. Also

$$x = 1/2/4 = (1/2)/4 = \frac{\frac{1}{2}}{4} = \frac{1}{8} = 1/8 \,. \tag{3.11}$$

Bei Ausdrücken, in die Funktionen (z. B. sin, cos, tanh, exp, …) eingehen, werden die Argumente der Funktionen mit den obigen Regeln zuerst berechnet. Anschließend werden die Ausdrücke (wiederum mit den obigen Regeln) berechnet.

3.8 Funktionsanalyse

Aus dem Gebiet der mathematischen Funktionsanalyse haben wir gelernt, wie man beliebige Funktionen analysieren kann. Oft sind aber vereinfachte Analysen hilfreicher. Dies soll durch ein Beispiel illustriert werden.

Wir betrachten die Funktion

$$f(x) = x^2 + \frac{1}{x} \,. \tag{3.12}$$

Aus

$$f'(x) = 2x - \frac{1}{x^2} \equiv 0 \tag{3.13}$$

erhalten wir, dass die Funktion ein Extremum für $x = 2^{-1/3}$ hat. Ferner finden wir aus $f(x) \equiv 0$, dass $f(x)$ einen Nulldurchgang für $x = -1$ hat. Aber ansonsten können wir wenig zur Funktion sagen.

Viel einfacher ist es, die Funktion in die beiden Teile der Gl. (3.12) zu zerlegen. Dies ist schematisch in Abb. 3.3 gemacht worden. Aus der Zerlegung von $f(x)$ in x^2 (eine Parabel; linker Teil in der Abbildung) und $1/x$ (eine Hyperbel; mittlerer Teil) kann man sehr einfach die komplette Funktion (rechter Teil der Abbildung) skizzieren: Für große $|x|$ dominiert die Parabel, während für kleine $|x|$ die Hyperbel dominiert. Für mittelgroße $|x|$ müssen dann die zwei Teile glatt zusammengefügt werden.

Es ist also oft ein Vorteil, zuerst zu denken, bevor man die große Maschinerie loslässt!

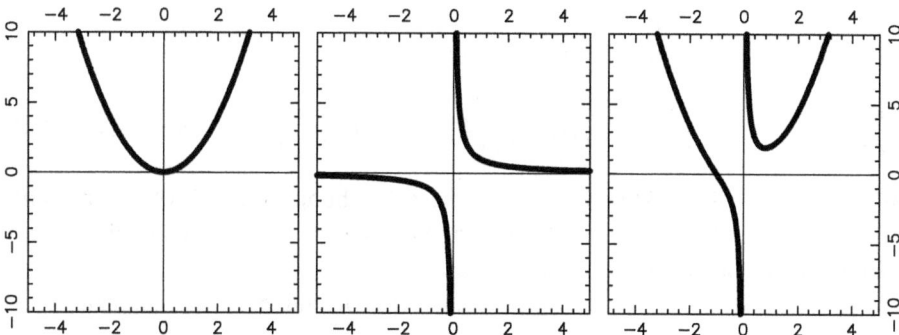

Abb. 3.3: Schematische Darstellung der Funktion aus Gl. (3.12).

3.9 Linearisierung

Besonders einfach sind lineare Funktionen,

$$f(x) = a \cdot x + b \,. \tag{3.14}$$

Hat man z. B. einen Satz aus gemessenen (x_i, y_i) Werten, die einer Beziehung wie in Gl. (3.14) gehorchen sollen, aber doch mit Fehlern versehen sind, kann man diese Daten in einem (x, y) Koordinatensystem auftragen. Anschließend kann man die Werte der Konstanten a und b dadurch bestimmen, dass man die bestmögliche Gerade durch die Punkte legt (das führt zu der sogenannten Regressionsgerade).

Dieses Verfahren ist so standardisiert, dass man oft versucht, es auch für andere Funktionen zu verwenden. Werden z. B. Wertepaare von s und t gemessen, die einer Gleichung wie

$$t = a \cdot \exp\left(-\frac{b}{s}\right) \tag{3.15}$$

gehorchen sollen, kann man zweckmäßig

$$x = \frac{1}{s}$$
$$y = \ln t \tag{3.16}$$

einführen, die dann

$$y = \ln a - b \cdot x \tag{3.17}$$

erfüllen sollen. Man trägt also $\ln t$ gegen $1/s$ auf und erhält eine Gerade, deren Steigung $-b$ ist, und deren Nulldurchgang $\ln a$ ist.

3.10 Differenzialgleichungen

Auch Differenzialgleichungen werden wir lösen müssen. Wiederum gilt also: üben! Trotzdem werden wir hier einige wenige Aspekte und Beispiele diskutieren, die für diesen Kurs relevant sind.

Allgemein betrachten wir hier Gleichungen vom Typ

$$\frac{d^n y}{dx^n} + a_{n-1}(x, y)\frac{d^{n-1} y}{dx^{n-1}} + a_{n-2}(x, y)\frac{d^{n-2} y}{dx^{n-2}} + \cdots + a_1(x, y)\frac{dy}{dx} + a_0(x, y)y = r(x) \,. \tag{3.18}$$

Wir suchen hier die Funktion $y = y(x)$, die diese Gleichung erfüllt. Die Gleichung (3.18) legt aber $y(x)$ nicht eindeutig fest, sondern man braucht zusätzliche Randbedingungen, um $y(x)$ eindeutig festzulegen.

In Gl. (3.18) ist n die **Ordnung** der Differenzialgleichung. Für uns sind kaum andere Fälle als $n = 1$ und $n = 2$ relevant.

Wenn die Funktionen $a_{n-1}, a_{n-2}, \ldots, a_1$ und a_0 unabhängig von y sind,

$$a_{n-1}(x, y) = a_{n-1}(x)$$
$$a_{n-2}(x, y) = a_{n-2}(x)$$
$$\cdots$$
$$a_1(x, y) = a_1(x)$$
$$a_0(x, y) = a_0(x) , \tag{3.19}$$

ist Gl. (3.18) eine **lineare** Differenzialgleichung. In dem Fall kann Gl. (3.18) so geschrieben werden,

$$\frac{d^n y}{dx^n} + a_{n-1}(x)\frac{d^{n-1} y}{dx^{n-1}} + a_{n-2}(x)\frac{d^{n-2} y}{dx^{n-2}} + \cdots + a_1(x)\frac{dy}{dx} + a_0(x)y = r(x) . \tag{3.20}$$

Als Beispiel können wir

$$\frac{d^2 y}{dx^2} = x \tag{3.21}$$

betrachten. Durch eine erste Integration erhalten wir

$$\frac{dy}{dx} = \frac{1}{2}x^2 + c_1 \tag{3.22}$$

und anschließend durch eine weitere Integration

$$y(x) = \frac{1}{6}x^3 + c_1 x + c_2 . \tag{3.23}$$

Hier sind c_1 und c_2 Konstanten, deren Werte wir zuerst nicht kennen. Würden wir aber z. B. zwei Werte von $y(x)$ für zwei x-Werte kennen, könnten wir c_1 und c_2 bestimmen.

Dies ist allgemeingültig: Die Lösung einer Differenzialgleichung der Ordnung n beinhaltet n Konstanten, deren Werte nur mittels Nebenbedingungen bestimmt werden können.

Wenn in Gl. (3.20) gilt, dass

$$r(x) = 0 , \tag{3.24}$$

ist Gl. (3.20) eine **homogene** Differenzialgleichung. Die allgemeine Lösung dieser beinhaltet n Konstanten, die zuerst nicht festgelegt sind, die aber mittels der Randbedingungen bestimmt werden können.

Im allgemeinen Fall mit

$$r(x) \neq 0 , \tag{3.25}$$

hat man eine **inhomogene** Differenzialgleichung. Um diese Gleichung zu lösen, kann es sinnvoll sein, zuerst die zugehörige homogene Differenzialgleichung zu betrachten, und diese komplett zu lösen (also die Lösung mit n unbestimmten Konstanten zu bestimmen) und dazu eine einzige Lösung der inhomogenen Differenzialgleichung zu addieren. Dadurch erhält man die komplette Lösung der inhomogenen Differenzialgleichung.

Wir werden jetzt einige wenige Beispiele kurz behandeln. Ein einfaches Beispiel ist die homogene, lineare Differenzialgleichung erster Ordnung,

$$\frac{dy}{dx} + ky = 0 \tag{3.26}$$

mit einer Konstanten k. Wenn wir diese Gleichung als

$$\frac{dy}{dx} = -ky \tag{3.27}$$

schreiben, sehen wir, dass wir eine Funktion suchen, die, bei einmaliger Differenziation, die Funktion selbst multipliziert mit einer Konstanten ergibt. Eine solche Funktion ist eine Exponentialfunktion, und wir erkennen dann sofort (!), dass die allgemeine Lösung zu Gl. (3.27) lautet

$$y = Ae^{-kx} . \tag{3.28}$$

A ist hier eine Konstante, die wir nicht ohne Randbedingungen festlegen können. Weil die Ordnung der Differenzialgleichung $n = 1$ ist, brauchen wir nur eine Randbedingung. Diese könnte zum Beispiel

$$y(2) = 4 \tag{3.29}$$

sein, woraus

$$4 = Ae^{-2k} \tag{3.30}$$

oder

$$A = 4e^{2k} . \tag{3.31}$$

Hätten wir statt Gl. (3.26) eine inhomogene Differenzialgleichung wie

$$\frac{dy}{dx} + ky = 3e^{ax} \tag{3.32}$$

(mit $a \neq -k$), bräuchten wir zusätzlich eine einzige Lösung zu dieser Gleichung. Eine solche zu finden, ist selten einfach, aber in diesem Fall können wir probieren,

$$y = ce^{ax} \tag{3.33}$$

einzusetzen, wobei c eine Konstante ist, die wir durch Einsetzen bestimmen wollen. Tatsächlich ist diese Funktion eine Lösung zu Gl. (3.32) wenn

$$c = \frac{3}{a+k} . \tag{3.34}$$

Die allgemeine Lösung zu Gl. (3.32) erhalten wir dann dadurch, dass wir zu dieser Lösung die allgemeine Lösung der homogenen Gleichung, also die Funktion in Gl. (3.28), addieren,

$$y = \frac{3}{a+k}e^{ax} + Ae^{-kx} . \tag{3.35}$$

Wiederum haben wir eine Konstante (A), die wir nur mittels Randbedingungen bestimmen können.

In diesem Beispiel haben wir angenommen, dass $a \neq -k$ gilt. Das muss nicht notwendigerweise gelten, und die Frage ist, was man dann in dem Fall $a = -k$ macht. Es gibt kein Standardverfahren, aber sinnvoll kann es dann sein, die Lösung in Gl. (3.35) umzuschreiben,

$$y = \frac{3}{a + k} \left(e^{ax} - e^{-kx} \right) + A' e^{-kx} \tag{3.36}$$

mit

$$A' = A + \frac{3}{a + k} \, . \tag{3.37}$$

Dabei haben wir erreicht, dass das erste Glied als

$$F(a) = \frac{P(a)}{Q(a)} = \frac{3 \left(e^{ax} - e^{-kx} \right)}{a + k} \tag{3.38}$$

geschrieben werden kann. Hier betrachten wir also eine Funktion von a und **nicht** von x, wie es ansonsten üblich ist. Wir interessieren uns für den Fall, dass $a \to -k$. Für $a = -k$ ist $P(a) = Q(a) = 0$ und $F(a)$ ist zunächst undefiniert. Aber nach der Regel von l'Hospital gilt dann

$$\lim_{a \to -k} F(a) = \lim_{a \to -k} \frac{P(a)}{Q(a)} \to \lim_{a \to -k} \frac{P'(a)}{Q'(a)} = \lim_{a \to -k} \frac{3x e^{ax}}{1} = 3x e^{-kx} \, , \tag{3.39}$$

so dass die allgemeine Lösung für $a = -k$ lautet:

$$y = 3x e^{-kx} + A' e^{-kx} \, . \tag{3.40}$$

Durch Einsetzen kann man sich leicht von der Richtigkeit der Lösung überzeugen. Auch wenn dieser Sonderfall exotisch erscheint, sind ähnliche Fälle sehr wichtig in den Naturwissenschaften: Sie beschreiben Resonanzen.

Als Beispiel einer homogenen, linearen Differenzialgleichung zweiter Ordnung betrachten wir die Gleichung

$$\frac{d^2 y}{dx^2} + k y = 0 \, , \tag{3.41}$$

wobei k (wiederum) irgendeine Konstante ist. Es ist (hoffentlich!) leicht zu erkennen, dass die allgemeine Lösung dieser Gleichung

$$y(x) = A \sin(\sqrt{k}x) + B \cos(\sqrt{k}x) \tag{3.42}$$

lautet. Wir haben also in diesem Fall zwei Konstanten (weil die Ordnung der Differenzialgleichung $n = 2$ ist), die wir nur mittels Randbedingungen bestimmen können. Solche Randbedingungen können zum Beispiel die Funktionswerte in zwei verschiedenen Punkten sein, also z. B.

$$y(2) = 4$$
$$y(23) = -6 \, . \tag{3.43}$$

Oder wir können den Funktionswert und den Wert der ersten Ableitung in einem bestimmten Punkt kennen, also z. B.

$$y(1) = -3$$
$$y'(1) = 2 .$$
$$(3.44)$$

3.11 Summen und Reihen

Immer wieder werden endliche Summen ausgerechnet werden müssen. Solche Summen können z. B.

$$\sum_{j=1}^{N} j = \frac{N(N+1)}{2} \tag{3.45}$$

sein. Hier haben wir das Ergebnis, das man entweder direkt ausrechnet oder in Tabellen findet, angegeben. Ein solches Ergebnis kann benutzt werden, um

$$\sum_{j=1}^{N} (a + bj) = a \sum_{j=1}^{N} 1 + b \sum_{j=1}^{N} j = aN + b\frac{N(N+1)}{2} \tag{3.46}$$

zu erhalten.

Eine andere wichtige Summe ist

$$\sum_{j=0}^{N} q^j = \frac{q^{N+1} - 1}{q - 1} . \tag{3.47}$$

In dem Fall, dass $N \to \infty$, wird über unendlich viele Glieder summiert, und man spricht dann nicht mehr von (unendlichen) Summen sondern von Reihen. Die Reihen, die für $N \to \infty$ aus den Summen in Gl. (3.45) und (3.46) entstehen, divergieren: Das Ergebnis wird unendlich groß. Das ist auch der Fall für die Summe in Gl. (3.47), wenn $|q| > 1$ ist, aber für $|q| < 1$ erhält man

$$\sum_{j=0}^{\infty} q^j = \frac{1}{1 - q} . \tag{3.48}$$

Eine spezielle Variante von Reihen sind die sogenannten Taylor-Reihen. Es gilt,

$$f(x) = f(x_0) + f'(x_0) \cdot (x - x_0) + \frac{1}{2}f''(x_0) \cdot (x - x_0)^2 + \frac{1}{6}f'''(x_0) \cdot (x - x_0)^3$$
$$+ \frac{1}{24}f''''(x_0) \cdot (x - x_0)^4 + \cdots$$
$$= \sum_{j=0}^{\infty} \frac{1}{j!}f^{(j)}(x_0)(x - x_0)^j . \tag{3.49}$$

Hier bedeutet $f^{(j)}(x_0)$ der j-te Differenzialquotient der Funktion f im Punkt x_0. Ferner ist definitionsgemäß $0! = 1$.

Die Reihe in Gl. (3.48) ist eine solche Reihe mit q statt x als Variable und $q_0 = 0$.

3.12 Aufgaben mit Antworten

1. **Aufgabe:** Vereinfachen Sie die folgenden Ausdrücke:
   (a) $s^3 \cdot s^5$, (b) $z^2 \cdot z^6$, (c) $x^4 \cdot x^3$, (d) a^6/a^3, (e) w^{10}/w^2.
   Antwort: (a) s^8, (b) z^8, (c) x^7, (d) a^3, (e) w^8.

2. **Aufgabe:** Vereinfachen Sie die folgenden Ausdrücke:
   (a) $e^{2s} \cdot e^{-s}$, (b) $e^{(t-1)^2}/e^{(t+1)^2}$, (c) $e^{(f-1)^2} \cdot e^{(f+1)^2}$, (d) $\exp(-2z) \cdot e^{2z}$, (e) $(e^{1/a})^{-1}$.
   Antwort: (a) e^s, (b) $e^{(t-1)^2-(t+1)^2} = e^{-4t}$, (c) $e^{(f-1)^2+(f+1)^2} = e^{2f^2+2}$, (d) $e^{-2z+2z} = 1$,
   (e) $e^{-1/a}$.

3. **Aufgabe:** Schreiben Sie die folgenden Ausdrücke mit Hilfe von Zehnerpotenzen
   um: (a) 77,2 mg, (b) 1,67 aJ, (c) 1,23 MW, (d) 4,08 kJ/mol, (e) 543 nm.
   Antwort: (a) $7{,}72 \cdot 10^{-2}$ g, (b) $1{,}67 \cdot 10^{-18}$ J, (c) $1{,}23 \cdot 10^6$ W, (d) $4{,}08 \cdot 10^3$ J/mol,
   (e) $5{,}43 \cdot 10^{-7}$ m.

4. **Aufgabe:** Lösen Sie die Gleichungen $7x + 6y = 3$, $3x + 5y = 10$.
   Antwort: Die erste Gleichung wird mit 3 multipliziert, die zweite mit 7. Daraus
   ergibt sich

$$21x + 18y = 9$$
$$21x + 35y = 70 \,. \tag{3.50}$$

Die zweite Gleichung minus die erste ergibt $17y = 61$ oder $y = \frac{61}{17}$. Wir setzen das
in die zweite, ursprüngliche Gleichung ein:

$$3x = 10 - 5y = 10 - \frac{305}{17} = -\frac{135}{17} \tag{3.51}$$

oder $x = -\frac{45}{17}$.

5. **Aufgabe:** Die 2×2-Determinante ist definiert als

$$\begin{vmatrix} v_{11} & v_{12} \\ v_{21} & v_{22} \end{vmatrix} = v_{11}v_{22} - v_{12}v_{21} \,. \tag{3.52}$$

Zeigen Sie, dass sich die Lösungen zu

$$a_{11}x + a_{12}y = b_1$$
$$a_{21}x + a_{22}y = b_2 \tag{3.53}$$

mit Hilfe der Determinanten

$$d \equiv \begin{vmatrix} a_{11} & a_{12} \\ a_{21} & a_{22} \end{vmatrix}$$

$$d_1 \equiv \begin{vmatrix} b_1 & a_{12} \\ b_2 & a_{22} \end{vmatrix}$$

$$d_2 \equiv \begin{vmatrix} a_{11} & b_1 \\ a_{21} & b_2 \end{vmatrix} \tag{3.54}$$

wie folgt schreiben lassen:

$$x = \frac{d_1}{d}$$

$$y = \frac{d_2}{d} \,. \tag{3.55}$$

Wann haben die Gleichungen $a_{11}x + a_{12}y = b_1$, $a_{21}x + a_{22}y = b_2$ keine bzw. unendlich viele Lösungen? Für welche Werte von λ haben die Gleichungen $a_{11}x + a_{12}y = \lambda x$, $a_{21}x + a_{22}y = \lambda y$ Lösungen ungleich $x = y = 0$?

Antwort: Wir setzen Gl. (3.55) in Gl. (3.53) ein:

$$\begin{aligned}
a_{11}d_1 + a_{12}d_2 &= a_{11}(b_1 a_{22} - b_2 a_{12}) + a_{12}(a_{11}b_2 - a_{21}b_1) \\
&= b_1(a_{11}a_{22} - a_{12}a_{21}) + b_2(a_{12}a_{11} - a_{11}a_{12}) \\
&= b_1(a_{11}a_{22} - a_{12}a_{21}) = b_1 d \,.
\end{aligned} \tag{3.56}$$

Und:

$$\begin{aligned}
a_{21}d_1 + a_{22}d_2 &= a_{21}(b_1 a_{22} - b_2 a_{12}) + a_{22}(a_{11}b_2 - a_{21}b_1) \\
&= b_1(a_{21}a_{22} - a_{22}a_{21}) + b_2(a_{11}a_{22} - a_{12}a_{21}) \\
&= b_2(a_{21}a_{22} - a_{22}a_{21}) = b_2 d \,.
\end{aligned} \tag{3.57}$$

Wie es sein soll!

Mit Hilfe der Determinanten erhalten wir, dass wir unendlich viele Lösungen haben, wenn $d = d_1 = d_2 = 0$ ist, und keine Lösungen, wenn $d = 0$ und gleichzeitig d_1 oder $d_2 \neq 0$ ist.

Für die Gleichungen

$$(a_{11} - \lambda)x + a_{12}y = 0$$

$$a_{21}y + (a_{22} - \lambda)y = 0$$

ist $d_1 = d_2 = 0$. Dadurch wird $x = y = 0$ die einzige Lösung, wenn nicht auch $d = 0$. Der Fall $d = 0$ liegt vor, wenn

$$(a_{11} - \lambda)(a_{22} - \lambda) - a_{12}a_{21} = 0 \tag{3.58}$$

oder

$$\lambda^2 - (a_{11} + a_{22})\lambda + a_{11}a_{22} - a_{12}a_{21} = 0 \,. \tag{3.59}$$

Daraus folgt

$$\begin{aligned}
\lambda &= \frac{a_{11} + a_{22}}{2} \pm \left[\left(\frac{a_{11} + a_{22}}{2} \right)^2 - a_{11}a_{22} + a_{12}a_{21} \right]^{1/2} \\
&= \frac{a_{11} + a_{22}}{2} \pm \left[\left(\frac{a_{11} - a_{22}}{2} \right)^2 + a_{12}a_{21} \right]^{1/2} \,.
\end{aligned} \tag{3.60}$$

6. **Aufgabe:** Berechnen Sie dy/ds für $y = 3s^2 + 5$ und (a) $s = -4$, (b) $s = 0$, (c) $s = 2$, (d) $s = -0.5$, (e) $s = 2.42$.

   Antwort: $dy/ds = 6s$. Also $-24, 0, 12, -3, 14.52$ in den fünf Fällen.

7. **Aufgabe:** Die Temperaturabhängigkeit des Volumens V einer Flüssigkeit ist gegeben durch $V = V_0 \cdot (a + bT + cT^2)$, wobei V_0 das Volumen bei 298 K ist, $a = 0.85$, $b = 4.2 \times 10^{-4}\,\text{K}^{-1}$, und $c = 1.67 \times 10^{-6}\,\text{K}^{-2}$. Drücken Sie dV/dT für diese Flüssigkeit bei 350 K mit Hilfe von V_0 aus.

   Antwort: $dV/dT = V_0(b + 2cT) = V_0(4.2 \cdot 10^{-4} + 3.34 \cdot 10^{-6} \cdot 350)\,\text{K}^{-1} = V_0 \cdot 1.589 \cdot 10^{-3}/\text{K}$.

8. **Aufgabe:** Differenzieren Sie nach x: (a) $\ln(3x)$, (b) e^{-5x}, (c) $\sin(4x - 7)$, (d) $\log 7x - \cos(2x)$, (e) $e^{-x} + \sin(3x + 2) + \ln(9x)$.

   Antwort: (a) $d/dx[\ln(3x)] = d/dx[\ln(3) + \ln(x)] = d/dx[\ln(x)] = 1/x$, (b) $d/dx[e^{-5x}] = -5e^{-5x}$, (c) $d/dx[\sin(4x-7)] = 4\cos(4x-7)$, (d) $d/dx[\log(7x) - \cos(2x)] = d/dx[\ln(7x)/\ln(10) - \cos(2x)] = 1/(x\ln(10)) + 2\sin(2x)$, (e) $d/dx[e^{-x} + \sin(3x + 2) + \ln(9x)] = -e^{-x} + 3\cos(3x + 2) + 1/x$.

9. **Aufgabe:** Bei welchem Wert von x hat die Funktion $f(x) = 3x^2 - 6x + 7$ einen stationären Punkt?

   Antwort: $0 = df/dx = 6x - 6$ für $x = 1$.

10. **Aufgabe:** Bestimmen Sie die graphische Darstellung der folgenden Relationen, die zu einer Gerade führt. Geben Sie die Steigung und den Nulldurchgang an. (a) $y = 3x^2 - 8$, (b) $y = 5x - 4$, (c) $y = (3/x) - 3$, (d) $y = (3/x) + 6$, (e) $y = 2/x^2$.

    Antwort: (a) y als Funktion von $s = x^2$: $y = 3s - 8$. $y = -8$ für $s = 0$ und Steigung $= 3$, (b) y als Funktion von $s = x$: $y = 5s - 4$. $y = -4$ für $s = 0$ und Steigung $= 5$, (c) y als Funktion von $s = x^{-1}$: $y = 3s - 3$. $y = -3$ für $s = 0$ und Steigung $= 3$, (d) y als Funktion von $s = x^{-1}$: $y = 3s + 6$. $y = 6$ für $s = 0$ und Steigung $= 3$, (e) y als Funktion von $s = x^{-2}$: $y = 2s$. $y = 0$ für $s = 0$ und Steigung $= 2$.

11. **Aufgabe:** Berechnen Sie: (a) $\int_0^6 (5x^3 - 2x^2 + x + 6)\,dx$, (b) $\int_{-1}^3 (x^2 - 2x + 1)\,dx$, (c) $\int_{-4}^0 (3x^4 - 4x^2 - 7)\,dx$.

    Antwort:

    (a) $[\frac{5}{4}x^4 - \frac{2}{3}x^3 + \frac{1}{2}x^2 + 6x]_0^6 = 1530 - 0 = 1530$,

    (b) $[\frac{1}{3}x^3 - x^2 + x]_{-1}^3 = 3 + \frac{7}{3} = \frac{16}{3}$,

    (c) $[\frac{3}{5}x^5 - \frac{4}{3}x^3 - 7x]_{-4}^0 = 0 - (\frac{3072}{5} - \frac{256}{3} - 28) = -\frac{7516}{15}$.

12. **Aufgabe:** Für $f(x)$ ist bekannt, dass $df/dx = x^2 - x + 5$, und dass $f(1) = 2$. Welchen Wert hat $f(5)$?

Antwort:

$$f(x) = \int (x^2 - x + 5)\,dx = \frac{1}{3}x^3 - \frac{1}{2}x^2 + 5x + C\,. \tag{3.61}$$

Dann ist

$$f(1) = \frac{1}{3} - \frac{1}{2} + 5 + C = \frac{29}{6} + C \equiv 2\,, \tag{3.62}$$

woraus $C = -\frac{17}{6}$. Dann ist

$$f(5) = \frac{250}{6} - \frac{75}{6} + \frac{150}{6} - \frac{17}{6} = \frac{308}{6} = \frac{154}{3}\,. \tag{3.63}$$

Alternativ kann auch benutzt werden, dass

$$f(5) = f(1) + \int_1^5 (x^2 - x + 5)\,dx\,. \tag{3.64}$$

13. **Aufgabe:** Es gilt

$$\sum_{n=1}^{N} x^n = \frac{x^{N+1} - x}{x - 1}\,. \tag{3.65}$$

(a) Berechnen Sie $\sum_{p=1}^{8} 2^p$. (b) Berechnen Sie $\sum_{p=0}^{8} 2^p$. (c) Berechnen Sie $\sum_{j=1}^{8} e^{-ja}$. (d) Berechnen Sie $\sum_{l=0}^{\infty} e^{-lc}$, $c > 0$. (e) Differenzieren Sie Gleichung (3.65) nach x. (f) Was gilt für $\sum_{n=1}^{N} nx^n$? (g) Was gilt für $\sum_{n=0}^{N} nx^n$? (h) Was gilt für $\sum_{n=0}^{N} n^2 x^n$?

Antwort: (a) $x = 2$ und $N = 8$. Dann ist $(2^9 - 2)/(2 - 1) = 510$; (b) $\sum_{n=0}^{N} x^n = 1 + \sum_{n=1}^{N} x^n$. Daraus $1 + 510 = 511$; (c) $x = e^{-a}$ und $N = 8$. Dann $(e^{-9a} - e^{-a})/(e^{-a} - 1)$; (d) für $|x| < 1$:

$$\lim_{N\to\infty} \sum_{n=0}^{N} x^n = \lim_{N\to\infty} \left[\frac{x^{N+1} - x}{x - 1} + 1\right] = \frac{x}{1 - x} + 1 = \frac{1}{1 - x}\,. \tag{3.66}$$

Dann für $x = e^{-c}$: $1/(1 - e^{-c})$; (e) Differenziation:

$$\frac{d}{dx} \sum_{n=1}^{N} x^n = \sum_{n=1}^{N} nx^{n-1} = \sum_{n=0}^{N} nx^{n-1} = \frac{d}{dx} \frac{x^{N+1} - x}{x - 1}$$

$$= \frac{[(N+1)x^N - 1][x - 1] - [x^{N+1} - x]}{(x - 1)^2}$$

$$= \frac{(N+1)x^{N+1} - (N+1)x^N - x + 1 - x^{N+1} + x}{(x - 1)^2}$$

$$= \frac{Nx^{N+1} - (N+1)x^N + 1}{(x - 1)^2}\,. \tag{3.67}$$

(f) Dann ist $\sum_{n=1}^{N} n x^n = x \sum_{n=1}^{N} n x^{n-1} = (N x^{N+2} - (N+1) x^{N+1} + x)/(x-1)^2$;

(g) Wie (f), weil das $n = 0$-Glied identisch null ist; (h):

$$\sum_{n=0}^{N} n^2 x^n = x \frac{d}{dx} \sum_{n=0}^{N} n x^n$$

$$= \frac{x}{(x-1)^4} \left\{ (x-1)^2 [N(N+2) x^{N+1} - (N+1)^2 x^N + 1] \right.$$

$$\left. -2(x-1)[N x^{N+2} - (N+1) x^{N+1} + x] \right\}$$

$$= \frac{x}{(x-1)^4} \left\{ N(N+2) x^{N+3} - 2N(N+2) x^{N+2} + N(N+2) x^{N+1} \right.$$

$$- (N+1)^2 x^{N+2} + 2(N+1)^2 x^{N+1} - (N+1)^2 x^N + x^2 - 2x + 1$$

$$\left. -2N x^{N+3} + 2N x^{N+2} + 2(N+1) x^{N+2} - 2(N+1) x^{N+1} - 2x^2 + 2x \right\}$$

$$= \left\{ N^2 x^{N+4} - (3N^2 + 2N - 1) x^{N+3} + (3N^2 + 4N) x^{N+2} - (N+1) x^N \right.$$

$$\left. -x^3 + x \right\} / (x-1)^4 \; . \tag{3.68}$$

14. **Aufgabe:** Lösen Sie die Differenzialgleichung $dy/dx = 2$, $y(x = 2) = 6$.

    Antwort: $y(x) = 2x + C$. $y(2) = 4 + C \equiv 6$ woraus $C = 2$. Also $y(x) = 2x + 2$.

15. **Aufgabe:** Lösen Sie die Differenzialgleichung $dy/dx = 2xy$, $y(x = 2) = 6$.

    Antwort: Umschreiben: $dy/y = 2x\,dx$, oder $\ln y = x^2 + C$ oder $y = e^{x^2+C} = C' e^{x^2}$. $y(2) = C' e^4 \equiv 6$ woraus $C' = 6 e^{-4}$. Also $y(x) = 6 e^{x^2-4}$.

3.13 Aufgaben

1. Vereinfachen Sie die folgenden Ausdrücke: (a) $(x^4)^3$, (b) s^0, (c) $1/c^4$, (d) $f^5 \cdot f^{-5}$, (e) q^{-2}/q^{-3}.

2. Rechnen Sie die folgenden Größen in die angegebenen Einheiten um:
   (a) $1,232\,\mathrm{g\,cm^{-3}}$ zu $\mathrm{kg\,m^{-3}}$, (b) $255\,\mathrm{kPa}$ zu $\mathrm{N\,cm^{-2}}$ ($1\,\mathrm{Pa} = 1\,\mathrm{N\,m^{-2}}$),
   (c) $4,12\,\mathrm{mmol/dm^3}$ zu $\mathrm{mol\,m^{-3}}$, (d) $9,81\,\mathrm{m\,s^{-2}}$ zu $\mathrm{cm/ms^2}$, (e) $8,03\,\mathrm{kJ\,mol^{-1}}$ zu $\mathrm{J\,mmol^{-1}}$.

3. Drücken Sie die Ergebnisse der folgenden Rechnungen in SI-Einheiten aus:
   (a) $1,34\,\mathrm{g} \cdot 4,22\,\mathrm{s^{-2}}$, (b) $0,77\,\mathrm{kN}/1,11\,\mathrm{m^2}$, (c) $1,323 \cdot 10^{-3}\,\mathrm{J}/(2,321 \cdot 10^{-8}\,\mathrm{C})$,
   (d) $5,45 \cdot 10^{-34}\,\mathrm{J\,s} \times 3 \cdot 10^8\,\mathrm{m\,s^{-1}}/(888\,\mathrm{nm})$, (e) $4,34 \cdot 10^3\,\mathrm{Pa} \times 7,07 \cdot 10^{-2}\,\mathrm{m^3}$.

4. Lösen Sie die Gleichungen $a_{11} x + a_{12} y = b_1$, $a_{21} x + a_{22} y = b_2$. Wann haben die Gleichungen keine bzw. unendlich viele Lösungen?

5. Berechnen Sie ds/dt für $s = 21t^2 - 6t$ und (a) $t = -5$, (b) $t = 0$, (c) $t = 7$, (d) $t = -3,6$, (e) $t = 7,41$.

6. Differenzieren Sie nach x: (a) $4x^5$, (b) $x^3 - x^2 + x - 9$, (c) $3\ln x - 4\sin(2x)$, (d) $6x - e^{-3x} + \ln(5x)$, (e) $(5/x^3) - 2x + \ln(8x)$.

7. Für welchen Wert von y hat die Funktion $g(y) = \ln(2y) - 2y^2$ einen stationären Punkt?

8. Bestimmen Sie die graphische Darstellung der folgenden Relationen, die zu einer Gerade führt. Geben Sie die Steigung und den Nulldurchgang an.
   (a) $x^2 + y^2 = 9$, (b) $2x^2 - y^2 = 5$, (c) $xy = 10$, (d) $x^2y = 4$, (e) $xy^2 - 14 = 0$.

9. Berechnen Sie: (a) $\int_1^5 \frac{1}{2x}\,dx$, (b) $\int_0^1 e^{3x}\,dx$, (c) $\int_0^\pi \sin(4x)\,dx$, (d) $\int_1^\pi e^2\,dx$.

10. Für $g(t)$ ist bekannt, dass $dg/dt = t^3 - t - 4t^{-2}$ und dass $g(3) = 5$. Welchen Wert hat $g(6)$?

11. Es gilt

$$\cos(r) = 1 - \frac{1}{2}r^2 + \frac{1}{24}r^4 + \cdots = \sum_{p=0}^{\infty} (-1)^p \frac{1}{(2p)!} r^{2p}. \tag{3.69}$$

   (a) Benutzen Sie Gleichung (3.69), um einen Ausdruck für $\sin(q)$ zu erhalten.
   (b) Bestimmen Sie einen Ausdruck für $\cos(2s) + \sin(2s)$.

12. Lösen Sie die Differenzialgleichung $dy/dx = a$, $y(x = b) = c$. Dabei sind a, b, c Konstanten.

13. Lösen Sie die Differenzialgleichung $dy/dx = 2x^2y^2$, $y(x = 2) = 6$.

4 Das ideale Gas

4.1 Experimentelle Befunde

Gay-Lussac (1802) fand, dass bei konstantem Druck das Volumen eines Gases, V, das Gesetz

$$V = V_0(1 + \alpha \cdot \theta) \qquad (4.1)$$

erfüllt, wobei θ die Temperatur ist. Also gibt es eine lineare Beziehung zwischen Volumen und Temperatur.

Hierbei ist α der sogenannte volumenbezogene thermische Ausdehnungskoeffizient. Das Besondere ist, dass α für viele Gase denselben Wert hat, unabhängig von Temperatur und Druck,

$$\alpha = \frac{1}{273,15\,^\circ\mathrm{C}} \cdot \qquad (4.2)$$

Deswegen lässt sich Gl. (4.1) wie in Abb. 4.1 skizzieren.

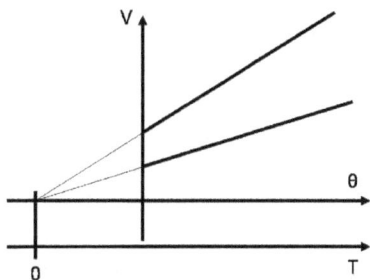

Abb. 4.1: Das Volumen eines Gases als Funktion der Temperatur bei zwei verschiedenen, konstanten Drücken. Die unterste Skala zeigt die Definition der absoluten Temperaturskala.

Wir schreiben Gl. (4.1) um:

$$V = V_0 \cdot (1 + \alpha \cdot \theta)$$
$$= V_0 \cdot \left[1 + \alpha \cdot \left(\theta + \frac{1}{\alpha} - \frac{1}{\alpha} \right) \right]$$
$$= V_0 \cdot \left[1 + \alpha \cdot \left(\theta + \frac{1}{\alpha} \right) - \frac{\alpha}{\alpha} \right]$$
$$= V_0 \cdot \alpha \cdot T \qquad (4.3)$$

mit

$$T = \theta + \frac{1}{\alpha}, \qquad (4.4)$$

der sogenannten absoluten Temperatur. Weil α unabhängig von Gas, Druck und Temperatur ist, ist die absolute Temperatur es auch. Wenn θ in Grad Celsius angegeben wird, wird T in Kelvin (K) angegeben. Auf der anderen Seite, wenn θ in Grad Fahrenheit angegeben wird, wird T in Rankine angegeben. In Abb. 4.1 ist die T-Temperaturskala auch angegeben.

https://doi.org/10.1515/9783110636932-004

Gay-Lussac fand auch, dass bei konstantem Volumen der Druck eines Gases, P, das Gesetz

$$P = P_0(1 + \beta \cdot \theta) \tag{4.5}$$

erfüllt. Analog zu α ist β, der druckbezogene thermische Ausdehnungskoeffizient, unabhängig von Gas, Volumen und Temperatur. β hat ferner denselben Wert wie α,

$$\beta = \frac{1}{273,15\,°C}\,, \tag{4.6}$$

so dass Gl. (4.5) auch als

$$P = P_0 \cdot \alpha \cdot T \tag{4.7}$$

geschrieben werden kann.

Früher hatten Boyle (1664) und Mariotte (1676) gezeigt, dass bei konstanter Temperatur das Volumen und der Druck eines Gases umgekehrt proportional zueinander sind,

$$V \propto \frac{1}{P}\,. \tag{4.8}$$

Insgesamt zeigen diese experimentellen Befunde, dass es Zusammenhänge zwischen Druck, Temperatur und Volumen eines Gases gibt. Wir werden jetzt diese Zusammenhänge mathematisch formulieren.

4.2 Das Gesetz des idealen Gases

Wir betrachten 1 mol eines Gases. Mit diesem werden wir einen Prozess durchführen, wobei sich die Anfangswerte von Druck, Temperatur und Volumen, (P_1, T_1, V_1), auf (P_2, T_2, V_2) ändern,

$$(P_1, T_1, V_1) \rightarrow (P_2, T_2, V_2)\,. \tag{4.9}$$

Der Prozess soll über mehrere Schritte verlaufen.

Im ersten Schritt halten wir die Temperatur konstant und ändern den Druck von P_1 auf P_2. Wegen Gl. (4.8) sind die Änderungen in diesem Schritt

$$(P_1, T_1, V_1) \rightarrow \left(P_2, T_1, \frac{P_1}{P_2}V_1 \right)\,. \tag{4.10}$$

Anschließend wird der Druck konstant gehalten und das Volumen auf V_2 gebracht. Wegen Gl. (4.3) haben wir dann

$$\left(P_2, T_1, \frac{P_1}{P_2}V_1 \right) \rightarrow \left(P_2, T_1 \cdot \frac{V_2}{\frac{P_1}{P_2}V_1}, V_2 \right)\,. \tag{4.11}$$

Der Endzustand in diesem Schritt **muss** (dieser Punkt wird in Kapitel 5 näher erläutert) der gesuchte Zustand sein. Also erhalten wir

$$T_2 = T_1 \frac{V_2}{V_1} \frac{P_2}{P_1} \tag{4.12}$$

oder

$$\frac{P_2 V_2}{T_2} = \frac{P_1 V_1}{T_1} . \tag{4.13}$$

Gleichung (4.13) gilt für alle Gase (zumindest laut der Messgenauigkeit von Gay-Lussac, Boyle und Mariotte) und ist unabhängig von Ausgangs- und Endzustand. Wir **wählen** deswegen $P_1 = 1,013$ bar und $T_1 = 273,15$ K. Für 1 mol misst man dann $V_1 = 22,42$ l. Ignorieren wir ferner die Indizes ‚2' in Gl. (4.13), erhalten wir für 1 mol eines Gases

$$\frac{PV}{T} = 8,31441 \, \frac{\text{J}}{\text{K}} . \tag{4.14}$$

Haben wir nicht 1 mol, sondern n mol, wird die Größe auf der linken Seite n mal größer (weil P und T intensive Größen sind, während V extensiv ist), so dass wir letztendlich

$$PV = nRT \tag{4.15}$$

erhalten. Hier ist

$$R = 8,31441 \, \frac{\text{J}}{\text{K} \cdot \text{mol}} \tag{4.16}$$

die sogenannte Gaskonstante. Gleichung (4.15) ist das Gesetz des idealen Gases.

4.3 Zusammenhänge

Für eine bestimmte Stoffmenge, z. B. n mol, sind die drei physikalischen Größen Druck, Volumen und Temperatur laut dem idealen Gasgesetz nicht unabhängig voneinander. Sind zwei der Größen gegeben, ist die dritte auch eindeutig festgelegt. In Abb. 4.2 ist dies schematisch dargestellt: Nur Werte von (P, V, T), die auf der Fläche liegen, sind möglich, während alle andere Werte unerreichbar sind.

Selten verwendet man Darstellungen wie in Abb. 4.2, sondern man zeichnet Kurven wie in Abb. 4.3. Diese sind dadurch erzeugt worden, dass man z. B. P als Funktion von V bei verschiedenen konstanten Werten von T oder P als Funktion von T bei verschiedenen konstanten Werten von V zeichnet. Im ersten Fall erhält man **Isotherme**, im zweiten Fall **Isochore**. Letztendlich hätten Kurven mit T als Funktion von V bei verschiedenen konstanten Werten von P zu **Isobaren** geführt.

Für das ideale Gas bilden Isotherme Kurven, die Hyperbeln heißen, während Isochore und Isobare Geraden sind.

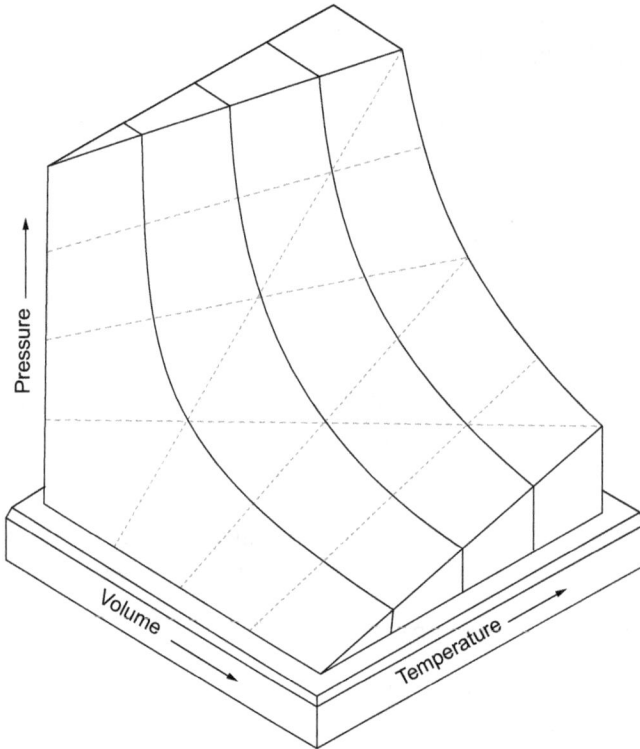

Abb. 4.2: Das ideale Gasgesetz. Angepasst aus dem Buch Francis Weston Sears, *An Introduction to Thermodynamics, the Kinetic Theory of Gases, and Statistical Mechanics*, Addison-Wesley Publishing Company, 1975.

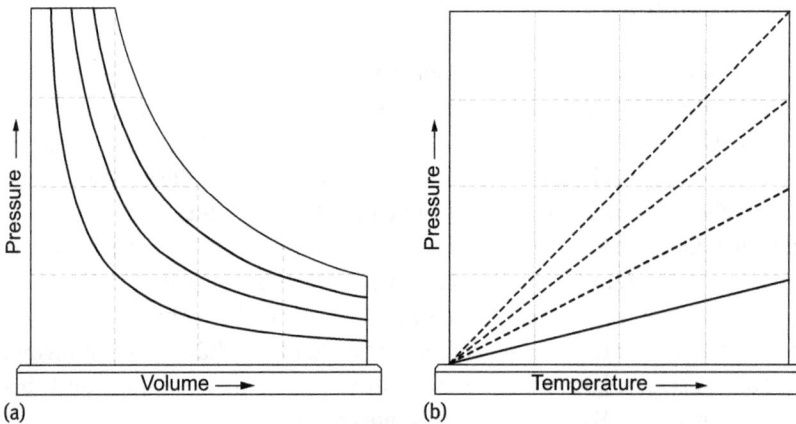

Abb. 4.3: Das ideale Gasgesetz. In (a) ist P als Funktion von V gezeigt; und in (b) ist P als Funktion von T gezeigt. Angepasst aus dem Buch Francis Weston Sears, *An Introduction to Thermodynamics, the Kinetic Theory of Gases, and Statistical Mechanics*, Addison-Wesley Publishing Company, 1975.

4.4 Beispiel 1

Wie wir später sehen werden, ist das Gesetz des idealen Gases nicht absolut exakt. Es entspricht dem, was man mit den Messgenauigkeiten zur Zeit von Boyle, Mariotte und Gay-Lussac messen konnte, aber in der Zwischenzeit ist die Messgenauigkeit deutlich erhöht worden, und man hat erkannt, dass es für viele Gase Abweichungen vom Verhalten eines idealen Gases gibt.

Aber wegen der Einfachheit des Gesetzes wird das Gesetz des idealen Gases sehr oft verwendet, zumindest um eine schnelle, relativ genaue Rechnung durchführen zu können. So werden wir auch hier vorgehen. In diesem und in den nächsten beiden Abschnitten werden wir deswegen das ideale Gasgesetz für einfache Beispiele verwenden.

Im ersten Beispiel betrachten wir eine Blase mit O_2 in einer Flüssigkeit. Die Blase hat einen Durchmesser von 0,5 mm, der Druck in der Blase ist 980 hPa, und die Temperatur ist 23 °C.

Daraus können wir zuerst das Volumen der Blase bestimmen,

$$V = \frac{4}{3}\pi r^3 = \frac{4}{3}\pi (0,25 \text{ mm})^3 = 6,545 \cdot 10^{-11} \text{ m}^3 \,. \tag{4.17}$$

Die Menge an Sauerstoff können wir zuerst in Zahl von Molen ausdrücken, wobei wir das Gesetz des idealen Gases verwenden:

$$n = \frac{PV}{RT} = \frac{0,98 \cdot 10^5 \text{ Pa} \cdot 6,545 \cdot 10^{-11} \text{ m}^3}{8,3145 \text{ Pa} \cdot \text{m}^3/(\text{mol} \cdot \text{K}) \cdot 296,2 \text{ K}} = 2,6046 \cdot 10^{-9} \text{ mol} \,. \tag{4.18}$$

Die Masse des Sauerstoffs ist dann

$$m = 2,6046 \cdot 10^{-9} \text{ mol} \cdot 32 \frac{\text{g}}{\text{mol}} = 83,3 \text{ ng} \tag{4.19}$$

und die Zahl der Moleküle ist

$$N = n \cdot N_A = 1,57 \cdot 10^{15} \,. \tag{4.20}$$

Wie man sieht, wurden hier überall die Einheiten berücksichtigt. Schon früher haben wir betont, dass dies eine große Hilfe sein kann, um sicher zu sein, dass man tatsächlich das Richtige macht und nicht, z. B., eine Masse gleich 13 atm berechnet.

4.5 Beispiel 2

Im zweiten Beispiel betrachten wir einen Ballon. Wenn ein Ballon mit einem leichten Gas gefüllt ist, hebt er ab. Dies lässt sich leicht durch Energieargumente erklären. Wenn der Ballon sich ein Stück Δh nach oben bewegt, wird sich gleichzeitig ein ähnliches Volumen V Luft nach unten bewegen. Wenn ρ_{Ballon} und ρ_{Luft} die Dichten vom Ballon und von Luft sind, ist die Änderung der Energie gleich

$$E = V \cdot g \cdot [\rho_{\text{Luft}} - \rho_{\text{Ballon}}] \cdot \Delta h \tag{4.21}$$

(g ist die Gravitationskonstante), also negativ, wenn $\rho_{\text{Luft}} > \rho_{\text{Ballon}}$.

Wir werden jetzt ähnliche Argumente benutzen, um herauszufinden, wie groß ein Ballon sein muss, wenn er eine Masse von 100 kg heben soll. Das soll bei einer Temperatur von 15 °C = 288,2 K und einem Druck von 1 bar passieren. Die durchschnittliche Molmasse von Luft ist $M = 29$ g/mol, und wir nehmen an, dass wir die Masse des Gases im Ballon vernachlässigen können. Dann entspricht die Masse 100 kg einer Dichte des Ballons gleich

$$\rho_{Ballon} = \frac{100\,kg}{V}\,, \tag{4.22}$$

wo wir das gesuchte Volumen gleich V gesetzt haben.

Der Ballon hebt gerade ab, wenn diese Dichte gleich der Dichte von Luft ist. Um diese zu berechnen, verwenden wir das Gesetz des idealen Gases

$$PV = nRT$$

$$m = \rho V$$

$$M = \frac{m}{n}\,. \tag{4.23}$$

Daraus folgt

$$\rho = \frac{m}{V} = \frac{mP}{nRT} = \frac{MP}{RT}\,. \tag{4.24}$$

Wie erwähnt, soll gelten

$$\rho = \rho_{Ballon} = \rho_{Luft}\,. \tag{4.25}$$

Daraus folgt

$$\rho = \frac{PM}{RT} \equiv \frac{100\,kg}{V} \tag{4.26}$$

und daraus letztendlich

$$V = \frac{100\,kg \cdot R \cdot T}{P \cdot M}$$

$$= \frac{100 \cdot 10^3\,g \cdot 0{,}083145\,l \cdot bar/(mol \cdot K) \cdot 288{,}2\,K}{1\,bar \cdot 29\,g/mol}$$

$$= 82{,}6\,m^3\,. \tag{4.27}$$

Dies entspricht einem Durchmesser von

$$d = \left(\frac{6V}{\pi}\right)^{1/3} = 5{,}4\,m\,, \tag{4.28}$$

wenn der Ballon kugelförmig ist. Das Ergebnis erscheint als realistisch.

4.6 Beispiel 3

Im letzten Beispiel dieses Kapitels werden wir abschätzen, welcher Druck durch die Explosion von Nitroglyzerin entsteht. Diese Explosion ist Folge der Reaktion

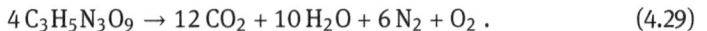

$$4\,C_3H_5N_3O_9 \rightarrow 12\,CO_2 + 10\,H_2O + 6\,N_2 + O_2\,. \tag{4.29}$$

Wir nehmen an, dass das flüssige Nitroglyzerin im Nu durch die Reaktionsprodukte ersetzt wird, ohne dass das Volumen sich ändert. Weil die Dichte von Nitroglyzerin gleich 1,596 g/ml und die Molmasse gleich 227 g/mol ist, ist das Volumen von 4 mol (4 mol, weil es so in der Reaktionsgleichung (4.29) auftritt) Nitroglyzerin gleich

$$V = \frac{4\,\text{mol} \cdot 227\,\text{g/mol}}{1,596\,\text{g/ml}} = 569{,}2\,\text{ml} \,. \tag{4.30}$$

Die Explosionstemperatur beträgt 2600 °C. Verwenden wir dann das Gesetz des idealen Gases, erhalten wir folgenden Druck:

$$P = \frac{nRT}{V} = \frac{29\,\text{mol} \cdot 0{,}083145\,\text{l} \cdot \text{bar/(mol} \cdot \text{K}) \cdot 2873\,\text{K}}{0{,}5692\,\text{l}} = 12{,}2\,\text{kbar} \,. \tag{4.31}$$

Hier haben wir $n = 29$ mol gesetzt, weil wir auf der rechten Seite der Gl. (4.30) insgesamt 29 mol an Gasen haben.

Letztendlich ist P eine intensive Größe, so dass der Wert in Gl. (4.31) unabhängig von der betrachteten Menge von Nitroglyzerin ist. Deswegen haben wir oben $n = 4$ mol setzen können.

4.7 Aufgaben mit Antworten

1. **Aufgabe:** Welche Masse an Stickstoff enthält eine Stahlflasche, wenn ihr Inhalt $V = 50$ l ist und die Flasche bei 17 °C bis zu einem Druck von $P = 200$ bar gefüllt wurde? Die Molmasse von atomarem Stickstoff ist 14,007 g/mol.

   Antwort:

$$m = nM = \frac{PVM}{RT} = \frac{(200\,\text{bar} \cdot 50\,\text{l} \cdot 28{,}014\,\text{g/mol})}{(0{,}083145\,\text{l} \cdot \text{bar/(mol} \cdot \text{K}) \cdot 290{,}15\,\text{K})} = 11{,}612\,\text{kg} \,.$$

2. **Aufgabe:** In ein evakuiertes Gefäß von 250 ml Inhalt werden 0,8 g einer Mischung von 55 % Hexan und 45 % Heptan eingesaugt. Die Prozente beziehen sich auf die Stoffmengen, z. B. in mol. Welcher Druck herrscht in dem Gefäß, wenn man die Temperatur auf 160 °C erhöht?

   Antwort: Molmasse von Hexan, C_6H_{14}: 86,1766 g/mol. Molmasse von Heptan, C_7H_{16}: 100,2034 g/mol. Die durchschnittliche Molmasse der Mischung ist dann $(0{,}55 \cdot 86{,}1766 + 0{,}45 \cdot 100{,}2034)$ g/mol $= 92{,}48866$ g/mol.

$$P = \frac{nRT}{V} = \frac{mRT}{MV} = \frac{(0{,}8\,\text{g} \cdot 0{,}083145\,\text{l} \cdot \text{bar/(mol} \cdot \text{K}) \cdot 433{,}15\,\text{K})}{(92{,}48866\,\text{g/mol} \cdot 0{,}25\,\text{l})} = 1{,}246\,\text{bar} \,.$$

3. **Aufgabe:** Ein Gefäß mit einem Volumen von 3 l ist durch eine Wand in zwei Teile aufgeteilt. In dem einen Teil, mit Volumen 1 l, befindet sich ein mol eines idealen Gases, während in dem anderen Teil, mit Volumen 2 l, sich zwei mol eines anderen idealen Gases befinden. In jedem Teil herrscht ein Druck von 0,6 bar, und die Temperatur bleibt unverändert. In einem adiabatischen Prozess wird die Wand entfernt. Welcher Druck herrscht dann?

   Antwort: Bevor die Wand entfernt wird, ist in der einen Hälfte $n_1 = (PV_1)/(RT)$ mol mit $P = 0,6$ bar und $V_1 = 1$ l. In der zweiten Hälfte gibt es $n_2 = (PV_2)/(RT) = 2n_1$ mol, mit $V_2 = 2$ l. Nachher ist der Druck dann $P' = (nRT)/V = ((n_1 + n_2)RT)/(V_1 + V_2) = P$. Also $P' = 0,6$ bar.

4. **Aufgabe:** Betrachten Sie einen isothermen Prozess für ein ideales Gas. Der Prozess besteht aus zwei Teilschritten. Im ersten Schritt wird der Druck von 1 bar auf 0,5 bar reduziert, und im zweiten Schritt nochmals auf 0,25 bar reduziert. Berechnen Sie das Verhältnis der Arbeiten, die in den zwei Schritten geleistet werden.

   Antwort: Wenn der Druck halbiert wird, wird das Volumen verdoppelt. Daraus:

$$W_1 = -\int_V^{2V} P\,dV = -\int_V^{2V} \frac{nRT}{V}\,dV = -nRT\ln\frac{2V}{V} = -nRT\ln 2\,.$$

$$W_2 = -\int_{2V}^{4V} P\,dV = -\int_{2V}^{4V} \frac{nRT}{V}\,dV = -nRT\ln\left(\frac{4V}{2V}\right) = -nRT\ln 2\,.$$

Also $W_1 = W_2$.

5. **Aufgabe:** Bestimmen Sie die Arbeit, die bei einem isothermen Prozess an 2 mol eines idealen Gases geleistet wird, wenn ein Druck von 2 bar angelegt wird. Die Temperatur beträgt 300 K. Das Gas wird komprimiert von einem Volumen von 100 l, bis der von außen angelegte Druck das Gas nicht weiter zusammendrücken kann. $R = 8,31441$ J/(K mol). 1 bar l = 100 J.

   Antwort:

$$V_2 = \frac{nRT}{P} = \frac{(2\,\text{mol} \cdot 8,31441\,\text{J/(K mol)} \cdot 0,01\,\text{bar l/J} \cdot 300\,\text{K})}{(2\,\text{bar})} = 24,94\,\text{l}\,.$$

Arbeit ist dann $\Delta W = -P\Delta V = -2$ bar $\cdot (24,94 - 100)$ l $= 150,1$ bar l $= 1,501$ J.

4.8 Aufgaben

1. 0,2847 g eines flüssigen Kohlenwasserstoffs C_nH_{2n+2} nehmen bei 98 °C und $P = 1006$ hPa ein Volumen von $V = 121$ ml ein. Welche Formel besitzt dieser Kohlenwasserstoff?

2. 7,00 g Trockeneis (CO_2) werden in einen luftgefüllten Kolben mit $V = 0,500$ l bei 25 °C und $P = 1,005$ bar gegeben. Welcher Druck herrscht nach dem Verdampfen des CO_2 im Kolben, wenn die Temperatur auf -11 °C gefallen ist?

3. Wie groß ist der Explosionsdruck (ohne Berücksichtigung einer eventuellen Dissoziation) von Tetranitropentaerythrit (PETN, $C_5H_8N_4O_{12}$). Als Explosionstemperatur wird 3020 K angenommen. Die Dichte von PETN ist 1,773 g/ml. Es wird angenommen, dass im Augenblick der Explosion die entstehenden Gase das Volumen des explodierten PETN einnehmen. Als Verbrennungsgase entstehen CO_2, CO, H_2O und N_2.

4. Berechnen Sie die Volumenarbeit, die bei der Verbrennung von $n = 1,5$ mol flüssiger Stearinsäure ($C_{18}H_{36}O_2$; Kerze!) verrichtet wird. Die Temperatur ist 220 °C. Endprodukte sind CO_2 und H_2O-Dampf.

5. Bei einem isothermen Prozess für ein ideales Gas wird der Druck verdoppelt. Anschließend wird der Druck bei einem isochoren Prozess auf den ursprünglichen Wert zurückgebracht. Wie haben sich Volumen, Temperatur und Druck insgesamt geändert?

6. In einem zylindrischen Behälter befindet sich ein ideales Gas. Der Durchmesser des Behälters ist 10 cm. Durch Anlegen eines äußeren Drucks von 6 hPa wird der Deckel des Behälters um 2 cm nach innen gedrückt. Welche Arbeit ist dadurch geleistet worden?

7. Bestimmen Sie die Arbeit, die bei einem isothermen Prozess an 2 mol eines idealen Gases geleistet wird, wenn ein Druck von 3 bar angelegt wird. Die Temperatur beträgt 200 K. Das Gas wird komprimiert von einem Volumen von 100 l, bis der von außen angelegte Druck das Gas nicht weiter zusammendrücken kann. $R = 8,31441$ J/(K mol). 1 bar l = 100 J.

8. Wie groß muss eine Masse sein, damit das Volumen eines idealen Gases bei einem isothermen Prozess gerade halbiert wird, wenn die Masse mittels eines Stempels (Fläche 0,01 m^2) auf das Gas einen Druck ausübt? Bevor die Masse auf dem Stempel platziert wird, herrscht Gleichgewicht, und der Anfangsdruck des Gases beträgt 1 N/m^2. Ferner ist die Gravitationskonstante $g = 9,81$ m/s^2.

9. Betrachten Sie zwei getrennte Behälter, die beide mit demselben idealen Gas gefüllt sind. Jeder Behälter hat die Temperatur T und das Volumen V, und es gibt dieselbe Menge an Gas in den beiden Behältern, n mol. Der Druck ist gleich P in den beiden Behältern. Durch Anlegen eines Drucks von außen wird das Volumen in jedem der beiden Behälter halbiert. Bei dem einen Behälter ist der angelegte Druck konstant gleich $3P$, und bei dem anderen Behälter ist der Druck immer infinitesimal größer als der Druck, der drinnen herrscht. Bestimmen Sie die geleistete Arbeit für die beiden Behälter. Die Temperatur bleibt konstant, und das Ergebnis soll mit Hilfe von T ausgedrückt werden.

5 Die zwei ‚Zus'

5.1 Zusammenhänge

Im vorherigen Kapitel haben wir gesehen, dass die drei Größen P, V und T für eine bestimmte Stoffmenge nicht voneinander unabhängig sind. Also, kennen wir zwei davon, ist die dritte Größe automatisch auch gegeben.

Laut unserer Erfahrung ist dies allgemeingültig. Es gilt: Wenn wir die Werte von zwei sogenannten Zustandsfunktionen (dazu gehören P, V und T – sie werden in Abschnitt 5.3 im Detail erläutert) kennen, wissen wir im Prinzip alles über alle anderen Zustandsfunktionen des Systems. Dies ist eine zentrale Aussage: Durch Kenntnis von nur zwei Größen (die beide Zustandsfunktionen sein müssen) können alle anderen bestimmt werden.

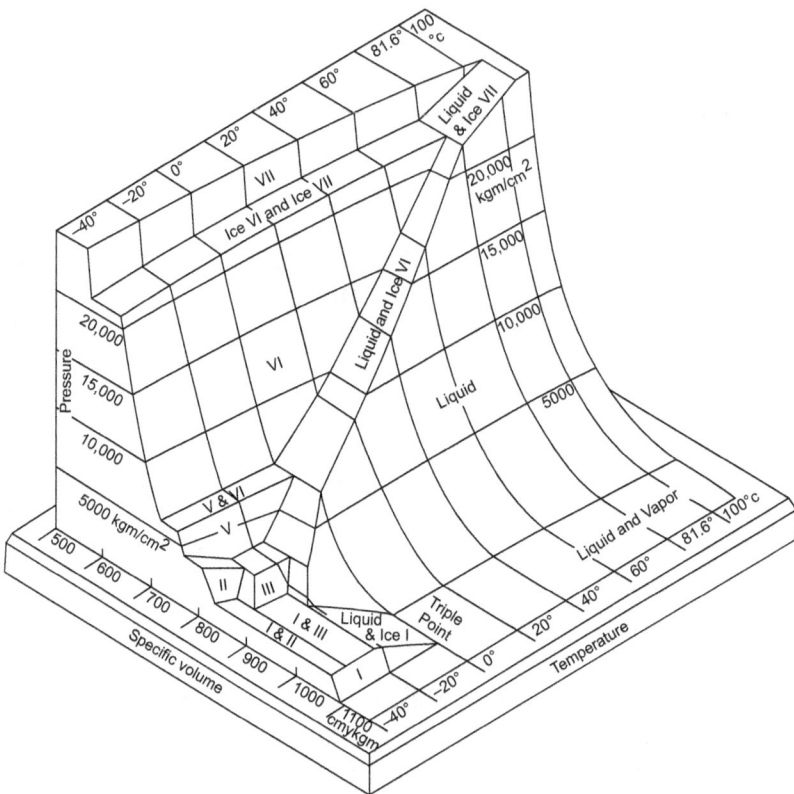

Abb. 5.1: Das Phasendiagramm von H_2O. Angepasst aus dem Buch Francis Weston Sears, *An Introduction to Thermodynamics, the Kinetic Theory of Gases, and Statistical Mechanics*, Addison-Wesley Publishing Company, 1975.

https://doi.org/10.1515/9783110636932-005

Dass das Gesetz des idealen Gases nicht ein Sonderfall ist, soll in Abb. 5.1 illustriert werden. Hier ist das Phasendiagramm von H_2O gezeigt. Man sieht, dass es aus vielen Flächen zusammengesetzt ist, und auch, dass es Bereiche gibt, wo mehrere Phasen gleichzeitig vorkommen. Letztendlich erkennt man, dass Abb. 4.2 und Abb. 5.1 zunächst zwar recht unterschiedlich aussehen, aber ihnen gemeinsam ist, dass die drei Größen P, V und T voneinander abhängig sind.

Es soll noch erwähnt werden, dass 1 atm = 1,03323 kg/cm^2 ist und ‚normales‘ Wasser ein spezifisches Volumen von 1 cm^3/g besitzt. Deswegen findet man ‚normale‘ Bedingungen in Abb. 5.1 ganz unten in der Abbildung.

5.2 Partielle Differenziation

Um den anderen wichtigen Begriff dieses Kapitels, Zustandsfunktionen, behandeln zu können, brauchen wir einige wenige Begriffe aus der Mathematik, vor allem die sogenannte partielle Differenziation. Die partielle Differenziation ist nicht immer bekannt, und soll deswegen hier kurz eingeführt werden, wobei der Begriff nur so behandelt wird, wie wir ihn später verwenden werden, und möglicherweise nicht so, wie man es mathematisch korrekt machen würde.

Wir fangen mit einer einfachen Funktion, $y = f(x)$, an, wie sie z. B. in Abb. 5.2 dargestellt ist. Wir nehmen an, dass wir alles über die Funktion bei $x = x_0$ kennen, und wollen dann den Wert in $x = x_0 + \Delta x$ bestimmen. Δx soll klein sein, so dass die Taylor-Reihe

$$f(x_0 + \Delta x) = f(x_0) + f'(x_0)\Delta x + \frac{1}{2}f''(x_0)(\Delta x)^2 + \frac{1}{6}f'''(x_0)(\Delta x)^3 + \cdots$$

$$\approx f(x_0) + f'(x_0)\Delta x \tag{5.1}$$

nach den ersten beiden Gliedern abgebrochen werden kann. Dies entspricht dem Vorgang, die Funktion durch die Tangente in Abb. 5.2 zu nähern. Wir sehen dort, wie diese Näherung umso besser wird, je kleiner Δx ist.

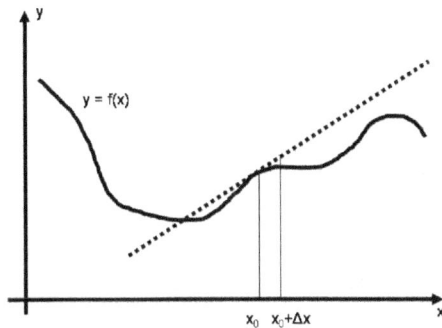

Abb. 5.2: Schematische Darstellung einer Funktion sowie einer zugehörigen Tangente.

Die Näherung in Gl. (5.1) beschreibt eine Gerade,

$$\alpha x + \beta y + \tau = 0 \,, \tag{5.2}$$

wo α, β und τ so bestimmt sind, dass die Gerade in Gl. (5.2) bei $x = x_0$ die Kurve $y = f(x)$ berührt und um diesen Punkt $(x_0, f(x_0))$ die Kurve optimal nähert.

Wir wollen jetzt auf ähnlicher Weise eine Ebene,

$$\alpha x + \beta y + \gamma z + \tau = 0 \,, \tag{5.3}$$

bestimmen, die eine Funktion $z = f(x, y)$ um einen Punkt $x = x_0$ und $y = y_0$ optimal nähert (Vgl. Abb. 5.3). Diese Ebene können wir auch als

$$z = f(x_0, y_0) + a \cdot (x - x_0) + b \cdot (y - y_0) \tag{5.4}$$

ausdrücken, mit den Konstanten a und b, die wir suchen wollen.

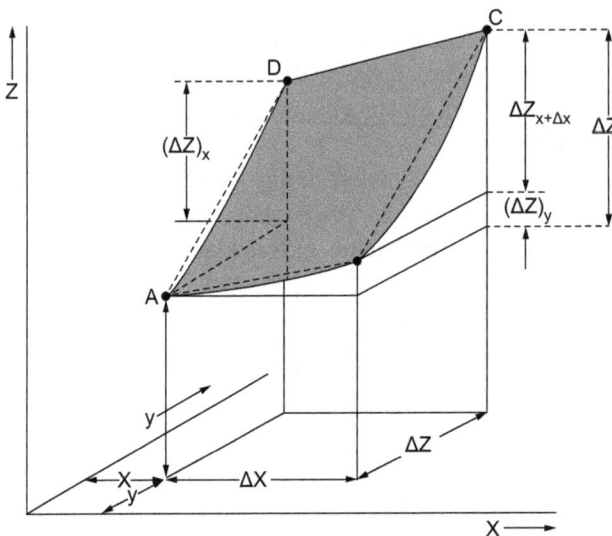

Abb. 5.3: Schematische Darstellung einer Funktion von zwei Variablen sowie einer diese Funktion tangierenden Ebene. Angepasst aus dem Buch Gerd Wedler, *Lehrbuch der Physikalischen Chemie*, Wiley-VCH, 2004.

Es ist wichtig, dass a und b Konstanten sind (sonst hätten wir keine Ebene, sondern eine Fläche). Dann können wir auch diese dadurch bestimmen, dass wir bestimmte Werte von (x, y) betrachten. Halten wir z. B. $y = y_0$ fest und variieren nur x, ist die dabei entstandene Funktion $z = f(x, y_0)$ eine Funktion von nur einer Variablen, x. Für diese hätten wir dann eine Situation wie in Abb. 5.2, und a lässt sich entsprechend identifizieren als der Zahlenwert, den wir erhalten würden, wenn wir $y = y_0$ festhalten und die Funktion $f(x, y)$ nur nach x differenzieren.

In ähnlicher Weise erkennen wir, dass b gleich dem Wert ist, den wir dadurch erhalten, dass wir $x = x_0$ festhalten und die Funktion $f(x, y)$ nur nach y differenzieren.

Insgesamt haben wir

$$a = \left.\frac{\partial f(x, y)}{\partial x}\right|_{(x,y)=(x_0,y_0)}$$

$$b = \left.\frac{\partial f(x, y)}{\partial y}\right|_{(x,y)=(x_0,y_0)} . \tag{5.5}$$

Die Größen $\partial f(x, y)/\partial x$ und $\partial f(x, y)/\partial y$ werden als **partielle Differenzialquotienten** bezeichnet. Man erhält sie dadurch, dass man nach nur einer Variablen differenziert, während alle andere Variablen so behandelt werden, als seien sie Konstanten.

Zum Beispiel ist

$$\frac{\partial}{\partial x}\left[\sin(xy^2) + x^3 + y\right] = y^2 \cos(xy^2) + 3x^2$$

$$\frac{\partial}{\partial y}\left[\sin(xy^2) + x^3 + y\right] = 2xy \cos(xy^2) + 1 . \tag{5.6}$$

Letztendlich soll erwähnt werden, dass dieses Konzept auf Funktionen von beliebig vielen Variablen erweitert werden kann.

5.3 Zustandsfunktionen

Zustandsfunktionen sind Funktionen, die ,vom Weg unabhängig sind'. Solche Funktionen benutzen wir täglich, ohne viel darüber nachzudenken. So zeigt z. B. Abb. 5.4 eine Wetterkarte über Europa. Zwei Größen sind darin markiert, die Temperatur und der Druck der Atmosphäre. Dass diese Größen Zustandsfunktionen sind, macht überhaupt eine solche Karte möglich. Von der Karte können wir den Atmosphärendruck in Paris und die Lufttemperatur in Bukarest ablesen. Wir würden diese Werte benutzen können, wenn wir nach Paris oder Bukarest fahren würden, ohne dass die Werte davon abhängen würden, welchen Weg wir genommen haben.

Abb. 5.4: Eine Wetterkarte mit den zwei Zustandsfunktionen Luftdruck und Lufttemperatur.

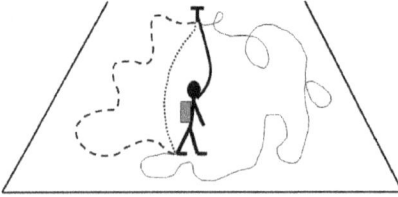

Abb. 5.5: Ein Mann, der in einer zweidimensionalen Ebene herumläuft.

In Abb. 5.5 ist ein Mann skizziert, der in einer zweidimensionalen Ebene herumläuft. Er ist mit einem Band um seinen Hals festgebunden, so dass die Länge des Bands zeigt, wie weit er sich vom Ausgangspunkt entfernt hat. Ferner hat er einen Kanister auf seinem Rücken. Dieser Kanister ist mit Sand gefüllt und hat ein Loch im Boden, so dass immer ein bisschen Sand herausläuft. Dadurch kann man ablesen, wie weit der Mann gelaufen ist. Im Abb. 5.5 sind drei Wege skizziert, die der Mann hätte nehmen können, um zum jetzigen Punkt zu gelangen.

Es ist offensichtlich, dass die Länge des Bands (also der Abstand zum Ausgangspunkt) unabhängig von dem von dem Mann durchlaufenen Weg ist. Auf der anderen Seite ist die Menge an Sand im Kanister (also die Länge der vom Mann gelaufenen Strecke) abhängig von dem Weg. Die erste Größe stellt also eine Zustandsfunktion dar; die zweite nicht.

Zustandsfunktionen sind sehr praktisch. Um die Änderung in einer Zustandsfunktion zu bestimmen, muss man nur Ausgangs- und Endzustand kennen, aber nicht den Weg, der zwischen den beiden gegangen wird. Durch Aufsummieren der kleinen Änderungen der Zustandsfunktion entlang eines beliebigen Wegs kann die Gesamtänderung bestimmt werden. Dieser Weg kann so gewählt werden, dass die Änderungen leicht zu bestimmen sind.

Bei der Herleitung des Gesetzes des idealen Gases haben wir dies schon verwendet. Wir haben ausgenutzt, dass P, V und T Zustandsfunktionen sind und dadurch einen bestimmten Weg untersucht, der von einem Zustand, (P_1, V_1, T_1), zu einem anderen, (P_2, V_2, T_2), führt. Wir haben die Änderungen der drei Zustandsfunktionen entlang dieses Wegs verfolgt, und dadurch eine Beziehung zwischen (P_1, V_1, T_1) und (P_2, V_2, T_2) hergeleitet. Diese Beziehung ist dann allgemeingültig, unabhängig davon, wie wir uns zwischen dem Zustand (P_1, V_1, T_1) und dem Zustand (P_2, V_2, T_2) bewegen.

In diesem letzten Beispiel sehen wir auch, dass **Weg** nicht wortwörtlich aufgefasst werden soll. Ein Weg ist eine Kurve in irgendeinem Raum; hier in einem (P, V, T) Raum.

Während P, V und T Zustandsfunktionen sind, gilt das nicht für die Menge von Wärme Q, die zugefügt werden muss, um ein System von dem Zustand (P_1, V_1, T_1) in den Zustand (P_2, V_2, T_2) zu bringen. Auch die Menge von Arbeit W, die an dem System geleistet werden muss, um es von dem Zustand (P_1, V_1, T_1) in den Zustand (P_2, V_2, T_2) zu bringen, ist keine Zustandsfunktion.

Wenn wir die Änderung in irgendeiner Größe g (Zustandsfunktion oder nicht) ausrechnen möchten, summieren wir die kleinen Änderungen entlang eines Wegs, der uns vom Anfangs- zum Endzustand bringt,

$$\text{Änderung in } g = \sum_{\text{kleine Schritte}} \Delta g \ . \tag{5.7}$$

Wir nehmen an, dass wir die kleinen Änderungen in g mit Hilfe von kleinen Änderungen in einem Satz von anderen Größen ausdrücken können,

$$\Delta g = f_1(x_1, x_2, \ldots, x_n)\Delta x_1 + f_2(x_1, x_2, \ldots, x_n)\Delta x_2 + \cdots + f_n(x_1, x_2, \ldots, x_n)\Delta x_n. \tag{5.8}$$

Dann können wir Gl. (5.7) schreiben als

$$\begin{aligned}
\text{Änderung in } g &= \sum_{\text{kleine Schritte}} \Delta g \\
&= \sum_{\text{kleine Schritte}} [f_1(x_1, x_2, \ldots, x_n)\Delta x_1 + f_2(x_1, x_2, \ldots, x_n)\Delta x_2 \\
&\qquad + \cdots + f_n(x_1, x_2, \ldots, x_n)\Delta x_n] \\
&\to \int_{\text{Weg}} [f_1(x_1, x_2, \ldots, x_n)\,dx_1 + f_2(x_1, x_2, \ldots, x_n)\,dx_2 + \cdots \\
&\qquad + f_n(x_1, x_2, \ldots, x_n)\,dx_n] \ .
\end{aligned} \tag{5.9}$$

Wenn g keine Zustandsfunktion ist, müssen wir den genauen Weg kennen, um die Änderung in Gl. (5.9) berechnen zu können. Anders ist es, wenn g eine Zustandsfunktion ist. Dann ist

$$\text{Änderung in } g = g(\text{Endzustand}) - g(\text{Anfangszustand}) \,, \tag{5.10}$$

so dass wir diese Änderung entweder dadurch ausrechnen können, dass wir den mathematischen Ausdruck für g kennen und diesen dann nur in Gl. (5.10) einzusetzen brauchen, oder dadurch, dass wir einen bestimmten Weg betrachten, der zwischen den gewünschten Anfangs- und Endzuständen liegt, aber für welche sich das Integral in Gl. (5.9) leicht bestimmen lässt. Deswegen ist es von enormem Vorteil, so weit wie möglich nur Zustandsfunktionen zu verwenden.

Dann stellt sich die Frage, wie man herausfindet, ob

$$\delta g = f_1(x_1, x_2, \ldots, x_n)\,dx_1 + f_2(x_1, x_2, \ldots, x_n)\,dx_2 + \cdots + f_n(x_1, x_2, \ldots, x_n)\,dx_n \tag{5.11}$$

die Änderung in einer Zustandsfunktion ausdrückt. Um das herauszufinden, gibt es eine sehr einfache Regel: Wenn für alle i und j gilt,

$$\frac{\partial f_i}{\partial x_j} = \frac{\partial f_j}{\partial x_i} \,, \tag{5.12}$$

dann und nur dann ist der Ausdruck in Gl. (5.11) die Änderung in einer Zustandsfunktion. In dem Fall ist der Ausdruck in Gl. (5.11) ein sogenanntes **vollständiges Differenzial** und man schreibt

$$dg = f_1(x_1, x_2, \ldots, x_n)\,dx_1 + f_2(x_1, x_2, \ldots, x_n)\,dx_2 + \cdots + f_n(x_1, x_2, \ldots, x_n)\,dx_n \ . \tag{5.13}$$

Überall in diesem Buch haben wir kleine Änderungen in Zustandsfunktionen deswegen als dg geschrieben, während die kleinen Änderungen in Funktionen, die keine Zustandsfunktionen sind, als δg geschrieben sind.

Wenn dg in Gl. (5.13) ein vollständiges Differenzial ist, gilt

$$f_1(x_1, x_2, \ldots, x_n) = \frac{\partial g}{\partial x_1}$$

$$f_2(x_1, x_2, \ldots, x_n) = \frac{\partial g}{\partial x_2}$$

$$\ldots$$

$$f_n(x_1, x_2, \ldots, x_n) = \frac{\partial g}{\partial x_n} \,. \tag{5.14}$$

Wegen Gl. (5.12) gilt dann auch

$$\frac{\partial}{\partial x_i}\left(\frac{\partial g}{\partial x_j}\right) = \frac{\partial}{\partial x_j}\left(\frac{\partial g}{\partial x_i}\right) \,. \tag{5.15}$$

Die Reihenfolge der Differenziationen ist also irrelevant.

5.4 Zusammenhänge und Zustandsfunktionen

Wir kennen schon drei Zustandsfunktionen, P, V und T. Wir werden jetzt die Änderungen in einer vierten Zustandsfunktion f untersuchen. Im Prinzip können wir diese mit Hilfe der Änderungen in den drei ‚bekannten', P, V und T, ausdrücken. Auf der anderen Seite wissen wir, dass diese drei nicht unabhängig voneinander sind, so dass wir nur zwei von ihnen (z. B. V und T) festlegen müssen, wodurch dann auch die dritte Größe (also in unserem Beispiel P) festgelegt ist. Das heißt, dass wir drei verschiedene Ausdrücke für df aufstellen können,

$$\mathrm{d}f = f_{VT}\,\mathrm{d}V + f_{TV}\,\mathrm{d}T$$

$$\mathrm{d}f = f_{PT}\,\mathrm{d}P + f_{TP}\,\mathrm{d}T$$

$$\mathrm{d}f = f_{VP}\,\mathrm{d}V + f_{PV}\,\mathrm{d}P \,. \tag{5.16}$$

Aus obiger Diskussion ergibt sich, dass wir $f_{TP} = \partial f/\partial T$ und gleichzeitig $f_{TV} = \partial f/\partial T$ setzen. Also eine Änderung in f, wenn T sich ändert und alle andere Größen festgehalten werden. Aber wie wir in Abb. 5.6 sehen, ist diese Definition nicht eindeutig. Wir können nach T differenzieren, P festhalten, und V mitvariieren lassen, oder wir können nach T differenzieren, V festhalten, und P mitvariieren lassen. Wir werden deswegen extra festlegen müssen, welche Größen festgehalten werden. Wir machen dies durch tiefgestellte Indizes auf den partiellen Differenzialquotienten. Für unser

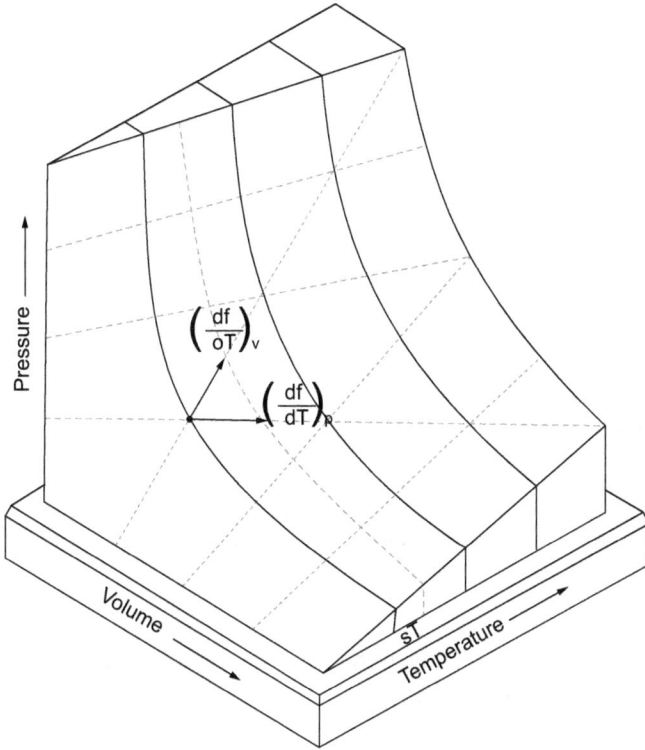

Abb. 5.6: Die Definition der partiellen Differenzialquotienten $(\partial f/\partial T)_V$ und $(\partial f/\partial T)_P$. Angepasst aus dem Buch Francis Weston Sears, *An Introduction to Thermodynamics, the Kinetic Theory of Gases, and Statistical Mechanics*, Addison-Wesley Publishing Company, 1975.

Beispiel bedeutet dies, dass

$$f_{VT} = \left(\frac{\partial f}{\partial V} \right)_T$$

$$f_{TV} = \left(\frac{\partial f}{\partial T} \right)_V$$

$$f_{PT} = \left(\frac{\partial f}{\partial P} \right)_T$$

$$f_{TP} = \left(\frac{\partial f}{\partial T} \right)_P$$

$$f_{VP} = \left(\frac{\partial f}{\partial V} \right)_P$$

$$f_{PV} = \left(\frac{\partial f}{\partial P} \right)_V . \tag{5.17}$$

Diese Notation ist spezifisch für die physikalische Chemie und ist eine notwendige Folge der Existenz der Zusammenhänge.

5.5 Beispiel 1

Als erstes Beispiel betrachten wir das Rechteck in Abb. 5.7. Wir haben drei Größen, die dieses Rechteck definieren: die beiden Kantenlängen a und b sowie die Diagonale t. Die drei hängen voneinander ab,

$$t^2 = a^2 + b^2 . \tag{5.18}$$

Als weitere Zustandsgröße betrachten wir die Fläche des Rechtecks,

$$A = ab = \sqrt{t^2 - b^2} \cdot b . \tag{5.19}$$

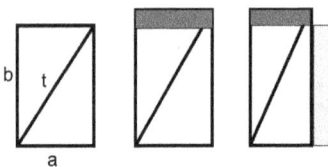

Abb. 5.7: Die Fläche eines Rechtecks und wie sie sich ändert, wenn die eine Kantenlänge b variiert und entweder die andere Kantenlänge a oder die Diagonale t konstant gehalten wird.

Wir werden jetzt die Änderung in A betrachten, wenn wir b variieren und entweder a oder t festhalten. Aus Gl. (5.19) erhalten wir sofort

$$\left(\frac{\partial A}{\partial b}\right)_a = a$$
$$\left(\frac{\partial A}{\partial b}\right)_t = \sqrt{t^2 - b^2} - \frac{b^2}{\sqrt{t^2 - b^2}} = a - \frac{b^2}{a} . \tag{5.20}$$

Es ist klar, dass diese beiden nicht identisch sind. Dass es so ist, können wir auch direkt in Abb. 5.7 sehen. Im ersten Fall wird die Fläche eindeutig größer, wenn b größer wird: Die dunkle Fläche kommt dazu. Im zweiten Fall wird die Fläche um die dunkle Fläche größer aber gleichzeitig auch um die hellere Fläche kleiner.

5.6 Einige Formeln für die partiellen Differenzialquotienten

Wir werden hier kurz einige Formeln für die partiellen Differenzialquotienten herleiten. Solche Beziehungen sind sehr wichtig für die Physikalische Chemie, weil das letztendlich ermöglicht, die Änderungen in Größen zu bestimmen, die nicht direkt experimentell zugänglich sind.

Wir betrachten drei Zustandsfunktionen x, y und z, die voneinander abhängen. Als Platzhalter können diese drei P, V und T in beliebiger Reihenfolge sein, aber es kann sich auch um andere Größen handeln wie die, die wir später einführen werden. Wir betrachten auch eine vierte Zustandsfunktion, für welche wir dann drei verschiedene vollständige Differenziale aufschreiben können,

$$\mathrm{d}f = \left(\frac{\partial f}{\partial x}\right)_y \mathrm{d}x + \left(\frac{\partial f}{\partial y}\right)_x \mathrm{d}y$$

$$\mathrm{d}f = \left(\frac{\partial f}{\partial x}\right)_z \mathrm{d}x + \left(\frac{\partial f}{\partial z}\right)_x \mathrm{d}z$$

$$\mathrm{d}f = \left(\frac{\partial f}{\partial y}\right)_z \mathrm{d}y + \left(\frac{\partial f}{\partial z}\right)_y \mathrm{d}z . \tag{5.21}$$

Auch x, y und z sind Zustandsfunktionen, so dass z. B.

$$\mathrm{d}z = \left(\frac{\partial z}{\partial x}\right)_y \mathrm{d}x + \left(\frac{\partial z}{\partial y}\right)_x \mathrm{d}y \tag{5.22}$$

ist. Wir setzen dies in die zweite Gleichung in Gl. (5.21) ein und erhalten

$$\begin{aligned}
\mathrm{d}f &= \left(\frac{\partial f}{\partial x}\right)_z \mathrm{d}x + \left(\frac{\partial f}{\partial z}\right)_x \mathrm{d}z \\
&= \left(\frac{\partial f}{\partial x}\right)_z \mathrm{d}x + \left(\frac{\partial f}{\partial z}\right)_x \left[\left(\frac{\partial z}{\partial x}\right)_y \mathrm{d}x + \left(\frac{\partial z}{\partial y}\right)_x \mathrm{d}y\right] \\
&= \left[\left(\frac{\partial f}{\partial x}\right)_z + \left(\frac{\partial f}{\partial z}\right)_x \left(\frac{\partial z}{\partial x}\right)_y\right] \mathrm{d}x + \left(\frac{\partial f}{\partial z}\right)_x \left(\frac{\partial z}{\partial y}\right)_x \mathrm{d}y \\
&\equiv \left(\frac{\partial f}{\partial x}\right)_y \mathrm{d}x + \left(\frac{\partial f}{\partial y}\right)_x \mathrm{d}y ,
\end{aligned} \tag{5.23}$$

wo wir die erste Gleichung in Gl. (5.21) ausgenutzt haben. Hieraus erhalten wir dann

$$\left(\frac{\partial f}{\partial x}\right)_y = \left(\frac{\partial f}{\partial x}\right)_z + \left(\frac{\partial f}{\partial z}\right)_x \left(\frac{\partial z}{\partial x}\right)_y$$

$$\left(\frac{\partial f}{\partial y}\right)_x = \left(\frac{\partial f}{\partial z}\right)_x \left(\frac{\partial z}{\partial y}\right)_x . \tag{5.24}$$

Aus Gl. (5.22) erhalten wir eine weitere Beziehung. Für z = konstant, ist $\mathrm{d}z = 0$, woraus

$$0 = \left(\frac{\partial z}{\partial x}\right)_y \mathrm{d}x + \left(\frac{\partial z}{\partial y}\right)_x \mathrm{d}y$$

$$\Rightarrow \quad \left(\frac{\partial z}{\partial x}\right)_y \mathrm{d}x = -\left(\frac{\partial z}{\partial y}\right)_x \mathrm{d}y$$

$$\Rightarrow \quad \left(\frac{\partial z}{\partial x}\right)_y = -\left(\frac{\partial z}{\partial y}\right)_x \frac{\mathrm{d}y}{\mathrm{d}x}\bigg|_{\mathrm{d}z=0}$$

$$\Rightarrow \quad \left(\frac{\partial z}{\partial x}\right)_y = -\left(\frac{\partial z}{\partial y}\right)_x \left(\frac{\partial y}{\partial x}\right)_z . \tag{5.25}$$

Durch Umkehren erhalten wir dann **Eulers Kettenregel**

$$\left(\frac{\partial x}{\partial y}\right)_z \left(\frac{\partial y}{\partial z}\right)_x \left(\frac{\partial z}{\partial x}\right)_y = -1 . \tag{5.26}$$

5.7 Beispiel 2

Wir werden einige der Gesetze vom letzten Abschnitt durch ein einfaches Beispiel illustrieren. Dazu betrachten wir die Funktion

$$f = xy^2 . \tag{5.27}$$

Die drei Größen x, y und z sind durch die Beziehung

$$z = x - y \tag{5.28}$$

voneinander abhängig. Daraus erhalten wir drei verschiedene Ausdrücke für f,

$$f = xy^2 = zy^2 + y^3 = x^3 - 2x^2 z + xz^2 , \tag{5.29}$$

wo wir f durch (x, y), (y, z) und (x, z) ausgedrückt haben.

Aus diesen drei Ausdrücken können wir dann die drei folgenden vollständigen Differenziale für f aufstellen:

$$df = y^2 \, dx + 2xy \, dy$$
$$df = (3x^2 - 4xz + z^2) \, dx + (-2x^2 + 2xz) \, dz$$
$$df = (2yz + 3y^2) \, dy + y^2 \, dz . \tag{5.30}$$

Laut Gl. (5.24) soll gelten

$$\left(\frac{\partial f}{\partial x}\right)_z = \left(\frac{\partial f}{\partial x}\right)_y + \left(\frac{\partial f}{\partial y}\right)_x \left(\frac{\partial y}{\partial x}\right)_z$$
$$\left(\frac{\partial f}{\partial z}\right)_x = \left(\frac{\partial f}{\partial y}\right)_x \left(\frac{\partial y}{\partial z}\right)_x . \tag{5.31}$$

Verglichen mit Gl. (5.24) haben wir hier y und z vertauscht.

In unserem Beispiel haben wir

$$\left(\frac{\partial f}{\partial x}\right)_y = y^2$$
$$\left(\frac{\partial f}{\partial y}\right)_x \left(\frac{\partial y}{\partial x}\right)_z = 2yx \cdot 1 = 2xy$$
$$\left(\frac{\partial f}{\partial x}\right)_z = 3x^2 - 4xz + z^2 = 3x^2 - 4x(x - y) + (x - y)^2 = 2xy + y^2 . \tag{5.32}$$

Wir haben in der letzten Gleichung Gl. (5.28) ausgenutzt.

Damit ist es einfach, die Identität der ersten Gleichung in Gl. (5.31) nachzuweisen. Für die zweite Gleichung erhalten wir

$$\left(\frac{\partial f}{\partial y}\right)_x = 2xy$$
$$\left(\frac{\partial y}{\partial z}\right)_x = -1$$
$$\left(\frac{\partial f}{\partial z}\right)_x = -2x^2 + 2xz = 2x(z - x) = -2xy . \tag{5.33}$$

Also ist auch die zweite Identität in Gl. (5.31) erfüllt.

5.8 Aufgaben mit Antworten

1. **Aufgabe:** Bestimmen Sie die Werte von a und b, welche die Größe $q = \sum_{n=1}^{N} [y_n - (ax_n + b)]^2$ minimieren.

Antwort: Minimum wenn

$$\frac{\partial q}{\partial a} = \frac{\partial q}{\partial b} = 0 .$$ (5.34)

Also

$$0 = \frac{\partial q}{\partial a} = -2 \sum_{i=1}^{N} [y_i - (ax_i + b)]x_i$$

$$0 = \frac{\partial q}{\partial b} = -2 \sum_{i=1}^{N} [y_i - (ax_i + b)] .$$ (5.35)

Daraus erhalten wir die beiden Gleichungen

$$\left[\sum_{i=1}^{N} x_i^2 \right] a + \left[\sum_{i=1}^{N} x_i \right] b = \left[\sum_{i=1}^{N} x_i y_i \right]$$

$$\left[\sum_{i=1}^{N} x_i \right] a + \left[\sum_{i=1}^{N} 1 \right] b = \left[\sum_{i=1}^{N} y_i \right] .$$ (5.36)

Wir führen ein:

$$a_{11} = \sum_{i=1}^{N} x_i^2$$

$$a_{12} = \sum_{i=1}^{N} x_i$$

$$a_{21} = \sum_{i=1}^{N} x_i$$

$$a_{22} = \sum_{i=1}^{N} 1$$

$$b_1 = \sum_{i=1}^{N} x_i y_i$$

$$b_2 = \sum_{i=1}^{N} y_i .$$ (5.37)

Dann ist die Lösung der linearen Gleichungen oben:

$$a = \frac{b_1 a_{22} - b_2 a_{12}}{a_{11} a_{22} - a_{12} a_{21}}$$

$$b = \frac{a_{11} b_2 - a_{21} b_1}{a_{11} a_{22} - a_{12} a_{21}} .$$ (5.38)

Dieses Ergebnis beschreibt die lineare Regression.

2. **Aufgabe:** Bestimmen Sie die Werte von a und b, welche die Größe $q = \sum_{n=1}^{N} [y_n - (a\cos(x_n) + b\sin(x_n))]^2$ minimieren.

Antwort: Minimum wenn

$$\frac{\partial q}{\partial a} = \frac{\partial q}{\partial b} = 0 . \tag{5.39}$$

Also

$$0 = \frac{\partial q}{\partial a} = -2 \sum_{i=1}^{N} [y_i - (a\cos(x_i) + b\sin(x_i))]\cos(x_i)$$

$$0 = \frac{\partial q}{\partial b} = -2 \sum_{i=1}^{N} [y_i - (a\cos(x_i) + b\sin(x_i))]\sin(x_i) . \tag{5.40}$$

Daraus erhalten wir die beiden Gleichungen

$$\left[\sum_{i=1}^{N} \cos^2(x_i)\right] a + \left[\sum_{i=1}^{N} \cos(x_i)\sin(x_i)\right] b = \left[\sum_{i=1}^{N} \cos(x_i)y_i\right]$$

$$\left[\sum_{i=1}^{N} \cos(x_i)\sin(x_i)\right] a + \left[\sum_{i=1}^{N} \sin^2(x_i)\right] b = \left[\sum_{i=1}^{N} y_i\sin(x_i)\right] . \tag{5.41}$$

Wir führen ein:

$$a_{11} = \sum_{i=1}^{N} \cos^2(x_i)$$

$$a_{12} = \sum_{i=1}^{N} \cos(x_i)\sin(x_i)$$

$$a_{21} = \sum_{i=1}^{N} \sin(x_i)\cos(x_i)$$

$$a_{22} = \sum_{i=1}^{N} \sin^2(x_i)$$

$$b_1 = \sum_{i=1}^{N} \cos(x_i)y_i$$

$$b_2 = \sum_{i=1}^{N} \sin(x_i)y_i . \tag{5.42}$$

Dann ist die Lösung der linearen Gleichungen oben:

$$a = \frac{b_1 a_{22} - b_2 a_{12}}{a_{11} a_{22} - a_{12} a_{21}}$$

$$b = \frac{a_{11} b_2 - a_{21} b_1}{a_{11} a_{22} - a_{12} a_{21}} . \tag{5.43}$$

3. **Aufgabe:** Warum ist $f = P/V$ eine Zustandsfunktion?

Antwort: f setzt sich aus Zustandsfunktionen zusammen. Dadurch wird die Änderung in f für irgendeinen Prozess unabhängig vom Prozessweg. Deswegen ist auch f eine Zustandsfunktion.

4. **Aufgabe:** Betrachten Sie ein ideales Gas und $f = P/V$. Drücken Sie df mit Hilfe von dT und dP aus.

   Antwort: $f = P/V = P/(nRT/P) = (P^2)/(nRT)$. Dann sind $(\partial f/\partial T)_P = -(P^2)/(nRT^2)$ und $(\partial f/\partial P)_T = (2P)/(nRT)$. Daraus $df = -(P^2)/(nRT^2)\,dT + (2P)/(nRT)\,dP$.

5. **Aufgabe:** Ist $2x^2y\,dx + x^3\,dy$ ein vollständiges Differenzial? Begründen Sie die Antwort.

   Antwort: $2x^2y\,dx + x^3\,dy \equiv f_x\,dx + f_y\,dy$. $\partial f_x/\partial y = 2x^2$. $\partial f_y/\partial x = 3x^2$. Die beiden partiellen Differenzialquotienten sind unterschiedlich, und deswegen ist $2x^2y\,dx + x^3\,dy$ kein vollständiges Differenzial.

6. **Aufgabe:** Bestimmen Sie $\partial f/\partial x$ und $\partial f/\partial y$ für die Funktion $f(x,y) = 2xy + \ln(x/(y+1))$.

   Antwort: $f(x,y) = 2xy + \ln(x/(y+1)) = 2xy + \ln x - \ln(y+1)$. Daraus $\partial f/\partial x = 2y + 1/x$ und $\partial f/\partial y = 2x - 1/(y+1)$.

5.9 Aufgaben

1. Betrachten Sie die Funktion $f(x,y,z) = x^2y + x^3z^2 + yz^3$. Es gilt $xyz = c$, mit c gleich einer Konstante. Berechnen Sie $(\partial f/\partial x)_y$, $(\partial f/\partial x)_z$, $(\partial f/\partial y)_x$, $(\partial f/\partial y)_z$, $(\partial f/\partial z)_x$, $(\partial f/\partial z)_y$. Drücken Sie df mit Hilfe von (a) dx und dy, (b) dx und dz, und (c) dy und dz aus. Zeigen Sie in allen drei Beispielen, dass df ein komplettes Differenzial ist.

2. Berechnen Sie (a) $\partial f/\partial a$, (b) $\partial f/\partial L$ und (c) $\partial f/\partial x$ für die Funktion $f = e^{-ax} \cdot \cos((2\pi x)/L)$.

3. Bestimmen Sie die Werte von a und b, welche die Größe $q = \sum_{n=1}^{N}[y_n - (af(x_n) + bg(x_n))]^2$ minimieren. Die Funktionen $f(x)$ und $g(x)$ sind bekannt.

4. Drücken Sie für ein ideales Gas df mit Hilfe von dP und dT aus. $f = (nPT)/V$.

5. Es gilt $2x + y = z$. Bestimmen Sie $(\partial f/\partial x)_y$ und $(\partial f/\partial x)_z$ für die Funktion $f(x,y) = x/y$.

6. Betrachten Sie die Größe $\chi = P \cdot V^2$ für ein ideales Gas. Drücken Sie $d\chi$ mit Hilfe von dT und dP aus.

7. Für die wenigsten Stoffe ist $\chi = (pV)/(nRT)$ gleich 1. Ist χ aber eine Zustandsfunktion für alle Stoffe? Begründen Sie die Antwort.

8. Es gilt $u - t = s$. Bestimmen Sie $(\partial f/\partial u)_t$ und $(\partial f/\partial u)_s$ für die Funktion $f(s,t) = s^2/t$.

9. Welche der Ausdrücke (i) $e^x\,dx + e^y\,dy$, (ii) $e^{xy}\,dx + e^{xy}\,dy$, (iii) $e^{xy^2}\,dx + e^{x^2y}\,dy$ sind vollständige Differenziale? Begründen Sie die Antwort.

10. Prof. Dr. C. R. Klughe meint, dass $PV - 2nRT$ eine Zustandsfunktion für flüssiges Eisen ist. Kann das stimmen? Begründen Sie die Antwort.

6 Anwendungen und Grenzen des Gesetzes des idealen Gases

6.1 Einige Koeffizienten

Die mechanischen Eigenschaften von Materialien können unter anderem durch die folgenden Größen quantifiziert werden: den thermischen Ausdehnungskoeffizienten α, den Spannungskoeffizienten β und den Kompressibilitätskoeffizienten κ. Sie sind im allgemeinen Fall gegeben durch

$$\alpha = \frac{1}{V}\left(\frac{\partial V}{\partial T}\right)_P$$

$$\beta = \frac{1}{P}\left(\frac{\partial P}{\partial T}\right)_V$$

$$\kappa = -\frac{1}{V}\left(\frac{\partial V}{\partial P}\right)_T . \tag{6.1}$$

Für ein ideales Gas gilt

$$P \cdot V = n \cdot R \cdot T . \tag{6.2}$$

Dann erhält man leicht

$$\alpha = \frac{1}{T}$$

$$\beta = \frac{1}{T}$$

$$\kappa = \frac{1}{P} . \tag{6.3}$$

Daraus erhält man

$$\kappa = \frac{1}{P}\frac{\alpha}{\beta} , \tag{6.4}$$

was nicht nur für ideale Gase gültig ist, sondern für alle Systeme.

6.2 Gesetz von Dalton

Anstatt einen reinen Stoff zu betrachten, werden wir jetzt eine Mischung aus mehreren idealen Gasen behandeln. Wir nehmen an, dass wir in dem Volumen V n_1 mol von Stoff 1, n_2 mol von Stoff 2, ... und n_k mol von Stoff k haben. Die Gesamtzahl der Mole ist dann

$$n = n_1 + n_2 + \cdots + n_k , \tag{6.5}$$

https://doi.org/10.1515/9783110636932-006

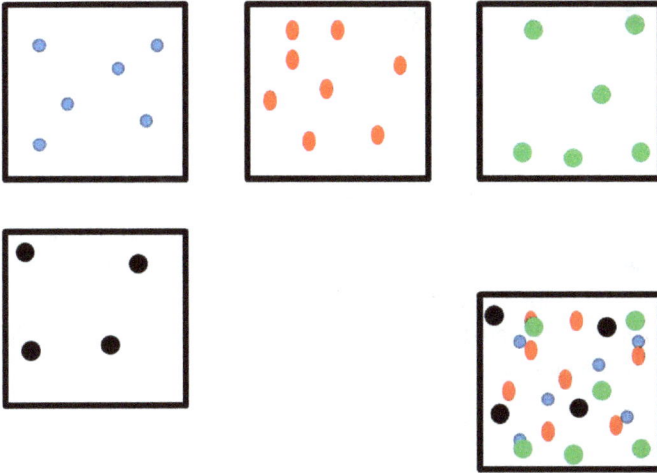

Abb. 6.1: Gesetz von Dalton. Der Druck der Mischung im untersten, rechten Behälter ist gleich die Summe der Drücke der reinen Stoffe der anderen Behälter.

und der Gesamtdruck wird

$$P = n\frac{RT}{V} = (n_1 + n_2 + \cdots + n_k)\frac{RT}{V}$$
$$= n_1\frac{RT}{V} + n_2\frac{RT}{V} + \cdots + n_k\frac{RT}{V}$$
$$= P_1 + P_2 + \cdots + P_k \,, \tag{6.6}$$

wobei P_i der Druck ist, den Stoff i ausüben würde, wäre er allein im Gefäß unter denselben Bedingungen (also Volumen und Temperatur). Dies ist das Gesetz von Dalton, das in Abb. 6.1 schematisch dargestellt wird.

P_i wird als **Partialdruck** von Stoff i bezeichnet.

Jetzt, wo wir Mischungen behandeln, werden wir zwei weitere Begriffe einführen, die wir benutzen werden, um Mischungen zu beschreiben. Diese Begriffe sind allgemeingültig und nicht auf ideale Gase begrenzt.

Der **Molbruch** ist gegeben durch

$$x_i = \frac{n_i}{n} \,. \tag{6.7}$$

Es gilt:

$$x_1 + x_2 + \cdots + x_k = 1 \,. \tag{6.8}$$

Die **Konzentration** des Stoffs i ist gegeben durch

$$c_i = \frac{n_i}{V} \,. \tag{6.9}$$

6.3 Anwendungen des idealen Gasgesetzes

Laut dem Gesetz des idealen Gases können wir die Temperatur durch

$$T = \frac{PV}{nR} \tag{6.10}$$

bestimmen. Wenn wir also z. B. die Temperatur einer Flüssigkeit bestimmen wollen, können wir den Versuchsaufbau in Abb. 6.2 benutzen. In die Flüssigkeit taucht ein gasgefüllter Kolben. Dieser Kolben ist wiederum mit einem Quecksilberreservoir verbunden, so dass der Druck im Kolben gemessen werden kann. In der Abbildung wird der Druck mit Hilfe von Δh in mm Hg ausgedrückt. Wir müssen dafür sorgen, dass die Menge an Gas, die nicht in die Flüssigkeit taucht, vernachlässigbar klein ist.

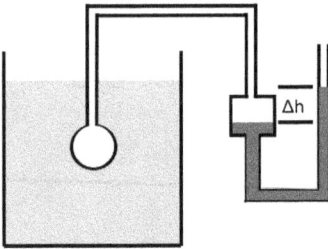

Abb. 6.2: Messung der Temperatur einer Flüssigkeit.

In Abb. 6.2 sind V und P messbar, während n bekannt sein soll. Wie wir aber im nächsten Abschnitt sehen werden, gilt das Gesetz des idealen Gases nicht immer, sondern ist ein sogenanntes Grenzgesetz, das nur unter speziellen, idealisierten Bedingungen gilt. Für das ideale Gasgesetz bedeutet dies, dass $P \rightarrow 0$ und $n \rightarrow 0$ streben müssen. Das heißt, dass Gl. (6.10) zu

$$T = \lim_{P,n \to 0} \frac{PV}{nR} \tag{6.11}$$

modifiziert wird.

Mit diesem Verfahren haben wir aber eine Methode, um die genaue Temperatur einer Substanz zu bestimmen. Diese Methode basiert nicht auf einer mehr oder weniger willkürlichen Interpolation zwischen bestimmten Fixpunkten – also z. B. auf der Annahme, dass das Volumen von Hg linear von T zwischen Schmelz- und Siedepunkt von Wasser abhängt (siehe Kapitel 2.6).

Das ideale Gasgesetz kann auch verwendet werden, um die Molmasse M einer gasförmigen Substanz zu bestimmen. Für eine bestimmte (eingewogene) Masse m der Substanz gilt

$$M = \frac{m}{n} \tag{6.12}$$

mit n gleich Zahl der Mole der Substanz. Benutzen wir wiederum das ideale Gasgesetz wie oben, finden wir

$$M = \lim_{P,m \to 0} \frac{mRT}{PV} \, . \tag{6.13}$$

6.4 Van-der-Waals-Gas

In diesem Abschnitt betrachten wir nur reine Substanzen, also keine Mischungen.

Dass das Gesetz des idealen Gases einer Idealisierung entspricht, kann durch die Größe

$$Z = \frac{PV}{nRT} \tag{6.14}$$

quantifiziert werden. Für ideale Gase ist $Z = 1$, aber für reale Gase gibt es schon Abweichungen, wie Abb. 6.3 zeigt.

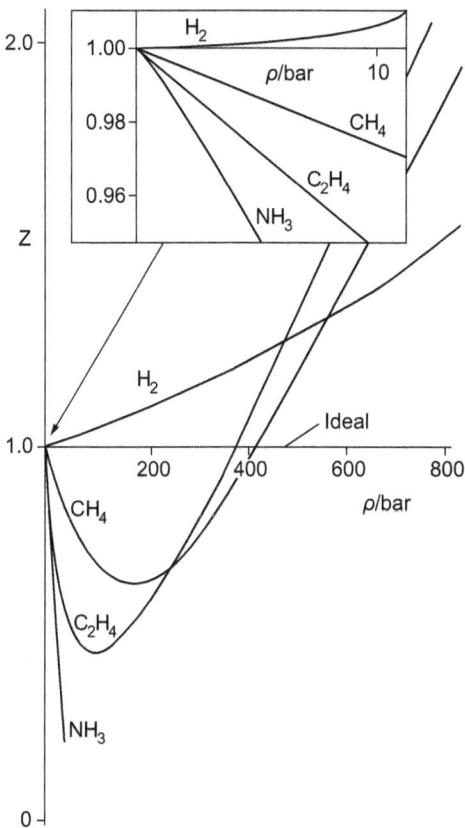

Abb. 6.3: Abweichungen einiger realer Gase vom Verhalten eines idealen Gases. Angepasst aus dem Buch Peter W. Atkins, *Physikalische Chemie*, Wiley-VCH, 2001.

Es kann gezeigt werden, dass das Gesetz des idealen Gases auf der Annahme beruht, dass das Gas aus nicht-wechselwirkenden Teilchen ohne Eigenvolumen besteht. Es gibt mehrere Ansätze, um diese Annahmen zu modifizieren, aber hier werden wir nur eine von diesen diskutieren. Dadurch erhalten wir letztendlich das Gesetz des **Van-der-Waals-Gases**.

Weil die Gasteilchen (Moleküle oder Atome) nicht verschwindend klein sind, ist das Volumen, das dem Gas zur Verfügung steht, kleiner als das Volumen des Gefäßes, worin unser Gas sich befindet. Das Eigenvolumen eines Mols der Gasteilchen werden wir mit b bezeichnen. Also müssen wir im Gesetz des idealen Gases

$$V \rightarrow V - nb \tag{6.15}$$

ersetzen.

Wand

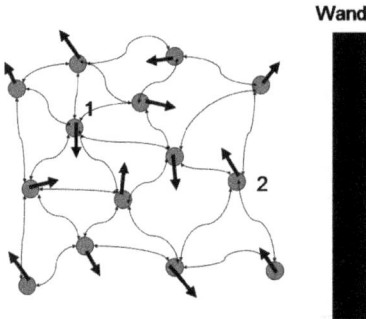

Abb. 6.4: Schematische Darstellung der intermolekularen Kräfte und der Bewegung der Teilchen eines Gases.

In Abb. 6.4 zeigen wir einige Teilchen eines Gases. Die dünnen Kurven stellen Wechselwirkungen zwischen den Teilchen dar, während die Pfeile die Bewegungen der Teilchen repräsentieren. Der Druck, den wir auf der Wand spüren, stammt davon, dass die Teilchen diese Wand treffen und reflektiert werden (diese Argumentation werden wir später, in Kapitel 14, wieder verwenden). In der Abbildung sieht man, dass die Teilchen, welche auf die Wand treffen, vorrangig von Wechselwirkungen beeinflusst sind, welche die Teilchen von der Wand wegziehen. Für die Teilchen in der Nähe der Wand (wie Teilchen 2 in der Abbildung) sind die Kräfte im Durchschnitt nicht isotrop (also nicht gleich groß in alle Richtungen), für Teilchen im Inneren des Gases (wie Teilchen 1 in der Abbildung) hingegen schon. Dies bedeutet, dass der tatsächliche Druck im Gas größer ist als der, den wir messen. Deswegen müssen wir im Gesetz des idealen Gases

$$P \rightarrow P + \Pi \tag{6.16}$$

ersetzen. Π wird **Binnendruck** genannt.

Das modifizierte Gasgesetz lautet also zunächst

$$(P + \Pi)(V - nb) = nRT \ . \tag{6.17}$$

Wenn das Volumen sehr groß wird, verschwindet die Bedeutung der Wechselwirkungen zwischen den Teilchen, also der Binnendruck, weil die Teilchen dann so weit voneinander entfernt sind, dass sie sich gegenseitig nicht mehr beeinflussen. Wir werden deswegen Π als eine Summe schreiben,

$$\Pi = \frac{c}{V/n} + \frac{a}{(V/n)^2} + \frac{d}{(V/n)^3} + \cdots . \tag{6.18}$$

Behalten wir nur die ersten beiden Glieder und setzen das Ergebnis in Gl. (6.17) ein, erhalten wir

$$\begin{aligned}
nRT &= \left(P + \frac{c}{V/n} + \frac{a}{(V/n)^2} \right)(V - nb) \\
&= n \left(P + \frac{c}{V/n} + \frac{a}{(V/n)^2} \right)(V/n - b) \\
&= PV + nc + nPb - \frac{ncb}{V/n} + \frac{aV}{(V/n)^2} - \frac{anb}{(V/n)^2} .
\end{aligned} \tag{6.19}$$

Wie wir z. B. in Abb. 6.3 gesehen haben, gilt das ideale Gasgesetz für kleine P, bzw. große V/n. Das kann in Gl. (6.19) nur dann erfüllt werden, wenn

$$c = 0 . \tag{6.20}$$

Also

$$\Pi = \frac{a}{(V/n)^2} , \tag{6.21}$$

wenn wir nur das erste Glied ungleich null in Gl. (6.18) behalten. Das modifizierte Gasgesetz lautet dann

$$\left(P + \frac{n^2 a}{V^2} \right)(V - nb) = nRT . \tag{6.22}$$

Dies ist das **Gesetz des Van-der-Waals-Gases**.

Die zwei Größen a und b sind Konstanten, deren Werte aber vom Gas abhängen. a beschreibt die Wechselwirkungen, während b das Eigenvolumen beschreibt. Dies bedeutet auch, dass man für Mischungen nicht einfach irgendwelche Mittelwerte der Werte der Konstanten der reinen Gase verwenden kann. Das ist vor allem für die Größe a der Fall, die ja die Wechselwirkungen der Teilchen untereinander quantifiziert.

Je größer a und b sind, desto wichtiger werden Abweichungen vom Verhalten des idealen Gases. Am kleinsten sind a und b für die Edelgase.

Diese Abweichungen sind auch dafür verantwortlich, dass es in der Atmosphäre Inversionsschichten gibt. Außerdem bedingen sie den Drosseleffekt. Diese beiden Phänomene sollen aber hier nicht näher erläutert werden.

In Abb. 6.5 ist das Gesetz des Van-der-Waals-Gases dargestellt. Wir sehen, dass sich P als Funktion von V für große T dem Verhalten des idealen Gases nähert, während für kleinere T Abweichungen deutlich werden. Und für noch kleinere T sagt das Gesetz voraus, dass P negativ werden kann. Dies ist eindeutig nicht realistisch und zeigt, dass auch das Gesetz des Van-der-Waals-Gases nur eine Näherung ist, die nicht in allen Fällen gültig ist.

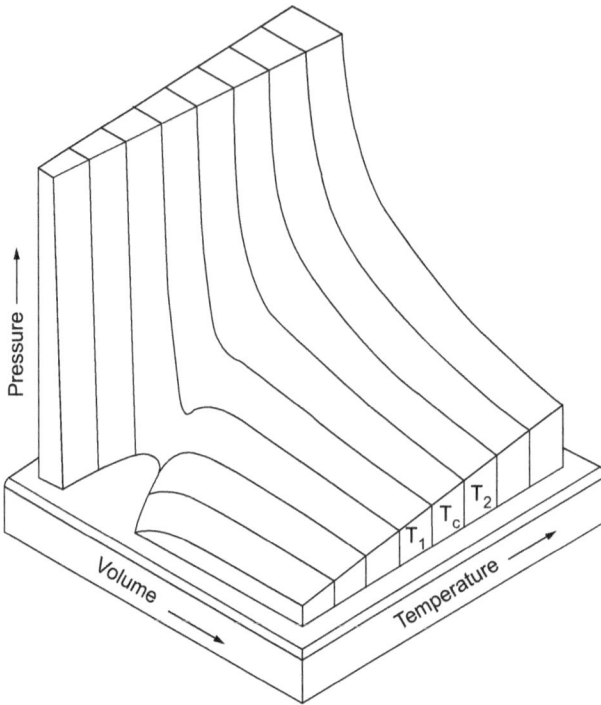

Abb. 6.5: Das Van-der-Waals-Gesetz. Angepasst aus dem Buch Francis Weston Sears, *An Introduction to Thermodynamics, the Kinetic Theory of Gases, and Statistical Mechanics*, Addison-Wesley Publishing Company, 1975.

Stellt man $P \cdot V$ als Funktion von P bei verschiedenen Temperaturen dar, erhält man Kurven, wie sie in Abb. 6.6 für CO_2 gezeigt sind. Für $P \to 0$ erhält man $PV \to nRT$ also den Wert des idealen Gases. Aber für nicht zu große T gibt es einen zweiten Druck, für welchen der Wert des idealen Gases auch erreicht wird. Die Kurve, die diese Punkte verbindet, heißt **Idealkurve**. Ferner bildet die Kurve, die die Minima von $P \cdot V$ als Funktion von P verbindet, die sogenannte **Boyle-Kurve**. Beide sind in Abb. 6.6 gezeigt.

P als Funktion von V bei verschiedenen konstanten Werten von T führt zu Kurven, wie sie in Abb. 6.7 für CO_2 gezeigt sind. Hier sieht man deutlich, wie die Kurven für T kleiner als eine bestimmte Temperatur Schleifen bilden – die sogenannte Van-der-Waals-Schleifen. Als Beispiel folgen wir der Isotherme in Abb. 6.7 für $T = 273$ K. Diese geht durch die Punkte G–A–C–E–O–B. Im Bereich C $\to$ O wird das Volumen V kleiner und gleichzeitig auch der Druck P, was absolut unrealistisch ist. Das ist ein weiteres Versagen des Gesetzes. Auf der anderen Seite steigt der Druck P sehr stark an, wenn das Volumen vom Wert B ausgehend noch weiter verringert wird. Dies ist ein typisches Verhalten einer Flüssigkeit, während im Bereich G $\to$ A der Druck nur langsam steigt, obwohl das Volumen stark abnimmt. Das ist das Verhalten eines Gases.

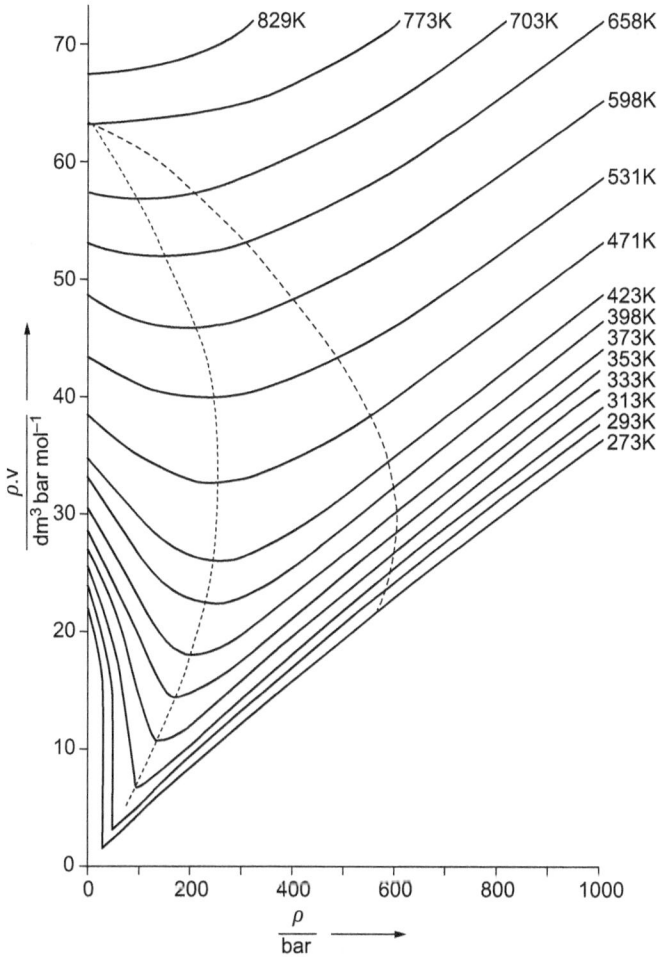

Abb. 6.6: Die (Punkte) Boyle- und (Striche) Idealkurve für CO_2. Angepasst aus dem Buch Gerd Wedler, *Lehrbuch der Physikalischen Chemie*, Wiley-VCH, 2004.

Man interpretiert also das Entstehen der Van-der-Waals-Schleifen als eine Beschreibung eines Systems, das eine Flüssigkeit-Gas-Phasenumwandlung erlebt. Dann wird man in Abb. 6.7 die Kurve zwischen A und B durch die Gerade ersetzen, für welche der Druck P einen konstanten Wert besitzt. Es lässt sich zeigen (was nicht Bestandteil dieses Kurses ist), dass die Gerade so liegt, dass die Fläche zwischen der Kurve E–C–A und der Gerade dieselbe Größe hat wie die Fläche zwischen der Gerade und der Kurve B–O–E.

Der Punkt K in Abb. 6.7, an dem die Van-der-Waals-Schleifen sich bilden, heißt **kritischer Punkt**. Oberhalb dieses Punkts kann man nicht zwischen Gas und Flüssigkeit

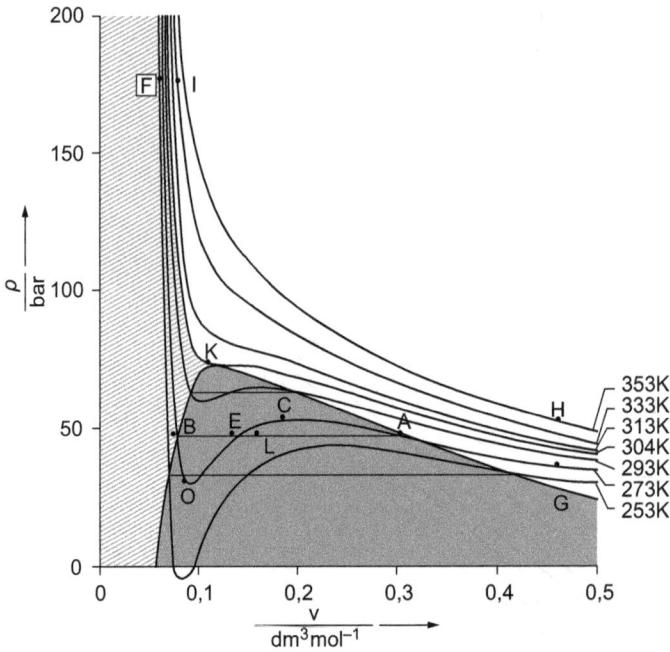

Abb. 6.7: Das Van-der-Waals-Gesetz für CO_2. Angepasst aus dem Buch Gerd Wedler, *Lehrbuch der Physikalischen Chemie*, Wiley-VCH, 2004.

unterscheiden. Für ein Van-der-Waals-Gas ist der kritische Punkt gegeben durch

$$\frac{V_{kr}}{n} = 3b$$

$$T_{kr} = \frac{8a}{27Rb}$$

$$P_{kr} = \frac{a}{27b^2} \, . \tag{6.23}$$

Für ein ideales Gas gibt es keinen kritischen Punkt.

6.5 Beispiel 1

Wir betrachten eine Stahlflasche mit einem Volumen von $V = 40\,l$, die mit $m = 8,5\,kg$ Sauerstoff gefüllt ist. Die Temperatur sei 25 °C. Die Zahl der Sauerstoffmole können wir mit

$$n = \frac{m}{M} \tag{6.24}$$

berechnen, wobei $M = 32\,g/mol$ die Molmasse von O_2 ist.

Wenn der Sauerstoff als ideales Gas betrachtet werden kann, herrscht in der Flasche ein Druck von

$$P = \frac{nRT}{V}$$

$$= \frac{mRT}{MV}$$

$$= \frac{8500\,\text{g} \cdot 0{,}0831451 \cdot \text{bar}/(\text{mol} \cdot \text{K}) \cdot 298{,}2\,\text{K}}{32\,\text{g}/\text{mol} \cdot 40\,\text{l}}$$

$$= 165\,\text{bar}. \tag{6.25}$$

Genauer ist es, die Van-der-Waals-Gleichung zu benutzen. Für O_2 sind

$$a = 1{,}382\,\frac{\text{l}^2 \cdot \text{bar}}{\text{mol}^2}$$

$$b = 0{,}03186\,\frac{\text{l}}{\text{mol}}. \tag{6.26}$$

Laut der Van-der-Waals-Gleichung ist der Druck

$$P = \frac{RT}{V/n - b} - \frac{a}{(V/n)^2}. \tag{6.27}$$

In unserem Fall ist

$$\frac{V}{n} = \frac{VM}{m} = \frac{40\,\text{l} \cdot 32\,\text{g}/\text{mol}}{8500\,\text{g}} = 0{,}1506\,\text{l}/\text{mol}. \tag{6.28}$$

Dann ist

$$P = \frac{0{,}0831451 \cdot \text{bar}/(\text{mol} \cdot \text{K}) \cdot 298{,}2\,\text{K}}{0{,}1506\,\text{l}/\text{mol} - 0{,}03186\,\text{l}/\text{mol}} - \frac{1{,}382\,\text{l}^2 \cdot \text{bar}/\text{mol}^2}{(0{,}1506\,\text{l}/\text{mol})^2}$$

$$= 148\,\text{bar}, \tag{6.29}$$

also etwa 10 % kleiner als der Wert des idealen Gases.

6.6 Beispiel 2

Wir betrachten wiederum eine Stahlflasche, die mit Sauerstoff bei 23 °C gefüllt ist. Das Volumen der Flasche sei $V = 45\,\text{l}$, und in der Flasche herrscht der Druck $P = 150\,\text{bar}$. Wir benutzen die Van-der-Waals-Gleichung mit den Parameterwerten für O_2, die in Gl. (6.26) gegeben sind.

Die Van-der-Waals-Gleichung kann als

$$P\left(\frac{V}{n}\right)^3 - (bP + RT)\left(\frac{V}{n}\right)^2 + a\left(\frac{V}{n}\right) - ab = 0 \tag{6.30}$$

geschrieben werden. Setzt man die bekannten Zahlenwerte ein, erhält man (nach etwas Rechnen!)

$$\frac{V}{n} = 0{,}1469 \, \text{l/mol} \, . \tag{6.31}$$

Daraus ergibt sich

$$m = nM = \frac{V}{V/n}M = 9{,}803 \, \text{kg} \, . \tag{6.32}$$

Hätten wir das ideale Gasgesetz benutzt, hätten wir $m = 8{,}78 \, \text{kg}$ gefunden.

6.7 Beispiel 3

Der Parameter b der Van-der-Waals-Gleichung beschreibt das Eigenvolumen der Gasmoleküle. Werden sie als kleine Kugeln aufgefasst, die einen Durchmesser von d haben, können sich die Zentren zweier Moleküle nicht weiter als d nähern. Zwei Moleküle können deswegen nicht beide in einem Volumen von $\frac{4\pi}{3}d^3$ sein. Das bedeutet, dass wir jedem Molekül ein Volumen von $\frac{2\pi}{3}d^3$ zuschreiben. Für ein Mol Moleküle ist dann das Eigenvolumen (also der Parameter b) gleich

$$N_A \frac{2\pi}{3}d^3 = b \, . \tag{6.33}$$

Für Toluol, $C_6H_5CH_3$, ist die kritische Temperatur 318,6 °C und der kritische Druck 41,08 bar. Aus Gl. (6.23) erhalten wir

$$b = \frac{RT_{kr}}{8P_{kr}}$$
$$= \frac{0{,}083145 \, \text{l} \cdot \text{bar/(mol} \cdot \text{K)} \cdot 591{,}8 \, \text{K}}{8 \cdot 41{,}08 \, \text{bar}}$$
$$= 0{,}1497 \, \frac{\text{l}}{\text{mol}} \, . \tag{6.34}$$

Wir können auch a bestimmen, obwohl der Wert hier nicht relevant ist:

$$a = 27b^2 P_{kr} = 24{,}86 \, \frac{\text{l}^2 \cdot \text{bar}}{\text{mol}^2} \, . \tag{6.35}$$

Aus Gl. (6.33) und (6.34) erhalten wir letztendlich

$$d = \left[\frac{3b}{2\pi N_A}\right]^{1/3} = 0{,}491 \, \text{nm} = 4{,}91 \, \text{Å} \, , \tag{6.36}$$

was keine schlechte Näherung für die Größe des Toluol Moleküls ist.

6.8 Aufgaben mit Antworten

1. **Aufgabe:** Leiten Sie einen Ausdruck für $\frac{1}{V}(\partial V/\partial T)_P$ für ein ideales Gas her.

   Antwort:

$$\frac{1}{V}\left(\frac{\partial V}{\partial T}\right)_P = \frac{1}{V}\left(\frac{\partial \frac{nRT}{P}}{\partial T}\right)_P = \frac{1}{V}\frac{nR}{P} = \frac{nR}{PV} = \frac{nRT}{T \cdot PV} = \frac{1}{T} \, .$$

2. **Aufgabe:** Eine Mischung aus drei idealen Gasen, A, B und C, hat einen Gesamtdruck von 2 bar. Die Mischung besteht aus 3 mol A, 1 mol B und 4 mol C. Wie groß sind die Partialdrücke?

   Antwort: Laut Daltons Gesetz ist $P_i = x_i P$. $x_i = n_i/(\sum_j n_j)$. Dadurch: $x_A = \frac{3}{8}$, $x_B = \frac{1}{8}$, $x_C = \frac{4}{8}$. Daraus: $P_A = \frac{3}{8} \cdot 2\,\text{bar} = 0,75\,\text{bar}$, $P_B = \frac{1}{8} \cdot 2\,\text{bar} = 0,25\,\text{bar}$, $P_C = \frac{4}{8} \cdot 2\,\text{bar} = 1,00\,\text{bar}$.

3. **Aufgabe:** An einem Van-der-Waals-Gas $[a = 2\,1^2\,\text{bar}/\text{mol}^2$, $b = 0,05\,\text{l/mol}$, $R = 0,083145\,\text{l bar}/(\text{mol K})]$ wird Volumenarbeit bei einem isothermen Prozess verrichtet. Das Anfangsvolumen des Gases ist 8 l und das Endvolumen ist gleich 6,5 l. Der von außen angelegte Druck ist gleich 7 bar. Bestimmen Sie daraus die an dem Gas verrichtete Arbeit (ausgedrückt in Einheiten l · bar). Die Temperatur ist 400 K.

   Antwort: $\Delta W = -\int_{V_1}^{V_2} P'\,\mathrm{d}V = -P' \int_{V_1}^{V_2} \mathrm{d}V = -P'(V_2 - V_1) = -7\,\text{bar} \cdot (6,5 - 8)\,\text{l} = 10,5\,\text{bar l}$. Dass es sich um ein Van-der-Waals-Gas handelt, ist für diese Aufgabe irrelevant.

6.9 Aufgaben

1. Eine Mischung aus drei idealen Gasen, A, B und C, hat einen Gesamtdruck von 2 bar. Die Mischung besteht aus 3 mol A und 1 mol B, während der Molbruch für C gleich 0,5 ist. Wie groß sind die Partialdrücke?

2. Der Binnendruck eines Van-der-Waals-Gases ist $\Pi = a/(V/n)^2$. Erklären Sie kurz, wie man zu diesem Ausdruck kommt.

3. Betrachten Sie eine Mischung aus vier idealen Gasen, A, B, C und D. Der Partialdruck von A ist gleich 2 bar, und der von C ist gleich 0,7 bar. Der Molbruch von B ist $x_B = 0,3$ und der von D ist $x_D = 0,1$. Bestimmen Sie den Gesamtdruck sowie die Molbrüche von A und C.

4. Skizzieren Sie Isotherme für ein ideales Gas und ein Van-der-Waals-Gas in einem (V, P)-Diagramm, und markieren Sie die kritischen Punkte.

5. Erklären Sie die Begriffe Idealkurve und Boyle-Kurve für ein Van-der-Waals-Gas.

6. Eine Stahlflasche mit einem Volumen von $V = 40\,\text{l}$ ist mit $m = 4,0\,\text{kg}$ eines Gases gefüllt. Die Temperatur sei 25 °C, und die Molmasse des Gases sei 16 g/mol. Für das Gas wird die Van-der-Waals-Gleichung verwendet, wobei $a = 0,2\,1^2 \cdot \text{bar}/\text{mol}^2$ und $b = 0,03\,\text{l/mol}$ sind. Bestimmen Sie den Druck im Behälter. $R = 0,0831441\,\text{bar l}/(\text{K mol})$.

7 Erster Hauptsatz der Thermodynamik

PHYSICISTS DEFINE ENERGY MECHANICALLY, AS THE ABILITY TO DO **WORK.*** WORK
IS WHAT HAPPENS WHEN A FORCE OPERATES ON AN OBJECT OVER A DISTANCE:
WORK = FORCE X DISTANCE. THE METRIC UNIT OF ENERGY IS THE NEWTON-METER,
OR **JOULE.**

1 JOULE = WORK DONE BY A FORCE OF ONE NEWTON OPERATING OVER A DISTANCE OF ONE METER.

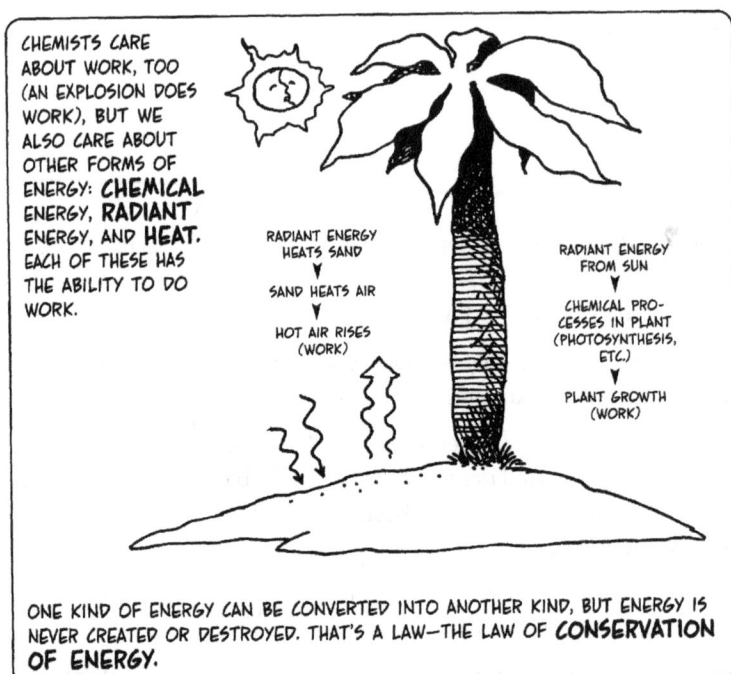

CHEMISTS CARE
ABOUT WORK, TOO
(AN EXPLOSION DOES
WORK), BUT WE
ALSO CARE ABOUT
OTHER FORMS OF
ENERGY: **CHEMICAL**
ENERGY, **RADIANT**
ENERGY, AND **HEAT.**
EACH OF THESE HAS
THE ABILITY TO DO
WORK.

RADIANT ENERGY
HEATS SAND
▼
SAND HEATS AIR
▼
HOT AIR RISES
(WORK)

RADIANT ENERGY
FROM SUN
▼
CHEMICAL PRO-
CESSES IN PLANT
(PHOTOSYNTHESIS,
ETC.)
▼
PLANT GROWTH
(WORK)

ONE KIND OF ENERGY CAN BE CONVERTED INTO ANOTHER KIND, BUT ENERGY IS
NEVER CREATED OR DESTROYED. THAT'S A LAW—THE LAW OF **CONSERVATION
OF ENERGY.**

*NOT TO BE CONFUSED WITH USEFUL WORK.

Abb. 7.1: Erster Hauptsatz der Thermodynamik. Reproduziert mit freundlicher Genehmigung von HarperCollins Publishers aus dem Buch Larry Gonick und Craig Criddle, *The Cartoon Guide to Chemistry*, 2005.

https://doi.org/10.1515/9783110636932-007

7.1 Innere Energie

Der erste Hauptsatz der Thermodynamik (Abb. 7.1) ist eine Erfahrungssache: Bisher gibt es keine überzeugenden Beispiele, die zeigen, dass der Satz nicht gültig ist. Deswegen wird die Gültigkeit angenommen, aber aus demselben Grund gibt es Personen, die hoffen, dass sie doch ein Gegenbeispiel finden können. Wenn das so wäre, hätte man ein sogenanntes Perpetuum Mobile erster Art. Ferner würde man Energie aus dem Nichts erhalten können, was ja nicht ganz uninteressant wäre...

In Abb. 7.2 sind zwei Wege gezeigt, auf welchen ein System von einem Anfangszustand 1 zu einem Endzustand 2 gebracht werden kann. Wir haben benutzt, dass wir nur zwei Zustandsfunktionen brauchen (z. B. zwei der drei Größen P, V und T), so dass der Weg eindeutig in einem zweidimensionalen Diagramm gezeigt werden kann. Ferner haben wir die zwei Zustandsfunktionen nicht eindeutig gewählt, so dass es keine Beschriftung auf den Koordinatenachsen gibt. So werden wir auch später in diesem Buch vorgehen, ohne es explizit zu erwähnen.

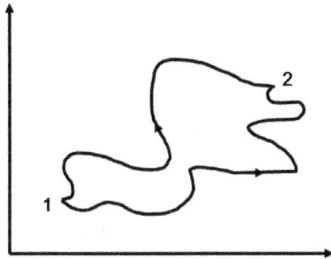

Abb. 7.2: Erster Hauptsatz der Thermodynamik.

Die Erfahrung zeigt, dass die Summe $\Delta W + \Delta Q$ aus Arbeit ΔW, die wir an dem System leisten, und Wärme ΔQ, die wir dem System zuführen, um vom Zustand 1 zu Zustand 2 zu kommen, unabhängig vom Weg ist. Das bedeutet, dass diese Summe die Änderung einer Zustandsfunktion beschreibt, die wir mit U bezeichnen,

$$\Delta U = \Delta W + \Delta Q . \tag{7.1}$$

U wird als **innere Energie** bezeichnet. Dass U eine Zustandsfunktion ist, deren Änderung durch Gl. (7.1) gegeben ist, ist Inhalt des ersten Hauptsatzes der Thermodynamik.

Weil U eine Zustandsfunktion ist, können wir ein vollständiges Differenzial für sie aufstellen. Es ist üblich, dies mit Hilfe von T und V auszudrücken, auch wenn dies nicht die einzige Möglichkeit ist. Also

$$\mathrm{d}U = \left(\frac{\partial U}{\partial T}\right)_V \mathrm{d}T + \left(\frac{\partial U}{\partial V}\right)_T \mathrm{d}V . \tag{7.2}$$

Auf der anderen Seite sind zugeführte Wärme und geleistete Arbeit keine Zustandsfunktionen, so dass wir erhalten

$$\mathrm{d}U = \delta W + \delta Q \,. \tag{7.3}$$

Die eine Größe in Gl. (7.2) ist eine Wärmekapazität,

$$C_V = \left(\frac{\partial U}{\partial T} \right)_V \,. \tag{7.4}$$

Eine Folge des ersten Hauptsatzes ist, dass sowohl Wärme als auch Arbeit Formen von Energie sind. Das heißt, dass man – im Prinzip – Wärme in Arbeit umwandeln kann und umgekehrt (auch wenn es hier Einschränkungen gibt, wie wir später sehen werden). Arbeit wird normalerweise in Joule (J = N · m) angegeben, während Wärme in Kalorien (cal) angegeben wird. Hier ist 1 cal definiert als die Wärmemenge, die man braucht um 1 g Wasser von 4 °C auf 5 °C bei 1 atm Atmosphärendruck zu erwärmen. Basierend auf dem ersten Hauptsatz ist es möglich, die zwei Einheiten miteinander zu verbinden, wie in Abb. 7.3 gezeigt ist. Mit Hilfe eines solchen Experiments zeigte James Prescott Joule (der eigentlich Bierbrauer war), dass Wärme und Arbeit miteinander verbunden sind: Beide sind Energien.

Gay-Lussac untersuchte das Verhalten von Gasen. Mit seiner Messgenauigkeit werden wir die Gase heutzutage als ideal auffassen. Er verwendete einen Versuchsaufbau wie schematisch in Abb. 7.4 gezeigt. Ein isolierter Behälter ist in zwei Bereiche aufgeteilt. Das Gas befindet sich am Anfang des Versuchs im Bereich I. Dann wird die Wand zwischen den beiden Bereichen entfernt, so dass das Gas expandieren kann. Weil weder Wärme zugeführt, noch Arbeit geleistet wird, ändert sich die innere Energie des Gases nicht, $\mathrm{d}U = 0$. Auf der anderen Seite, ändert sich das Volumen, $\mathrm{d}V \neq 0$. Durch Messungen fand Gay-Lussac heraus, dass sich die Temperatur nicht ändert. Also ist T konstant. Insgesamt bedeutet dies, dass für ein ideales Gas

$$\left(\frac{\partial U}{\partial V} \right)_T = 0 \tag{7.5}$$

gilt.

Bisher haben wir immer P, V und T als die zentralen Zustandsfunktionen betrachtet, wovon wir allerdings nur zwei brauchen, um den Zustand eines Systems eindeutig festzulegen. U ist eine vierte Zustandsfunktion, die wir genauso gut verwenden können. Als Beispiel zeigen wir deswegen den Zusammenhang zwischen U, V und T für ein ideales Gas in Abb. 7.5 und für ein Van-der-Waals-Gas in Abb. 7.6. In beiden Fällen ist angenommen worden, dass C_V unabhängig von der Temperatur ist, was für ein ideales Gas exakt ist, während es für ein Van-der-Waals-Gas eine Annahme darstellt.

Heat Capacity

THE **HEAT CAPACITY** OF A SUBSTANCE
IS THE ENERGY INPUT REQUIRED TO
RAISE ITS TEMPERATURE BY 1°C. WE CAN
SPEAK OF HEAT CAPACITY PER GRAM
("SPECIFIC HEAT") OR PER MOLE ("MOLAR
HEAT CAPACITY").

IN OTHER WORDS,
IT'S THE... UM...
CAPACITY... OF THE
SUBSTANCE TO SOAK
UP... ER... HEAT...

YOU'RE SO
ELOQUENT!

JAMES PRESCOTT **JOULE** (1818–1889) MEASURED THE HEAT CAPACITY OF WATER.
HE ATTACHED A FALLING WEIGHT TO A PADDLE WHEEL IMMERSED IN WATER. BY
MEASURING THE SLIGHT RISE IN TEMPERATURE OF THE WATER,* JOULE FOUND
THE WORK EQUIVALENT OF A TEMPERATURE CHANGE. RESULT:

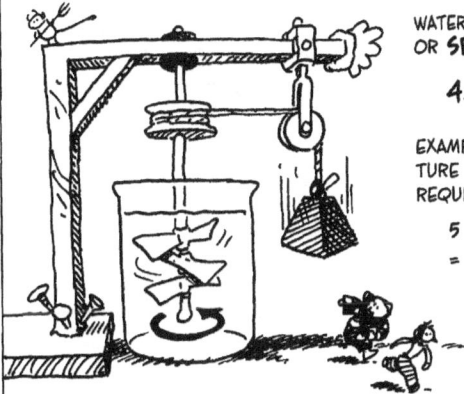

WATER'S HEAT CAPACITY PER GRAM
OR **SPECIFIC HEAT** IS

$$4.184 \text{ Joules/g°C}$$

EXAMPLE: TO RAISE THE TEMPERA-
TURE OF 5g OF WATER BY 7°C
REQUIRES AN ADDED ENERGY OF

$$5 \times 7 \times 4.184$$
$$= 146 \text{ JOULES.}$$

*YOU CAN RAISE TEMPERATURE BY DOING WORK ON AN OBJECT. FOR INSTANCE, WHEN YOU HAMMER
A NAIL, THE NAIL HEAD WARMS UP.

Abb. 7.3: Die Bestimmung vom Umrechnungsfaktor zwischen Wärmeeinheiten (cal) und Arbeitsein-
heiten (J). Reproduziert mit freundlicher Genehmigung von HarperCollins Publishers aus dem Buch
Larry Gonick und Craig Criddle, *The Cartoon Guide to Chemistry*, 2005.

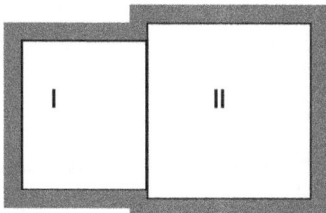

I

II

Abb. 7.4: Gay-Lussacs Versuch.

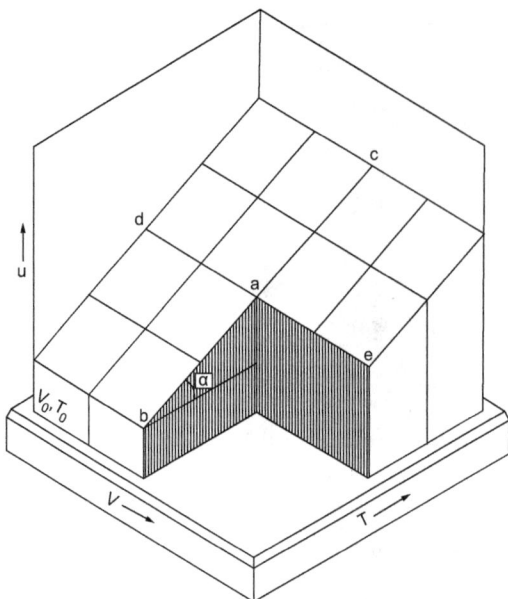

Abb. 7.5: U als Funktion von T und V für ein ideales Gas. Angepasst aus dem Buch Francis Weston Sears, *An Introduction to Thermodynamics, the Kinetic Theory of Gases, and Statistical Mechanics*, Addison-Wesley Publishing Company, 1975.

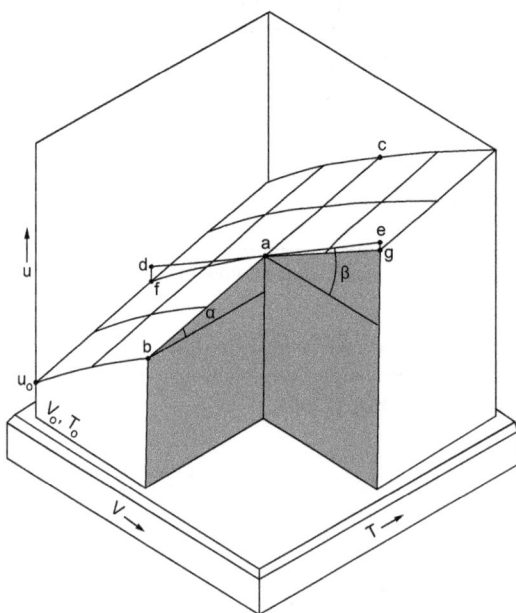

Abb. 7.6: U als Funktion von T und V für ein Van-der-Waals-Gas. Angepasst aus dem Buch Francis Weston Sears, *An Introduction to Thermodynamics, the Kinetic Theory of Gases, and Statistical Mechanics*, Addison-Wesley Publishing Company, 1975.

7.2 Reversible Prozesse

In Abb. 7.7 ist ein Beispiel für einen Prozess gezeigt. Bei diesem Prozess wird Arbeit durch Anlegen eines äußeren Drucks an einem Gas verrichtet. Wenn der angelegte Druck P' größer ist als der Druck P des Gases, bewegt sich der Stempel nach unten. Umgekehrt, wenn $P' < P$, bewegt sich der Stempel nach oben.

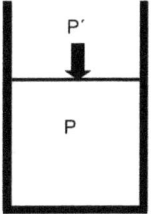

Abb. 7.7: Schematische Darstellung von Arbeit, die an einem Gas verrichtet wird.

Reversible Prozesse sind solche, die durch eine infinitesimale Änderung während des Prozesses ihre Richtung umkehren können. Bei dem Beispiel oben würde das bedeuten, dass sich P und P' nur infinitesimal voneinander unterscheiden, also dass

$$P' = P + dP .\tag{7.6}$$

Die Änderung

$$dP \rightarrow -dP \tag{7.7}$$

ist infinitesimal und kehrt die Prozessrichtung um.

Andere reversible Prozesse sind solche, wo eine Kraft von außen (z. B. von elektrischen Feldern) nur infinitesimal geändert werden muss, um die Prozessrichtung umzukehren.

Reversible Prozesse sind idealisierte, nicht natürliche Prozesse, die eigentlich nie vorkommen – auch weil sie meistens ungefähr unendlich viel Zeit in Anspruch nehmen würden.

Irreversible Prozesse sind auf der anderen Seite die Prozesse, die man natürlich vorfindet. Sie sind solche, die nicht reversibel sind. Im Beispiel oben bedeutet dies, dass $|P' - P|$ nicht infinitesimal klein ist.

7.3 Beispiel 1

Als Beispiel betrachten wir das System in Abb. 7.7 und nehmen an, dass das Gas ideal ist. Wir nehmen ferner an, dass die Temperatur T konstant ist.

Zuerst betrachten wir den Fall, dass das Gas reversibel komprimiert wird. Der Anfangsdruck sei P_1 und der Enddruck P_2. Die entsprechenden Volumina sind dann

$$V_1 = \frac{nRT}{P_1}$$

$$V_2 = \frac{nRT}{P_2} .\tag{7.8}$$

Die Arbeit, die durch den reversiblen Prozess (mit $P' = P + dP$) an dem Gas geleistet wird, ist

$$\Delta W_{rev} = -\int_{V_1}^{V_2} (P + dP)\, dV = -\int_{V_1}^{V_2} [P \cdot dV + (dP) \cdot (dV)]$$

$$= -\int_{V_1}^{V_2} P \cdot dV = -\int_{V_1}^{V_2} \frac{nRT}{V}\, dV = -nRT\, [\ln(V)]_{V_1}^{V_2}$$

$$= nRT \ln\left(\frac{V_1}{V_2}\right) = nRT \ln\left(\frac{V_1 - V_2 + V_2}{V_2}\right) = nRT \ln\left(\frac{V_1 - V_2}{V_2} + 1\right). \quad (7.9)$$

Wir haben hier benutzt, dass dV und dP klein sind, so dass ihr Produkt verschwindend klein wird und ignoriert werden kann.

Anschließend betrachten wir den Fall, dass das Gas irreversibel komprimiert wird. Der Anfangsdruck des Gases sei wiederum P_1 und der Enddruck P_2. Der von außen angelegte Druck sei konstant gleich $P' = P_2$. In diesem Fall ist die geleistete Arbeit gleich

$$\Delta W_{irrev} = -\int_{V_1}^{V_2} P_2\, dV = P_2 (V_1 - V_2)$$

$$= \frac{nRT}{V_2} (V_1 - V_2) = nRT \frac{V_1 - V_2}{V_2}. \quad (7.10)$$

Weil

$$\ln(1 + x) < x \quad \text{für} \quad x > 0, \quad (7.11)$$

ist

$$\Delta W_{irrev} > \Delta W_{rev}. \quad (7.12)$$

Auch wenn die Mengen an geleisteter Arbeit unterschiedlich sind, sorgt ein ähnlicher Unterschied in den Mengen an zugeführter Wärme dafür, dass die innere Energie des Gases am Ende der beiden Prozessen denselben Wert besitzt.

7.4 Enthalpie

Abbildung 7.8 zeigt ein nicht atypisches Beispiel für Laborarbeit (oder z. B. für einen Prozess in einer biologischen Zelle). Ein Thermostat (oder Ähnliches) sorgt dafür, dass

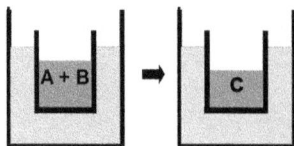

Abb. 7.8: Typisches Experiment im chemischen Labor.

die Temperatur in einem Gefäß konstant bleibt. Dabei wird es zu einem Wärmeaustausch zwischen Gefäß und Thermostat kommen. Im Gefäß läuft eine chemische Reaktion ab, die zu einer Volumenänderung der Lösung führt, während der Druck konstant bleibt (und von der Atmosphäre verursacht wird). Die einzige geleistete Arbeit an dem System ist dementsprechend die Volumenarbeit durch die Atmosphäre. Diese Arbeit werden wir ferner als reversibel betrachten. Werden wir dann den ganzen Prozess als reversibel betrachten, haben wir

$$dU = \delta Q_{\mathrm{rev}} - P\,dV \qquad (7.13)$$

oder

$$dU + P\,dV = \delta Q_{\mathrm{rev}}\,, \qquad (7.14)$$

was wir auch als

$$d(U + PV)_{P\,\mathrm{konst.}} = \delta Q_{\mathrm{rev}} \qquad (7.15)$$

schreiben können (weil P ja konstant ist).

Auf der linken Seite haben wir die Änderung in einer Größe, die sich aus Zustandsfunktionen zusammensetzt. Das bedeutet, dass die Änderung in dieser Größe vom Weg unabhängig ist, und dass die Größe deswegen auch eine Zustandsfunktion ist. Diese Funktion wird als **Enthalpie** bezeichnet,

$$H = U + PV\,. \qquad (7.16)$$

Es ist üblich, H als Funktion von P und T zu beschreiben (wie U üblicherweise als Funktion von V und T behandelt wird), und wir haben dann

$$dH = \left(\frac{\partial H}{\partial T}\right)_P dT + \left(\frac{\partial H}{\partial P}\right)_T dP\,. \qquad (7.17)$$

Auch hier wird eine Wärmekapazität eingeführt,

$$C_P = \left(\frac{\partial H}{\partial T}\right)_P\,. \qquad (7.18)$$

Unter der Annahme, dass die einzige Arbeit, die an dem System geleistet wird (Abb. 7.8), reversible Volumenarbeit ist, haben wir zuerst

$$dU = \delta Q + \delta W$$
$$= \delta Q - P\,dV$$
$$\equiv \left(\frac{\partial U}{\partial T}\right)_V dT + \left(\frac{\partial U}{\partial V}\right)_T dV \qquad (7.19)$$

und daraus

$$\delta Q = \left(\frac{\partial U}{\partial T}\right)_V dT + \left[\left(\frac{\partial U}{\partial V}\right)_T + P\right]dV$$
$$= C_V\,dT + \left[\left(\frac{\partial U}{\partial V}\right)_T + P\right]dV\,. \qquad (7.20)$$

Gleichzeitig ist [wegen Gl. (7.16)]

$$dH = d(U + PV)$$
$$= dU + P\,dV + V\,dP$$
$$= (\delta Q - P\,dV) + P\,dV + V\,dP$$
$$= \delta Q + V\,dP$$
$$\equiv \left(\frac{\partial H}{\partial T}\right)_P dT + \left(\frac{\partial H}{\partial P}\right)_T dP. \tag{7.21}$$

und daraus

$$\delta Q = \left(\frac{\partial H}{\partial T}\right)_P dT + \left[\left(\frac{\partial H}{\partial P}\right)_T - V\right]dP$$
$$= C_P\,dT + \left[\left(\frac{\partial H}{\partial P}\right)_T - V\right]dP. \tag{7.22}$$

Wir vergleichen Gl. (7.20) und (7.22), teilen beide Gleichungen durch dT, und lassen P konstant. Dann erhalten wir

$$C_P = C_V + \left[\left(\frac{\partial U}{\partial V}\right)_T + P\right]\left(\frac{\partial V}{\partial T}\right)_P. \tag{7.23}$$

Es kann auch gezeigt werden (ist nicht Bestandteil dieses Kurses), dass

$$C_P - C_V = T\left(\frac{\partial P}{\partial T}\right)_V \left(\frac{\partial V}{\partial T}\right)_P. \tag{7.24}$$

Für ein ideales Gas ist $C_P - C_V = nR$.

7.5 Beispiel 2

Wir betrachten die Verbrennung von Heptan, C_7H_{16}, bei 50 °C und 200 °C bei einem Druck von 1 atm. Die Siedetemperatur des Heptans ist 98,3 °C. Ziel ist es, die Volumenarbeit, die von Heptan durch die Verbrennung geleistet wird, zu berechnen. Wir nehmen an, dass die Volumina der Flüssigkeiten vernachlässigbar sind, verglichen mit denen der Gase. Verwenden wir zusätzlich das Gesetz der idealen Gase für alle Gase, erhalten wir

$$\Delta W = \Delta(P \cdot V) = \Delta(n \cdot R \cdot T) = RT \cdot \Delta n. \tag{7.25}$$

Weil wir die vom Gas geleistete Arbeit suchen, haben wir hier kein Minuszeichen.

Die Verbrennung läuft nach der folgenden Reaktionsgleichung ab:

$$C_7H_{16} + 11\,O_2 \rightarrow 7\,CO_2 + 8\,H_2O. \tag{7.26}$$

Bei 50 °C sind Wasser und Heptan flüssig, während Sauerstoff und CO_2 gasförmig sind. Bei 200 °C sind alle Komponenten gasförmig. Das heißt, dass $\Delta n = -4$ mol bei 50 °C und $\Delta n = +3$ mol bei 200 °C. Dann wird ΔW gleich $-10{,}747$ kJ/mol bei 50 °C und $11{,}802$ kJ/mol bei 200 °C.

7.6 Beispiel 3

Wir wollen die reversible Volumenarbeit berechnen, die an einem Van-der-Waals-Gas geleistet wird, wenn bei einem isothermen Prozess sein Volumen von V_a auf V_e geändert wird. Wir erhalten aus der Gleichung eines Van-der-Waals-Gases

$$P = \frac{nRT}{V - nb} - \frac{n^2 a}{V^2} . \tag{7.27}$$

und daraus

$$\Delta W = - \int_{V_a}^{V_e} P \, dV = nRT \ln \frac{V_e - nb}{V_a - nb} + an^2 \left(\frac{1}{V_e} - \frac{1}{V_a} \right) . \tag{7.28}$$

7.7 Beispiel 4

Wir betrachten einen Menschen mit einer Masse von 70 kg. Die Wärmekapazität beträgt 4,2 J/K/(g Körpergewicht). Im Durchschnitt produziert der Körper 120 W = 120 J/s. Das entspricht in 24 h einer Energieproduktion von

$$U = 120 \, \frac{J}{s} \cdot 86.400 \, \frac{s}{Tag} = 10,368 \cdot 10^6 \, \frac{J}{Tag} . \tag{7.29}$$

Wäre der Körper ein abgeschlossenes System, und würde die Energie nur dazu benutzt, die Temperatur des Körpers zu erhöhen, wäre die Temperaturerhöhung während der 24 h:

$$\Delta T = \frac{10,368 \cdot 10^6 \, J/Tag}{4,2 \, J/(K \cdot g) \cdot 70 \, kg} = 35,3 \, \frac{K}{Tag} . \tag{7.30}$$

Die Energie könnte aber auch dazu verwendet werden, Wasser bei 37 °C zu verdampfen (d. h., dass der Mensch schwitzt). Die Verdampfungswärme von Wasser bei 37 °C beträgt 2410 J/g. Würde U dazu benutzt, nur Wasser zu verdampfen, wäre die Menge des verdampften Wassers gleich

$$m = \frac{10,368 \cdot 10^6 \, J/Tag}{2410 \, J/g} = 4,3 \, \frac{kg}{Tag} . \tag{7.31}$$

7.8 Aufgaben mit Antworten

1. **Aufgabe:** Die Wärmekapazität eines Stoffs als Funktion der Temperatur sei $C_P = a + b \cdot T$ mit $a = 10 \, J/(K \, mol)$ und $b = 3 \cdot 10^{-3} \, J/(K^2 \, mol)$. Um wie viel ändert sich die Enthalpie pro Mol, wenn der Stoff von 300 auf 350 K erwärmt wird?

Antwort:

$$\Delta H = \int_{T_1}^{T_2} C_P(T)\, dT = \int_{T_1}^{T_2} (a + b \cdot T)\, dT = \left[aT + \frac{1}{2}bT^2 \right]_{T_1}^{T_2}$$

$$= a(T_2 - T_1) + \frac{b}{2}(T_2^2 - T_1^2)$$

$$= 10\,\frac{J}{K\,mol} \cdot 50\,K + 1{,}5 \cdot 10^{-3}\,\frac{J}{K^2\,mol}(350^2 - 300^2)\,K^2$$

$$= (500 + 48{,}75)\,\frac{J}{mol} = 548{,}75\,\frac{J}{mol}\,. \tag{7.32}$$

2. **Aufgabe:** Berechnen Sie die Arbeit, die ein ideales Gas verrichten kann, wenn sich sein Volumen reversibel und isotherm von V_1 auf V_2 ändert. Die Temperatur sei T.

   Antwort: Die Arbeit, die an dem Gas verrichtet wird:

$$\Delta W = -\int_{V_1}^{V_2} P\, dV = -\int_{V_1}^{V_2} \frac{nRT}{V}\, dV = -nRT \int_{V_1}^{V_2} \frac{1}{V}\, dV = -nRT \ln\frac{V_2}{V_1}\,. \tag{7.33}$$

   Daraus die Arbeit, die das Gas verrichten kann: $-\Delta W = nRT \ln(V_2/V_1)$.

3. **Aufgabe:** Ein mol eines idealen Gases wird adiabatisch von (P_1, V_1, T_1) zuerst auf (P_2, V_2, T_2) und anschließend auf (P_3, V_2, T_1) gebracht. Um wie viel ändert sich die innere Energie des Gases?

   Antwort: Für ein ideales Gas hängt U nur von T ab und ist ferner eine Zustandsfunktion. Deswegen: Wenn Anfangs- und Endtemperatur identisch sind, ändert sich die innere Energie nicht.

4. **Aufgabe:** Ist $U - P \cdot V$ eine Zustandsfunktion? Begründen Sie die Antwort.

   Antwort: $U - P \cdot V$ setzt sich aus Zustandsfunktionen zusammen. Dadurch wird die Änderung in $U - P \cdot V$ für irgendeinen Prozess unabhängig vom Prozessweg sein. Deswegen ist auch $U - P \cdot V$ eine Zustandsfunktion.

5. **Aufgabe:** Ist das Auslassen von Luft aus einem Schlauch eines Fahrrads ein reversibler Prozess? Begründen Sie die Antwort.

   Antwort: Nein, da es keine Prozessparameter gibt, deren Werte infinitesimal geändert werden können, damit die Prozessrichtung umgekehrt werden kann.

6. **Aufgabe:** Bei einem Prozess wird 1 mol flüssiges Wasser vom Zustand (P_1, V_1) in den Zustand (P_2, V_2) gebracht. Dabei werden 100 kJ Arbeit geleistet und −40 kJ Wärme zugeführt. In einem anderen, adiabatischen Prozess werden 2 mol flüssiges Wasser vom Zustand (P_1, V_1) in den Zustand (P_2, V_2) gebracht. Wie viel Arbeit wird bei dem zweiten Prozess geleistet und wie viel Wärme wird zugeführt? Begründen Sie die Antwort.

Antwort: Weil die innere Energie eine Zustandsfunktion ist, ist die Änderung der inneren Energie unabhängig vom Prozessweg. Gleichzeitig ist die innere Energie eine extensive Größe, was heißt, dass die Änderung im zweiten Prozess dem Doppelten der Änderung des ersten Prozesses entspricht. Diese Änderung ist im ersten Prozess gleich $(100 - 40)\,\text{kJ} = 60\,\text{kJ}$. Im zweiten Prozess wird keine Wärme zugeführt, $\Delta Q = 0$, weil der Prozess adiabatisch ist. Deswegen ist die Änderung der inneren Energie gleich der geleisteten Arbeit, die also gleich $\Delta W = 2 \cdot 60\,\text{kJ} = 120\,\text{kJ}$ ist.

7.9 Aufgaben

1. Für ein System beträgt die Enthalpie bei 320 K und einem Druck von 2 bar $H = 240\,\text{kJ}$. Die Temperaturabhängigkeit der Wärmekapazität des Systems bei 2 bar ist $C_P(T) = 4\,\text{kJ/K} + 0{,}005\,\text{kJ/K} \cdot \frac{T}{K}$. Welchen Wert hat H bei 340 K und 2 bar?

2. Für ein System beträgt die innere Energie bei 270 K und einem Volumen von 2 l $U = 240\,\text{kJ}$. Die Temperaturabhängigkeit der Wärmekapazität des Systems bei 2 l ist $C_V(T) = 2\,\text{kJ/K} + 0{,}02\,\text{kJ/K} \cdot \frac{T}{K}$. Welchen Wert hat U bei 300 K und einem Volumen von 6 l?

3. Bei einem Prozess werden 2 mol flüssiges Wasser vom Zustand (P_1, V_1) in den Zustand (P_2, V_2) gebracht. Dabei werden 100 kJ Arbeit geleistet und −40 kJ Wärme zugeführt. In einem anderen, adiabatischen Prozess werden 3 mol flüssiges Wasser vom Zustand (P_1, V_1) in den Zustand (P_2, V_2) gebracht. Wie viel Arbeit wird bei dem zweiten Prozess geleistet und wie viel Wärme wird zugeführt? Begründen Sie die Antwort.

4. Ein Auto rollt sehr langsam einen Berg herunter. Ist dieser Vorgang ein reversibler Prozess? Begründen Sie Ihre Antwort.

5. In einem reversiblen und isothermen Prozess (Temperatur T) wird der Druck eines idealen Gases (Molzahl n) von P auf $2P$ erhöht. Bestimmen Sie die geleistete Arbeit und die zugeführte Wärme.

6. Vergleichen Sie die geleistete Arbeit an einem idealen Gas bei zwei verschiedenen isothermen Prozessen. P, V, T und n charakterisieren die Anfangsbedingungen des Gases. Im ersten Prozess wird das Volumen reversibel von V auf $V/2$ reduziert. Im zweiten Prozess ist der angelegte Druck gleich $2P$ während des ganzen Vorgangs, und das Gas wird komprimiert, bis es einen Druck gleich $2P$ besitzt.

7. Betrachten Sie die Größe $F = U^2 + nRTPV$ für ein ideales Gas. Stellen Sie einen Ausdruck für dF mit Hilfe von dT und dV auf.

8. Ein Metallkörper mit Temperatur 500 K und Wärmekapazität $C_P = a + b \cdot T$ ($a = 50\,\text{kJ/K}$, $b = 0{,}01\,\text{kJ/K}^2$) wird in einen sehr großen Behälter mit Wasser (Temperatur 60 °C) getaucht. Nach langer Zeit hat sich der Metallkörper auf die Temperatur des Wassers abgekühlt. Wie viel Energie hat er an das Wasser abgegeben?

8 Partielle molare Größen

8.1 Vollständiges Differenzial und partielle molare Größen

In Abb. 7.8 haben wir beispielhaft gezeigt, dass eine chemische Reaktion im Gefäß abläuft. Solche Reaktionen zu beschreiben, ist ein wichtiges Ziel, und wir werden deswegen unsere Konzepte ein bisschen erweitern müssen. Bisher haben wir ausgenutzt, dass es ausreicht, zwei Zustandsfunktionen für ein System zu kennen, um den Zustand des Systems vollständig zu charakterisieren. Mathematisch bedeutet dies, dass die Variation in irgendeiner beliebigen extensiven Zustandsfunktion Z mit Hilfe der Variation in zwei anderen Zustandsfunktionen X und Y ausgedrückt werden kann,

$$dZ = \left(\frac{\partial Z}{\partial X}\right)_Y dX + \left(\frac{\partial Z}{\partial Y}\right)_X dY. \tag{8.1}$$

In Gl. (7.2) haben wir ein Beispiel für ein solches vollständiges Differenzial gesehen, und in Gl. (7.17) ein anderes. Dort waren $(Z, X, Y) = (U, V, T)$, bzw. $(Z, X, Y) = (H, P, T)$.

Betrachten wir jetzt das zweite Beispiel, d. h. $(Z, X, Y) = (H, P, T)$. Wie in Abb. (7.8) angedeutet, ist es nicht ungewöhnlich, dass chemische Reaktionen bei konstantem P und T ablaufen. Demzufolge wäre H laut Gl. (8.1) auch konstant. Es muss nicht einmal eine chemische Reaktion sein, dass es – trotz konstantem P und T – zu einer Änderung in der Enthalpie kommt. Wohlbekannt ist das Lösen einer starken Säure in Wasser. Hält man ein Reagenzglas in der Hand, worin etwas Wasser ist, und gibt langsam eine starke Säure dazu (z. B. Schwefelsäure), ist die Wärmeproduktion deutlich in der Hand zu spüren. Wäre das Reagenzglas thermisch isoliert, würde die Wärme im Glas verbleiben; H wäre also gestiegen. Das ist nicht im Einklang mit Gl. (8.1). Der Vollständigkeit halber soll erwähnt werden, dass es auch Fälle gibt, wo das Lösen eines Stoffs in einem anderen mit einem Wärmeverbrauch oder einer Abkühlung verbunden ist.

Ein noch einfacheres Beispiel ist ein thermisch isoliertes Gefäß mit Wasser bei einer bestimmten Temperatur und einem bestimmten Druck. Gibt man weiteres Wasser mit selber Temperatur und Druck dazu, ändert sich das Volumen, obwohl weder Temperatur noch Druck geändert wird. Mit $(Z, X, Y) = (V, T, P)$ ist auch dies in Widerspruch zu Gl. (8.1).

Das Problem ist, dass wir bisher angenommen haben, dass die Stoffmengen und -zusammensetzung unverändert bleiben. Wenn dieses nicht der Fall ist, müssen wir in Gl. (8.1) auch diese Änderungen berücksichtigen. Das heißt, dass Gl. (8.1) zu

$$dZ = \left(\frac{\partial Z}{\partial X}\right)_{Y,\{n_i\}} dX + \left(\frac{\partial Z}{\partial Y}\right)_{X,\{n_i\}} dY + \sum_j \left(\frac{\partial Z}{\partial n_j}\right)_{X,Y,\{n_i; i\neq j\}} dn_j \tag{8.2}$$

verallgemeinert werden muss. Das letzte Glied berücksichtigt mögliche Änderungen in den Stoffmengen und der Zusammensetzung.

https://doi.org/10.1515/9783110636932-008

Die Größe

$$\left(\frac{\partial Z}{\partial n_j}\right)_{X,Y,\{n_i;i\neq j\}} \equiv \overline{Z}_j \tag{8.3}$$

ist die **partielle molare Größe** Z bezüglich Stoff j. Sie beschreibt, um wie viel Z sich ändert, wenn ganz wenig von Stoff j zusätzlich dazugegeben wird. Sie hängt von allen Größen ab, also X, Y und allen Molzahlen der verschiedenen Stoffe. Diese Größe kann man auch für nicht vorhandene Stoffe definieren: Sie beschreibt dann, um wie viel Z sich ändert, wenn ganz wenig von Stoff j dazugegeben wird. Nicht immer ist es aber zweckmäßig, dies zu tun.

8.2 Partielles molares Volumen

Als Beispiel betrachten wir das Volumen, d. h., wir setzen $Z = V$. Als X und Y wählen wir die zwei Größen P und T. Wir nehmen an, dass P und T konstant bleiben, und haben dann

$$dV = \sum_j \left(\frac{\partial V}{\partial n_j}\right)_{P,T,\{n_i;i\neq j\}} dn_j . \tag{8.4}$$

$(\partial V/\partial n_j)_{P,T,\{n_i;i\neq j\}}$ ist das partielle molare Volumen der Substanz j. Wie oben wird das oft als

$$\left(\frac{\partial V}{\partial n_j}\right)_{P,T,\{n_i;i\neq j\}} \equiv \overline{V}_j \tag{8.5}$$

geschrieben, wobei der Strich auf dem V darauf hinweist, dass es sich um eine molare Größe handelt, also eine Größe pro mol.

Unser System ist irgendein Behälter mit den verschiedenen Substanzen. Es hat ein Gesamtvolumen von V, und die Anzahl der Mole des Stoffes j ist gleich n_j. Wir stellen uns jetzt vor, dass wir den Behälter dadurch gefüllt haben, dass wir einen sehr viel größeren Behälter mit genau derselben Zusammensetzung haben und daraus das Volumen V entnommen haben. Für diesen anderen Behälter haben wir auch eine Beziehung wie Gl. (8.4),

$$d\mathcal{V} = \sum_j \left(\frac{\partial V}{\partial n_j}\right)_{P,T,\{n_i;i\neq j\}} d\mathcal{N}_j . \tag{8.6}$$

Hier haben wir ausgenutzt, dass die partiellen molaren Größen unseres (kleineren) Systems und die des großen Behälters identisch sind: Die partiellen molaren Größen sind intensive Größen.

Dieser große Behälter kann beliebig groß gemacht werden, auch so groß, dass

$$d\mathcal{V} = -V$$
$$d\mathcal{N}_j = -n_j . \tag{8.7}$$

Weil wir Materie aus dem großen Behälter entfernen, sind $d\mathcal{V}$ und $d\mathcal{N}_j$ negativ.

Setzen wir das in Gl. (8.6) ein, erhalten wir

$$V = \sum_j \left(\frac{\partial V}{\partial n_j}\right)_{P,T,\{n_i; i \neq j\}} n_j = \sum_j \overline{V}_j n_j \,. \tag{8.8}$$

Also ist das Gesamtvolumen in die Volumina der einzelnen Komponenten der Mischung zerlegt.

Dieses Ergebnis ist nicht ganz trivial. Betrachten wir eine Mischung aus Ethanol und Wasser. Die beiden Komponenten haben partielle molare Volumina, wie in Abb. 8.1 gezeigt. Wir sehen zunächst, dass die partiellen molaren Volumina von der Zusammensetzung abhängen. Gleichung (8.8) bedeutet auch, dass, wenn wir irgendeine Mischung (z. B. 30 % Ethanol und 70 % Wasser) betrachten, wir eine Flüssigkeit bestehend aus zwei vollständig mischbaren Stoffen haben. Aber es ist möglich, das Gesamtvolumen eindeutig in zwei Teile aufzuteilen: einen Teil für Wasser und einen für Ethanol.

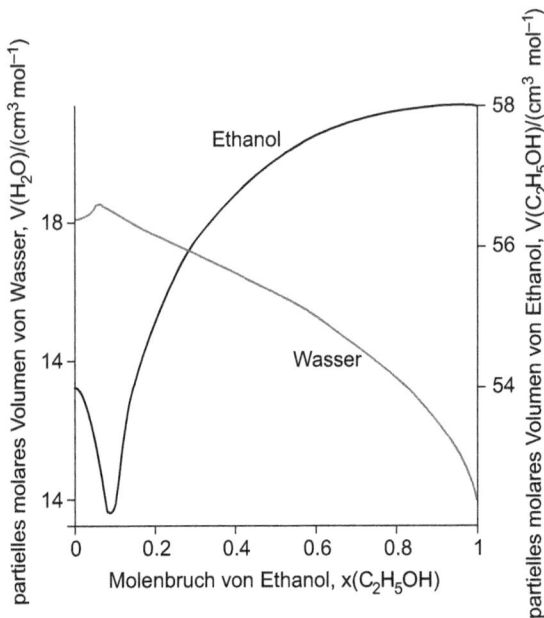

Abb. 8.1: Die Variation der partiellen molaren Volumina von Ethanol und Wasser als Funktion der Zusammensetzung einer Mischung aus Ethanol und Wasser. Angepasst aus dem Buch Peter W. Atkins, *Physikalische Chemie*, Wiley-VCH, 2001.

Die partiellen molaren Volumina müssen nicht notwendigerweise positiv sein. Es gibt Fälle, wo eine Substanz ein negatives partielles molares Volumen besitzt. Das bedeutet, dass es Fälle gibt, bei welchen die Zugabe einer kleinen Menge eines Stoffs zu einer Reduktion des Gesamtvolumens führt, was wahrscheinlich überraschend ist.

Bevor wir diesen Abschnitt beenden, soll betont werden, dass die Diskussion sich nicht auf Volumina beschränkt, sondern für alle extensiven Zustandsfunktionen verwendet werden kann. Aber das Volumen bietet ein Beispiel an, das einigermaßen gut vorgestellt werden kann.

8.3 Gibbs-Duhem-Beziehung

Wir werden immer noch das Volumen als Beispiel betrachten, aber auch betonen, dass die Diskussion sich nicht auf Volumina beschränkt, sondern für alle extensiven Zustandsfunktionen verwendet werden kann.

Wir nehmen an, dass P und T konstant sind. Dann gilt laut Gl. (8.8)

$$V = \sum_j \overline{V}_j n_j \, . \tag{8.9}$$

Wir ändern jetzt die Zusammensetzung ein wenig. Dadurch ändern sich die Molzahlen und die partiellen molaren Volumina. Auch das Gesamtvolumen kann sich ändern. Wir verwenden Gl. (8.9) und erhalten für die Änderung des Gesamtvolumens

$$dV = \sum_j \left(\overline{V}_j \, dn_j + n_j \, d\overline{V}_j \right) \, . \tag{8.10}$$

Laut Gl. (8.4) haben wir aber auch

$$dV = \sum_j \overline{V}_j \, dn_j \, . \tag{8.11}$$

Daraus folgt die Gibbs-Duhem-Beziehung

$$0 = \sum_j n_j \, d\overline{V}_j \, . \tag{8.12}$$

Teilen wir mit der Gesamtmolzahl, $\sum_k n_k$, erhalten wir

$$0 = \sum_j \frac{n_j}{\sum_k n_k} \, d\overline{V}_j = \sum_j x_j \, d\overline{V}_j \, . \tag{8.13}$$

Betrachten wir als Beispiel eine binäre Mischung $A_x B_{1-x}$, also eine Mischung aus nur zwei Substanzen wie z. B. Wasser und Ethanol in Abb. 8.1. Für diese besagt die Beziehung von Gibbs und Duhem

$$n_A \, d\overline{V}_A = -n_B \, d\overline{V}_B \, . \tag{8.14}$$

In Abb. 8.1 bedeutet das, dass wenn $\overline{V}_A$ steigt, $\overline{V}_B$ abnehmen muss. Es gibt sogar eine einfache Beziehung zwischen den Steigungen,

$$d\overline{V}_A = -\frac{n_B}{n_A} \, d\overline{V}_B = -\frac{x_B}{x_A} \, d\overline{V}_B \, . \tag{8.15}$$

Dass das so ist, kann man leicht in Abb. 8.1 erkennen.

8.4 Aufgaben mit Antworten

1. **Aufgabe:** Zu einem großen Behälter mit 400 mol von Stoff A und 300 mol von Stoff B wird zuerst 0,001 mol von Stoff A und anschließend 0,002 mol von Stoff B dazugegeben. Im ersten Fall ändert sich das Volumen um 18 µl und im zweiten Fall um −2 µl. Bestimmen Sie daraus die partiellen molaren Volumina der beiden Stoffe in der Mischung im Behälter.

   Antwort: Verglichen mit den vorhandenen Mengen sind die zugegebenen Stoffmengen so klein, dass sie als näherungsweise infinitesimal klein betrachtet werden können. Dann ist $\overline{V}_i = (\partial V/\partial n_i)_{P,T} \simeq \Delta V/\Delta n_i$. Also $\overline{V}_A = (18 \cdot 10^{-6}\,\mathrm{l})/(0{,}001\,\mathrm{mol}) = 0{,}018\,\mathrm{l/mol}$, $\overline{V}_B = (-2 \cdot 10^{-6}\,\mathrm{l})/(0{,}002\,\mathrm{mol}) = -0{,}001\,\mathrm{l/mol}$.

2. **Aufgabe:** Für eine binäre Mischung, $A_x B_{1-x}$ mit $x = 0{,}25$, sind die partiellen molaren Volumina $\overline{V}_A = 0{,}503\,\mathrm{l/mol}$ und $\overline{V}_B = 0{,}216\,\mathrm{l/mol}$. Durch Zugabe einer kleinen Menge von A ändert sich $\overline{V}_A$ zu 0,506 l/mol. Wie groß ist dann $\overline{V}_B$? Begründen Sie die Antwort.

   Antwort: Die Gibbs-Duhem-Beziehung für eine binäre Mischung: $d\overline{V}_B = -\frac{x_A}{x_B}\,d\overline{V}_A$. Wir nehmen an, dass die Änderungen infinitesimal klein sind. Dann haben wir: $x_A = 0{,}25$, $x_B = 0{,}75$, $d\overline{V}_A \simeq \Delta\overline{V}_A = 0{,}506\,\mathrm{l/mol} - 0{,}503\,\mathrm{l/mol} = 0{,}003\,\mathrm{l/mol}$. Daraus $\Delta\overline{V}_B = -\frac{0{,}25}{0{,}75}\,0{,}003\,\mathrm{l/mol} = -0{,}001\,\mathrm{l/mol}$. Dann ist $\overline{V}_B = 0{,}216\,\mathrm{l/mol} - 0{,}001\,\mathrm{l/mol} = 0{,}215\,\mathrm{l/mol}$.

8.5 Aufgaben

1. Betrachten Sie eine flüssige Mischung, bestehend aus 200 mol von Stoff A und 300 mol von Stoff B. Durch Zugabe von 0,01 mol von Stoff A ändert sich das Gesamtvolumen um 0,03 l, während die Zugabe von 0,02 mol von Stoff B zu einer Änderung des Gesamtvolumens um −0,04 l führt. Bestimmen Sie daraus die partiellen molaren Volumina von Stoff A und Stoff B für diese Mischung.

2. Zu einem großen Behälter mit 200 mol von Stoff A, 200 mol von Stoff B und 400 mol von Stoff C wird zuerst 0,001 mol von Stoff A, anschließend 0,002 mol von Stoff B und schließlich 0,001 mol von Stoff C dazugegeben. Druck und Temperatur bleiben konstant. Im ersten Fall ändert sich das Volumen um 150 µl, im zweiten Fall um 200 µl und im dritten Fall um −350 µl. Bestimmen Sie daraus die partiellen molaren Volumina der drei Stoffe in der Mischung im Behälter.

3. Erklären Sie die Gibbs-Duhem-Beziehung.

4. Für eine binäre Mischung, $A_x B_{1-x}$ mit $x = 1/3$, sind die partiellen molaren Volumina $\overline{V}_A = 0{,}203\,\mathrm{l/mol}$ und $\overline{V}_B = 0{,}316\,\mathrm{l/mol}$. Durch Zugabe einer kleinen Menge von A ändert sich $\overline{V}_A$ zu 0,207 l/mol. Wie groß ist dann $\overline{V}_B$? Begründen Sie die Antwort.

5. Betrachten Sie 200 l einer Mischung aus A und B. Der Molbruch von A beträgt $x_A = 0{,}20$, während die beiden partiellen molaren Volumina von A und B $\overline{V}_A = 28{,}2\,\text{cm}^3/\text{mol}$ und $\overline{V}_B = 56{,}4\,\text{cm}^3/\text{mol}$ sind. Wenn der Molbruch von B gleich $x_B = 0{,}81$ ist, ist das partielle molare Volumen von B gleich $\overline{V}_B = 56{,}5\,\text{cm}^3/\text{mol}$. Welchen Wert hat dann $\overline{V}_A$?

9 Chemische Reaktionen

9.1 Reaktionslaufzahl und stöchiometrische Koeffizienten

In diesem Kapitel werden wir uns mit dem Energieumsatz beschäftigen, der mit einer chemischen Reaktion verbunden ist. Dieser kann sehr beachtlich werden (Abb. 9.1), und diesen zu ignorieren, kann verheerende Folgen haben. Wir werden dabei die Be-

Heat of Reaction

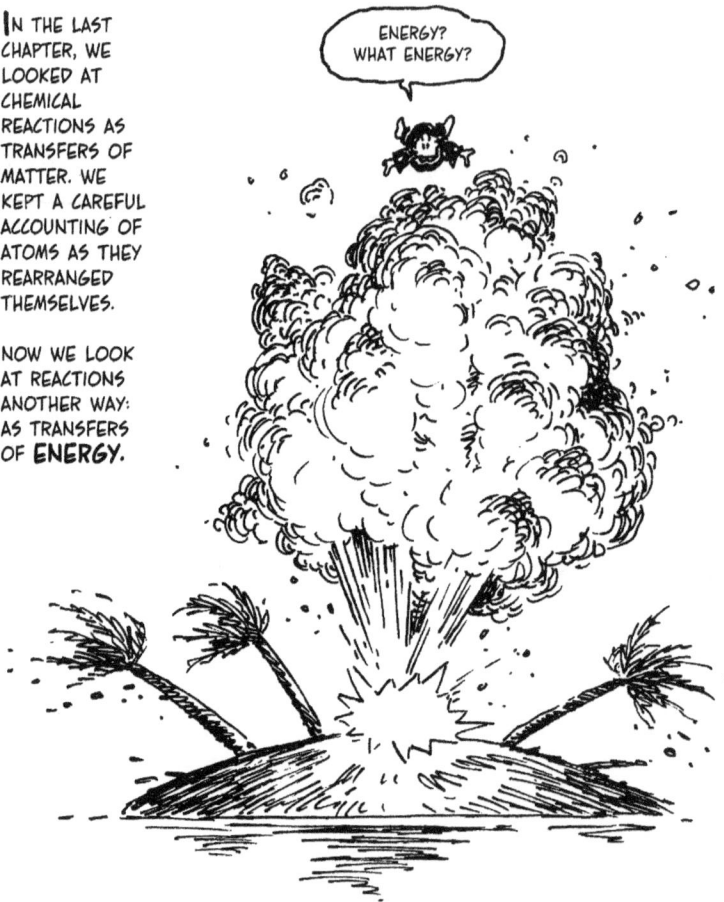

Abb. 9.1: Freigabe von Energie bei einer chemischen Reaktion. Reproduziert mit freundlicher Genehmigung von HarperCollins Publishers aus dem Buch Larry Gonick und Craig Criddle, *The Cartoon Guide to Chemistry*, 2005.

https://doi.org/10.1515/9783110636932-009

griffe des letzten Kapitels verwenden, vor allem partielle molare Energie und partielle molare Enthalpie. Wir werden hauptsächlich Reaktionen betrachten, die bei konstantem P und T ablaufen, so dass es am zweckmäßigsten ist, die Enthalpie zu betrachten.

Die Änderung in der Enthalpie bei einer solchen Reaktion können wir schreiben als

$$dH = \sum_j \overline{H}_j \, dn_j \, . \tag{9.1}$$

Hierbei sind n_j die Molzahlen der Reaktanden/Edukte und der Produkte. Aber die Änderungen in diesen sind nicht unabhängig voneinander. Wir analysieren das am besten durch ein Beispiel.

Wir betrachten die Reaktion

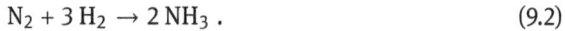

$$N_2 + 3 H_2 \rightarrow 2 NH_3 \, . \tag{9.2}$$

Dies ist die Synthesereaktion von Ammoniak, deren praktische Umsetzung von Haber und Bosch realisiert wurde, und wofür Fritz Haber den Nobelpreis in Chemie erhielt. Die Lebensgeschichte von Fritz Haber ist sehr interessant und spiegelt die ganze Geschichte Deutschlands während der ersten Hälfte des 20. Jahrhunderts wieder. Für Interessierte kann das Buch „Dietrich Stolzenberg, *Fritz Haber*" empfohlen werden.

Die Reaktionsgleichung, Gl. (9.2), besagt: Wenn die Molzahl von N_2 sich um 1 mol verringert, verringert sich die von H_2 um 3 mol, während die von NH_3 sich um 2 mol erhöht. Hat man am Anfang 4 mol N_2 und 4 mol H_2, während nur 1 mol NH_3 vorhanden ist, kann man eine schematische Darstellung der Variation in den Molzahlen wie in Abb. 9.2 erstellen. Es ist zweckmäßig sich vorzustellen, dass ein Zähler mitläuft, wenn die Reaktion (9.2) abläuft. Dieser Zähler wird **Reaktionslaufzahl** genannt, und durch ξ ausgedrückt. Die Einheit der Reaktionslaufzahl ist mol. Wir erkennen, dass die Reaktion auch rückwärts laufen kann. Nur muss gelten, dass keine Molzahl negativ wird.

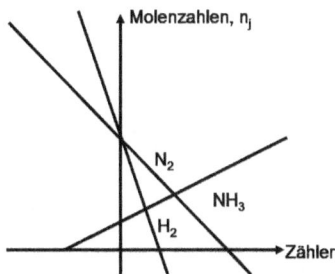

Abb. 9.2: Beispiel der Variation der Molzahlen bei der Ammoniaksynthese.

Wir erkennen aus Abb. 9.2, dass sich bei Zunahme der Reaktionslaufzahl die Menge der Edukte verringert, während sich die von den Produkten erhöht. Wir berücksichtigen das, indem wir die Gl. (9.2) ein bisschen anders schreiben:

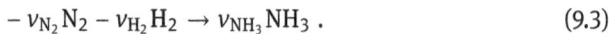

$$- \nu_{N_2} N_2 - \nu_{H_2} H_2 \rightarrow \nu_{NH_3} NH_3 \, . \tag{9.3}$$

Hier haben wir die **stöchiometrischen Koeffizienten** v_j eingeführt, die negativ für Edukte und positiv für Produkte sind.

Im allgemeinen Fall haben wir

$$\sum_i -v_i E_i \rightarrow \sum_k v_k P_k , \tag{9.4}$$

wo E_i und P_k verschiedene Edukte und Produkte repräsentieren. Noch einfacher wäre es die Reaktionsgleichung als

$$0 = \sum_j v_j X_j \tag{9.5}$$

zu schreiben, wo X_j jetzt sowohl Edukte als auch Produkte repräsentiert. Mit Hilfe der stöchiometrischen Koeffizienten und der Reaktionslaufzahl können wir jetzt die Änderungen in den Molzahlen sehr einfach ausdrücken,

$$\mathrm{d} n_j = v_j \, \mathrm{d}\xi . \tag{9.6}$$

Setzen wir das in Gl. (9.1) ein, erhalten wir

$$\mathrm{d}H = \sum_j \overline{H}_j \, \mathrm{d}n_j = \sum_j \overline{H}_j v_j \, \mathrm{d}\xi = \left(\sum_j \overline{H}_j v_j \right) \mathrm{d}\xi . \tag{9.7}$$

Die Größe in den Klammern kann als die partielle Ableitung der Enthalpie nach der Reaktionslaufzahl aufgefasst werden,

$$\sum_j \overline{H}_j v_j \equiv \left(\frac{\partial H}{\partial \xi} \right)_{P,T} . \tag{9.8}$$

Integriert man diese zwischen Anfangs- und Endzustand (d. h. zwischen dem Zustand, an welchen die Edukte vorliegen, und dem, an welchen die Produkte vorliegen), erhält man die **Reaktionsenthalpie**,

$$\int_{\text{Edukte}}^{\text{Produkte}} \left(\frac{\partial H}{\partial \xi} \right)_{P,T} \mathrm{d}\xi = \int_{\text{Edukte}}^{\text{Produkte}} \sum_j \overline{H}_j v_j \, \mathrm{d}\xi$$

$$\equiv \Delta_{\text{reak}} H$$

$$= H(\text{Produkte}) - H(\text{Edukte}) . \tag{9.9}$$

In ähnlicher Weise kann man auch eine Reaktionsenergie und sogar auch ein Reaktionsvolumen definieren.

Es soll betont werden, dass alle diese Größen eng mit der Reaktionsgleichung verknüpft sind. Hätten wir z. B. Gl. (9.2) durch

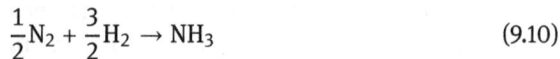

$$\frac{1}{2}N_2 + \frac{3}{2}H_2 \rightarrow NH_3 \tag{9.10}$$

ersetzt, wären alle unsere Reaktionsgrößen nur halb so groß.

Ferner kann man diese Konzepte auch für Phasenumwandlungen verwenden, z. B.

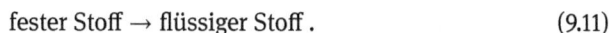

$$\text{fester Stoff} \rightarrow \text{flüssiger Stoff}. \tag{9.11}$$

Die Phasenumwandlungsenthalpie ist dann in diesem Beispiel

$$\Delta_{\text{Phasenumwandlung}} H = H(\text{flüssiger Stoff}) - H(\text{fester Stoff}). \tag{9.12}$$

Reaktionen, für welche die Reaktionsenthalpie negativ ist, sind Reaktionen, die Wärme abgeben: Die Enthalpie der Produkte ist niedriger als die der Edukte, und die durch die Reaktion hervorgerufene Enthalpieänderung wird als Wärme abgegeben. Solche Reaktionen heißen **exotherme Reaktionen**. Wenn die Reaktionsenthalpie positiv ist, wird Wärme aufgenommen, und die Reaktionen heißen **endotherme Reaktionen**. Es ist wichtig, im Vorfeld zu wissen, ob eine Reaktion exo- oder endotherm ist. In allen Fällen muss man dafür sorgen, dass Wärme von der Umgebung entweder aufgenommen oder abgegeben werden kann. Ansonsten kann es zu sehr bösen Überraschungen kommen.

In Tab. 9.1 sind die Folgen bei exo- und endothermen Reaktionen bei isothermen und adiabatischen Prozessen zusammengestellt.

Tab. 9.1: Endo- und exotherme Reaktionen.

Prozessbedingung	Endotherm $\Delta_{\text{reak}} H > 0$	Exotherm $\Delta_{\text{reak}} H < 0$
Isotherm	Wärme wird zugeführt	Wärme wird abgeführt
Adiabatisch	T nimmt ab	T nimmt zu

9.2 Beispiel 1

Wir werden die Anwendung der Reaktionslaufzahl und der stöchiometrischen Koeffizienten durch drei kleine Beispiele illustrieren.

Im ersten Beispiel betrachten wir die Reaktion

$$4\,\text{HCl} + \text{O}_2 \rightarrow 2\,\text{Cl}_2 + 2\,\text{H}_2\text{O}. \tag{9.13}$$

Wir nehmen an, dass wir am Anfang ($t = 0$) 4, 1, 0 und 0 mol von den vier Substanzen, HCl, O_2, Cl_2 und H_2O, haben. Später sind diese Zahlen dann 4 mol $- 4\xi$, 1 mol $- \xi$, 2ξ und 2ξ, was eine Gesamtzahl von 5 mol $- \xi$ ergibt. Daraus erhalten wir die folgenden vier Molbrüche für die vier Substanzen, (4 mol $- 4\xi$)/(5 mol $- \xi$), (1 mol $- \xi$)/(5 $- \xi$), (2ξ)/(5 mol $- \xi$) und (2ξ)/(5 mol $- \xi$).

9.3 Beispiel 2

Im zweiten Beispiel betrachten wir die Dissoziation von N_2O_4, die nach der Reaktionsgleichung

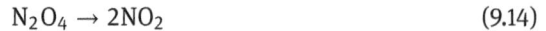

$$N_2O_4 \rightarrow 2NO_2 \qquad (9.14)$$

abläuft.

Der Dissoziationsgrad sei α, so dass wir aus n_0 mol von N_2O_4 im Gleichgewicht $n_0(1 - \alpha)$ haben. Dann müssen wir auch $2n_0\alpha$ mol von NO_2 haben, was zu den beiden Molbrüchen führt

$$x_{N_2O_4} = \frac{n_0(1 - \alpha)}{n_0(1 + \alpha)} = \frac{1 - \alpha}{1 + \alpha}$$

$$x_{NO_2} = \frac{2n_0\alpha}{n_0(1 + \alpha)} = \frac{2\alpha}{1 + \alpha} . \qquad (9.15)$$

9.4 Beispiel 3

Im dritten Beispiel betrachten wir die Reaktion

$$CH_3COOH + C_2H_5OH \rightarrow CH_3COOC_2H_5 + H_2O . \qquad (9.16)$$

Nach dem Mischen von 2 mol CH_3COOH und 3 mol C_2H_5OH findet man im Gleichgewicht 0,2 mol $CH_3COOC_2H_5$.

Mit Hilfe der Reaktionslaufzahl können wir sofort festlegen, dass wir zu irgendeinem Zeitpunkt 2 mol – ξ, 3 mol – ξ, ξ und ξ als Molzahlen der vier Substanzen haben. Die Zahl für $CH_3COOC_2H_5$ im Gleichgewichtszustand, d. h. ξ, muss dann gleich 0,2 mol sein. Das bedeutet, dass wir insgesamt 1,8, 2,8, 0,2 und 0,2 mol der vier Substanzen haben.

9.5 Beispiel 4

3 mol von Stoff A, 2 mol von Stoff B und 1 mol von Stoff C werden gemischt. Sie reagieren miteinander laut der Reaktionsgleichung

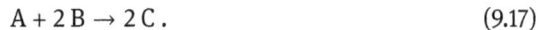

$$A + 2B \rightarrow 2C . \qquad (9.17)$$

Im Gleichgewicht ist der Molbruch von C gleich $x_C = 0,5$.

Mit Hilfe der Reaktionslaufzahl können wir leicht die Zusammensetzung der Mischung im Gleichgewicht bestimmen. Zu irgendeinem Zeitpunkt haben wir 3 mol – ξ, 2 mol – 2ξ und 1 mol + 2ξ von den drei Substanzen. Daraus erhalten wir eine Gesamtmolzahl von 6 mol – ξ, und daraus den Molbruch von C:

$$x_C = \frac{1\,\text{mol} + 2\xi}{6\,\text{mol} - \xi} \equiv 0,5 . \qquad (9.18)$$

Diese Gleichung hat die Lösung

$$\xi = 0{,}8 \, \text{mol} \,. \tag{9.19}$$

Setzen wir diesen Wert in die Ausdrücke für die Molzahlen ein, erhalten wir $2{,}2$, $0{,}4$ und $2{,}6$ mol von Stoff A, B und C.

9.6 Satz von Hess

Der **Satz von Hess** besagt eigentlich nicht anderes, als dass der erste Hauptsatz der Thermodynamik auch für chemische Reaktionen gilt. Das bedeutet: Wenn wir versuchen, die Reaktionsenthalpie für irgendeine Reaktion zu bestimmen, müssen wir nicht unbedingt den genauen Verlauf der Reaktion kennen. Stattdessen können wir einen beliebigen Weg betrachten, der von den Edukten zu den Produkten führt. Mit einem Beispiel ist dies am einfachsten zu illustrieren.

Wir betrachten die drei Reaktionen

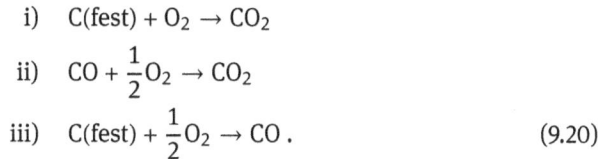

$$\text{i)} \quad C(\text{fest}) + O_2 \rightarrow CO_2$$

$$\text{ii)} \quad CO + \frac{1}{2}O_2 \rightarrow CO_2$$

$$\text{iii)} \quad C(\text{fest}) + \frac{1}{2}O_2 \rightarrow CO \,. \tag{9.20}$$

Für die ersten beiden sind die Reaktionsenthalpien bekannt, $\Delta_{\text{reak}}H_{\text{i}} = -393{,}17 \, \text{kJ/mol}$ und $\Delta_{\text{reak}}H_{\text{ii}} = -282{,}63 \, \text{kJ/mol}$, während sie für die letzte unbekannt ist. Wir wollen jetzt diese letzte bestimmen.

Dabei erkennen wir, dass wir die erste Reaktion als Summe der beiden anderen schreiben können,

$$\text{i)} = \text{ii)} + \text{iii)} \tag{9.21}$$

oder

$$C(\text{fest}) + O_2 = C(\text{fest}) + \frac{1}{2}O_2 + \frac{1}{2}O_2$$

$$= \left[C(\text{fest}) + \frac{1}{2}O_2 \right] + \frac{1}{2}O_2$$

$$\rightarrow CO + \frac{1}{2}O_2$$

$$\rightarrow CO_2 \,. \tag{9.22}$$

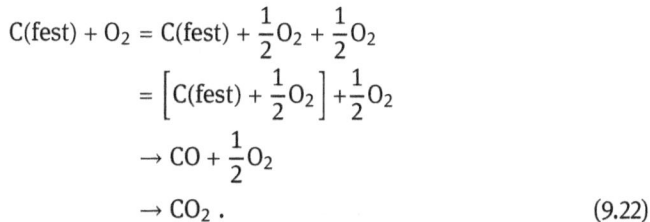

Weil die Enthalpie eine Zustandsfunktion ist, muss dann gelten

$$\Delta_{\text{reak}}H_{\text{i}} = \Delta_{\text{reak}}H_{\text{ii}} + \Delta_{\text{reak}}H_{\text{iii}} \,, \tag{9.23}$$

oder

$$\Delta_{\text{reak}}H_{\text{iii}} = \Delta_{\text{reak}}H_{\text{i}} - \Delta_{\text{reak}}H_{\text{ii}}$$

$$= -393{,}17 \, \frac{\text{kJ}}{\text{mol}} + 282{,}63 \, \frac{\text{kJ}}{\text{mol}} = -110{,}54 \, \frac{\text{kJ}}{\text{mol}} \,. \tag{9.24}$$

9.7 Beispiel 5

Wir betrachten die vier Reaktionen

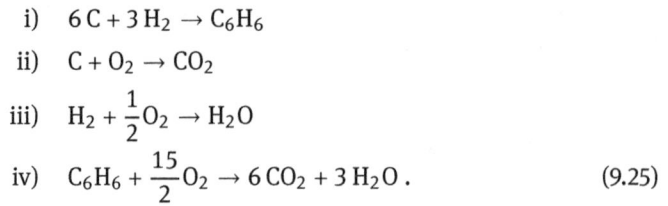

$$\text{i)} \quad 6\,C + 3\,H_2 \rightarrow C_6H_6$$

$$\text{ii)} \quad C + O_2 \rightarrow CO_2$$

$$\text{iii)} \quad H_2 + \frac{1}{2}O_2 \rightarrow H_2O$$

$$\text{iv)} \quad C_6H_6 + \frac{15}{2}O_2 \rightarrow 6\,CO_2 + 3\,H_2O\,. \tag{9.25}$$

Wir kennen drei der vier Reaktionsenthalpien,

$$\Delta_{\text{reak}}H_{\text{ii}} = -391{,}5\,\frac{\text{kJ}}{\text{mol}}$$

$$\Delta_{\text{reak}}H_{\text{iii}} = -241{,}8\,\frac{\text{kJ}}{\text{mol}}$$

$$\Delta_{\text{reak}}H_{\text{iv}} = -3169{,}3\,\frac{\text{kJ}}{\text{mol}}\,. \tag{9.26}$$

Weil die Reaktion i) als 6mal Reaktion ii) plus 3mal Reaktion iii) minus Reaktion iv) geschrieben werden kann, erhalten wir für die Reaktionsenthalpie der ersten Reaktion

$$\Delta_{\text{reak}}H_{\text{i}} = 6\Delta_{\text{reak}}H_{\text{ii}} + 3\Delta_{\text{reak}}H_{\text{iii}} - \Delta_{\text{reak}}H_{\text{iv}} = 82{,}9\,\frac{\text{kJ}}{\text{mol}}\,. \tag{9.27}$$

9.8 Satz von Kirchhoff

Der **Satz von Kirchhoff** beschreibt, wie man vorgeht, wenn man Reaktionen bei unterschiedlichen Temperaturen untersucht. In Abschnitt 9.7 haben wir angenommen, dass alle gegebenen und uns interessierenden Reaktionsenthalpien bei gleicher Temperatur gegeben sind. Um die Reaktionsenthalpien bei anderen Temperaturen zu bestimmen, werden wir wiederum ausnutzen, dass die Enthalpie eine Zustandsfunktion ist, also dass der erste Hauptsatz der Thermodynamik gilt!

Wir betrachten eine hypothetische Reaktion

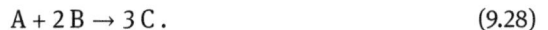

$$A + 2\,B \rightarrow 3\,C\,. \tag{9.28}$$

Wir nehmen an, dass wir die Reaktionsenthalpie bei einer Temperatur T_1 kennen, und möchten sie bei einer Temperatur T_2 bestimmen. Um diese zu bestimmen, stellen wir uns vor, dass wir, anstatt die Reaktion aus Gl. (9.28) bei T_2 direkt ablaufen zu lassen, zuerst die Temperatur der Edukte von T_2 auf T_1 ändern. Für diesen Vorgang brauchen wir die Enthalpie

$$\Delta H_1 = \int_{T_2}^{T_1} [C_P(A, T) + 2C_P(B, T)]\,dT\,. \tag{9.29}$$

Hier ist $C_P(X, T)$ die Wärmekapazität des Stoffs X als Funktion von T.

Anschließend lassen wir die Reaktion bei der Temperatur T_1 ablaufen. Für diese ist die Reaktionsenthalpie ja bekannt, $\Delta_{\text{reak}}H(T_1)$. Und am Ende ändern wir die Temperatur der Produkte von T_1 auf T_2. Dazu brauchen wir die Enthalpie

$$\Delta H_2 = \int_{T_1}^{T_2} [3C_P(\text{C}, T)]\,\mathrm{d}T\,. \tag{9.30}$$

Die gesuchte Reaktionsenthalpie ist dann die Summe der drei Beiträge,

$$\begin{aligned}
&\Delta_{\text{reak}}H(T_2) \\
&= \Delta_{\text{reak}}H(T_1) + \Delta H_1 + \Delta H_2 \\
&= \Delta_{\text{reak}}H(T_1) + \int_{T_2}^{T_1} [C_P(\text{A}, T) + 2C_P(\text{B}, T)]\,\mathrm{d}T + \int_{T_1}^{T_2} [3C_P(\text{C}, T)]\,\mathrm{d}T \\
&= \Delta_{\text{reak}}H(T_1) - \int_{T_1}^{T_2} [C_P(\text{A}, T) + 2C_P(\text{B}, T)]\,\mathrm{d}T + \int_{T_1}^{T_2} [3C_P(\text{C}, T)]\,\mathrm{d}T \\
&= \Delta_{\text{reak}}H(T_1) + \int_{T_1}^{T_2} [3C_P(\text{C}, T) - C_P(\text{A}, T) - 2C_P(\text{B}, T)]\,\mathrm{d}T \\
&= \Delta_{\text{reak}}H(T_1) + \int_{T_1}^{T_2} \left[\sum_j \nu_j C_P(\text{X}_j, T) \right]\mathrm{d}T\,. \tag{9.31}
\end{aligned}$$

In der letzten Zeile haben wir die stöchiometrischen Koeffizienten verwendet, und die verschiedenen Stoffe, A, B und C, durch X_j ersetzt. Diese letzte Zeile ist allgemeingültig und ist Inhalt des Satzes von Kirchhoff,

$$\Delta_{\text{reak}}H(T_2) = \Delta_{\text{reak}}H(T_1) + \int_{T_1}^{T_2} \left[\sum_j \nu_j C_P(\text{X}_j, T) \right]\mathrm{d}T\,. \tag{9.32}$$

9.9 Atomisierungsenthalpien und -energien

Wir sehen, dass wir mit Hilfe des Satzes von Hess hoffen können, dass wir durch Kenntnis der Reaktionsenthalpien einer großen Menge von Reaktionen dann auch die Reaktionsenthalpie von einer anderen, beliebigen Reaktion bestimmen können. Das mag oft zutreffen, aber ab und zu doch nicht. Ein Problem ist, dass die Zahl der möglichen Reaktionen enorm ist, so dass die Bestimmung und Tabellierung der bekannten Reaktionsenthalpien eine überwältigende Aufgabe wird. Stattdessen wäre es einfacher, wenn man Größen hat, die nicht direkt mit Reaktionen verbunden sind, sondern mit den einzelnen Edukten und Produkten. Eine solche Größe ist die **Atomisierungsenthalpie**, eine andere die **Atomisierungsenergie**.

Als illustrierendes Beispiel betrachten wir wiederum die Reaktion aus Gl. (9.16),

$$CH_3COOH + C_2H_5OH \rightarrow CH_3COOC_2H_5 + H_2O \,. \tag{9.33}$$

Wir zerlegen diese Reaktion in Atomisierungsreaktionen (Abb. 9.3)

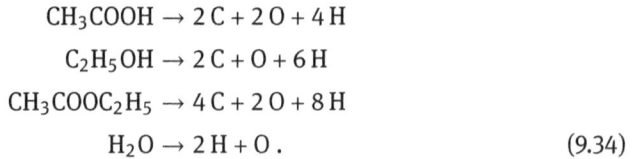

$$CH_3COOH \rightarrow 2\,C + 2\,O + 4\,H$$
$$C_2H_5OH \rightarrow 2\,C + O + 6\,H$$
$$CH_3COOC_2H_5 \rightarrow 4\,C + 2\,O + 8\,H$$
$$H_2O \rightarrow 2\,H + O \,. \tag{9.34}$$

Die Reaktionensenthalpien für diese vier Reaktionen sind die Atomisierungsenthalpien, also die Enthalpien, die wir aufbringen müssen, um die einzelnen Komponenten in ihre nicht wechselwirkenden, neutralen Atome zu zerlegen. Diese Atomisierungsenthalpien, $\Delta_{atom}H(X)$ (mit X gleich dem jeweiligen Stoff), sind **stoffspezifisch**, aber unabhängig von der Reaktion, an welcher der Stoff sich beteiligt.

Wir können sie verwenden, um die Reaktionsenthalpie für die Reaktion in Gl. (9.33) zu bestimmen,

$$\Delta_{reak}H = \Delta_{atom}H(CH_3COOH) + \Delta_{atom}H(C_2H_5OH)$$
$$- \Delta_{atom}H(CH_3COOC_2H_5) - \Delta_{atom}H(H_2O) \,. \tag{9.35}$$

Es gilt allgemein

$$\Delta_{reak}H = -\sum_j \nu_j \Delta_{atom}H(X_j) \tag{9.36}$$

mit ν_j gleich den stöchiometrischen Koeffizienten.

9.10 Bildungsenthalpien und -energien

Die Atomisierungsenergien sind nicht immer zugänglich. Man kann sich aber auch andere stoffspezifische Reaktionen vorstellen, die genauso gut verwendet werden können. Dazu gehören die **Bildungsenthalpie** und die **Bildungsenergie**.

Als Beispiel betrachten wir wiederum die Reaktion von oben,

$$CH_3COOH + C_2H_5OH \rightarrow CH_3COOC_2H_5 + H_2O \,. \tag{9.37}$$

Wir werden jetzt festlegen, dass diese Reaktion bei **Standardbedingungen** abläuft. Standardbedingungen bedeuten definitionsgemäß, dass die Temperatur gleich 25 °C und der Druck gleich 1 atm sind.

$$2\,C + 2\,O + 4\,H \qquad\qquad 4\,C + 2\,O + 8\,H$$

$$2\,C + O + 6\,H \qquad\qquad O + 2\,H$$

$$CH_3COOH + C_2H_5OH \rightarrow CH_3COOC_2H_5 + H_2O$$

$$2\,C\,(fest) + O_2\,(gas) + 2\,H_2\,(gas)$$

$$\tfrac{1}{2}\,O_2\,(gas) + H_2\,(gas)$$

$$2\,C\,(fest) + \tfrac{1}{2}\,O_2\,(gas) + 3\,H_2\,(gas)$$

$$4\,C\,(fest) + O_2\,(gas) + 4\,H_2\,(gas)$$

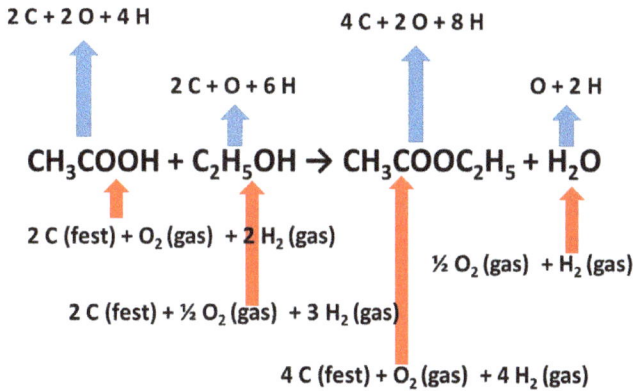

Abb. 9.3: Die Zerlegung der mittleren Reaktion in entweder Atomisierungsreaktionen (obere Hälfte) oder Bildungsreaktionen (untere Hälfte).

Als Ersatz für die Atomisierungsreaktionen Gl. (9.34) betrachten wir stattdessen (Abb. 9.3)

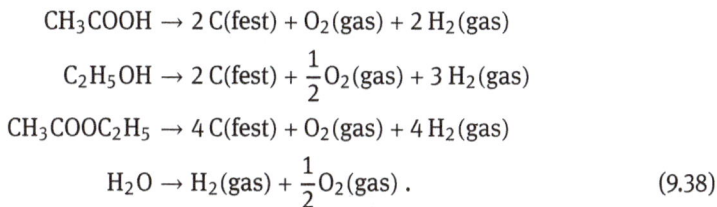

$$CH_3COOH \rightarrow 2\,C(fest) + O_2(gas) + 2\,H_2(gas)$$

$$C_2H_5OH \rightarrow 2\,C(fest) + \frac{1}{2}O_2(gas) + 3\,H_2(gas)$$

$$CH_3COOC_2H_5 \rightarrow 4\,C(fest) + O_2(gas) + 4\,H_2(gas)$$

$$H_2O \rightarrow H_2(gas) + \frac{1}{2}O_2(gas)\,. \tag{9.38}$$

Statt die Stoffe in ihren einzelnen Atome zu zerlegen, haben wir sie in die bei Standardbedingungen stabilsten Formen der Elemente zerlegt. Das ist also fester Kohlenstoff (Graphit) sowie gasförmiger Sauerstoff und Wasserstoff.

Anstelle der Reaktionen in Gl. (9.38) verwenden wir die umgekehrten,

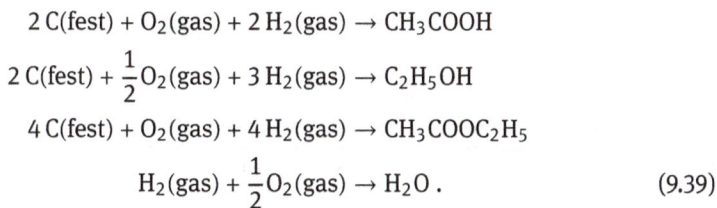

$$2\,C(fest) + O_2(gas) + 2\,H_2(gas) \rightarrow CH_3COOH$$

$$2\,C(fest) + \frac{1}{2}O_2(gas) + 3\,H_2(gas) \rightarrow C_2H_5OH$$

$$4\,C(fest) + O_2(gas) + 4\,H_2(gas) \rightarrow CH_3COOC_2H_5$$

$$H_2(gas) + \frac{1}{2}O_2(gas) \rightarrow H_2O\,. \tag{9.39}$$

Die Reaktionsenthalpien dieser Reaktionen sind die **Bildungsenthalpien**. Mit denen können wir dann die Reaktionsenthalpie der Reaktion aus Gl. (9.37) aufschreiben

$$\Delta_{reak}H = \Delta_{bild}H(CH_3COOC_2H_5) + \Delta_{bild}H(H_2O)$$
$$- \Delta_{bild}H(CH_3COOH) - \Delta_{bild}H(C_2H_5OH)\,. \tag{9.40}$$

Im allgemeinen Fall erhalten wir dann analog zu Gl. (9.36)

$$\Delta_{\text{reak}}H = \sum_j v_j \Delta_{\text{bild}}H(X_j)\,. \tag{9.41}$$

Oft spezifiziert man explizit, dass sich die angegebenen Daten auf Standardbedingungen beziehen. Dies wird gemacht, indem man das Symbol ⊖ dazufügt. Zum Beispiel wird aus Gl. (9.41) dann

$$\Delta_{\text{reak}}H^{\ominus} = \sum_j v_j \Delta_{\text{bild}}H^{\ominus}(X_j)\,. \tag{9.42}$$

9.11 Beispiel 6

Als Beispiel werden wir die Temperaturabhängigkeit der Reaktionsenthalpie für die Reaktion

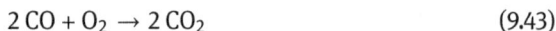

$$2\,CO + O_2 \rightarrow 2\,CO_2 \tag{9.43}$$

bestimmen. Bekannt sind die Bildungsenthalpien bei Standardbedingungen sowie die Temperaturabhängigkeit der Wärmekapazitäten. Die letzteren werden durch

$$C_P(X, T) = a + bT + cT^2 \tag{9.44}$$

genähert. a, b und c sind stoffspezifische Konstanten, die so bestimmt wurden, dass experimentelle Ergebnisse für $C_P(X, T)$ für die Stoffe und Temperaturen von Interesse gut durch Gl. (9.44) genähert werden können.

In Tab. 9.2 haben wir die Daten zusammengestellt. Man beachte, dass die Bildungsenthalpie für O_2 definitionsgemäß gleich null ist!

Tab. 9.2: Thermodynamische Daten, die für die Reaktion aus Gl. (9.43) verwendet werden.

Stoff	$\Delta_{\text{bild}}H^{\ominus}$ kJ/mol	a J/(mol K)	b J/(mol K^2)	c J/(mol K^3)
CO	−110,530	26,87	0,006939	$-0,8235 \cdot 10^{-6}$
O$_2$	0	25,75	0,01294	$-3,843 \cdot 10^{-6}$
CO$_2$	−393,510	25,98	0,04361	$-14,94 \cdot 10^{-6}$

Aus den Daten erhält man mittels Gl. (9.42) die Reaktionsenthalpie bei 25 °C = 298 K,

$$\Delta_{\text{reak}}H^{\ominus} = [2 \cdot (-393,510) - 0 - 2 \cdot (-110,530)]\,\frac{\text{kJ}}{\text{mol}} = -565,96\,\frac{\text{kJ}}{\text{mol}}\,. \tag{9.45}$$

Um die Reaktionsenthalpie bei einer anderen Temperatur zu bestimmen, verwenden wir den Satz von Kirchhoff, Gl. (9.32). Dazu brauchen wir

$$\sum_j v_j C_P(X_j, T) = \left[-27,53 + 0,06040 \frac{T}{K} - 2,4390 \cdot 10^{-5} \frac{T^2}{K^2} \right] \frac{J}{mol\,K} . \qquad (9.46)$$

Wenn wir dies und Gl. (9.45) in Gl. (9.32) einsetzen, erhalten wir (nach einigen mathematischen Rechnungen)

$$\Delta_{reak}H(T) = \left[-560,2 \cdot 10^3 - 27,53 \frac{T}{K} + 0,03020 \frac{T^2}{K^2} - 8,130 \cdot 10^{-6} \frac{T^3}{K^3} \right] \frac{J}{mol} . \qquad (9.47)$$

9.12 Beispiel 7

Wie im vorherigen Abschnitt werden wir die Temperaturabhängigkeit der Reaktionsenthalpie für eine Reaktion bestimmen, diesmal für die Reaktion

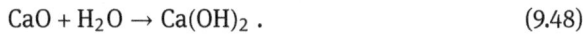

$$CaO + H_2O \rightarrow Ca(OH)_2 . \qquad (9.48)$$

Bekannt sind die Bildungsenthalpien bei Standardbedingungen sowie die Temperaturabhängigkeit der Wärmekapazitäten. Die letzteren werden durch

$$C_P(X, T) = a + bT + \frac{c}{T^2} \qquad (9.49)$$

genähert. Wie im Beispiel 6 sind a, b und c stoffspezifische Konstanten, die so bestimmt sind, dass experimentelle Ergebnisse für $C_P(X, T)$ für die Stoffe und Temperaturen von Interesse gut durch Gl. (9.49) genähert werden können, wenn auch die zwei Näherungen in Gl. (9.44) und (9.49) mathematisch unterschiedlich sind.

In Tab. 9.3 haben wir die Daten zusammengestellt.

Tab. 9.3: Thermodynamische Daten, die für die Reaktion aus Gl. (9.48) verwendet werden.

Stoff	$\Delta_{bild}H^{\ominus}$ kJ/mol	a J/(mol K)	b J/(mol K^2)	c J K/mol
CaO	−635,1	49,953	0,004627	−820.433
H$_2$O	−241,83	28,521	0,012668	113856
Ca(OH)$_2$	−986,1	105,54	0,01200	−1.921.100

Wie im vorherigen Beispiel erhält man dann

$$\Delta_{reak}H(T) = \left[-121,08 + 0,02707 \frac{T}{K} - 2,648 \cdot 10^{-6} \frac{T^2}{K^2} + 1,2145 \cdot 10^3 \frac{K}{T} \right] \frac{kJ}{mol} . \qquad (9.50)$$

9.13 Beispiel 8

Wir betrachten die Reaktion

$$4\,NH_3 + 5\,O_2 \rightarrow 4\,NO + 6\,H_2O \tag{9.51}$$

und wollen für diese die Reaktionsenthalpie bei Standardbedingungen bestimmen.

Aus Tabellen finden wir

$$\Delta_{bild}H^{\ominus}(NH_3) = -45{,}9\,\frac{kJ}{mol}$$

$$\Delta_{bild}H^{\ominus}(O_2) = 0\,\frac{kJ}{mol} \quad \text{(Definition!)}$$

$$\Delta_{bild}H^{\ominus}(NO) = 91{,}3\,\frac{kJ}{mol}$$

$$\Delta_{bild}H^{\ominus}(H_2O) = -241{,}8\,\frac{kJ}{mol}\,. \tag{9.52}$$

Daraus erhalten wir die gewünschte Reaktionsenthalpie

$$\Delta_{reak}H = 4 \cdot \Delta_{bild}H^{\ominus}(NO) + 6 \cdot \Delta_{bild}H^{\ominus}(H_2O) - 4\Delta_{bild}H^{\ominus}(NH_3)$$
$$- 5\Delta_{bild}H^{\ominus}(O_2)$$
$$= [4 \cdot (91{,}3) + 6 \cdot (-241{,}8) - 4 \cdot (-45{,}9) - 5 \cdot 0]\,\frac{kJ}{mol}$$
$$= -902\,\frac{kJ}{mol}\,. \tag{9.53}$$

9.14 Bindungsenthalpien und -energien

Verwandt mit den Atomisierungsenthalpien und -energien sind die **Bindungsenthalpien** und **Bindungsenergien**. Wenn wir z. B. ein CO Molekül atomisiert haben, haben wir die C–O-Bindung gebrochen. Die Enthalpie, die wir dafür aufbringen müssen, werden wir als die Bindungsenthalpie der C–O-Bindung auffassen. Die zugrunde liegende Idee hinter dem Konzept der Bindungsenthalpie ist, dass diese Enthalpien einigermaßen dieselben Werte haben für dieselben Typen von Bindungen, also dass wir dieselbe Enthalpie aufbringen müssen, um ähnliche chemische Bindungen zu brechen unabhängig vom Molekül, in welchem sie vorkommen.

Experimentell kann es zu Komplikationen kommen. Betrachten wir als Beispiel das CO_2-Molekül. Für dieses könnte man experimentell die Reaktionsenthalpien für die beiden Reaktionen

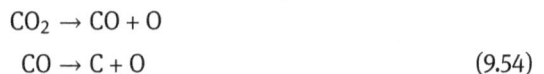

$$CO_2 \rightarrow CO + O$$
$$CO \rightarrow C + O \tag{9.54}$$

bestimmen. Die beiden Reaktionen haben aber unterschiedliche Reaktionsenthalpien, was darauf hinweisen würde, dass die zwei C–O-Bindungen im CO_2-Molekül unterschiedlich sind. Das ist aber nicht der Fall, und stattdessen verwendet man den Mittelwert der beiden Reaktionsenthalpien als Bindungsenthalpie der einzelnen C–O-Bindungen.

9.15 Verbrennungsenthalpien und -energien

Ein Sonderfall ist die Reaktion eines Stoffs mit Sauerstoff,

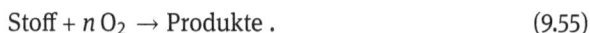

$$\text{Stoff} + n\,O_2 \rightarrow \text{Produkte} . \tag{9.55}$$

Die Reaktionsenthalpie und -energie dieser Reaktion werden als **Verbrennungsenthalpie** und **Verbrennungsenergie** des Stoffs bezeichnet.

9.16 Enthalpie- und Energieänderungen bei anderen Typen von Prozessen

Wie oben erwähnt, kann man die Konzepte dieses Kapitels auch für die Bestimmung von Enthalpie- und Energieänderungen bei einer Phasenumwandlung verwenden. Dazu zählen die Schmelzenthalpie (und Schmelzenergie), die Verdampfungsenthalpie (und Verdampfungsenergie) und die Sublimationsenthalpie (und Sublimationsenergie),

$$\Delta_{\text{schmelz}}H = H(\text{flüssige Phase}) - H(\text{feste Phase})$$

$$\Delta_{\text{verdampf}}H = H(\text{gasförmige Phase}) - H(\text{flüssige Phase})$$

$$\Delta_{\text{sublim}}H = H(\text{gasförmige Phase}) - H(\text{feste Phase}) . \tag{9.56}$$

Es gibt außerdem viele Stoffe, die mehrere, verschiedene feste Phasen besitzen, so dass für diese auch Phasenumwandlungen zwischen diesen Phasen stattfinden können.

Als letzten Prozess erwähnen wir kurz das Lösen eines Stoffs in einem anderen. Zum Beispiel können wir H_2SO_4 in Wasser lösen, was, wie wir schon wissen, mit einer Wärmeproduktion verbunden ist. Dieser Prozess lässt sich schreiben als

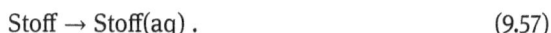

$$\text{Stoff} \rightarrow \text{Stoff(aq)} . \tag{9.57}$$

Damit verbunden ist eine Lösungsenthalpie, bzw. eine Lösungsenergie,

$$\Delta_{\text{solv}}H = H(\text{Stoff(aq)}) - H(\text{Stoff}) . \tag{9.58}$$

Es soll erwähnt werden, dass $\Delta_{\text{solv}}H$ davon abhängt, wie viel vom Stoff schon gelöst ist.

9.17 Beispiel 9

Wir betrachten den Prozess, bei dem festes K von 25 °C auf 300 °C erwärmt wird, und werden die damit verbundene Enthalpieänderung bestimmen. Die Schmelztemperatur von K ist 63,7 °C, und es wird angenommen, dass die Wärmekapazität der festen und flüssigen Phasen durch

$$C_P(\text{fest}, T) = \left(9{,}9013 + 0{,}00660\frac{T}{K}\right)\frac{J}{\text{mol}\,K}$$

$$C_P(\text{flüssig}, T) = \left(37{,}627 - 0{,}02085\frac{T}{K} + 1{,}395\cdot 10^{-5}\frac{T^2}{K^2}\right)\frac{J}{\text{mol}\,K} \tag{9.59}$$

genähert werden kann. Ferner beträgt die Schmelzenthalpie $\Delta_{\text{schmelz}}H = 2334\,J/\text{mol}$.
Wir erhalten dann

$$\Delta H = \int_{298{,}15\,K}^{336{,}85\,K} C_P(\text{fest}, T)\,\mathrm{d}T + \Delta_{\text{schmelz}}H + \int_{336{,}85\,K}^{573{,}15\,K} C_P(\text{flüssig}, T)\,\mathrm{d}T$$

$$= \int_{298{,}15\,K}^{336{,}85\,K} \left(9{,}9013 + 0{,}00660\frac{T}{K}\right)\frac{J}{\text{mol}\,K}\,\mathrm{d}T + \Delta_{\text{schmelz}}H$$

$$+ \int_{336{,}85\,K}^{573{,}15\,K} \left(37{,}627 - 0{,}02085\frac{T}{K} + 1{,}395\cdot 10^{-5}\frac{T^2}{K^2}\right)\frac{J}{\text{mol}\,K}\,\mathrm{d}T$$

$$= (1194 + 2334 + 7347)\frac{J}{\text{mol}}$$

$$= 10.875\,\frac{J}{\text{mol}}. \tag{9.60}$$

9.18 Kalorimetrie

Die **Kalorimetrie** beschäftigt sich mit der experimentellen Bestimmung der Änderungen in der Enthalpie oder der Energie, die mit Prozessen verbunden sind. Abbildung 9.4 zeigt eine schematische Darstellung des Prinzips der Kalorimetrie.

Der Prozess, der untersucht werden soll, findet in einer kleinen Kammer statt, die in einem großen mit Wasser gefüllten Behälter eingetaucht ist. Wenn der Prozess abläuft, wird die Enthalpie (oder Energie) sich ändern, und die dafür notwendige Wärme wird vom großen Behälter (Kalorimeter) aufgenommen (oder von diesem abgegeben abhängig vom Vorzeichen der Enthalpie- oder Energieänderung). Diese Wärme wird mittels der Temperaturänderung im Kalorimeter bestimmt. Deswegen lässt man zuerst eine bekannte Reaktion ablaufen, für welche die Enthalpieänderung ΔH_{ref} bekannt ist. Die gemessene Temperaturänderung ΔT_{ref} bestimmt dann die Wärmekapazität des

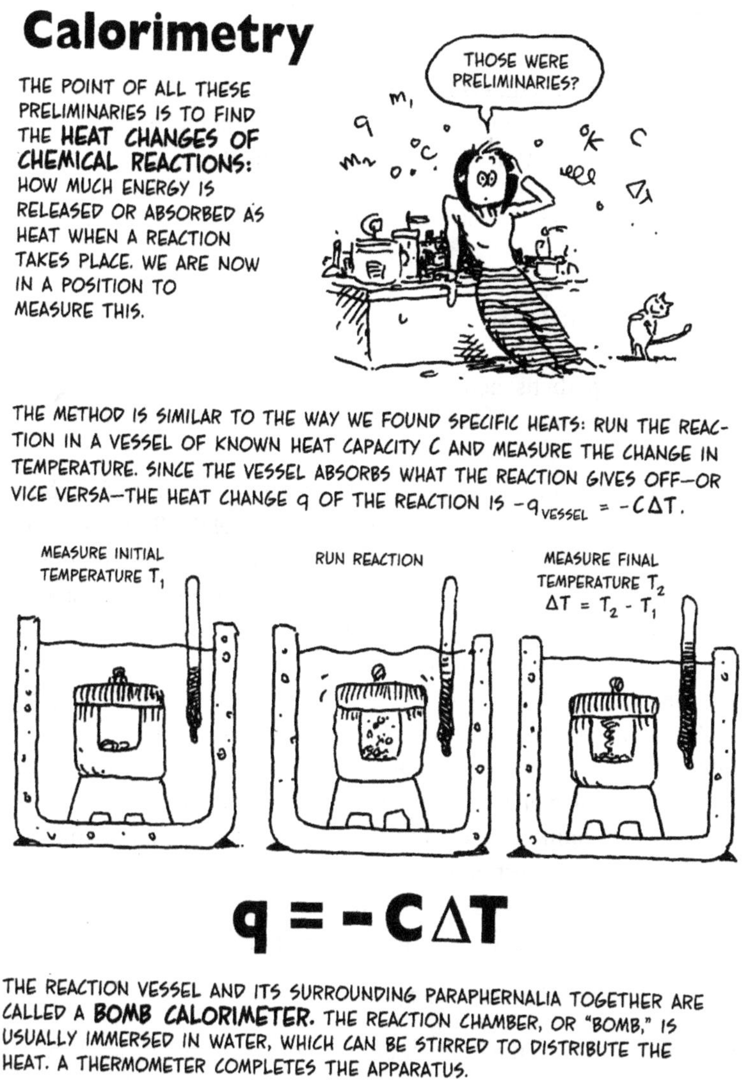

Calorimetry

THE POINT OF ALL THESE PRELIMINARIES IS TO FIND THE **HEAT CHANGES OF CHEMICAL REACTIONS:** HOW MUCH ENERGY IS RELEASED OR ABSORBED AS HEAT WHEN A REACTION TAKES PLACE. WE ARE NOW IN A POSITION TO MEASURE THIS.

THOSE WERE PRELIMINARIES?

THE METHOD IS SIMILAR TO THE WAY WE FOUND SPECIFIC HEATS: RUN THE REACTION IN A VESSEL OF KNOWN HEAT CAPACITY C AND MEASURE THE CHANGE IN TEMPERATURE. SINCE THE VESSEL ABSORBS WHAT THE REACTION GIVES OFF—OR VICE VERSA—THE HEAT CHANGE q OF THE REACTION IS $-q_{VESSEL} = -C\Delta T$.

MEASURE INITIAL TEMPERATURE T_1

RUN REACTION

MEASURE FINAL TEMPERATURE T_2
$\Delta T = T_2 - T_1$

$$q = -C\Delta T$$

THE REACTION VESSEL AND ITS SURROUNDING PARAPHERNALIA TOGETHER ARE CALLED A **BOMB CALORIMETER.** THE REACTION CHAMBER, OR "BOMB," IS USUALLY IMMERSED IN WATER, WHICH CAN BE STIRRED TO DISTRIBUTE THE HEAT. A THERMOMETER COMPLETES THE APPARATUS.

Abb. 9.4: Prinzip der kalorimetrischen Messungen. Reproduziert mit freundlicher Genehmigung von HarperCollins Publishers aus dem Buch Larry Gonick und Craig Criddle, *The Cartoon Guide to Chemistry*, 2005.

Kalorimeters (einschl. Wasser, Wände, etc.),

$$C_{\text{Kalorimeter}} = -\frac{\Delta H_{\text{ref}}}{\Delta T_{\text{ref}}}. \tag{9.61}$$

Das Minus kommt daher, dass die Enthalpieänderung der Reaktion, ΔH_{ref}, eine gleichzeitige Enthalpieänderung des Kalorimeters von $-\Delta H_{\text{ref}}$ bedeutet.

Es ist wichtig, dass ΔT_{ref} klein ist, so dass angenommen werden kann, dass $C_{\text{Kalorimeter}}$ in dem kleinen Temperaturintervall konstant ist.

Anschließend lässt man die zu untersuchende Reaktion im Kalorimeter ablaufen. Wiederum misst man die Temperaturänderung ΔT (die immer noch klein sein muss) im Kalorimeter. Die gesuchte Enthalpieänderung durch die Reaktion ist dann

$$\Delta H = -C_{\text{Kalorimeter}}\Delta T \,. \tag{9.62}$$

9.19 Born-Haber-Kreisprozess

Zuletzt werden wir einen hypothetischen Kreisprozess betrachten, den **Born-Haber-Kreisprozess**. Die Fragestellung, die durch diesen Prozess analysiert werden soll, ist die folgende.

Viele Salze, wie NaCl, das wir als Beispiel benutzen werden, sind als Festkörper energetisch sehr stabil. Zu verdanken haben sie dies in aller Regel der Gitterenthalpie, die beim Zusammenlagern der Ionen zum Kristall freigesetzt wird. Die Gitterenthalpie ist die Enthalpiemenge, die frei wird (bzw. aufgewendet werden muss), wenn sich die einzelnen Ionen aus einer hypothetisch unendlichen Entfernung zueinander aus der Gasphase zu einem Kristall zusammenlagern.

Diese Enthalpie ist aber experimentell nicht zugänglich. Um sie doch bestimmen zu können, betrachtet man einen Kreisprozess, den **Born-Haber-Kreisprozess**. Dieser Prozess besteht aus vielen Schritten, für welche die Enthalpien experimentell bestimmt werden können, und aus dem Zusammenlagern der Ionen zum Kristall. Weil die Gesamtänderung der Enthalpie in einem Kreisprozess null sein muss, kann man dadurch auch die Gitterenthalpie bestimmen.

Wir fangen bei den isolierten Elementen in ihrer stabilsten Form an, also festem Na und gasförmigem Cl_2. Der erste Schritt ist die Sublimation von Na,

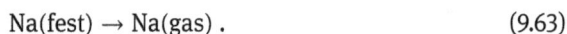

$$\text{Na(fest)} \rightarrow \text{Na(gas)} \,. \tag{9.63}$$

Die Enthalpie für diesen Schritt ist die Sublimationsenthalpie für Na, $\Delta_{\text{sublim}}H(\text{Na}) = 108 \,\text{kJ/mol}$.

Als nächstes ionisieren wir die Na Atome,

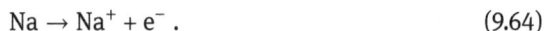

$$\text{Na} \rightarrow \text{Na}^+ + \text{e}^- \,. \tag{9.64}$$

Die dazu notwendige Enthalpie heißt (erste) **Ionisierungsenergie** und besitzt für Na den Wert $\text{IP(Na)} = 496 \,\text{kJ/mol}$.

Anschließend werden die Cl_2 Moleküle gespalten,

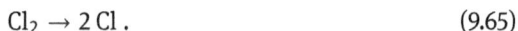

$$Cl_2 \rightarrow 2\,Cl \,. \tag{9.65}$$

Hierfür müssen wir die Atomisierungsenthalpie aufbringen, die in diesem Fall auch als **Dissoziationsenthalpie** bezeichnet wird. Oft (für Moleküle mit mehr als zwei

Atomen) ist es nicht eindeutig, in welche Bestandteile eine Dissoziation erfolgt, aber für zweiatomige schon. Deswegen ist Dissoziationsenthalpie nicht immer gleich Atomisierungsenthalpie. Die Enthalpie, die wir aufbringen müssen, ist $\Delta_{dissoz}H(Cl_2) = 242\,kJ/mol$.

Nun müssen die Chloratome noch je ein Elektron erhalten, so dass schließlich gasförmige Na- und Cl-Ionen nebeneinander vorliegen,

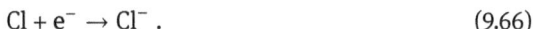

$$Cl + e^- \rightarrow Cl^- \, . \tag{9.66}$$

In diesem Schritt, der Aufnahme eines Elektrons durch das Chlor, wird erstmals Enthalpie frei, die sogenannte **Elektronenaffinität**, die für Chlor $EA(Cl) = -349\,kJ/mol$ beträgt.

Wir haben jetzt die Na^+- und Cl^--Ionen getrennt voneinander vorliegen. Von diesem Zustand aus sollen nun die Ionen zum Kristall zusammengefügt werden, wobei die Gitterenthalpie ($\Delta_{gitter}H$) frei werden soll.

Das Resultat ist dann ein NaCl-Kristall, der eine bekannte Standardbildungsenthalpie von $\Delta_{bild}H(NaCl) = -411\,kJ/mol$ hat.

Da die Enthalpie eine Zustandsgröße ist, muss diese Standardbildungsenthalpie gleichzeitig die Summe aller Enthalpieumsätze der genannten Einzelschritte sein,

$$\Delta_{bild}H(NaCl) = \Delta_{sublim}H(Na) + IP(Na) + \frac{1}{2}\Delta_{dissoz}H(Cl_2) + EA(Cl) + \Delta_{gitter}H \, . \tag{9.67}$$

Umgestellt ergibt das

$$\Delta_{gitter}H = \Delta_{bild}H(NaCl) - \Delta_{sublim}H(Na) - IP(Na) - \frac{1}{2}\Delta_{dissoz}H(Cl_2) - EA(Cl)$$
$$= -411\,\frac{kJ}{mol} - 108\,\frac{kJ}{mol} - 496\,\frac{kJ}{mol} - 121\,\frac{kJ}{mol} + 349\,\frac{kJ}{mol}$$
$$= -787\,\frac{kJ}{mol} \, . \tag{9.68}$$

Wir konnten also unter Zuhilfenahme des Born-Haber-Kreisprozesses ermitteln, dass die Gitterenthalpie von NaCl $-787\,kJ/mol$ beträgt.

In der Praxis nutzt man dieses Vorgehen nicht nur zur Bestimmung von Gitterenergien, sondern immer dann, wenn eine bestimmte Größe nur sehr schwer oder gar nicht direkt zu messen ist.

9.20 Aufgaben mit Antworten

1. **Aufgabe:** Berechnen Sie die Enthalpie der Isomerisierung von Maleinsäure $C_4H_4O_4$ (cis-Form) zur Fumarsäure $C_4H_4O_4$ (trans-Form) aus den Verbrennungsenthalpien der Maleinsäure ($-1355,2\,kJ/mol$) und der Fumarsäure ($-1334,7\,kJ/mol$). Endprodukte der Verbrennung: H_2O und CO_2.

Antwort: Für die beiden Substanzen sind die Reaktionsgleichungen der Verbrennung identisch ($C_4H_4O_4 + 3\,O_2 \rightarrow 2\,H_2O + 4\,CO_2$). Die Verbrennungsreaktionsgleichung für Maleinsäure minus die Verbrennungsreaktionsgleichung für Fumarsäure ist dann Maleinsäure $\rightarrow$ Fumarsäure, und die zugehörige Reaktionsenthalpie (die die Isomerisierungsenthalpie ist) ist $-1355{,}2\,\text{kJ/mol} - (-1334{,}7\,\text{kJ/mol}) = -20{,}5\,\text{kJ/mol}$.

2. **Aufgabe:** Die Verbrennungswärme der Stearinsäure ($C_{18}H_{36}O_2$) beträgt $-39.583\,\text{J/g}$. Berechnen Sie die Verbrennungsenthalpie und Bildungsenthalpie der Stearinsäure. Die Temperatur sei 25 °C. Die Bildungsenthalpien von CO_2 und H_2O sind gleich $-393{,}51$ und $-285{,}84\,\text{kJ/mol}$.

   Antwort: Die Molmasse von Stearinsäure ist $284{,}4804\,\text{g/mol}$. Dann ist die Verbrennungsenthalpie gleich $\Delta_{\text{verb}}H = -39.583\,\text{J/g} \cdot 284{,}4804\,\text{g/mol} = -11.260{,}6\,\text{kJ/mol}$. Die Verbrennungsreaktion für Stearinsäure ist $C_{18}H_{36}O_2 + 26\,O_2 \rightarrow 18\,CO_2 + 18\,H_2O$, woraus

$$\Delta_{\text{verb}}(\text{Stearinsäure}) = 18\,\Delta_{\text{bild}}(CO_2) + 18\,\Delta_{\text{bild}}(H_2O) - 26\,\Delta_{\text{bild}}(O_2)$$
$$- \Delta_{\text{bild}}(\text{Stearinsäure})\,. \tag{9.69}$$

Daraus können wir dann die Bildungsenthalpie für Stearinsäure bestimmen

$$\Delta_{\text{bild}}(\text{Stearinsäure}) = 18\,\Delta_{\text{bild}}(CO_2) + 18\,\Delta_{\text{bild}}(H_2O) - 26\,\Delta_{\text{bild}}(O_2)$$
$$- \Delta_{\text{verb}}(\text{Stearinsäure})$$
$$= -967{,}7\,\frac{\text{kJ}}{\text{mol}}\,. \tag{9.70}$$

3. **Aufgabe:** 2 mol von Stoff A und 1 mol von Stoff B werden gemischt. Sie reagieren miteinander laut der Reaktion A + 2 B $\rightarrow$ C. Im Gleichgewicht findet man 0,3 mol C. Wie viel gibt es dann von Stoff A und von Stoff B?

   Antwort: Mit Hilfe der Reaktionslaufzahl und der stöchiometrischen Koeffizienten haben wir zu einem beliebigen Zeitpunkt folgende Molzahlen: A: 2 mol $- \xi$, B: 1 mol $- 2\xi$, C: ξ. Wir wissen: $\xi = 0{,}3$ mol. Daraus: A: 1,7 mol, B: 0,4 mol.

4. **Aufgabe:** 1 mol von Stoff A und 2 mol von Stoff B werden gemischt. Sie reagieren miteinander laut der Reaktionen A + 2 B $\rightarrow$ C, 2 C $\rightarrow$ D. Im Gleichgewicht findet man 0,1 mol D. Wie viel gibt es dann von Stoff A und von Stoff B, wenn angenommen werden kann, dass die zweite Reaktion so schnell abläuft, dass es kein C im Gleichgewicht gibt.

   Antwort: Weil es kein C geben soll, kann man die beiden Reaktionsgleichungen zusammenfassen: 2 A + 4 B $\rightarrow$ D. Mit Hilfe der Reaktionslaufzahl und der stöchiometrischen Koeffizienten haben wir zu einem beliebigen Zeitpunkt folgende Molzahlen: A: 1 mol $- 2\xi$, B: 2 mol $- 4\xi$, D: ξ. Wir wissen: $\xi = 0{,}1$ mol. Daraus: A: 0,8 mol, B: 1,6 mol.

5. **Aufgabe:** 1 mol A und 2 mol B werden gemischt. Sie reagieren miteinander laut der Reaktion 2 A + B → 2 C. In welchem Bereich kann die Menge von C im Gleichgewicht liegen? Begründen Sie die Antwort.

   Antwort: Mit Hilfe der Reaktionslaufzahl und der stöchiometrischen Koeffizienten haben wir zu einem beliebigen Zeitpunkt folgende Molzahlen: A: 1 mol − 2ξ, B: 2 mol − ξ, C: 2ξ. Alle Molzahlen müssen ≥ 0 sein. Daraus: 0 mol ≤ ξ ≤ 0,5 mol. Also kann es von C zwischen 0 und 1 mol geben.

6. **Aufgabe:** Für die Reaktion A + B → 2 C ist die Reaktionsenthalpie bei 25 °C gleich 1200 kJ/mol. Die molaren Wärmekapazitäten der Stoffe A, B und C betragen 5, 17 und 24 kJ/(mol K). Bestimmen Sie daraus die Reaktionsenthalpie bei 65 °C.

   Antwort: Laut Kirchhoffs Gesetz ist

   $$\Delta_{\text{reak}}H(T) = \Delta_{\text{reak}}H(T^{\ominus}) + \int_{T^{\ominus}}^{T} \sum_i \nu_i C_P(i, T)\, dT$$

   $$= 1200\, \frac{\text{kJ}}{\text{mol}} + \int_{298,15\,\text{K}}^{338,15\,\text{K}} (-5 - 17 + 48)\, \frac{\text{kJ}}{\text{mol K}}\, dT$$

   $$= 1200\, \frac{\text{kJ}}{\text{mol}} + 26\, \frac{\text{kJ}}{\text{mol}} \cdot 40$$

   $$= 2240\, \frac{\text{kJ}}{\text{mol}} . \tag{9.71}$$

7. **Aufgabe:** 4 mol von Stoff A werden mit 2 mol von Stoff B gemischt. Sie reagieren miteinander laut der chemischen Reaktion A + B → 2 C. Im Gleichgewicht ist der Molbruch von Stoff C gleich 0,2. Bestimmen Sie daraus die Stoffmengen von A, B und C.

   Antwort: Mit Hilfe der Reaktionslaufzahl und der stöchiometrischen Koeffizienten haben wir zu einem beliebigen Zeitpunkt folgende Stoffmengen: A: 4 mol − ξ, B: 2 mol − ξ, C: 2ξ. Molbruch von C: (2ξ)/((4 mol − ξ) + (2 mol − ξ) + 2ξ) = (2ξ)/(6 mol) ≡ 0,2 woraus ξ = 0,6 mol. Daraus die Molzahlen: A: 3,4 mol, B: 1,4 mol, C: 1,2 mol.

9.21 Aufgaben

1. 1 mol von Stoff A und 2 mol von Stoff B werden gemischt. Sie reagieren miteinander laut der Reaktion A + 2 B → C. Im Gleichgewicht findet man 0,3 mol C. Wie viel gibt es dann von Stoff A und von Stoff B?

2. Betrachten Sie die zwei Reaktionen A + 2 B → 2 C und A + B → C + D. Die Reaktionsenthalpien der zwei Reaktionen betragen −200 und 300 kJ/mol. Wie groß ist sie für die Reaktion A → 2 D?

3. Ein Festkörper (Schmelztemperatur 250 °C) wird von 100 °C auf 300 °C aufgewärmt. Die Wärmekapazität C_P des festen (flüssigen) Stoffs beträgt 40 kJ/K (20 kJ/K) und die Schmelzenthalpie 670 kJ. Wie groß ist der Enthalpieverbrauch des Prozesses?

4. Die Reaktionsenthalpien der drei Reaktionen $A \rightarrow B + C$, $B \rightarrow 2\,D$ und $C + D \rightarrow E$ betragen 70, −50 und 80 kJ/mol. Welche Raktionsenthalpie hat dann die Reaktion $B + C \rightarrow D + E$?

5. Was besagt der Satz von Hess?

6. Welche chemische Reaktion definiert die Bildungsenthalpie für Benzol, C_6H_6?

7. Betrachten Sie die vier Reaktionen $B + 2\,C \rightarrow 2\,D$, $B + D \rightarrow 2\,A$, $2\,C \rightarrow A + D$ und $A \rightarrow 2\,B$. Die Reaktionsenthalpien der ersten drei Reaktionen seien −20, 30 und −50 kJ/mol. Welchen Wert hat die Reaktionsenthalpie für die vierte Reaktion?

8. Betrachten Sie die Reaktion $A + B \rightarrow 2\,C$. Es werden 100 mol von Stoff A mit 200 mol von Stoff B und 100 mol von Stoff C gemischt. Später hat man 150 mol von Stoff C. Wie viel gibt es dann von den anderen Stoffen?

9. Für ein System gilt $C_P = a \cdot T + b$. In der festen Phase ist $a = 40\,J/K^2$ und $b = 2\,kJ/K$, während in der flüssigen Phase $a = 20\,J/K^2$ und $b = 4\,kJ/K$. Die Schmelzenthalpie des Systems beträgt 8 kJ und die Schmelztemperatur ist 290 K. Wie viel Energie wird gebraucht, um das System isobar von 270 K auf 320 K aufzuwärmen?

10. Bestimmen Sie die molare Verbrennungsenthalpie von Propionsäure mit der chemischen Formel C_2H_5COOH. Als Produkte der Verbrennung entstehen nur CO_2 und H_2O. Die Bildungsenthalpien von Propionsäure, CO_2 und H_2O sind −511, −394 und −242 kJ/mol.

11. Für eine Substanz kann die Wärmekapazität als $C_P = a + b \cdot T$ geschrieben werden. Die Schmelztemperatur ist 350 K, und die Schmelzenthalpie beträgt 5000 kJ. Für die feste Phase sind $a = 100\,kJ/K$ und $b = 200\,J/K^2$, während für die flüssige Phase $a = 100\,kJ/K$ und $b = 300\,J/K^2$ betragen. Bestimmen Sie die notwendige zugeführte Wärme, um die Substanz von 300 K auf 400 K aufzuwärmen.

12. Die Bildungsenthalpien für Ethanol, Wasser und Kohlenstoffdioxid betragen −277,69, −241,82 und −393,51 kJ/mol. Bestimmen Sie daraus die Verbrennungsenthalpie für Ethanol.

13. Die Verbrennungsenthalpien für C, H_2, C_6H_6 und C_6H_{12} sind gleich −393, −286, −3268 und −3917 kJ/mol. Bestimmen Sie daraus die Bildungsenthalpien für C_6H_6 und C_6H_{12}.

14. Für die Reaktion $A + 2\,B \rightarrow 2\,C$ ist die Reaktionsenthalpie bei 25 °C gleich 1200 kJ/mol. Die molaren Wärmekapazitäten der Stoffe A, B und C betragen 150, 70 und 240 kJ/(mol K) und sind temperaturunabhängig. Bestimmen Sie daraus die Temperatur, bei welcher die Reaktionsenthalpie gleich null wird.

15. Die Reaktionsenthalpie für die Reaktion $A + 2B \rightarrow 2C$ beträgt bei 25 °C 150 kJ/mol. Die molaren Wärmekapazitäten der drei Stoffe A, B und C sind gleich 500, 400 und 300 J/(mol K) und temperaturunabhängig. Bestimmen Sie daraus die Reaktionsenthalpie für die Reaktion $\frac{1}{2}A + B \rightarrow C$ bei 50 °C.

16. Erläutern Sie den Begriff ,Verbrennungsenthalpie'.

17. 4 mol von Stoff A, 3 mol von Stoff B, 2 mol von Stoff C und 1 mol von Stoff D werden gemischt. Anschließend läuft die Reaktion $A + B \rightarrow D$ ab. Im Gleichgewicht ist der Molbruch von Stoff D gleich 0,5. Bestimmen Sie daraus die Mengen von Stoff A, B, C und D im Gleichgewicht.

10 Zweiter Hauptsatz der Thermodynamik

10.1 Grundlagen

Wie der erste Hauptsatz, so ist auch der **zweite Hauptsatz der Thermodynamik** eine Erfahrungssache: Bisher sind keine überzeugenden Argumente dagegen vorgestellt worden. Aber auch in diesem Fall gibt es Träume davon, doch eine Ausnahme zu finden, die die Erzeugung eines **Perpetuum Mobile zweiter Art** ermöglichen würde. Aber, wie angedeutet, bisher ohne Erfolg. Es ist also nicht vielversprechend, viel Zeit damit zu verbringen, zu versuchen, doch noch ein solches Perpetuum Mobile zweiter Art herzustellen.

Bei der Behandlung des ersten Hauptsatzes haben wir eine Zustandsfunktion, die Innere Energie U, eingeführt. Wir haben auch gesehen, dass die Tatsache, dass U (oder davon abgeleitete Funktionen wie die Enthalpie H) eine Zustandsfunktion ist, die Berechnung von Änderungen in U bei Prozessen enorm erleichtert. Deswegen wird Ziel dieses Kapitels sein, eine neue Größe einzuführen, die gleichzeitig eine Zustandsfunktion sein soll, und mit deren Hilfe der zweite Hauptsatz formuliert werden kann.

Aber zuerst werden wir durch ein paar Beispiele erläutern, worum es überhaupt geht.

Wenn wir einen Tischtennisball von unserer Hand fallen lassen, fällt er zunehmend schneller nach unten, bis er den Boden trifft. Dort hüpft er wieder hoch, fällt nochmals runter usw., bis er am Ende über den Boden rollt und in irgendeiner Ecke zum Liegen kommt. Aus einer Energiebetrachtung hat er am Anfang potenzielle Energie, die dann in kinetische Energie umgewandelt wird. Aber ein kleiner Teil der Energie wird an die Luft abgegeben, so dass die Luft ein ganz kleines bisschen erwärmt wird. Und bei jedem Zusammenprall mit dem Boden verliert der Ball ein bisschen seiner Energie, während der Boden ein ganz kleines bisschen erwärmt wird. Ähnlich werden der Boden und die Luft auch ein bisschen erwärmt, während der Ball über den Boden rollt. Also: Energie des Systems (des Balls) wird abgegeben an die Umgebung.

Nichts von dem, was wir bisher gelernt haben, spricht dagegen, dass der Ball, nachdem er in der Ecke zur Ruhe gekommen ist, Energie aus der Umgebung aufnimmt, so dass er zuerst zurückrollt, danach anfängt zu hüpfen, und anschließend höher und höher hüpft, bis er wiederum in unsere Hand gelangt ist. Die Energie bleibt erhalten, so dass der erste Hauptsatz nicht verletzt wird. Aber trotzdem wird niemand glauben, dass so etwas passieren kann. Der zweite Hauptsatz formuliert allgemein, in welche Richtung Prozesse ablaufen können, und in welche nicht.

In einem zweiten Beispiel betrachten wir einen isolierten Behälter mit zwei Hälften. Er ist mit einem Gas gefüllt. Auf der einen Seite der thermisch isolierenden Wand hat das Gas eine Temperatur, auf der anderen Seite eine andere Temperatur. Wenn wir die Wand entfernen, werden wir etwas später entdecken, dass wir eine gemeinsame

https://doi.org/10.1515/9783110636932-010

Temperatur überall haben. Es wird nie passieren, dass wir wiederum zwei (oder mehrere) Bereiche finden würden, wo unterschiedliche Temperaturen herrschen. Warum das so ist, ist auch Inhalt des zweiten Hauptsatzes.

Beim dritten Beispiel betrachten wir einen mit Wasser gefüllten Behälter. Durch mechanisches Rühren können wir die Temperatur des Wassers erhöhen. Wir betätigen diesen Rührmechanismus dadurch, dass wir ein großes Gewicht langsam zum Boden sinken lassen (Abb. 7.3). Im Prinzip könnte das Wasser sich wieder abkühlen und dadurch das Gewicht wieder aufsteigen lassen, was aber nicht passiert, obwohl es keinen Widerspruch zum ersten Hauptsatz bedeuten würde. Der zweite Hauptsatz erklärt, warum es so ist.

Das letzte Beispiel ist viel relevanter für die Chemie. Wir betrachten die allgemeine Reaktion

$$R_1 + R_2 + \cdots \rightleftharpoons P_1 + P_2 + \cdots . \tag{10.1}$$

Wenn wir eine ganz bestimmte Menge an Reaktanden, R_1, R_2, ..., bei bestimmter Temperatur und Druck zusammenbringen, werden wir eine bestimmte Menge an Reaktanden und Produkte am Ende vorfinden. Diese Menge wird immer dieselbe sein, ob wir die Reaktion am Samstag, Sonntag, Dienstag, nachts, tagsüber oder zu Weihnachten durchführen lassen, solange wir die Versuchsbedingungen nicht ändern. Dass dies so ist, ist Basis für die chemische Industrie – ohne die Sicherheit, dass es so ist, wäre es sehr schwierig, eine gut laufende Industrie aufzubauen, und das Ganze würde eher einer Lotterie ähneln.

Dass dies so ist, ist eine weitere Folge des zweiten Hauptsatzes. Ferner wird der zweite Hauptsatz auch erklären können, bei welcher Zusammensetzung genau sich das Gleichgewicht einstellt, und wie man diese Zusammensetzung durch Variation der Versuchsbedingungen (Temperatur, Druck, Anfangsmengen der Edukte, etc.) ändern kann.

Obwohl der zweite Hauptsatz nicht jung ist (er wurde im 19. Jahrhundert von S. Carnot, P. Clausius, Lord Kelvin und Max Planck formuliert), ist er immer noch deutlich weniger verstanden als der erste Hauptsatz. Es gibt unterschiedliche Formulierungen davon, aber mathematisch gesehen erhält man durch alle Formulierungen dieselbe Beschreibung in Form einer Zustandsfunktion. Aber für uns wird später eine bestimmte Formulierung wichtig, die deswegen schon hier angeführt werden soll:

– Es ist nicht möglich, Energie von einem Wärmereservoir mit einer niedrigen Temperatur zu einem Wärmereservoir mit einer höheren Temperatur zu transportieren, ohne gleichzeitig zusätzliche Energie an das System abzugeben.

Diese Formulierung ist verwandt mit dem oben erwähnten Beispiel, dass es nicht möglich ist, ein Gewicht durch Abkühlung einer Flüssigkeit anzuheben.

10.2 Die Entropie

Es gibt verschiedene Möglichkeiten, die neue Zustandsfunktion, **Entropie**, einzuführen. Meistens wird es mit Hilfe von Wärme gemacht, aber hier werden wir eine alternative Formulierung vorstellen.

Die Prozesse, die wir oben als Beispiele diskutiert haben, sowie alle anderen ‚natürlichen' Prozesse, laufen in der Richtung ab, wobei Energie mehr und mehr ‚ungeordnet' verteilt wird. Energie, die am Anfang des Prozesses in einem Teil des Gesamtsystems (Tischtennisball oder die eine Hälfte des Gefäßes im ersten und zweiten Beispiel von vorher) lokalisiert ist, ist am Ende verteilt über einen deutlich größeren Teil des Systems (Tischtennisball plus Luft und Boden, bzw. das gesamte Gefäß). Alle Prozesse laufen so ab, dass eine Größe räumlich ausgeglichen wird. Diese Größe kann Energie, Temperatur, Konzentration, chemisches Potenzial (wird hier erwähnt, ist aber noch nicht eingeführt!) usw. sein. Diese Größe hat am Anfang des **Ausgleichsprozesses** unterschiedliche Werte in verschiedenen Teilen des Systems, während die Größe am Ende denselben Wert besitzt.

Die Umverteilung der Energie wird als **Dissipation** (‚Zerlaufen') der Energie bezeichnet. Diese Dissipation führt zu einer Erhöhung der inneren Energie dort, wohin Arbeit dissipiert (z. B. werden die Luft und der Boden vom Tischtennisball erwärmt), und ist **immer** positiv (das besagt die Erfahrung),

$$\delta W_{\text{dissip}} > 0 \, . \tag{10.2}$$

Diese dissipative Arbeit ist also auch der Teil der Gesamtarbeit, der nicht reversibel ist (denn sonst würden wir ja die Richtung des Prozessablaufs umkehren können, so dass für einen solchen umgekehrten Prozess Gl. (10.2) nicht mehr gültig wäre). Wir schreiben dementsprechend die Gesamtarbeit als die Summe der reversiblen Teile und der irreversiblen, heißt dissipativen, Teile,

$$\delta W = \delta W_{\text{rev}} + \delta W_{\text{dissip}} \tag{10.3}$$

mit

$$\delta W_{\text{rev}} = -P \, \mathrm{d}V + \sum_i \mu_i \, \mathrm{d}n_i \, . \tag{10.4}$$

Um das Ganze nicht komplexer als notwendig zu machen, haben wir hier angenommen, dass es nur Volumenarbeit gibt, plus zusätzlich, dass es zu Änderungen in den Molzahlen, n_i, durch, z. B., chemische Reaktionen oder Phasenumwandlungen, kommen kann. Die Koeffizienten μ_i beschreiben das **chemische Potenzial** der einzelnen Komponenten. Dieses wird aber erst später genauer eingeführt.

Gemäß dem ersten Hauptsatz gilt dann

$$
\begin{aligned}
\mathrm{d}U &= \delta W + \delta Q \\
&= \delta W_{\text{rev}} + \delta W_{\text{dissip}} + \delta Q \\
&= -P \, \mathrm{d}V + \sum_i \mu_i \, \mathrm{d}n_i + \delta W_{\text{dissip}} + \delta Q \, .
\end{aligned} \tag{10.5}
$$

Daraus erhalten wir

$$dU + P\,dV - \sum_i \mu_i\,dn_i = \delta W_{\text{dissip}} + \delta Q\,. \qquad (10.6)$$

Um weiterzukommen, schränken wir uns zuerst auf adiabatische Prozesse ein. Nachher werden wir diese Einschränkung wieder aufheben. Für adiabatische Prozesse ist $\delta Q = 0$. Wir setzen dies in Gl. (10.6) ein, benutzen Gl. (10.2) und erhalten dadurch

$$\left(dU + P\,dV - \sum_i \mu_i\,dn_i\right)_{\text{adiab}} = \delta W_{\text{dissip}} > 0\,. \qquad (10.7)$$

Die linke Seite ähnelt einem vollständigen Differenzial für eine Zustandsfunktion,

$$dZ = f_U \cdot dU + f_V \cdot dV + \sum_i f_i\,dn_i\,. \qquad (10.8)$$

Gleichung (10.7) würde dann bedeuten, dass bei adiabatischen Prozessen die Zustandsfunktion Z nur zunehmen kann. Wir wissen aber, dass für eine Zustandsfunktion Z mit einem vollständigen Differenzial wie in Gl. (10.8) gelten muss

$$\left(\frac{\partial f_U}{\partial V}\right)_U = \left(\frac{\partial f_V}{\partial U}\right)_V\,. \qquad (10.9)$$

Das gilt nicht, wenn $f_U = 1$ und $f_V = P$.

Wir können aber Gl. (10.7) umschreiben, indem wir durch die Temperatur teilen (weil $T > 0$ ist, ändert sich die Ungleichung nicht),

$$\left(\frac{1}{T}\,dU + \frac{P}{T}\,dV - \sum_i \frac{\mu_i}{T}\,dn_i\right)_{\text{adiab}} = \frac{\delta W_{\text{dissip}}}{T} > 0\,. \qquad (10.10)$$

Es lässt sich dann zeigen (nicht Inhalt dieses Kurses), dass mit $f_U = 1/T$ und $f_V = P/T$ Gl. (10.9) erfüllt ist. Das bedeutet, dass die linke Seite die Änderung einer Zustandsfunktion beschreibt. Diese Zustandsfunktion wird **Entropie** genannt und mit S symbolisiert. Also

$$(dS)_{\text{adiab}} = \frac{\delta W_{\text{dissip}}}{T} \geq 0\,. \qquad (10.11)$$

Das ‚= 0' gilt nur für reversible Prozesse.

Wir werden jetzt die Annahme verlassen, dass der Prozess adiabatisch sein soll, und stattdessen annehmen, dass der Prozess reversibel ist. Dazu betrachten wir Prozessverläufe wie in Abb. 10.1 gezeigt. Der erste Prozess, von A nach E_1, ist adiabatisch und reversibel, während der zweite, von A nach E_2, adiabatisch und irreversibel ist. Der einzige Unterschied zwischen den beiden Prozessen soll sein, dass beim zweiten Prozess auch eine dissipative Arbeit an dem System geleistet wird. Weil diese Arbeit positiv ist [Gl. (10.2)], hat der Zustand E_2 eine höhere innere Energie als der Zustand E_1. Das bedeutet, um Zustand E_2 ausgehend von Zustand E_1 durch reversible Zuführung

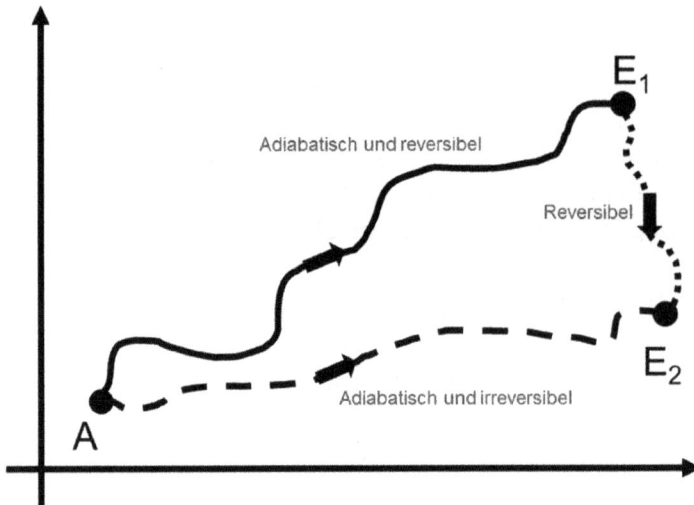

Abb. 10.1: Zwei verschiedene Prozesse für dasselbe System mit demselbem Ausgangszustand.

von Wärme zu erreichen, muss diese Wärme positiv sein,

$$\Delta Q_{rev} > 0 \,. \tag{10.12}$$

Ferner ist diese Wärmemenge gleich der dissipativen Arbeit bei dem irreversiblen Prozess,

$$\Delta Q_{rev} = \Delta W_{dissip} \,. \tag{10.13}$$

Wir haben nichts über die Zustände angenommen, so dass Gl. (10.12) als

$$\delta Q_{rev} > 0 \tag{10.14}$$

umgeschrieben werden kann. Teilen wir letztendlich durch die Temperatur, erhalten wir

$$\frac{\delta Q_{rev}}{T} > 0 \,, \tag{10.15}$$

oder wegen Gl. (10.11) und Gl. (10.14)

$$dS = \frac{\delta Q_{rev}}{T} \geq 0 \,, \tag{10.16}$$

wie der zweite Hauptsatz oft formuliert wird.

Wie Abb. 10.2 zeigt, kann Gl. (10.15) auch benutzt werden, um die Entropie eines Systems als Funktion der Temperatur zu berechnen, solange man die Entropie des Systems bei einer bestimmten Temperatur kennt. Man erkennt, dass bei Phasenumwandlungen Wärme aufgenommen wird, ohne dass die Temperatur sich ändert, so dass letztendlich S dort diskontinuierlich steigt. Dies ist in Abb. 10.3 illustriert. S ist

IT IS NOW POSSIBLE TO CALCULATE THE **ABSOLUTE ENTROPY** OF ANY SUBSTANCE. THIS IS DONE BY ADDING UP ALL THE LITTLE ENTROPY INCREMENTS THAT PILE UP AS THE SUBSTANCE IS HEATED IN SMALL STEPS FROM ABSOLUTE ZERO TO SOME CONVENIENT TEMPERATURE, USUALLY 298°K (ROOM TEMPERATURE, 25°C).

etc..

q_1/T_1

q_3/T_3

q_2/T_2

q_1/T_1

AT 298°K, WE WRITE S^0, THE **STANDARD** ABSOLUTE ENTROPY.

FOR EXAMPLE, FINDING THE STANDARD ABSOLUTE ENTROPY OF WATER INVOLVES THESE STEPS:

CHILL A PERFECT ICE CRYSTAL TO ABSOLUTE ZERO (NOT REALLY POSSIBLE, BUT CAN BE DONE IN THEORY).

SLOWLY ADD SMALL INCREMENTS OF HEAT AND ADD UP ALL THE ENTROPY CHANGES FROM ZERO TO 273°K, THE MELTING POINT (A TRICKY CALCULATION, BUT IT CAN BE DONE!). THIS AMOUNTS TO

$$S_{273°} = 47.84 \text{ J/mol°K}$$

MELT THE ICE. WATER'S HEAT OF FUSION IS 6020 J/MOL, AND T= 273°, SO THE ADDED ENTROPY HERE IS

$$\frac{6020}{273} = 22.05 \text{ J/mol°K}$$

HEAT LIQUID WATER FROM 273° TO ROOM TEMPERATURE AND ADD UP THE ENTROPY CHANGES. THEY TOTAL

$$S_{298°} - S_{273°} = 0.09 \text{ J/mol°K}$$

ADD THE THREE SUBTOTALS FOR THE **ABSOLUTE STANDARD MOLAR ENTROPY** OF WATER

$$S^0(\text{WATER}) = 47.84 + 22.05 + 0.09$$
$$= \mathbf{70.0} \text{ JOULES/MOL°K}$$

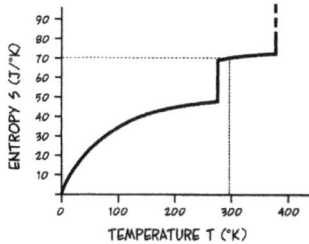

ENTROPY S (J/°K) — 90 80 70 60 50 40 30 20 10 — TEMPERATURE T (°K) 0 100 200 300 400

Abb. 10.2: Beispiel der Berechnung der Entropie. Reproduziert mit freundlicher Genehmigung von HarperCollins Publishers aus dem Buch Larry Gonick und Craig Criddle, *The Cartoon Guide to Chemistry*, 2005.

eine Zustandsfunktion, die, zusammen mit irgendeiner weiteren Zustandsfunktion, auch benutzt werden kann, um den Zustand eines Systems eindeutig zu beschreiben, wenn wir Stoffumwandlungen vernachlässigen. Abbildung 10.4 zeigt dies für den Fall eines idealen Gases und Abb. 10.5 für Wasser. Im letzten Fall wird man mit den amerikanischen Einheiten konfrontiert, die hier deswegen kurz erläutert werden sollen. Die Temperaturachse ist gegeben in absoluten °F. Hier gilt, dass 0 °C = 32 °F und 100 °C = 212 °F. Ferner ist 0 K = −459,7 °F, oder, anders ausgedrückt, 459,7° abs. F = 0 °F. Oft wird man nicht absolute °F sondern Rankine als Bezeichnung benutzen. Ferner entspricht ein Druck von 1 lb/in^2 (1 pound per square inch) 0,068 atm. Letztendlich steht BTU für ‚british thermal unit‘, und 1 BTU/(lb °F) entspricht etwa 1 cal/(g K).

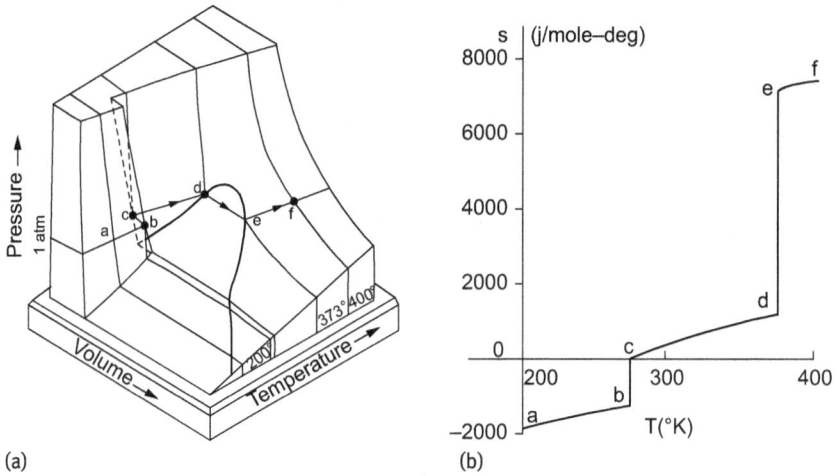

(a)

(b)

Abb. 10.3: Variation der Entropie entlang einer Isobaren. In (a) ist die Isobar auf einer (P,V,T)-Fläche für Wasser gezeigt, und in (b) ist die zugehörende Variation der Entropie gezeigt. Angepasst aus dem Buch Francis Weston Sears, *An Introduction to Thermodynamics, the Kinetic Theory of Gases, and Statistical Mechanics*, Addison-Wesley Publishing Company, 1975.

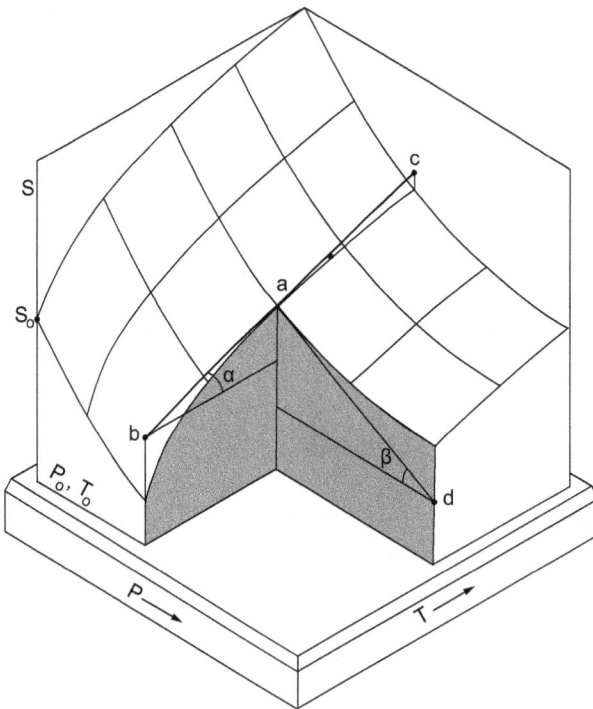

Abb. 10.4: Das (*P, T, S*)-Diagramm eines idealen Gases. Angepasst aus dem Buch Francis Weston Sears, *An Introduction to Thermodynamics, the Kinetic Theory of Gases, and Statistical Mechanics*, Addison-Wesley Publishing Company, 1975.

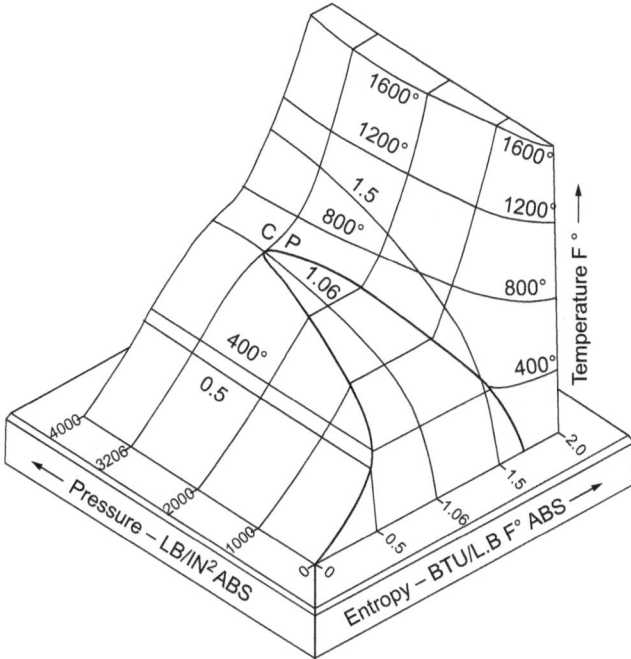

Abb. 10.5: Das (P, T, S)-Diagramm für Wasser. Angepasst aus dem Buch Francis Weston Sears, *An Introduction to Thermodynamics, the Kinetic Theory of Gases, and Statistical Mechanics*, Addison-Wesley Publishing Company, 1975.

Als vorletzten Punkt dieses Kapitels diskutieren wir kurz Abb. 10.6. Wir haben wiederholt Kreisprozesse diskutiert, bei denen ein System zum Anfangszustand zurückkehrt. Wir haben uns also vollständig auf das System konzentriert und den Rest der Welt ignoriert. Dies entspricht dem Vorgang, nur die ,Projektion' in Abb. 10.6 zu behandeln. Aber der Zustand des Rests der Welt mag sich durch den Prozess geändert haben. Wenn der Prozess reversibel ist, dann kehrt die Welt auch zum Ausgangszustand zurück, aber alle natürlichen Prozesse sind irreversibel. Und dann wird die Welt zu einem anderen Zustand zurückkehren und zwar zu einem, bei welchem die Entropie des Universums zugenommen hat.

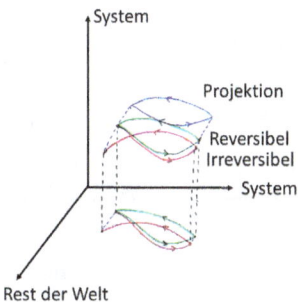

Abb. 10.6: Der Unterschied zwischen reversiblen und irreversiblen Prozessen.

Weil das gesamte Universum auch ein System ist, werden auch nur dort Prozesse ablaufen können, die zu einer Erhöhung der Entropie führen. Irgendwann hat dann die Gesamtentropie des Universums ein Maximum erreicht, und alle Prozesse werden aufhören. Das wird als Wärmetod des Universums bezeichnet. Wann es passiert, ist ungewiss, aber ganz sicher nicht vor der Klausur in diesem Kurs. Also: fleißig weiter studieren!

10.3 Aufgaben mit Antworten

1. **Aufgabe:** Eine Substanz schmilzt bei 350 K, und die Schmelzenthalpie beträgt 20.000 kJ/mol. Die molare Wärmekapazität $\overline{C}_P$ kann sowohl für die flüssige als auch die feste Phase als $a + bT$ geschrieben werden, wobei $a = 300\,\text{kJ/(mol K)}$ und $b = 1\,\text{kJ/(mol K}^2)$ für die feste Phase, und $a = 200\,\text{kJ/mol}$ und $b = 2\,\text{kJ/(mol K)}$ für die flüssige Phase. Bestimmen Sie daraus die Änderung in der molaren Entropie des Stoffs, wenn er isobar von 300 auf 380 K erwärmt wird.

   Antwort:

$$\Delta \overline{S} = \int_{300\,\text{K}}^{350\,\text{K}} \frac{\overline{C}_P(\text{fest})}{T}\, dT + \frac{\Delta \overline{H}_{\text{schm}}}{T_{\text{schm}}} + \int_{350\,\text{K}}^{380\,\text{K}} \frac{\overline{C}_P(\text{flüssig})}{T}\, dT$$

$$= \int_{300\,\text{K}}^{350\,\text{K}} \left(300\,\frac{\text{kJ}}{\text{mol K}} + 1\,\frac{\text{kJ}}{\text{mol K}^2}T \right) \frac{1}{T}\, dT + \frac{20.000\,\text{kJ/mol}}{350\,\text{K}}$$

$$+ \int_{350\,\text{K}}^{380\,\text{K}} \left(200\,\frac{\text{kJ}}{\text{mol K}} + 2\,\frac{\text{kJ}}{\text{mol K}^2}T \right) \frac{1}{T}\, dT$$

$$= 300\,\frac{\text{kJ}}{\text{mol K}} \ln \frac{350}{300} + 1\,\frac{\text{kJ}}{\text{mol K}}(350 - 300) + \frac{20.000\,\text{kJ/mol}}{350\,\text{K}}$$

$$+ 200\,\frac{\text{kJ}}{\text{mol K}} \ln \frac{380}{350} + 2\,\frac{\text{kJ}}{\text{mol K}}(380 - 350)$$

$$= (46,25 + 50 + 57,14 + 16,45 + 60)\,\frac{\text{kJ}}{\text{mol K}}$$

$$= 229,8\,\frac{\text{kJ}}{\text{mol K}} \,. \tag{10.17}$$

2. **Aufgabe:** Ein Stoff schmilzt bei 330 K. Die Schmelzenthalpie beträgt 400 kJ. Wie groß ist dann die Schmelzentropie?

   Antwort: $\Delta S = (\Delta Q)/T = (\Delta H)/T = (400)/(330)\,\text{kJ/K} = 1,212\,\text{kJ/K}$.

3. **Aufgabe:** Zu einem großen Behälter mit 400 mol von Stoff A und 300 mol von Stoff B wird bei einem isobaren (Druck gleich 1 atm) und isothermen (Temperatur gleich 400 K) Prozess zuerst 0,001 mol von Stoff A und anschließend 0,002 mol von Stoff B dazugegeben. Im ersten Fall ändert sich die Enthalpie um 2 J und im

zweiten Fall um 3 J. Bestimmen Sie daraus die partiellen molaren Entropien der beiden Stoffe in der Mischung im Behälter.

Antwort: Die zugegebenen Mengen sind so klein verglichen mit den vorhandenen Mengen, dass wir sie als infinitesimal klein betrachten können. Dann ist

$$\overline{S}_i = \left(\frac{\partial S}{\partial n_i}\right)_{P,T} \simeq \left(\frac{\Delta S}{\Delta n_i}\right)_{P,T} = \left(\frac{\Delta H}{T \Delta n_i}\right)_{P,T}. \tag{10.18}$$

Daraus: $\overline{S}_A \simeq (2\,\text{J})/(400\,\text{K} \cdot 0{,}001\,\text{mol}) = 5\,\text{kJ}/(\text{mol K})$ und $\overline{S}_B \simeq (3\,\text{J})/(400\,\text{K} \cdot 0{,}002\,\text{mol}) = 3{,}75\,\text{kJ}/(\text{mol K})$.

10.4 Aufgaben

1. Obwohl das ganze Universum ein geschlossenes System bildet, nimmt die Entropie zu. Wie kann das sein?

2. Wie wird der zweite Hauptsatz der Thermodynamik bewiesen?

3. Ein Stoff schmilzt bei 600 K. Die Schmelzenthalpie beträgt 900 kJ. Wie groß ist dann die Schmelzentropie?

4. Bei der Einführung der Entropie wird gefunden, dass

$$\left(dU + P\,dV - \sum_i \mu_i\,dn_i\right)_{adiab} > 0. \tag{10.19}$$

Anschließend erhält man daraus

$$\left(\frac{1}{T}\,dU + \frac{P}{T}\,dV - \sum_i \frac{\mu_i}{T}\,dn_i\right)_{adiab} > 0. \tag{10.20}$$

Warum wird die Entropie mit Hilfe der zweiten und nicht der ersten Gleichung definiert?

5. Eine Substanz verdampft bei 450 K, und die molare Verdampfungsenthalpie beträgt 10.000 kJ/mol. Die molare Wärmekapazität $\overline{C}_P$ kann sowohl für die flüssige als auch für die gasförmige Phase als $a + bT$ geschrieben werden, wobei $a = 400\,\text{kJ}/(\text{mol K})$ und $b = 2\,\text{kJ}/(\text{mol K}^2)$ für die gasförmige Phase sowie $a = 200\,\text{kJ}/(\text{mol K})$ und $b = 2\,\text{kJ}/(\text{mol K}^2)$ für die flüssige Phase beträgt. Bestimmen Sie daraus die Änderung in der molaren Entropie des Stoffs, wenn er isobar von 400 auf 480 K erwärmt wird.

6. Für eine Substanz lässt sich die molare Wärmekapazität als $\overline{C}_P = a + bT$ schreiben. Die Konstanten a und b haben die Werte $a = 5\,\text{kJ}/(\text{mol K})$ und $b = 10\,\text{J}/(\text{mol K}^2)$ für die feste Phase sowie $a = 3\,\text{kJ}/(\text{mol K})$ und $b = 20\,\text{J}/(\text{mol K}^2)$ für die flüssige Phase. Die Schmelztemperatur ist 50 °C und die molare Schmelzenthalpie ist gleich 200 kJ/mol. Bestimmen Sie die Änderung der molaren Entropie, wenn die Substanz von 20 °C auf 70 °C erwärmt wird.

11 Kreisprozesse

11.1 Beispiele von Kreisprozessen

In diesem Kapitel werden wir mehrere Kreisprozesse betrachten, die auch technisch relevant sind. Speziell werden wir einen Kreisprozess, **Carnots Kreisprozess**, behandeln, der in gewisser Weise eine Idealisierung darstellt, aber auf der anderen Seite auch eine direkte Beziehung zum zweiten Hauptsatz der Thermodynamik besitzt, und deswegen Einsicht bringt. Aber zuerst zu ein paar weniger idealisierten und mehr praktischen Kreisprozessen.

In Abb. 11.1 ist das Prinzip einer **Wärmekraftmaschine** gezeigt. Eine Wärmekraftmaschine wandelt einen Teil der Wärme, die von einem Wärmereservoir mit einer höheren Temperatur zu einem Wärmereservoir mit einer niedrigeren Temperatur transportiert wird, in Arbeit um. Laut dem ersten Hauptsatz der Thermodynamik wäre es im Prinzip möglich, die gesamte Wärme in Arbeit umzuwandeln, aber wie die Analyse des Carnot-Kreisprozesses zeigt (Kapitel 11.3), gilt das doch nicht. Der Grund liegt im zweiten Hauptsatz der Thermodynamik, wie wir sehen werden.

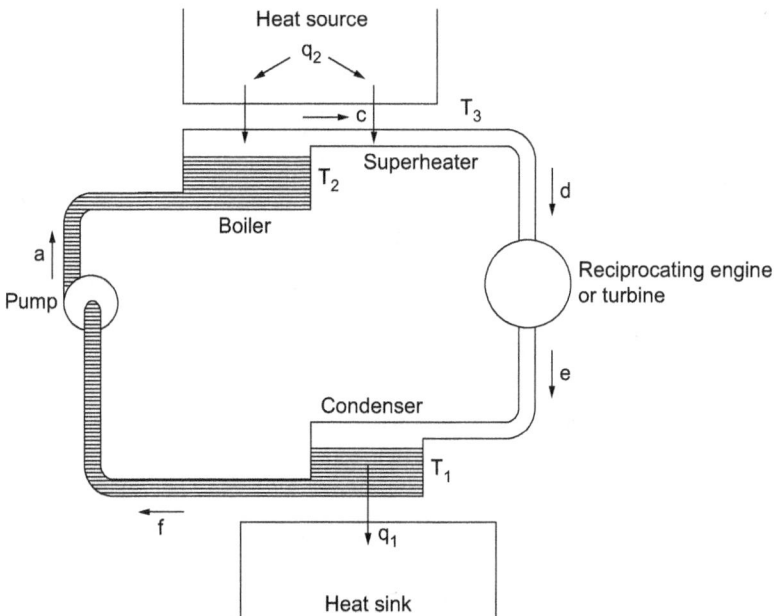

Abb. 11.1: Prinzip einer Wärmekraftmaschine. Angepasst aus dem Buch Francis Weston Sears, *An Introduction to Thermodynamics, the Kinetic Theory of Gases, and Statistical Mechanics*, Addison-Wesley Publishing Company, 1975.

https://doi.org/10.1515/9783110636932-011

In Abb. 11.2 ist das Prinzip eines Kühlschranks bzw. einer Wärmepumpe gezeigt. In diesem Fall wird Energie verwendet, um Wärme von einem Wärmereservoir mit einer niedrigeren Temperatur zu einem Wärmereservoir mit einer höheren Temperatur zu transportieren. Wärmepumpen werden z. B. eingesetzt, um Wärme von der Erde im Garten (wo die Temperatur nicht hoch ist) ins Innere eines Hauses (wo die Temperatur höher ist) abzugeben. Umgekehrt, wird bei Kühlschränken Wärme vom kalten Inneren an die Umgebung (oft auf der Rückseite des Kühlschranks) abgegeben. Beim Kühlschrank ist oft die zusätzliche mechanische Arbeit hörbar.

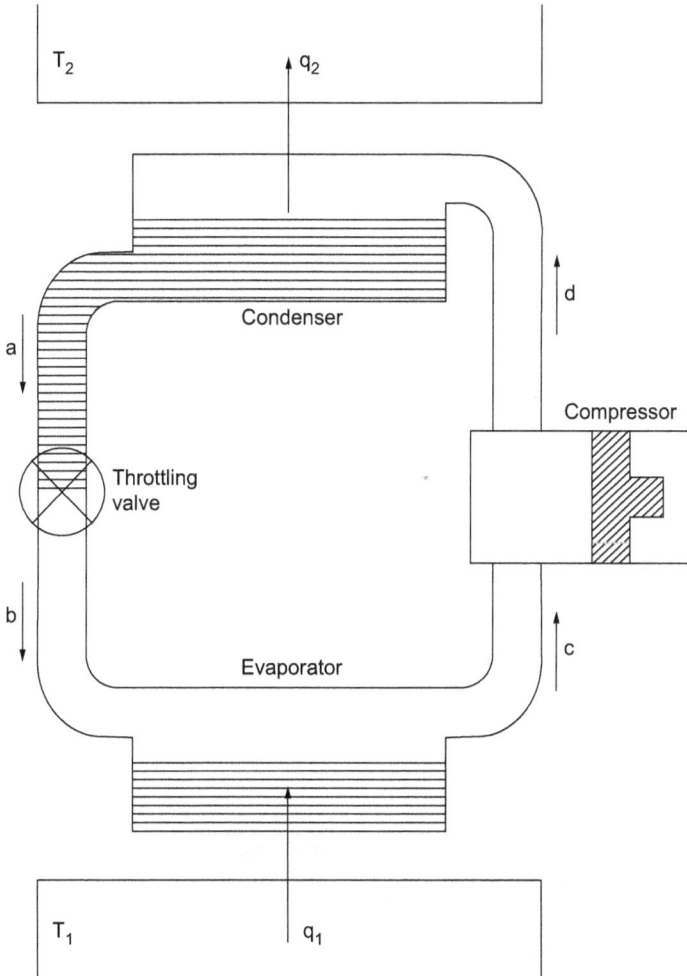

Abb. 11.2: Prinzip eines Kühlschranks, bzw. einer Wärmepumpe. Angepasst aus dem Buch Francis Weston Sears, *An Introduction to Thermodynamics, the Kinetic Theory of Gases, and Statistical Mechanics*, Addison-Wesley Publishing Company, 1975.

Die beiden Beispiele in Abb. 11.1 und 11.2 sind sehr ähnlich mit dem Unterschied, dass die Prozesse in verschiedene Richtungen ablaufen, wie ein näherer Vergleich der beiden Abbildungen zeigt. Jeder Prozess besteht im Prinzip aus vier Teilschritten, die wir mit Hilfe von Abb. 11.1 kurz diskutieren werden.

Das System ist die Substanz im Kreislauf. Im ersten Schritt wird Wärme (q_2) vom Wärmereservoir mit der höheren Temperatur aufgenommen. Anschließend wird Arbeit geleistet, und im dritten Schritt wird Wärme (q_1) vom Wärmereservoir mit der niedrigeren Temperatur abgegeben. Letztendlich wird im vierten Schritt wiederum Arbeit am System geleistet.

Wir werden diese Kreisprozesse nicht im Detail behandeln, sondern stattdessen den viel einfacheren Kreisprozess von Carnot. Das System (Medium) ist dabei ein ideales Gas, so dass wir uns zuerst nochmals mit den Eigenschaften eines idealen Gases befassen müssen. Vor allem brauchen wir Information dazu, wie **Adiabaten** aussehen.

11.2 Adiabatengleichung

Wir werden jetzt untersuchen, wie P, V und T zusammenhängen, wenn ein ideales Gas adiabatisch und reversibel expandiert oder komprimiert wird. Dazu verwenden wir den ersten Hauptsatz der Thermodynamik und nehmen an, dass es nur Volumenarbeit gibt. Laut dem ersten Hauptsatz gilt dann

$$dU = \delta Q + \delta W$$
$$= \delta Q - P\,dV\,, \tag{11.1}$$

wo wir in der zweiten Gleichung ausgenutzt haben, dass der Prozess reversibel ist, und dass es nur Volumenarbeit gibt.

Wir können auch schreiben

$$dU = \left(\frac{\partial U}{\partial T}\right)_V dT + \left(\frac{\partial U}{\partial V}\right)_T dV$$
$$= \left(\frac{\partial U}{\partial T}\right)_V dT$$
$$= C_V\,dT\,. \tag{11.2}$$

Hier haben wir zuerst ausgenutzt, dass laut Gay-Lussacs Versuch $(\partial U/\partial V)_T = 0$ für ein ideales Gas gilt. Anschließend haben wir die Definition von $C_V = (\partial U/\partial T)_V$ eingesetzt.

Wir werden jetzt ausnutzen, dass für ein ideales Gas gilt

$$C_V = \frac{3}{2}nR$$
$$C_P = \frac{5}{2}nR$$
$$C_P - C_V = nR\,. \tag{11.3}$$

Das haben wir (bis auf die letzte Identität) noch nicht bewiesen, holen dies aber später nach.

Zuerst kombinieren wir Gl. (11.1) und (11.2), verwenden, dass $\delta Q = 0$ für einen adiabatischen Prozess ist, und setzen anschließend die Gleichung des idealen Gases und Gl. (11.3) ein,

$$\delta Q - P\,dV = -P\,dV \equiv C_V\,dT$$

$$\Rightarrow \quad -\frac{nRT}{V}\,dV = C_V\,dT$$

$$\Rightarrow \quad -\frac{(C_P - C_V)T}{V}\,dV = C_V\,dT$$

$$\Rightarrow \quad -(\kappa - 1)\frac{dV}{V} = \frac{dT}{T}\,. \tag{11.4}$$

Wir haben hier

$$\kappa = \frac{C_P}{C_V} \tag{11.5}$$

eingeführt. Laut Gl. (11.3) ist $\kappa = 5/3$ für ein ideales Gas, aber auch für andere Systeme ist eine vernünftige Näherung, anzunehmen, dass κ eine Konstante ist, obwohl der Zahlenwert von $5/3$ verschieden sein kann.

Wir integrieren Gl. (11.4) von unserem Anfangspunkt $[(P, V, T) = (P_0, V_0, T_0)]$ zu unserem Endpunkt (P, V, T),

$$-(\kappa - 1)\ln\left(\frac{V}{V_0}\right) = \ln\left(\frac{T}{T_0}\right)$$

$$\Rightarrow \quad \ln(V_0^{\kappa-1}) - \ln(V^{\kappa-1}) = \ln T - \ln T_0$$

$$\rightarrow \quad \ln(V_0^{\kappa-1}) + \ln T_0 = \ln(V^{\kappa-1}) + \ln T$$

$$\Rightarrow \quad \ln\left(V_0^{\kappa-1} T_0\right) = \ln\left(V^{\kappa-1} T\right)\,. \tag{11.6}$$

Also,

$$T \cdot V^{\kappa-1} = \text{Konstante}\,. \tag{11.7}$$

Das ist die **Adiabatengleichung**.

Wir können andere Ausdrücke erhalten, indem wir die Gleichung des idealen Gases verwenden,

$$\frac{P_0 V_0}{T_0} = \frac{PV}{T}\,. \tag{11.8}$$

Daraus z. B.

$$P \cdot V^{\kappa} = \text{Konstante}\,. \tag{11.9}$$

Weil $\kappa > 1$ ist, wird eine Auftragung von P als Funktion von V zu Adiabaten führen, die steiler sind als Isotherme ($P \cdot V = \text{Konstante}$). Dies ist in Abb. 11.3 gezeigt.

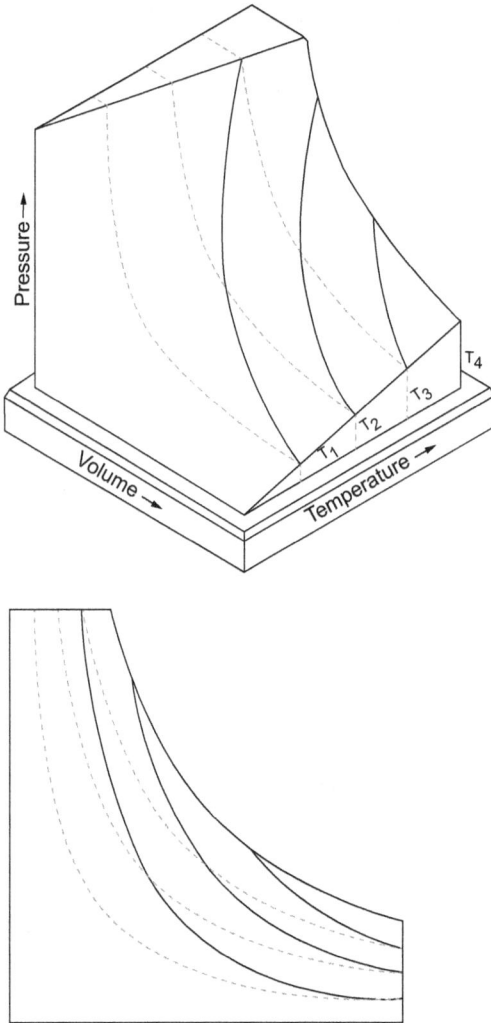

Abb. 11.3: Adiabaten (durchgezogene Kurven) und Isotherme (gestrichelte Kurven) eines idealen Gases. Im unteren Diagramm ist P als Funktion von V dargestellt. Angepasst aus dem Buch Francis Weston Sears, *An Introduction to Thermodynamics, the Kinetic Theory of Gases, and Statistical Mechanics*, Addison-Wesley Publishing Company, 1975.

11.3 Carnots Kreisprozess

Carnots Kreisprozess ist ein reversibler Prozess mit einem idealen Gas als System und einer Umgebung, die vor allem zwei Wärmereservoirs (mit den Temperaturen $T + \Delta T$ und T) und einen Arbeitsspeicher beinhaltet. Er besteht aus vier Schritten und ist am besten in einem (V, P) Diagramm zu beschreiben (Abb. 11.4):

- 1–2: Isotherme Expansion bei der Temperatur $T + \Delta T$. Das Volumen ändert sich von V_1 auf V_2.
- 2–3: Adiabatische Expansion. Die Temperatur ändert sich von $T + \Delta T$ auf T. Das Volumen ändert sich von V_2 auf V_3.
- 3–4: Isotherme Kompression bei der Temperatur T. Das Volumen ändert sich von V_3 auf V_4.
- 4–1: Adiabatische Kompression. Die Temperatur ändert sich von T auf $T + \Delta T$. Das Volumen ändert sich von V_4 auf V_1.

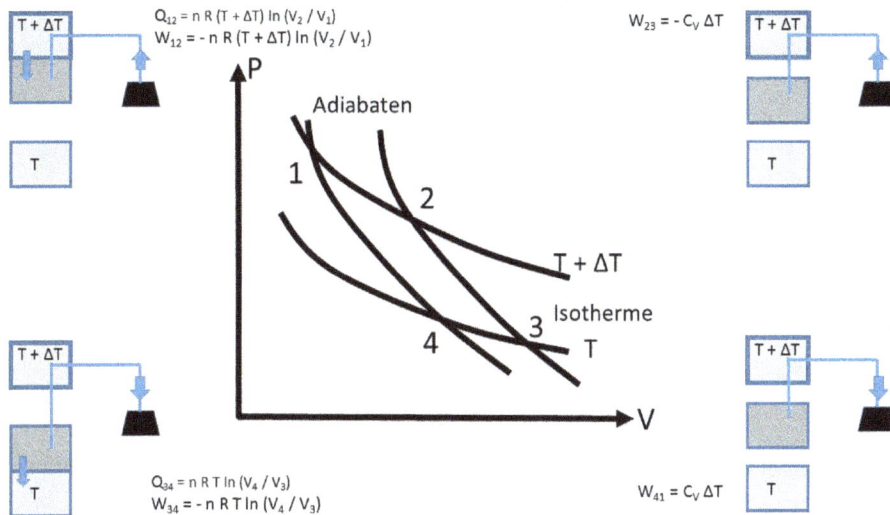

Abb. 11.4: Schematische Darstellung von Carnots Kreisprozess.

Wir werden jetzt zunächst die zugeführte Wärme und die geleistete Arbeit bei den einzelnen Schritten bestimmen.

In Schritt 1–2 ist die geleistete Arbeit

$$
W_{12} = - \int_{V_1}^{V_2} P \, dV = - \int_{V_1}^{V_2} \frac{nR(T + \Delta T)}{V} \, dV = -nR(T + \Delta T) \ln\left(\frac{V_2}{V_1}\right). \tag{11.10}
$$

Weil die Temperatur sich nicht ändert, ändert sich die innere Energie des idealen Gases auch nicht, so dass

$$
Q_{12} = -W_{12} = nR(T + \Delta T) \ln\left(\frac{V_2}{V_1}\right) \tag{11.11}
$$

die zugeführte Wärme ist.

Für Schritt 2–3 ist die zugeführte Wärme gleich null,

$$Q_{23} = 0 \,, \tag{11.12}$$

so dass die Änderung der inneren Energie gleich der geleisteten Arbeit ist. Diese erhalten wir aus der ersten Zeile in Gl. (11.4),

$$W_{23} = C_V \left[T - (T + \Delta T) \right] = -C_V \Delta T \,. \tag{11.13}$$

Schritt 3–4 ist analog zu Schritt 1–2 (mit passenden Modifikationen der Größen), so dass

$$W_{34} = -nRT \ln \left(\frac{V_4}{V_3} \right)$$

$$Q_{34} = nRT \ln \left(\frac{V_4}{V_3} \right) \,. \tag{11.14}$$

Auf ähnliche Weise ist Schritt 4–1 analog zu Schritt 2–3,

$$W_{41} = C_V \Delta T$$

$$Q_{41} = 0 \,. \tag{11.15}$$

Auf der Adiabate 2–3 gilt laut Gl. (11.7)

$$(T + \Delta T) V_2^{\kappa-1} = T V_3^{\kappa-1} \,. \tag{11.16}$$

Analog gilt auf der Adiabate 4–1

$$(T + \Delta T) V_1^{\kappa-1} = T V_4^{\kappa-1} \,. \tag{11.17}$$

Wir kombinieren Gl. (11.16) und (11.17) und erhalten

$$\left(\frac{V_2}{V_3} \right)^{\kappa-1} = \frac{T}{T + \Delta T} = \left(\frac{V_1}{V_4} \right)^{\kappa-1} \,, \tag{11.18}$$

was bedeutet, dass

$$\frac{V_2}{V_3} = \frac{V_1}{V_4} \quad \Rightarrow \quad \frac{V_4}{V_3} = \frac{V_1}{V_2} \,. \tag{11.19}$$

Dadurch können wir W_{34} und Q_{34} umschreiben:

$$W_{34} = -nRT \ln \left(\frac{V_1}{V_2} \right) = nRT \ln \left(\frac{V_2}{V_1} \right)$$

$$Q_{34} = nRT \ln \left(\frac{V_1}{V_2} \right) = -nRT \ln \left(\frac{V_2}{V_1} \right) \,. \tag{11.20}$$

Insgesamt haben wir:
- Dem Arbeitsspeicher wird die Arbeit

$$\Delta W = W_{12} + W_{23} + W_{34} + W_{41}$$

$$= -nR(T + \Delta T) \ln \left(\frac{V_2}{V_1} \right) - C_V \Delta T + nRT \ln \left(\frac{V_2}{V_1} \right) + C_V \Delta T$$

$$= -nR\Delta T \ln \left(\frac{V_2}{V_1} \right) \tag{11.21}$$

entzogen.

- Dem Thermostat mit der Temperatur $T + \Delta T$ wird die Wärme

$$Q_{T+\Delta T} = Q_{12} = nR(T + \Delta T)\ln\left(\frac{V_2}{V_1}\right) \tag{11.22}$$

entzogen.
- Dem Thermostat mit der Temperatur T wird die Wärme

$$Q_T = Q_{34} = -nRT\ln\left(\frac{V_2}{V_1}\right) \tag{11.23}$$

entzogen.

Also haben wir im Endeffekt die Wärmemenge $Q_{T+\Delta T}$ vom wärmeren Wärmespeicher genommen, um diese teilweise in Arbeit (W) umzuwandeln, und teilweise als Wärme an den kälteren Wärmespeicher abzugeben. Das Verhältnis

$$\eta = -\frac{\Delta W}{Q_{T+\Delta T}} \tag{11.24}$$

wird **thermischer Nutzeffekt** genannt. Im vorliegenden Fall (Carnots Kreisprozess) ist

$$\eta = \frac{\Delta T}{T + \Delta T} \; . \tag{11.25}$$

Wenn wir jetzt Carnots Kreisprozess so ändern, dass der Prozess reversibel bleibt, aber ansonsten bei anderen Teilprozessen mit einem anderen Stoff als einem idealen Gas als System arbeitet, muss gelten, dass η seinen Zahlenwert nicht ändern kann. Wäre das nicht der Fall, würden wir bei einem der beiden Prozesse eine größere Menge von abgeführter Wärme bei der höheren Temperatur in Arbeit umwandeln können (rechte Hälfte im oberen Teil von Abb. 11.5). Wir würden dann die Richtung des anderen Kreisprozesses umkehren (ist möglich, weil die beiden Kreisprozesse reversibel sein sollen), und erhalten dann das Gesamtsystem im unteren Teil von Abb. 11.5. Wir hätten dabei erreicht, dass Wärme vom kälteren Reservoir ins wärmeres Reservoir überführt würde, ohne dass wir zusätzlich Arbeit leisten müssten. Wie wir am Anfang des letzten Kapitels, in Abschnitt 10.1, gesehen haben, ist das in Widerspruch zu einer der Formulierungen des zweiten Hauptsatzes der Thermodynamik.

11.4 Nochmals der zweite Hauptsatz der Thermodynamik

Das **Wärmeverhältnis** des Carnot-Kreisprozesses ist definiert als

$$\phi = -\frac{Q_{T+\Delta T}}{Q_T} = \frac{T + \Delta T}{T} \; . \tag{11.26}$$

Der Einfachheit halber schreiben wir

$$\phi = -\frac{Q_1}{Q_2} = \frac{T_1}{T_2} \tag{11.27}$$

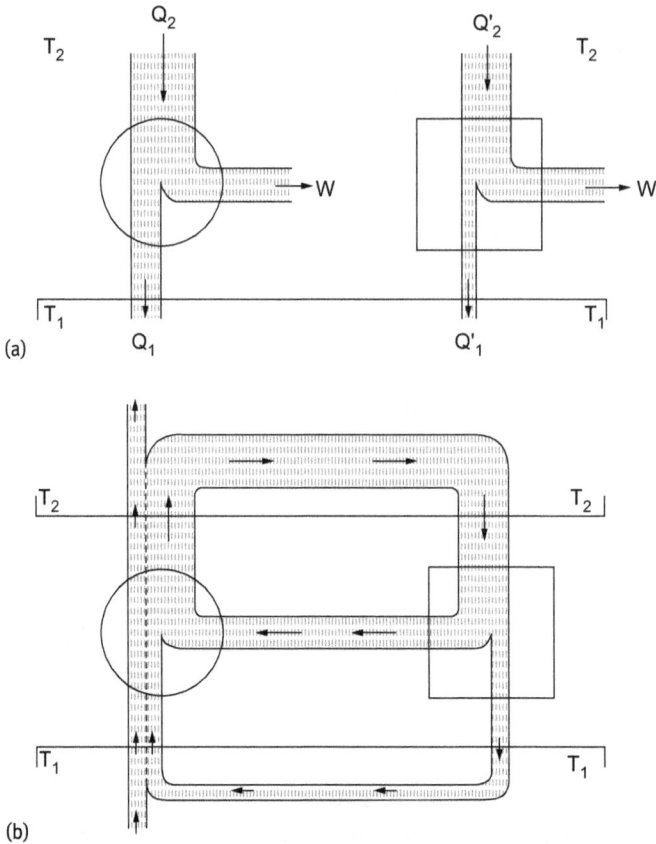

Abb. 11.5: Darstellung der Wirkungsweise von zwei gekoppelten reversiblen Kreisprozessen. Die obere Hälfte zeigt schematisch die Energiebilanz der beiden reversiblen Prozesse und wie für jedes System ein Teil der dem System zugeführten Wärme als Arbeit zurückgegeben wird, während der Rest als Wärme bei einer niedrigeren Temperatur abgegeben wird. Die untere Hälfte zeigt dann den Energiefluss, wenn die Richtung des einen Prozesses umgekehrt wird, und die beiden Prozesse dann gekoppelt werden. Angepasst aus dem Buch Francis Weston Sears, *An Introduction to Thermodynamics, the Kinetic Theory of Gases, and Statistical Mechanics*, Addison-Wesley Publishing Company, 1975.

wobei wir $Q_{T+\Delta T}$, Q_T, $T + \Delta T$ und T durch Q_1, Q_2, T_1 und T_2 ersetzt haben. Aus der letzten Identität in Gl. (11.27) erhalten wir

$$\frac{Q_1}{T_1} + \frac{Q_2}{T_2} = 0 \,. \tag{11.28}$$

Die Größe Q/T wird **reduzierte Wärme** genannt.

Wenn der Kreisprozess irreversibel wäre, würde ein Arbeitsverlust auftreten. D. h., mehr Wärme würde bei der tieferen Temperatur abgegeben werden (Q_2 wird stärker negativ), also

$$\left(\frac{Q_1}{T_1} + \frac{Q_2}{T_2}\right)_{irrev} < 0 \,. \tag{11.29}$$

Wir können diese Diskussion verallgemeinern, indem wir einen beliebigen Kreis-prozess in kleine Carnot-Kreisprozesse zerlegen, wie in Abb. 11.6 gezeigt. Dort sehen wir, dass die gestrichelten Kurven in beiden Richtungen durchlaufen werden, und dass sie sich deswegen gegenseitig aufheben. Wenn die Zahl der Kreisprozesse dann **sehr** groß gemacht wird, können wir beliebig nahe an die richtige Kurve herankommen.

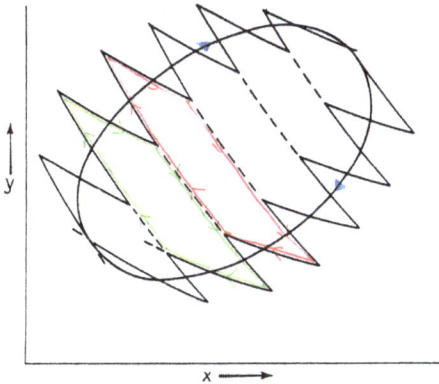

Abb. 11.6: Zerlegung eines beliebigen Kreispro-zesses in Carnots Kreisprozesse.

Für diese haben wir analog zu Gl. (11.28) und (11.29)

$$\left(\sum_i \frac{\delta Q_i}{T_i}\right)_{rev} = 0$$

$$\left(\sum_i \frac{\delta Q_i}{T_i}\right)_{irrev} < 0 \,. \tag{11.30}$$

Der Index i charakterisiert die verschiedenen Carnot-Kreisprozesse.

Im Grenzfall von unendlich vielen Carnot-Kreisprozessen ersetzen wir die Sum-mation durch eine Integration über die geschlossene Kurve:

$$\oint_{rev} \frac{\delta Q}{T} = 0$$

$$\oint_{irrev} \frac{\delta Q}{T} < 0 \,. \tag{11.31}$$

(Das Symbol $\oint$ bedeutet ein Integral über eine geschlossene Kurve, also eine Summe von kleinen Beiträgen einer Größe über eine geschlossene Kurve).

Daraus lernen wir, dass $\int_{\text{rev}} \delta Q/T$ unabhängig vom Weg ist und deswegen als die Änderung in einer Zustandsfunktion betrachtet werden kann,

$$\left(\int_1^2 \frac{\delta Q}{T} \right)_{\text{rev}} = S_2 - S_1 \, . \tag{11.32}$$

S ist tatsächlich die Entropie, die wir schon eingeführt haben. Sie ist aber hier so eingeführt, wie Carnot sie 1850 eingeführt hat. Gleichung (11.32) kann auch als

$$\mathrm{d}S = \frac{\delta Q_{\text{rev}}}{T} \tag{11.33}$$

geschrieben werden. Wir bemerken, dass Gl. (11.31) nicht in Widerspruch zu Gl. (10.16) steht.

11.5 Aufgaben mit Antworten

1. **Aufgabe:** Wie groß ist $C_V - C_P$ für 6 mol eines idealen Gases? Begründen Sie die Antwort.

    Antwort: Allgemein gilt für ein ideales Gas: $C_P - C_V = nR$. Deswegen in diesem Fall: $C_V - C_P = -6R$.

2. **Aufgabe:** Betrachten Sie zwei unterschiedliche, reversible Kreisprozesse, die beide so ablaufen, dass Wärme aus einem Wärmereservoir mit einer höheren Temperatur T_1 zum Teil an ein Wärmereservoir mit einer niedrigen Temperatur T_2 abgegeben wird und zum Teil in Arbeit umgewandelt wird. Welcher Zusammenhang besteht zwischen den Wirkungsgraden der beiden Prozesse? Begründen Sie die Antwort.

    Antwort: Sie müssen identisch sein, wenn in beiden Fällen Wärme von einem Reservoir mit einer Temperatur T_1 zum Teil in Arbeit umgewandelt wird und zum Teil an ein Reservoir mit einer anderen Temperatur T_2 abgegeben wird. T_1 und T_2 müssen in den beiden Fällen gleich sein. Wenn die zwei Wirkungsgrade nicht identisch wären, wäre der zweite Hauptsatz verletzt.

3. **Aufgabe:** Bei einem Kreisprozess wird Wärme von einem Wärmereservoir mit der Temperatur 200 °C entnommen und zum Teil in Arbeit umgewandelt und zum Teil an ein Wärmereservoir mit der Temperatur 20 °C abgegeben. Wie viel der entnommenen Wärme kann maximal in Arbeit umgewandelt werden? Begründen Sie die Antwort.

    Antwort: Wenn der Prozess reversibel ist, ist der Wirkungsgrad gegeben durch den Ausdruck für einen Carnot-Kreisprozess. Größer kann er nicht sein, weil ansonsten ein Widerspruch zum zweiten Hauptsatz entstehen würde. Für Carnots

Kreisprozess: $\eta = \Delta T/(T + \Delta T) = (473,15 - 293,15)/473,15 = 0,3804$. Das bedeutet, dass maximal $0,3804 = 38,04\,\%$ in Arbeit umgewandelt werden kann.

4. **Aufgabe:** Bei einem reversiblen Kreisprozess mit einem Van-der-Waals-Gas werden 400 kJ Wärme von einem Wärmereservoir mit einer Temperatur von 800 K entnommen. Ein Teil davon wird in Arbeit umgewandelt, und ein Teil wird an ein Wärmereservoir mit einer Temperatur von 300 K abgegeben. Bestimmen Sie die Menge an Arbeit, die erzeugt wird.

   Antwort: Der Wirkungsgrad ist $\eta = \Delta T/(T + \Delta T) = (800 - 300)/800 = \frac{5}{8}$. Das bedeutet, dass $\frac{5}{8} \cdot 400\,\mathrm{kJ} = 250\,\mathrm{kJ}$ in Arbeit umgewandelt wird.

5. **Aufgabe:** Wie groß ist die maximale Menge an Arbeit, die eine Maschine leisten kann, die 100 kJ Wärme von einem Wärmereservoir bei $T = 400$ K entnimmt und zum Teil bei einer Temperatur von 200 K abgibt? Begründen Sie die Antwort.

   Antwort: Wenn der Prozess reversibel ist, ist der Wirkungsgrad gegeben durch den Ausdruck für einen Carnot-Kreisprozess. Größer kann er nicht sein, weil ansonsten ein Widerspruch zum zweiten Hauptsatz entstehen würde. Für Carnots Kreisprozess: $\eta = (\Delta T)/(T + \Delta T) = (400 - 200)/(400) = 0,5$. Das bedeutet, dass maximal $0,5 \cdot 100\,\mathrm{kJ} = 50\,\mathrm{kJ}$ in Arbeit umgewandelt werden kann.

11.6 Aufgaben

1. Skizzieren Sie einen Carnot-Kreisprozess in einem (V, P)- und in einem (S, T)-Diagramm.

2. Vergleichen Sie den Kreisprozess von Carnot mit einer konventionellen Wärmepumpe (z. B. einem Kühlschrank).

3. Skizzieren Sie das Prinzip einer Wärmepumpe und das Prinzip einer Wärmekraftmaschine.

4. Was beschreibt der Wirkungsgrad einer Wärmekraftmaschine?

5. Betrachten Sie einen Kreisprozess, bei welchem Wärme aus einem Wärmereservoir mit der Temperatur 500 K entnommen wird. Ein Teil dieser Wärme wird an ein anderes Wärmereservoir mit der Temperatur 400 K abgegeben, und ein Teil wird in Arbeit umgewandelt. Wie groß kann der Teil maximal sein, der in Arbeit umgewandelt wird? Begründen Sie die Antwort.

6. Bei einem Kreisprozess mit Mineralöl als Medium werden 200 kJ Wärme bei einer Temperatur von 150 °C vom Öl aufgenommen und zum Teil als Arbeit abgegeben, während der Rest bei 120 °C als Wärme abgegeben wird. Bestimmen Sie die größte Menge an Arbeit, die abgegeben werden kann. Begründen Sie die Antwort.

12 Gleichgewichtsbedingungen

12.1 Fünf Szenarien

In diesem Kapitel werden wir die beiden (ersten und zweiten) Hauptsätze der Thermodynamik kombinieren, um **Gleichgewichtsbedingungen** zu erhalten. Dabei wird gleichzeitig auch beschrieben, in welche Richtung Prozesse ablaufen können und in welche Richtung nicht. Wir werden also eine qualitative Beschreibung der Beispiele am Anfang des Kapitels 10 erhalten.

Es ist sehr hilfreich, ein System wie das in Abb. 12.1 zu analysieren. Es besteht aus zwei Hälften, und indem wir die Wand dazwischen mehr und mehr durchlässig machen, können wir alle möglichen Situationen analysieren. Das System in Abb. 12.1 kann auch das ganze Universum sein, bei dem dann Teil ‚1' ein Versuchsbehälter ist, und Teil ‚2' den Rest des Universums darstellt.

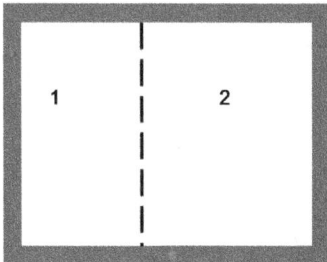

Abb. 12.1: Aufteilung eines Systems in zwei Hälften.

Wir werden Druck, Temperatur, Volumen, Molzahlen der verschiedenen Komponenten, Entropie und Wärmezufuhr der beiden Hälften benutzen, um die Zustände der beiden Hälften zu beschreiben. Diese Größen, P_k, T_k, V_k, n_{ik}, S_k, δQ_k, werden durch die Indizes $k = 1, 2$ gekennzeichnet, um die beiden Hälften unterscheiden zu können. Ferner ist i ein Stoffindex. Weil das Gesamtsystem geschlossen ist, muss im Gleichgewicht gelten

$$dV_1 + dV_2 = 0$$

$$dS_1 + dS_2 = 0$$

$$\delta Q_1 + \delta Q_2 = 0$$

$$dU_1 + dU_2 = 0$$

$$dn_{i1} + dn_{i2} = 0 \,. \tag{12.1}$$

Die letzte Identität gilt nur dann, wenn keine chemischen Reaktionen ablaufen; eine Annahme, die wir am Ende der Diskussion aufgeben werden. Ferner gilt die zweite

https://doi.org/10.1515/9783110636932-012

Identität nur im Gleichgewicht; vor dem Erreichen des Gleichgewichts ist

$$dS_1 + dS_2 > 0 \,, \tag{12.2}$$

was wir auch benutzen werden.

Wir betrachten die fünf Szenarien, die in Tab. 12.1 kurz zusammengestellt sind.

Tab. 12.1: Die fünf Szenarien kurz zusammengefasst.

Szenario	δQ_2	dV_2	dn_{i2}	$d\xi$
i)	0	0	0	0
ii)	$\neq 0$	0	0	0
iii)	$\neq 0$	$\neq 0$	0	0
iv)	$\neq 0$	$\neq 0$	$\neq 0$	0
v)	$\neq 0$	$\neq 0$	$\neq 0$	$\neq 0$

Wir werden ausnutzen, dass wir uns (hauptsächlich) mit Zustandsfunktionen be-schäftigen, so dass wir z. B., wenn wir Szenario iii) behandeln, zuerst Szenario i) und ii) ‚einschalten' können, und am Ende dann auch eine Volumenänderung zulassen.

Aber fangen wir an!

i) In diesem Fall sind alle uns bekannten Gleichungen erfüllt, was heißt, dass Druck, Temperatur, Volumen, Molzahlen der verschiedenen Komponenten, Entro-pie und Innere Energie beliebige Zahlenwerte in den einzelnen Hälften annehmen können, ohne irgendwelche Gesetze zu verletzen. Dies entspricht dem Fall, dass die Wand keinen Wärmeaustausch zulässt, nicht durchlässig für Stofftransport ist und sich nicht bewegen kann.

ii) Wir erlauben jetzt, dass Wärme durch die Wand transportiert werden kann, ändern ansonsten nichts. Weil $dV_1 = 0$, muss gelten

$$\delta Q_k = dU_k \tag{12.3}$$

für $k = 1,2$. Dann haben wir im Gleichgewicht

$$\begin{aligned}
0 &= dS_1 + dS_2 \\
&= \frac{dU_1}{T_1} + \frac{dU_2}{T_2} \\
&= dU_2 \left(\frac{1}{T_2} - \frac{1}{T_1} \right) \\
&= \delta Q_2 \left(\frac{1}{T_2} - \frac{1}{T_1} \right) .
\end{aligned} \tag{12.4}$$

Das kann nur erfüllt werden, wenn

$$T_1 = T_2 \,, \tag{12.5}$$

also wenn ein **thermisches Gleichgewicht** herrscht.

iii) Im dritten Fall lassen wir die Wand auch beweglich sein. Wir nehmen an, dass das thermische Gleichgewicht schon vorhanden ist und untersuchen ‚nur', was die zusätzliche Freiheit des Systems bedeutet. Wir haben

$$\delta Q_k = dU_k + P_k \, dV_k \tag{12.6}$$

für $k = 1,2$. Wir gehen dann so vor wie im Fall ii) und benutzen Gl. (12.5) mit $T = T_1 = T_2$:

$$
\begin{aligned}
0 &= dS_1 + dS_2 \\
&= \frac{\delta Q_1}{T} + \frac{\delta Q_2}{T} \\
&= \frac{dU_1 + dU_2}{T} + \frac{P_1 \, dV_1}{T} + \frac{P_2 \, dV_2}{T} \\
&= \frac{P_1 \, dV_1}{T} + \frac{P_2 \, dV_2}{T} \\
&= \frac{P_1 \, dV_1}{T} - \frac{P_2 \, dV_1}{T} \\
&= (P_1 - P_2)\frac{dV_1}{T} \, .
\end{aligned}
\tag{12.7}
$$

Das kann nur erfüllt werden, wenn

$$P_1 = P_2 \, , \tag{12.8}$$

also wenn auch ein **mechanisches Gleichgewicht** herrscht.

iv) Im vierten Fall erlauben wir den Stoffen auch, hin und her zu diffundieren. Wir nehmen an, dass ein thermisches und mechanisches Gleichgewicht herrscht, aber betrachten die Stoffdiffusion bevor und im Gleichgewicht. Im letzten Kapitel haben wir gesehen, dass wir allgemein schreiben können,

$$dS = \frac{1}{T} \, dU + \frac{P}{T} \, dV - \sum_i \frac{\mu_i}{T} \, dn_i \tag{12.9}$$

wo μ_i das **chemische Potenzial** des Stoffs i ist. Wir haben diese Größe immer noch nicht sorgfältig eingeführt, werden das aber in diesem Kapitel (Abschnitt 12.8) tun. Die Analyse des Szenarios iv) ist ein erster Schritt in diese Richtung.

Wir benutzen Gl. (12.9) für das Szenario hier, bei dem sich die Entropie, die innere Energie und das Volumen aus der Summe der Beiträge der einzelnen Teile zusammensetzen. Dann wird [wegen Gl. (12.1)]

$$
\begin{aligned}
dS &= dS_1 + dS_2 \\
&= \frac{dU_1 + dU_2}{T} + \frac{P}{T}(dV_1 + dV_2) - \sum_i \frac{1}{T}(\mu_{i1} \, dn_{i1} + \mu_{i2} \, dn_{i2}) \\
&= -\sum_i \frac{1}{T}(\mu_{i1} \, dn_{i1} + \mu_{i2} \, dn_{i2}) \\
&= -\sum_i \frac{1}{T}(\mu_{i1} - \mu_{i2}) \, dn_{i1} \, .
\end{aligned}
\tag{12.10}
$$

Laut dem zweiten Hauptsatz der Thermodynamik muss

$$dS \geq 0 \tag{12.11}$$

sein, wobei ‚=' nur für reversible Prozesse und Gleichgewichte gilt.

Daraus lernen wir, dass für z. B. $\mu_{i2} > \mu_{i1}$ Stoff i von der Hälfte 2 in die Hälfte 1 diffundiert, siehe Abb. 12.2.

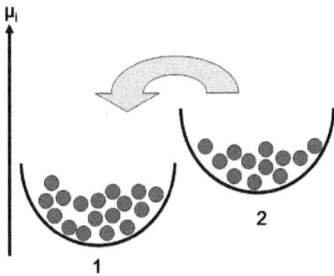

Abb. 12.2: Ausgleich des chemischen Potenzials. Jede Kugel stellt ein Teilchen des Typs i dar, die zwei Teile des Systems werden durch die Schalen symbolisiert. Der Pfeil deutet an, in welche Richtung die Teilchen diffundieren.

In gewisser Weise ist das ein Ausgleichsprozess. Wir können das schematisch so darstellen wie in Abb. 12.2. Die Teilchen diffundieren dorthin, wo das chemische Potenzial am niedrigsten ist. Aber je mehr Teilchen es irgendwo gibt, umso ‚enger' wird es dort und umso weniger attraktiv wird es für weitere Teilchen, dorthin zu diffundieren. Irgendwann hat das chemische Potenzial denselben Wert überall erreicht, und es herrscht ein Gleichgewicht. Wir treffen diesen Zustand oft in unserem Alltag an. Wenn wir in einem Gefäß zwei nicht mischbare Lösungsmittel haben (Wasser und Toluol z. B.), und einen dritten Stoff (Iod z. B.) darin lösen, wird sich das Iod so verteilen, dass das chemische Potenzial von Iod in den beiden Lösungsmitteln gleich ist. Dieser Fall entspricht dem in Abb. 12.1, aber nicht mit einer senkrechten, sondern mit einer waagerechten Wand, welche die Grenze zwischen den beiden Phasen repräsentiert.

Später in diesem Kapitel werden wir noch ein weiteres Beispiel kennenlernen.

v) Wir erlauben hier, dass eine chemische Reaktion abläuft. Die Wand ist weitgehend nicht vorhanden, und wir benutzen Gl. (12.9) für das gesamte System,

$$
\begin{aligned}
0 \leq dS \\
&= \frac{1}{T} dU + \frac{P}{T} dV - \sum_i \frac{\mu_i}{T} dn_i \\
&= -\sum_i \frac{\mu_i}{T} dn_i \\
&= -\sum_i \frac{\mu_i}{T} \nu_i d\xi .
\end{aligned}
\tag{12.12}
$$

Hier haben wir die stöchiometrischen Koeffizienten und die Reaktionslaufzahl der chemischen Reaktion benutzt. Die Gleichung gibt uns sowohl die Gleichgewichtsbedingung

$$\sum_i \mu_i \nu_i = 0 \tag{12.13}$$

an, als auch die Richtung, in die eine Reaktion ablaufen kann [die Summe in Gl. (12.13) muss abnehmen],

$$\sum_i \mu_i \nu_i < 0 . \tag{12.14}$$

12.2 Isotherme Prozesse – freie Energie und freie Enthalpie

Wir werden jetzt explizit isotherme Prozesse analysieren. Diese treffen wir immer wieder in unserem Alltag an, z. B. in unserem Körper oder in einem Versuchsgefäß, das in einem Thermostat platziert ist. Um solche Prozesse zu analysieren, betrachten wir das System von Interesse als Teilsystem eines größeren Systems (Abb. 12.3), bei welchem die Umgebung als ein sehr großes Wärmereservoir mit konstanter Temperatur betrachtet wird.

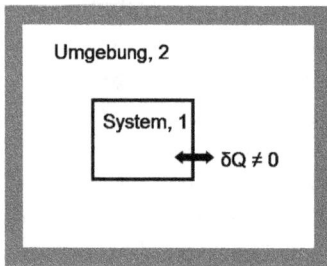

Abb. 12.3: System und Umgebung für isotherme Prozesse.

Um diese Situation zu analysieren, fangen wir mit der Entropie des Systems an:

$$dS = \frac{\delta Q_{\text{rev}}}{T} = \frac{dU - \delta W_{\text{rev}}}{T} . \tag{12.15}$$

Hier sind die Größen für das System in Abb. 12.3 dargestellt, und wir haben angenommen, dass ein thermisches Gleichgewicht herrscht.

Gleichung (12.15) kann leicht umgeschrieben werden,

$$\delta W_{\text{rev}} = dU - T\,dS , \tag{12.16}$$

was bedeutet (weil T konstant ist!), dass die gesamte reversible Arbeit als

$$\begin{aligned}
\Delta W_{\text{rev}} &= \Delta U - T\Delta S \\
&= \Delta(U - TS) \\
&\equiv \Delta F
\end{aligned} \tag{12.17}$$

geschrieben werden kann.

Hier haben wir eine neue Größe, die **freie Energie**,

$$F = U - TS \,, \tag{12.18}$$

eingeführt. Diese setzt sich aus Zustandsfunktionen zusammen und ist deswegen auch eine Zustandsfunktion. In vielen Lehrbüchern wird sie nicht mit F, sondern mit A bezeichnet. Ferner kann es für Personen, die auch über den eigenen Tellerrand gucken möchten, wichtig sein zu wissen, dass sie auf Englisch als **Helmholtz Free Energy** bezeichnet wird.

Wegen der Definition aus Gl. (12.18) haben wir allgemein

$$dF = dU - T\,dS - S\,dT \,, \tag{12.19}$$

oder für isotherme Prozesse [wegen Gl. (12.17)]

$$(dF)_T = dU - T\,dS = \delta W_{\text{rev}} \,. \tag{12.20}$$

Daraus können wir den zweiten Hauptsatz der Thermodynamik für isotherme Prozesse formulieren. Wir wissen, dass

$$\delta W_{\text{dissip}} = \delta W_{\text{irrev}} \geq 0 \,, \tag{12.21}$$

woraus

$$\delta W = \delta W_{\text{rev}} + \delta W_{\text{irrev}} \geq \delta W_{\text{rev}} = (dF)_T \,, \tag{12.22}$$

oder

$$(dF)_T \leq \delta W \,. \tag{12.23}$$

Das ‚<‘ gilt für irreversible, spontane Prozesse, und das ‚=‘ für Gleichgewichte und reversible Prozesse.

Wenn der Prozess auch isobar ist (das ist sehr oft in unserem Alltag der Fall; siehe Abb. 12.4), erhalten wir mit Hilfe der Enthalpie ($H = U + PV$) und Gl. (12.19) (NB: P und T sind konstant!)

$$\begin{aligned}
\delta W_{\text{rev}} &= dU - T\,dS \\
&= dH - P\,dV - V\,dP - T\,dS \\
&= dH - P\,dV - T\,dS \,,
\end{aligned} \tag{12.24}$$

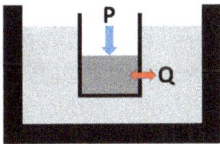

Abb. 12.4: Schematische Darstellung eines typischen Experiments, bei welchem Temperatur und Druck beide konstant sind.

oder

$$dH - T\,dS = \delta W_{rev} - (-P\,dV) = \delta W_{rev} - \delta W_{\text{reversible Volumenarbeit}}$$

$$= \delta W_{\text{reversible Nicht-Volumenarbeit}} \cdot \qquad (12.25)$$

Also

$$\Delta W_{\text{reversible Nicht-Volumenarbeit}} = \Delta(H - TS) \equiv \Delta G \,. \qquad (12.26)$$

Reversible Nicht-Volumenarbeit ist etwas, was es sehr selten gibt, so dass in der Praxis die linke Seite meistens durch null zu ersetzen ist. Aber reversible Volumenarbeit gibt es oft, weil die Atmosphäre Arbeit an unserem System leistet.

In Gl. (12.26) haben wir eine neue Größe, die **freie Enthalpie**,

$$G = H - TS \,, \qquad (12.27)$$

eingeführt. Diese setzt sich aus Zustandsfunktionen zusammen und ist deswegen auch eine Zustandsfunktion. Auch hier kann es für Personen, die über den eigenen Tellerrand gucken möchten, wichtig sein zu wissen, dass sie auf Englisch als **Gibbs Free Energy** bezeichnet wird. Auf Englisch werden also F und G beide als ‚free energy‘ bezeichnet und nur durch den Namen einer Person auseinandergehalten.

Zuletzt benutzen wir wiederum Gl. (12.21), um zu erhalten:

$$\delta W_{\text{Nicht-Volumenarbeit}} = \delta W_{\text{reversible Nicht-Volumenarbeit}}$$

$$+ \delta W_{\text{irreversible Nicht-Volumenarbeit}}$$

$$\geq \delta W_{\text{reversible Nicht-Volumenarbeit}}$$

$$= (dG)_{T,P} \,, \qquad (12.28)$$

oder

$$(dG)_{P,T} \leq \delta W_{\text{Nicht-Volumenarbeit}} \cdot \qquad (12.29)$$

Das ‚<‘ gilt für irreversible, spontane Prozesse, das ‚=‘ für Gleichgewichte und reversible Prozesse.

12.3 Verschiedene Prozesse

Selten wird andere Arbeit als Volumenarbeit an einem System geleistet. So beschränken wir uns auf diesen Fall und setzen entsprechend

$$\delta W_{\text{Nicht-Volumenarbeit}} = 0 \,. \qquad (12.30)$$

Mögliche Prozessverläufe sind in Abb. 12.5 gezeigt. Wenn die Wärmezufuhr δQ gleich null ist, wird das System auf ein Maximum in der Entropie zusteuern. Für Prozesse bei konstanter Temperatur und konstantem Volumen wird ein Minimum der freien Energie angestrebt, während für Prozesse bei konstanter Temperatur und konstantem Druck (und solche Prozesse sind die am meisten vorkommenden) ein Minimum

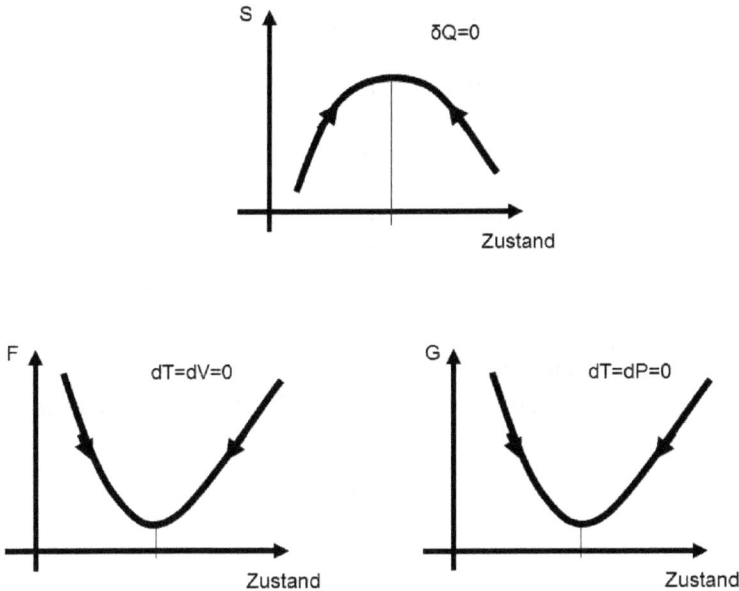

Abb. 12.5: Verschiedene Prozesse. Die senkrechten Linien markieren die Gleichgewichtszustände und die Pfeile die Prozessrichtungen.

der freien Enthalpie angestrebt wird. Wenn das Maximum von S bzw. das Minimum von F oder G erreicht ist, haben wir einen Gleichgewichtszustand. Prozesse, bei denen S abnimmt (für $\delta Q = 0$) bzw. F oder G zunehmen (bei $dT = 0$ und entweder $dV = 0$ oder $dP = 0$) sind unmögliche Prozesse.

12.4 Gibbs- und Maxwell-Gleichungen

Oben [Gl. (12.9)] haben wir erwähnt, dass

$$dS = \frac{1}{T} dU + \frac{P}{T} dV - \sum_i \frac{\mu_i}{T} dn_i . \tag{12.31}$$

Wir können diese Gleichung umkehren und dadurch einen Ausdruck für dU erhalten. Ferner erhalten wir aus

$$H = U + PV$$
$$F = U - TS$$
$$G = H - TS \tag{12.32}$$

folgende Ausdrücke

$$dH = dU + P\,dV + V\,dP$$
$$dF = dU - T\,dS - S\,dT$$
$$dG = dH - T\,dS - S\,dT , \tag{12.33}$$

die wir auch mit Hilfe von Gl. (12.31) umschreiben können. Insgesamt erhalten wir dann

$$dU = T\,dS - P\,dV + \sum_i \mu_i\,dn_i$$

$$dH = T\,dS + V\,dP + \sum_i \mu_i\,dn_i$$

$$dF = -S\,dT - P\,dV + \sum_i \mu_i\,dn_i$$

$$dG = -S\,dT + V\,dP + \sum_i \mu_i\,dn_i\,. \tag{12.34}$$

Diese sind die **Fundamentalgleichungen von Gibbs**.

Die erste Identität in Gl. (12.34) hätte auch anders geschrieben werden können,

$$dU = \left(\frac{\partial U}{\partial S}\right)_V dS + \left(\frac{\partial U}{\partial V}\right)_S dV + \sum_i \left(\frac{\partial U}{\partial n_i}\right)_{S,V} dn_i\,. \tag{12.35}$$

Durch Vergleich erhalten wir dann sofort

$$\left(\frac{\partial U}{\partial S}\right)_V = T$$

$$\left(\frac{\partial U}{\partial V}\right)_S = -P\,. \tag{12.36}$$

Ähnlich können wir auch mit den drei anderen Gleichungen in Gl. (12.34) vorgehen.

Insgesamt erhalten wir Ergebnisse, die am besten in einem Diagramm zusammengefasst werden können,

$$\begin{matrix} S & U & V \\ H & & F \\ P & G & T \end{matrix} \tag{12.37}$$

Das Schema kann von oben links im Uhrzeigersinn gelesen werden: S – U – V – F – T – G – P – H. Als Erinnerungshilfe kann man ‚Soll Unser Vater Für Teueres Geld Pillen Holen' benutzen. Das Schema ist das sogenannte Guggenheim-Schema.

Das Schema soll so gelesen werden, dass man eine der vier Energiegrößen auf einer der Mitten der vier Seiten nach einem Nachbar differenziert, während man den anderen Nachbar konstant hält. Um das Ergebnis zu erhalten, folgt man der Diagonalen vom ersten Nachbar zur gegenüberliegenden Ecke. Man setzt ein ‚+' darauf, wenn man sich dabei von links nach rechts bewegt, ansonsten ein ‚–'.

Als Übung kann man Gl. (12.36) kontrollieren.

Wenn wir z. B. den Ausdruck für dU in Gl. (12.34) betrachten und benutzen, dass dieser Ausdruck ein vollständiges Differenzial darstellt, wissen wir, dass die Größe, mit welcher dS multipliziert wird, nach V differenziert gleich dem ist, was wir erhalten, wenn wir die Größe, mit welcher dV multipliziert wird, nach S differenzieren.

Ähnlich können wir auch für die anderen drei Ausdrücke in Gl. (12.34) vorgehen, und erhalten dadurch insgesamt

$$\left(\frac{\partial T}{\partial V}\right)_S = -\left(\frac{\partial P}{\partial S}\right)_V$$

$$\left(\frac{\partial T}{\partial P}\right)_S = \left(\frac{\partial V}{\partial S}\right)_P$$

$$\left(\frac{\partial S}{\partial V}\right)_T = \left(\frac{\partial P}{\partial T}\right)_V$$

$$\left(\frac{\partial S}{\partial P}\right)_T = -\left(\frac{\partial V}{\partial T}\right)_P . \tag{12.38}$$

Das sind die **Gleichungen von Maxwell**.

12.5 Beispiel 1

Wir betrachten ein ideales Gas bei konstanter Temperatur, T. Dann ist

$$dS = \left(\frac{\partial S}{\partial P}\right)_T dP + \left(\frac{\partial S}{\partial T}\right)_P dT = \left(\frac{\partial S}{\partial P}\right)_T dP = -\left(\frac{\partial V}{\partial T}\right)_P dP = -\frac{nR}{P} dP . \tag{12.39}$$

Ändert sich der Druck von P_a zu P_e, ändert sich deswegen die Entropie,

$$S_e - S_a = -nR \ln\left(\frac{P_e}{P_a}\right) . \tag{12.40}$$

Damit diese Änderung größer null ist, muss $P_e < P_a$ sein. Das Gas expandiert also spontan.

12.6 Beispiel 2

Wir betrachten 5 mol He, die am Anfang eines Prozesses ein Volumen von 10 l und einen Druck von 15 bar besitzen. Am Ende des Prozesses ist das Volumen gleich 100 l und der Druck gleich 1 bar. Wir nehmen an, dass wir He als ein ideales Gas auffassen können, und wollen die Entropieänderung bei dem Prozess ausrechnen.

Wir stellen uns einen Prozessweg vor, der aus zwei Teilen besteht: Zuerst wird die Temperatur ausgehend von der Anfangstemperatur auf die Endtemperatur geändert, ohne dass der Druck sich ändert. Anschließend änderd wird der Druck auf seinen Endwert gebracht, während die Temperatur konstant bleibt. Im ersten Teil haben wir

$$dS = \frac{\delta Q}{T} = \frac{C_P}{T} dT = \frac{5nR}{2T} dT . \tag{12.41}$$

Hier haben wir benutzt, dass für ein ideales Gas $C_P = \frac{5}{2}nR$ ist, was wir erst später beweisen werden.

Die Änderung der Entropie in diesem ersten Schritt ist dann

$$\Delta S_1 = \frac{5}{2}nR \ln\left(\frac{T_e}{T_a}\right) = \frac{5}{2}nR \ln\left(\frac{P_e V_e}{P_a V_a}\right), \tag{12.42}$$

wo wir in der letzten Identität die ideale Gasgleichung benutzt haben.

Im zweiten Schritt erhalten wir einen Ausdruck wie im letzten Beispiel,

$$\Delta S_2 = -nR \ln\left(\frac{P_e}{P_a}\right). \tag{12.43}$$

Wenn wir die Zahlenwerte einsetzen, erhalten wir letztendlich

$$\Delta S = \Delta S_1 + \Delta S_2 = 70,4 \, \frac{J}{\text{mol K}}. \tag{12.44}$$

12.7 Beispiel 3

Weißes und graues Zinn sind zwei Kristallstrukturen von Sn. Bei Standardbedingungen sind die Bildungsenthalpien von weißem Sn 0 J/mol und von grauem Sn −2130 J/mol. Gleichzeitig sind dann die Entropien der beiden Phasen 51,55 und 44,14 J/(mol K). Dann ist der Unterschied in der freien Enthalpie bei Standardbedingungen,

$$\begin{aligned}
\Delta G^\ominus &= G^\ominus(\text{grau}) - G^\ominus(\text{weiß}) \\
&= \Delta(H^\ominus - T^\ominus S^\ominus) \\
&= [-2130 - 298,2 \cdot (44,14 - 51,55)] \, \frac{J}{\text{mol}} \\
&= 79,7 \, \frac{J}{\text{mol}}.
\end{aligned} \tag{12.45}$$

Diese Zahl ist positiv $\Rightarrow$ weißes Sn ist am stabilsten!

Nehmen wir an, dass alle Zahlenwerte (außer die Temperatur) konstant bleiben, dann können wir abschätzen, bei welcher Temperatur $\Delta G = 0$ wird,

$$0 = \left[-2130 + \frac{T}{K} \cdot 7,41\right] \frac{J}{\text{mol}}, \tag{12.46}$$

woraus wir $T = 287,4$ K erhalten (experimentell: 286,3 K).

12.8 Das chemische Potenzial

Aus Gl. (12.34) erhalten wir auch folgende Ausdrücke für das **chemische Potenzial**:

$$\mu_i = \left(\frac{\partial U}{\partial n_i}\right)_{V,S,\{n_j;j\neq i\}} = \left(\frac{\partial H}{\partial n_i}\right)_{P,S,\{n_j;j\neq i\}}$$

$$= \left(\frac{\partial F}{\partial n_i}\right)_{V,T,\{n_j;j\neq i\}} = \left(\frac{\partial G}{\partial n_i}\right)_{P,T,\{n_j;j\neq i\}}. \tag{12.47}$$

Das chemische Potenzial ist also die partielle molare ‚Energie' und beschreibt, wie viel ‚Energie' aufgebracht werden muss, um die Molzahl ein bisschen zu erhöhen. Hier ist ‚Energie' gleich U, H, F oder G, abhängig von den Versuchsbedingungen [d. h., ob (S, V), (S, P), (T, V) oder (T, P) konstant gehalten werden].

Der Vollständigkeit halber erwähnen wir, dass auch

$$\mu_i = -T\left(\frac{\partial S}{\partial n_i}\right)_{V,U,\{n_j;j\neq i\}} \tag{12.48}$$

gilt.

Weil das chemische Potenzial auch als partielle molare freie Enthalpie betrachtet werden kann, haben wir

$$G = \sum_i n_i \overline{G}_i = \sum_i n_i \mu_i \tag{12.49}$$

und ähnliche Ausdrücke für die innere Energie, Enthalpie und freie Energie. Wenn wir dann z. B. Prozesse bei konstanter Temperatur und konstantem Druck betrachten und das chemische Potenzial eines reinen Stoffs als Funktion der Temperatur darstellen, erhalten wir Darstellungen wie in Abb. 12.6. Wegen der Beziehung in Gl. (12.49) sucht der Stoff bei einer gegebenen Temperatur den Zustand des niedrigeren chemisches Potenzials. Wir können dann sehr leicht die Temperaturen erkennen, bei welchen sich dieser Zustand von einem festen zu einem flüssigen Zustand und von einem flüssigen zu einem gasförmigen Zustand ändert, also die Schmelz- und Siedetemperaturen.

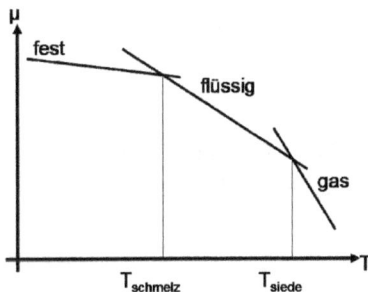

Abb. 12.6: Variation des chemischen Potenzials für die feste, flüssige und gasförmige Phase eines reinen Stoffs als Funktion der Temperatur bei konstantem Druck.

12.9 Das chemische Potenzial für reine Stoffe

Das chemische Potenzial ist sehr wichtig für die Beschreibung und Bestimmung von Gleichgewichtsbedingungen. Es beschreibt z. B. das chemische Gleichgewicht bei chemischen Reaktionen [vgl. Gl. (12.14)], Phasenumwandlungen (vgl. Abb. 12.6) und die Verteilung von Stoffen in mehreren Phasen. Wegen dieser zentralen Bedeutung des chemischen Potenzials werden wir einige Grundlagen zur Berechnung des chemischen Potenzial in diesem und im nächsten Abschnitt präsentieren. In Kapitel 24 werden wir ein weiteres, wichtiges Beispiel diskutieren.

Aus der Definition des chemischen Potenzials

$$\mu_i = \left(\frac{\partial G}{\partial n_i}\right)_{P,T,\{n_j; j \neq i\}} \tag{12.50}$$

erhalten wir, indem wir Gl. (5.15) verwenden,

$$\left(\frac{\partial \mu_i}{\partial T}\right)_P = \left[\frac{\partial}{\partial T}\left(\frac{\partial G}{\partial n_i}\right)_{P,T,\{n_j; j \neq i\}}\right]_P$$

$$= \left[\frac{\partial}{\partial n_i}\left(\frac{\partial G}{\partial T}\right)_P\right]_{P,T,\{n_j; j \neq i\}}$$

$$= \left[\frac{\partial}{\partial n_i}(-S)\right]_{P,T,\{n_j; j \neq i\}}$$

$$= -\overline{S}_i, \tag{12.51}$$

wobei wir die Formeln aus Abschnitt 12.4 benutzt haben. $\overline{S}_i$ ist die partielle molare Entropie des Stoffs i.

Auf ähnliche Weise erhalten wir

$$\left(\frac{\partial \mu_i}{\partial P}\right)_T = \left[\frac{\partial}{\partial P}\left(\frac{\partial G}{\partial n_i}\right)_{P,T,\{n_j; j \neq i\}}\right]_T$$

$$= \left[\frac{\partial}{\partial n_i}\left(\frac{\partial G}{\partial P}\right)_T\right]_{P,T,\{n_j; j \neq i\}}$$

$$= \left[\frac{\partial}{\partial n_i}(V)\right]_{P,T,\{n_j; j \neq i\}}$$

$$= \overline{V}_i. \tag{12.52}$$

Hier ist $\overline{V}_i$ das partielle molare Volumen des Stoffs i.

Für ein reines, ideales Gas können wir Gl. (12.52) benutzen, um die Druckabhängigkeit des chemischen Potenzials zu bestimmen. Aus der idealen Gasgleichung erhalten wir

$$\overline{V}_i = \overline{V} = \frac{RT}{P}. \tag{12.53}$$

Gleichung (12.52) wird dann (indem wir das i weglassen – es gibt ja nur einen Stoff)

$$\left(\frac{\partial \mu}{\partial P}\right)_T = \frac{RT}{P}. \tag{12.54}$$

Wir halten T fest und schreiben diese Gleichung um:

$$\mathrm{d}\mu = \frac{RT}{P}\,\mathrm{d}P\,, \tag{12.55}$$

die durch Integration von einem Druck P_1 zu einem anderen Druck P_2 zu

$$\mu(P_2) - \mu(P_1) = RT\ln\left(\frac{P_2}{P_1}\right) \tag{12.56}$$

wird. Wir wählen $P_1 = P^\ominus$ (also den Druck bei Standardbedingungen, d. h. $P^\ominus = 1$ atm), und ersetzen P_2 durch P. Dadurch erhalten wir

$$\mu(P) = \mu^\ominus + RT\ln\left(\frac{P}{P^\ominus}\right)\,. \tag{12.57}$$

Hier ist $\mu^\ominus$ das chemische Potenzial des idealen Gases beim Standarddruck.

Für ein reales Gas gilt Gl. (12.53) nicht im allgemeinen Fall, obwohl die Abweichung in vielen Fällen klein ist. Diese Änderungen werden dadurch berücksichtigt, dass man statt Gl. (12.57)

$$\mu(P) = \mu^\ominus + RT\ln\left(\frac{f}{P^\ominus}\right) \tag{12.58}$$

schreibt. Der Druck P in Gl. (12.57) wird dann durch die sogenannte **Fugazität** f ersetzt. Die Fugazität ist so definiert, dass Gl. (12.58) gültig ist, aber weil die Abweichungen vom Verhalten eines idealen Gases oft klein sind, ist die Fugazität oft näherungsweise der Druck. Für reinen Stickstoff bei 273 K beträgt die Abweichung nur -2% bei $P = 50$ bar, aber immerhin $+81\%$ bei $P = 1000$ bar.

12.10 Das chemische Potenzial für Mischungen

Vor allem für die Beschreibung von Systemen, die aus mehreren Phasen bestehen und/oder mehrere Stoffe beinhalten, ist das chemische Potenzial sehr hilfreich. Deswegen werden wir uns kurz mit solchen Systemen befassen.

Zuerst betrachten wir ein System aus mehreren unterschiedlichen idealen Gasen. Wir interessieren uns für das chemische Potenzial von Stoff i dieser Mischung. Dazu betrachten wir ein hypothetisches System (Abb. 12.7), das durch eine Wand, die nur für die Komponente i durchlässig ist, in zwei Bereiche getrennt wird. In dem einen Teil haben wir die gesamte Mischung, für welche der Gesamtdruck

$$P = \sum_j P_j \tag{12.59}$$

ist. Hier ist P_j der Partialdruck des j-ten Stoffs. In diesem Teil ist das chemische Potenzial des Stoffs i gleich $\mu_i(P)$, wo wir explizit den Druck angegeben haben.

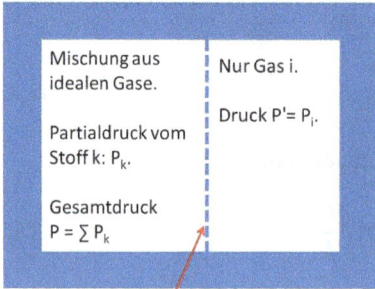

Mischung aus idealen Gase.

Nur Gas i.

Druck P'= P_i.

Partialdruck vom Stoff k: P_k.

Gesamtdruck P = $\sum P_k$

Semipermeable Wand; nur für Stoff i durchlässig.

Abb. 12.7: Ein System aus idealen Gasen, welches durch eine semipermeable Wand (Membran) in zwei Teile geteilt ist. Die Wand ist nur für Stoff *i* durchlässig.

Im Gleichgewicht zwischen den beiden Teilen ist der Druck des *i*-ten Stoffs in beiden Teilen gleich, also gleich P_i. Das chemische Potenzial des Stoffs *i* ist in der rechten Hälfte des Systems in Abb. 12.7 gleich $\mu_i^*(P_i)$. Wiederum haben wir den Druck explizit angegeben, und mit dem Stern markieren wir, dass es sich hier um einen reinen Stoff handelt. Im Gleichgewicht ist auch das chemische Potenzial des *i*-ten Stoffs in beiden Hälften gleich,

$$\mu_i(P) = \mu_i^*(P_i) \,. \tag{12.60}$$

Mit Hilfe von Gl. (12.56) können wir die rechte Seite von Gl. (12.60) umschreiben:

$$\mu_i(P) = \mu_i^*(P_i) = \mu_i^*(P) + RT \ln\left(\frac{P_i}{P}\right) \,. \tag{12.61}$$

Das Verhältnis P_i/P ist (wegen Daltons Gesetz) der Molbruch x_i, so dass

$$\mu_i(P) = \mu_i^*(P) + RT \ln(x_i) \,. \tag{12.62}$$

Diese Gleichung gilt nicht nur für Mischungen aus idealen Gasen, sondern auch für bestimmte feste Mischungen (die hier nicht näher erläutert werden sollen). Für alle anderen Systeme geht man ähnlich vor, wie wir es im Abschnitt 12.9 gemacht haben, als wir reine reale Gase behandelt haben. Wir führen eine neue Größe ein, mit deren Hilfe eine Gleichung wie Gl. (12.62) gültig wird,

$$\mu_i(P) = \mu_i^*(P) + RT \ln(a_i) \,. \tag{12.63}$$

Hier ist a_i die sogenannte **Aktivität** des Stoffs *i*. Die Aktivität ist so definiert, dass Gl. (12.63) gültig ist, und sie ist eine Art modifizierter Molbruch.

Setzen wir

$$a_i \simeq x_i \,, \tag{12.64}$$

was eine gute Näherung für $x_i \simeq 1$ ist, sehen wir anhand Gl. (12.63), dass das chemische Potenzial eines Stoffs in einer Mischung niedriger ist als das chemische Potenzial des reinen Stoffs. Haben wir deswegen eine Lösung, wird das chemische Potenzial des Lösungsmittels mit den gelösten Stoffen niedriger sein als das chemische Potenzial des reinen Lösungsmittels. In Abb. 12.6 wird das chemische Potenzial dadurch

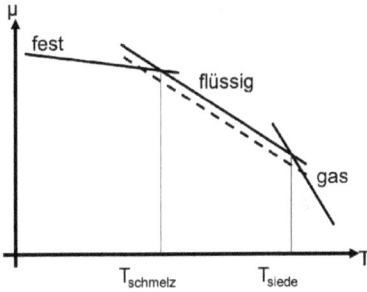

Abb. 12.8: Wie Abb. 12.6 aber mit der Änderung (gestrichelte Kurve), die auftritt, wenn ein anderer Stoff nur in der flüssigen Phase gelöst wird.

nach unten verschoben. Nehmen wir ferner an, dass die gelösten Stoffe sich nur in der flüssigen Phase lösen lassen, ändert sich das chemische Potenzial wie in Abb. 12.8 gezeigt. Hier sehen wir, dass die Temperaturen, bei welchen das chemische Potenzial der flüssigen Phase gleich dem der gasförmigen oder festen Phase wird, sich verschieben: Der Gefrierpunkt wird herabgesetzt und der Siedepunkt wird erhöht. Dadurch lassen sich die Gefrierpunktserniedrigung und die Siedepunktserhöhung qualitativ verstehen. Auch eine quantitative Behandlung dieser Effekte kann erreicht werden, was aber nicht in diesem Buch behandelt werden soll.

Zum Schluss soll erwähnt werden, dass ein isotonisches Getränk eine Lösung ist, bei dem das Verhältnis von Nährstoffen zu Flüssigkeit dem des menschlichen Bluts entspricht. Genauer ausgedrückt muss die Aktivität des Getränks dem des menschlichen Bluts entsprechen. Oft wird auch verlangt, dass das Getränk eine bestimmte Menge an verschiedenen Mineralstoffen besitzt.

12.11 Massenwirkungsgesetz

Wir betrachten eine chemische Reaktion,

$$|v_A|A + |v_B|B + \cdots \to |v_C|C + |v_D|D + \cdots ,$$ (12.65)

die z. B. in einem Lösungsmittel abläuft. Wir nehmen an, dass die Konzentrationen der Reaktanden und der Produkte gering sind.

Im chemischen Gleichgewicht gilt

$$\sum_i v_i \mu_i = 0 .$$ (12.66)

Wir setzen Gl. (12.63) ein:

$$\sum_i v_i \left[\mu_i^*(P) + RT \ln(a_i) \right] = 0 .$$ (12.67)

Durch Umschreiben wird daraus

$$-\frac{1}{RT} \sum_i v_i \mu_i^*(P) = \sum_i v_i \ln(a_i) = \sum_i \ln \left(a_i^{v_i} \right) = \ln \left[\prod_i \left(a_i^{v_i} \right) \right]$$ (12.68)

oder

$$\prod_i \left(a_i^{\nu_i} \right) = \exp \left[\frac{-1}{RT} \sum_i \nu_i \mu_i^*(P) \right] . \tag{12.69}$$

Die rechte Seite ist eine Konstante, weil darin nur Eigenschaften der reinen Stoffe eingehen (sowie die stöchiometrischen Koeffizienten und die Temperatur). Für die Reaktion der Gl. (12.65) können wir die linke Seite umschreiben und erhalten dadurch

$$\frac{a_C^{\nu_C} a_D^{\nu_D} \cdots}{a_A^{-\nu_A} a_B^{-\nu_B} \cdots} = \text{Konstante} . \tag{12.70}$$

Für verdünnte Lösungen ist es eine gute Näherung,

$$a_i \simeq x_i \tag{12.71}$$

zu setzen. Dann wird Gl. (12.70) zu

$$\frac{x_C^{\nu_C} x_D^{\nu_D} \cdots}{x_A^{-\nu_A} x_B^{-\nu_B} \cdots} = \text{Konstante} . \tag{12.72}$$

Wir lassen n gleich der Gesamtzahl der Mole sein. Insbesondere ist n ungefähr die Zahl der Mole des Lösungsmittels, so dass n/V konstant ist. Dann ist

$$x_i = \frac{n_i}{n} = \frac{n_i}{V} \frac{V}{n} \tag{12.73}$$

mit V/n gleich einer anderen Konstanten. n_i/V ist die Konzentration des Stoffs i. Wir setzen dies in Gl. (12.72) ein und erhalten dann

$$\frac{[C]^{\nu_C} [D]^{\nu_D} \cdots}{[A]^{-\nu_A} [B]^{-\nu_B} \cdots} = \text{Konstante} \cdot \left(\frac{V}{n} \right)^{-\nu_C - \nu_D - \cdots - \nu_A - \nu_B - \cdots} \equiv \text{Konstante}' . \tag{12.74}$$

Dies ist das Massenwirkungsgesetz. Wir erkennen, dass wir einige Annahmen machen mussten, und entsprechend ist das Massenwirkungsgesetz wie in Gl. (12.74) nur als Näherung zu betrachten. Wenn die Näherung in Gl. (12.71) und die Näherung, dass V/n als konstant betrachtet werden kann, nicht mehr erfüllt sind, werden Abweichungen in Gl. (12.74) auftreten.

12.12 Phasenregel von Gibbs

Wir wissen alle, dass Eis bei 0 °C schmilzt (wenn der Druck gleich 1 atm ist), aber wäre vielleicht es auch möglich, dass Eis bei einer anderen Temperatur (aber demselben Druck) schmilzt? Eine andere Frage ist, ob es möglich ist, dass zwei Phasen, bestehend aus Wasser, Toluol und Iod, bei unterschiedlichen Temperaturen und Drücken nebeneinander existieren können. Oder können wir bei gegebener Temperatur und gegebenem Druck die Zusammensetzung der beiden Phasen beliebig variieren? Diese und ähnliche Fragen werden mit Hilfe der Phasenregel von Gibbs beantwortet. Dabei wird jeder Parameter (Druck, Temperatur, Zahl der Phasen, Zusammensetzung u. ä.), den wir variieren können, als Freiheitsgrad betrachtet, deren Anzahl wir jetzt bestimmen werden.

Wir betrachten eine Mischung aus K Stoffen (Komponenten). Diese bilden N verschiedene Phasen. Wir werden hier annehmen, dass die verschiedenen Phasen verschiedene Eigenschaften besitzen und also nicht den Fall behandeln, dass wir z. B. viele kleine Ölblasen im Wasser haben. Umgekehrt ausgedrückt werden wir Phasen mit denselben Eigenschaften als eine Phase betrachten. Ferner werden wir uns nur für intensive Eigenschaften interessieren, so dass Unterschiede, die dadurch entstehen, dass wir zum Beispiel alle Stoffmengen verdoppeln, hier nicht relevant sind.

Im Prinzip können wir uns vorstellen, dass wir eine beliebige Zusammensetzung der einzelnen Phasen haben. Für jede Phase haben wir also K Molbrüche, die beliebig eingestellt werden können. Das würde bedeuten, dass wir $K \cdot N$ Freiheitsgrade haben, die wir alle variieren können. Ferner können wir auch z. B. Temperatur und Druck des Gesamtsystems variieren, also nochmals 2 Freiheitsgrade.

Aber aus diesen $NK + 2$ Freiheitsgraden verschwinden schon einige. Zuerst wissen wir, dass sich für jede der N Phasen, die Molbrüche zu 1 addieren müssen,

$$1 = x_{i1} + x_{i2} + \cdots + x_{iK} \, , \tag{12.75}$$

wo x_{ij} der Molbruch für Stoff j in Phase i ist. Dies ist relevant, weil wir uns nur für intensive Eigenschaften interessieren, so dass die absoluten Stoffmengen nicht relevant sind. Durch die N Bedingungen in Gl. (12.75) gehen N Freiheitsgrade verloren.

Gleichzeitig wissen wir auch, dass für jeden Stoff das chemische Potenzial in allen Phasen gleich ist,

$$\mu_{1j} = \mu_{2j} = \mu_{3j} = \cdots = \mu_{Nj} \, . \tag{12.76}$$

Hier ist μ_{ij} das chemische Potenzial für Stoff j in Phase i. Insgesamt haben wir dadurch $K(N - 1)$ Gleichungen, die erfüllt werden müssen und die wir deswegen auch von der Zahl der Freiheitsgrade abziehen müssen. Also haben wir insgesamt

$$(NK + 2) - N - K(N - 1) = NK + 2 - N - NK + K = 2 + K - N \tag{12.77}$$

Freiheitsgrade. Das ist die **Phasenregel von Gibbs**.

12.13 Phasendiagramme für reine Substanzen

In Abb. 12.6 zeigen wir schematisch, wie das chemische Potenzial μ eines reinen Stoffs als Funktion der Temperatur bei konstantem Druck aussieht. Bei den niedrigsten Temperaturen ist μ am kleinsten für die feste Phase, und genau diese Phase ist dann vorhanden. Bei der Schmelztemperatur ist μ für die feste und für die flüssige Phase identisch, und bei höheren Temperaturen ist μ für die flüssige Phase am niedrigsten. Bei

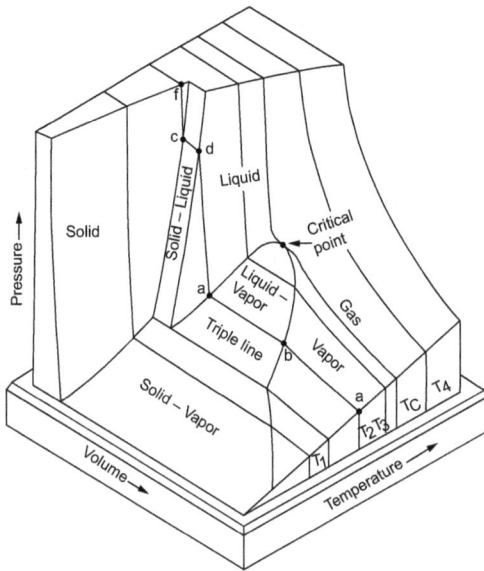

Abb. 12.9: Phasendiagramm eines reinen Stoffs, der durch Schmelzen expandiert. Angepasst aus dem Buch Francis Weston Sears, *An Introduction to Thermodynamics, the Kinetic Theory of Gases, and Statistical Mechanics*, Addison-Wesley Publishing Company, 1975.

der Siedetemperatur haben die flüssige und die gasförmige Phase dasselbe μ, und oberhalb dieser Temperatur hat die gasförmige Phase das niedrigste μ. Das erklärt, warum reine Stoffe Phasenumwandlungen durchlaufen.

In Abb. 12.9 und 12.10 zeigen wir zwei Beispiele für die Phasendiagramme, die durch solche Überlegungen mehr oder weniger genau erklärt werden können. Hier werden wir nur weniges näher erläutern.

In Abb. 12.9 und 12.10 ist die Abhängigkeit von P, V, T gezeigt, aber eigentlich brauchen wir nur zwei der Größen, wie wir schon wissen. Das kann man ausnutzen, wenn man die Flächen in Abb. 12.9 und 12.10 projiziert, wie es in Abb. 12.11 gezeigt wird. Interessant ist dabei, dass Grenzlinien zwischen z. B. fester und flüssiger Phase Linien und nicht ausgeschmierte Flächen sind. Das lässt sich durch die Phasenregel von Gibbs erklären. Haben wir $K = 1$ Komponente und $N = 2$ Phasen, haben wir $2 + K - N = 1$ Freiheitsgrad übrig. Das bedeutet, dass P ‚mitvariieren muss‘, wenn wir T variieren. Das ist das, was wir in Abb. 12.11 und 12.12 sehen.

Der Verlauf der Grenzkurve zwischen zwei Phasen ist durch die Gleichung von Clapeyron gegeben,

$$\frac{\mathrm{d}P}{\mathrm{d}T} = \frac{\Delta H}{T\Delta V} \,. \tag{12.78}$$

Hier ist ΔH die Änderung der Enthalpie und ΔV die des Volumens durch den Phasenübergang. Normalerweise vergrößert sich das Volumen, wenn ein Stoff schmilzt, so dass die Phasengrenzkurve zwischen einer Festen und einer flüssigen Phase ei-

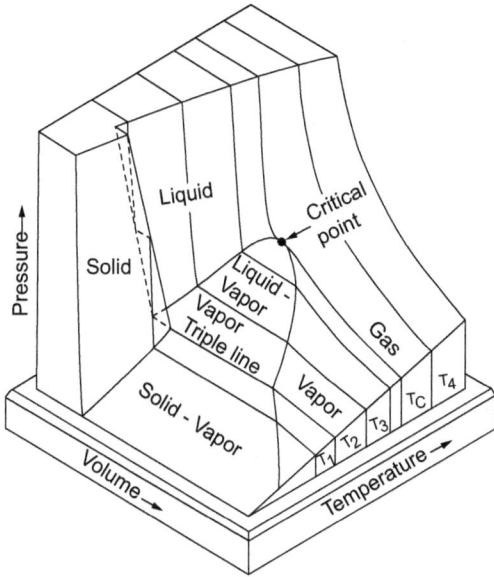

Abb. 12.10: Phasendiagramm eines reinen Stoffs, der durch Gefrieren expandiert. Angepasst aus dem Buch Francis Weston Sears, *An Introduction to Thermodynamics, the Kinetic Theory of Gases, and Statistical Mechanics*, Addison-Wesley Publishing Company, 1975.

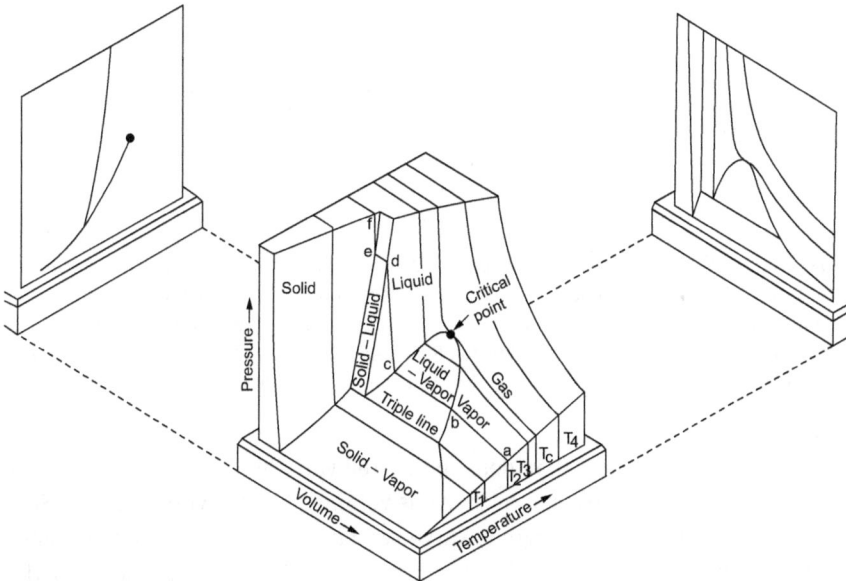

Abb. 12.11: Phasendiagramm eines reinen Stoffs und die Projektionen auf ein (*T*, *P*)- und auf ein (*V*, *P*)-Diagramm. Angepasst aus dem Buch Francis Weston Sears, *An Introduction to Thermodynamics, the Kinetic Theory of Gases, and Statistical Mechanics*, Addison-Wesley Publishing Company, 1975.

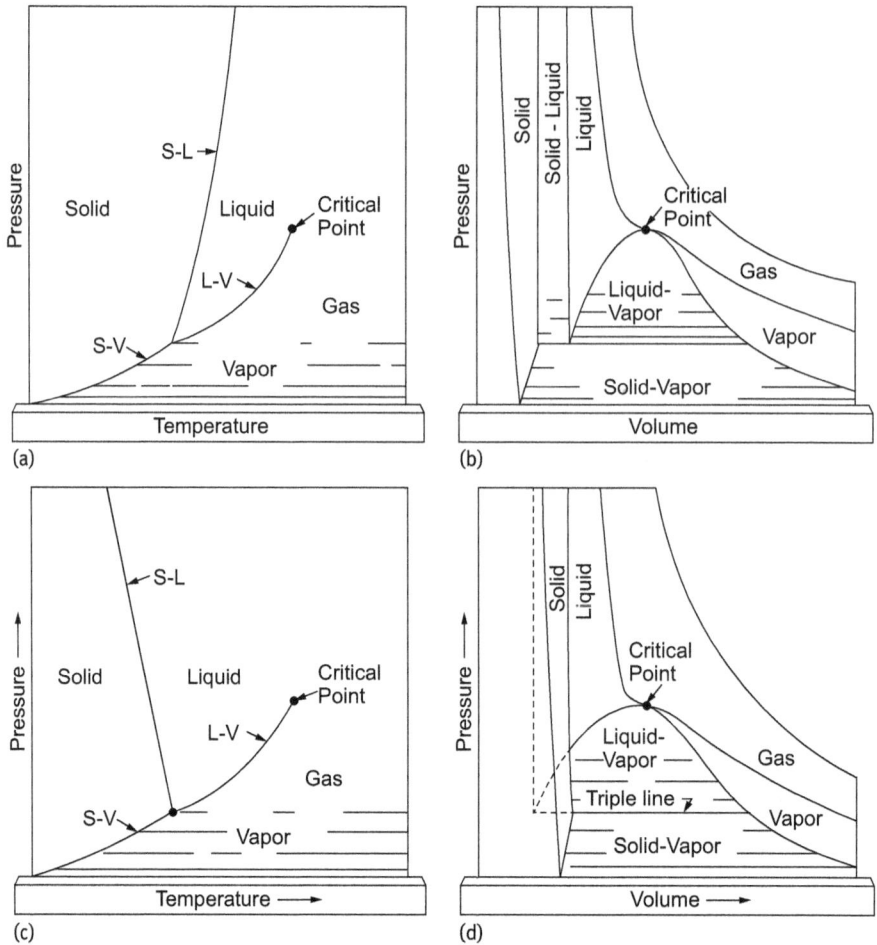

Abb. 12.12: Zwei Phasendiagramme eines reinen Stoffs und die Projektionen auf ein (a,c) (*T, P*)- und auf ein (b,d) (*V, P*)-Diagramm. Der obere Teil zeigt ein Beispiel für einen Stoff, der durch Schmelzen expandiert, während der untere Teil ein Beispiel für einen Stoff zeigt, der durch Gefrieren expandiert. Angepasst aus dem Buch Francis Weston Sears, *An Introduction to Thermodynamics, the Kinetic Theory of Gases, and Statistical Mechanics*, Addison-Wesley Publishing Company, 1975.

ne positive Steigung hat wie z. B. in dem oberen Teil von Abb. 12.12 und in Abb. 12.9. Aber es gibt Fälle (z. B. Wasser), bei welchen das Volumen kleiner wird, wenn der Stoff schmilzt, und dann hat die Phasengrenzkurve zwischen der festen und der flüssigen Phase eine negative Steigung wie in dem unteren Teil von Abb. 12.12 und in Abb. 12.10.

Aus demselben Grund wie oben (Phasenregel von Gibbs) ist der Tripelpunkt, an welchem alle drei Phasen im Gleichgewicht stehen, eben nur ein Punkt: Es gibt keine weiteren Freiheitsgrade.

12.14 Aufgaben mit Antworten

1. **Aufgabe:** Welche der folgenden Größen sind identisch: $(\partial U/\partial S)_T$, $(\partial U/\partial S)_P$, $(\partial U/\partial S)_V$, $(\partial H/\partial S)_T$, $(\partial H/\partial S)_P$, $(\partial H/\partial S)_V$, $(\partial U/\partial V)_S$, $(\partial U/\partial V)_T$, $(\partial U/\partial V)_P$, $(\partial F/\partial V)_S$, $(\partial F/\partial V)_T$, $(\partial F/\partial V)_P$? Begründen Sie die Antwort.

   Antwort: Aus dem Schema

$$
\begin{array}{ccc}
S & U & V \\
H & & F \\
P & G & T
\end{array}
$$

   erhalten wir: $(\partial U/\partial S)_V = (\partial H/\partial S)_P = T$, $(\partial U/\partial V)_S = (\partial F/\partial V)_T = -P$.

2. **Aufgabe:** Betrachten Sie die Reaktion $2\,A \rightleftharpoons B + C$. Zu einem bestimmten Zeitpunkt ist das chemische Potenzial der drei Stoffe $\mu_A = 2\,\text{kJ/mol}$, $\mu_B = 1\,\text{kJ/mol}$, $\mu_C = 2\,\text{kJ/mol}$. In welche Richtung läuft dann die Reaktion? Begründen Sie die Antwort.

   Antwort: $\sum_i \nu_i \mu_i = -2 \cdot 2\,\text{kJ/mol} + 1 \cdot 1\,\text{kJ/mol} + 1 \cdot 2\,\text{kJ/mol} = -1\,\text{kJ/mol}$. Wenn die Reaktion voranschreitet, und die Reaktionslaufzahl sich um $d\xi$ ändert, ändern sich die Molzahlen um $\nu_i\,d\xi$, und dadurch ändert sich die freie Enthalpie um $\sum_i \nu_i \mu_i\,d\xi$. Weil ein Minimum der freien Enthalpie angestrebt wird, muss die Änderung der freien Enthalpie negativ sein. Also ist $d\xi > 0$, was bedeutet, dass die Reaktion nach Rechts weiterläuft.

3. **Aufgabe:** Drücken Sie $(\partial U/\partial V)_S$ und $(\partial H/\partial S)_P$ mit Hilfe von anderen thermodynamischen Größen aus.

   Antwort: Aus dem Schema

$$
\begin{array}{ccc}
S & U & V \\
H & & F \\
P & G & T
\end{array}
$$

   erhalten wir, dass $(\partial U/\partial V)_S = -P$ und $(\partial H/\partial S)_P = T$ ist.

4. **Aufgabe:** Die Temperatur T kann auf zwei verschiedene Weisen als $T = (\partial A/\partial B)_C$ geschrieben werden. Wofür stehen dann A, B und C?

   Antwort: Aus dem Schema

$$
\begin{array}{ccc}
S & U & V \\
H & & F \\
P & G & T
\end{array}
$$

   erhalten wir, dass $T = (\partial U/\partial S)_V = (\partial H/\partial S)_P$.

5. **Aufgabe:** In einem sehr großen Gefäß mit je 200 mol der drei Substanzen A, B und C läuft die Reaktion 2 A → B bei konstanten T und P ab. Im Gleichgewicht werden 0,02 mol A und anschließend 0,01 mol C zugegeben. Im ersten Fall muss zusätzlich 6 J dazugegeben werden, damit P und T konstant bleiben, und im zweiten Fall −4 J. Bestimmen Sie daraus die chemischen Potenziale für die drei Substanzen A, B und C im Gefäß.

Antwort: Verglichen mit den vorhandenen Mengen sind die zugegebenen Stoffmengen so klein, dass sie als näherungsweise infinitesimal klein betrachtet werden können. Dann ist $\mu_i = \overline{G}_i = (\partial G/\partial n_i)_{P,T} \approx (\Delta G)/(\Delta n_i)$. Also $\mu_A = (6\,J)/(0,02\,mol) = 0,3\,kJ/mol$, $\mu_C = (-4\,J)/(0,01\,mol) = -0,4\,kJ/mol$. Für die chemische Reaktion gilt im Gleichgewicht $\sum_i \nu_i \mu_i = 0$, woraus $\mu_B = 2\mu_A = 0,6\,kJ/mol$.

6. **Aufgabe:** Betrachten Sie zwei nicht-mischbare Lösungsmittel. In dem einen ist der Stoff C gelöst, der ein chemisches Potenzial gleich 0,1 kJ/mol hat. In dem anderen sind die drei Stoffe A, B und C gelöst, die laut A + B $\rightleftharpoons$ 2 C miteinander reagieren. In dieser Phase hat der Stoff B das chemische Potenzial 0,2 kJ/mol. Bestimmen Sie das chemische Potenzial der beiden anderen Stoffe in dieser Phase.

Antwort: Im Gleichgewicht hat das chemische Potenzial eines bestimmten Stoffs denselben Wert in verschiedenen Phasen. Deswegen ist das chemische Potenzial von B in allen Phasen gleich 0,2 kJ/mol und das chemische Potenzial von C in beiden Phasen gleich 0,1 kJ/mol. Für die chemische Reaktion gilt im Gleichgewicht $\sum_i \nu_i \mu_i = 0$, woraus $\mu_A = 2\mu_C - \mu_B = 0$.

7. **Aufgabe:** Bestimmen Sie die Aktivitäten einer Mischung, bestehend aus 2 mol von A und 3 mol von B. A und B sind beide ideale Gase.

Antwort: Für ideale Gase sind Molbruch und Aktivität identisch. Deswegen ist $a_A = (2\,mol)/(5\,mol) = 0,4$ und $a_B = (3\,mol)/(5\,mol) = 0,6$.

12.15 Aufgaben

1. Wie lauten die Definitionen der freien Enthalpie und der freien Energie?

2. Welche der folgenden Größen sind identisch: $(\partial G/\partial P)_T$, $(\partial G/\partial P)_S$, $(\partial G/\partial P)_V$, $(\partial H/\partial S)_T$, $(\partial H/\partial S)_P$, $(\partial H/\partial S)_V$, $(\partial G/\partial T)_S$, $(\partial G/\partial T)_V$, $(\partial G/\partial T)_P$, $(\partial H/\partial P)_S$, $(\partial H/\partial P)_T$, $(\partial H/\partial P)_V$? Begründen Sie die Antwort.

3. Betrachten Sie die Reaktion A $\rightleftharpoons$ B + C. Zu einem bestimmten Zeitpunkt ist das chemische Potenzial der drei Stoffe $\mu_A = 4\,kJ/mol$, $\mu_B = 2\,kJ/mol$, $\mu_C = 2\,kJ/mol$. In welche Richtung läuft dann die Reaktion? Begründen Sie die Antwort.

4. Wie lautet die Gleichgewichtsbedingung für Prozesse, die bei konstanter Temperatur und konstantem Druck ablaufen?

5. Das Volumen V kann auf zwei verschiedene Weisen als $V = (\partial A / \partial B)_C$ geschrieben werden. Wofür stehen dann A, B und C?

6. Erklären Sie, warum $(\partial T / \partial V)_S = -(\partial P / \partial S)_V$.

7. Wofür stehen A und B in der Gleichung $(\partial T / \partial P)_S = (\partial A / \partial B)_P$?

8. Erläutern Sie die Begriffe Aktivität, Fugazität, Molbruch, Partialdruck, chemisches Potenzial.

9. Erläutern Sie die Beziehung zwischen Massenwirkungsgesetz und chemischem Potenzial.

10. Bestimmen Sie den Unterschied zwischen Fugazität und Druck eines idealen Gases bei einem Druck von 0,1 atm, sowie den Unterschied zwischen Aktivität und Molbruch des Gases, wenn der Partialdruck des Gases gleich 0,1 atm ist.

11. Wie viele Phasen einer $A_x B_{1-x}$ Mischung können bei einer Temperatur von 298 K und einem Druck von 1 atm miteinander im Gleichgewicht stehen? Begründen Sie die Antwort.

12. In einem sehr großen Gefäß mit je 200 mol der drei Substanzen A, B und C läuft die Reaktion A + B → C bei konstantem T und P ab. Im Gleichgewicht werden zuerst 0,02 mol A und anschließend 0,01 mol B zugegeben. Im ersten Fall muss zusätzlich 6 J dazugegeben werden, damit P und T konstant bleiben, und im zweiten Fall −4 J. Bestimmen Sie daraus die chemischen Potenziale für die drei Substanzen A, B und C im Gefäß.

13. Was gilt für Prozesse in geschlossenen Systemen, die bei konstantem (P, T) bzw. (V, T) ablaufen?

14. Bestimmen Sie die Aktivitäten einer Mischung, bestehend aus den vier idealen Gasen A, B, C und D. Die Partialdrücke der vier Gase betragen $P_A = 0,1$ bar, $P_B = 0,4$ bar, $P_C = 0,3$ bar und $P_D = 2,0$ bar.

13 Ein bisschen praktische Mathematik II

13.1 Warum Wahrscheinlichkeiten und Physikalische Chemie

In den nächsten Kapiteln werden wir statistische und wahrscheinlichkeitstheoretische Argumente verwenden, um Eigenschaften von Gasen und Molekülen zu behandeln. In den nächsten beiden Kapiteln werden wir ausnutzen, dass ein Gas aus einer sehr großen Zahl von Atomen oder Molekülen besteht, so dass letztendlich diese Gesamtmenge von Teilchen für die Eigenschaften des Gases verantwortlich ist. Weil aber die Anzahl der Teilchen so enorm groß ist, ist es ausreichend, Mittelwerte zu bestimmen. In den darauf folgenden Kapiteln werden wir die Quantentheorie einführen und anschließend verwenden, um die Eigenschaften einzelner Atome und Moleküle zu verstehen. Wir werden dann damit leben müssen, dass die Quantentheorie nur Aussagen zu Wahrscheinlichkeiten machen wird. In beiden Fällen ist es wichtig, sich vorher mit einigen Begriffen der Wahrscheinlichkeitstheorie und der Statistik vertraut zu machen. Das ist Ziel dieses Kapitels.

13.2 Diskrete Wahrscheinlichkeitsverteilungen

Wir fangen mit **diskreten Wahrscheinlichkeitsverteilungen** an. Das Standardbeispiel ist das Werfen eines Würfels, bei welchem wir sechs diskrete mögliche Ereignisse haben: die Augenzahlen 1, 2, 3, 4, 5 und 6. Das Spezielle dabei ist, dass jedes Ereignis dieselbe Wahrscheinlichkeit hat, $\frac{1}{6}$. Wir werden hier deswegen ein etwas komplexeres Beispiel behandeln. Das ist in Abb. 13.1 gezeigt, wo die genaue Bedeutung der Verteilung hier irrelevant ist.

In der Abbildung erkennen wir, dass es eine Reihe von möglichen Ereignissen gibt, die durch die Zahlen x = 1,0, 1,3, 1,7, 2,0, 2,3, 2,7, 3,0, 3,3, 3,7, 4,0 und 5,0 gekennzeichnet sind. Jedes Ereignis hat eine bestimmte Wahrscheinlichkeit. Diese Wahrscheinlichkeit wird P genannt, und aus der Abbildung erkennen wir, dass es eine besonders große Wahrscheinlichkeit gibt, die Ereignisse 2,7 und 5,0 zu erhalten, während das Ereignis 1,0 relativ (aber nicht ganz!) unwahrscheinlich ist.

Wir wissen, dass die Summe aller Wahrscheinlichkeiten 1 sein muss,

$$1 = P(1,0) + P(1,3) + P(1,7) + P(2,0) + P(2,3) + P(2,7) + P(3,0) + P(3,3)$$
$$+ P(3,7) + P(4,0) + P(5,0) \,. \tag{13.1}$$

Das gilt allgemein und nicht nur in diesem Fall,

$$1 = \sum_{\text{Ereignisse}} P(\text{Ereignis}) \,. \tag{13.2}$$

https://doi.org/10.1515/9783110636932-013

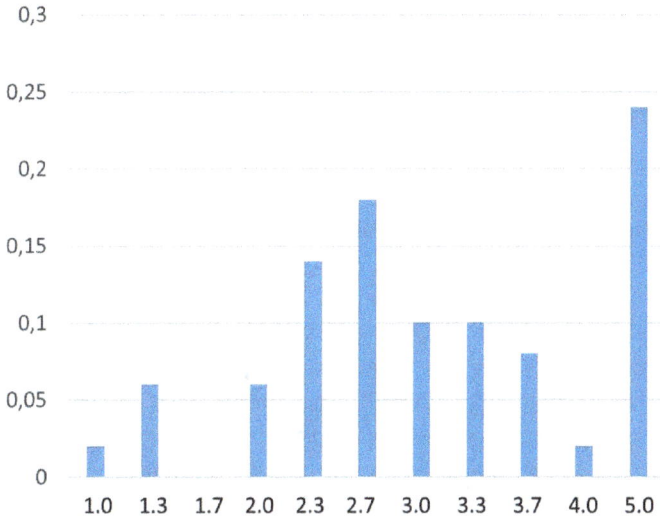

Abb. 13.1: Eine diskrete Wahrscheinlichkeitsverteilung.

Wir können auch einen Mittelwert aus den Daten in Abb. 13.1 bestimmen,

$$\langle x \rangle = 1{,}0 \cdot P(1{,}0) + 1{,}3 \cdot P(1{,}3) + 1{,}7 \cdot P(1{,}7) + 2{,}0 \cdot P(2{,}0) + 2{,}3 \cdot P(2{,}3)$$
$$+ 2{,}7 \cdot P(2{,}7) + 3{,}0 \cdot P(3{,}0) + 3{,}3 \cdot P(3{,}3) + 3{,}7 \cdot P(3{,}7) + 4{,}0 \cdot P(4{,}0)$$
$$+ 5{,}0 \cdot P(5{,}0) \,. \tag{13.3}$$

Hier ist $\langle x \rangle$ der Mittelwert von x.

Dies können wir verallgemeinern und z. B. auch den Mittelwert der Quadrate von x berechnen,

$$\langle x^2 \rangle = 1{,}0^2 \cdot P(1{,}0) + 1{,}3^2 \cdot P(1{,}3) + 1{,}7^2 \cdot P(1{,}7) + 2{,}0^2 \cdot P(2{,}0)$$
$$+ 2{,}3^2 \cdot P(2{,}3) + 2{,}7^2 \cdot P(2{,}7) + 3{,}0^2 \cdot P(3{,}0) + 3{,}3^2 \cdot P(3{,}3)$$
$$+ 3{,}7^2 \cdot P(3{,}7) + 4{,}0^2 \cdot P(4{,}0) + 5{,}0^2 \cdot P(5{,}0) \,, \tag{13.4}$$

oder noch allgemeiner für eine beliebige Funktion $f(x)$:

$$\langle f(x) \rangle = f(1{,}0) \cdot P(1{,}0) + f(1{,}3) \cdot P(1{,}3) + f(1{,}7) \cdot P(1{,}7) + f(2{,}0) \cdot P(2{,}0)$$
$$+ f(2{,}3) \cdot P(2{,}3) + f(2{,}7) \cdot P(2{,}7) + f(3{,}0) \cdot P(3{,}0) + f(3{,}3) \cdot P(3{,}3)$$
$$+ f(3{,}7) \cdot P(3{,}7) + f(4{,}0) \cdot P(4{,}0) + f(5{,}0) \cdot P(5{,}0) \,. \tag{13.5}$$

Noch allgemeiner, für eine beliebige diskrete Wahrscheinlichkeitsverteilung (also nicht nur für die in Abb. 13.1),

$$\langle f(x) \rangle = \sum_{\text{Ereignisse}} f(\text{Zahlenwert von Ereignis}) \cdot P(\text{Ereignis}) \,. \tag{13.6}$$

Wir nehmen an, dass diese Begriffe bekannt sind, werden sie aber jetzt verallgemeinern für den Fall, dass unsere Ereignisse nicht nur diskrete Zahlenwerte annehmen können, sondern beliebige Zahlenwerte in einem (endlichen oder unendlichen) Intervall in einem oder mehreren Dimensionen.

13.3 Kontinuierliche Wahrscheinlichkeitsverteilungen

Als Beispiel stellen wir uns vor, dass wir eine sehr große Zahl N (z. B. Avogadros Zahl, $\sim 6 \times 10^{23}$) von Teilchen haben, die unabhängig voneinander in einer zweidimensionalen (x, y)-Ebene umherfliegen. Wir messen die Geschwindigkeiten aller dieser Teilchen. Um eine graphische Darstellung dieser großen Menge an Ergebnissen zu erhalten, fangen wir an, für jede gemessene Geschwindigkeit (v_x, v_y) einen Punkt in einer zweidimensionalen (v_x, v_y)-Ebene einzutragen, wie in Abb. 13.2. Wir werden aber sehr schnell feststellen, dass wir dabei in kürzester Zeit eine ganz schwarz/graue Ebene haben, worin wir gar nichts erkennen können.

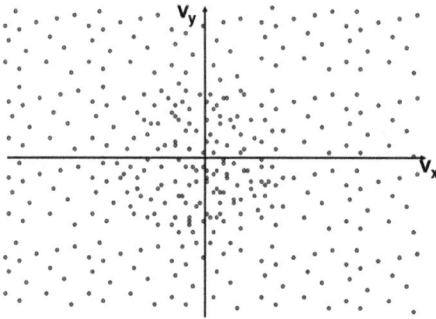

Abb. 13.2: Ergebnisse vieler Messungen von (v_x, v_y).

Weil aber die Zahl der Messungen sehr groß ist, ist es sinnvoll, stattdessen mit Wahrscheinlichkeiten zu arbeiten. Im Sinne der Diskussion aus dem letzten Abschnitt können wir zuerst versuchen herauszufinden, wie groß die Wahrscheinlichkeit ist, dass eine Messung genau das Ergebnis (v_x, v_y) liefert. Diese Wahrscheinlichkeit ist aber verschwindend klein: Würden wir (v_x, v_y) mit je 100 Nachkommastellen angeben, und hätten wir insgesamt 6×10^{23} Messungen, ist die Wahrscheinlichkeit, genau dieses Ergebnis zu erhalten, von der Größenordnung 10^{-200}, also ungefähr null. Stattdessen legen wir ein kleines Flächenelement der Breite $\Delta v_x \times \Delta v_y$ um (v_x, v_y) ein, siehe Abb. 13.3, und geben an, wie groß die Wahrscheinlichkeit ist, dass die Messung ein Ergebnis in diesem kleinen Flächenelement liefert. Diese Wahrscheinlichkeit ist $f_{xy}(v_x, v_y) \cdot \Delta v_x \cdot \Delta v_y$, wobei f_{xy} die **Wahrscheinlichkeitsverteilung** für die **kontinuierliche Wahrscheinlichkeitsverteilung** ist (warum wir xy als Indizes verwenden, wird unten verdeutlicht).

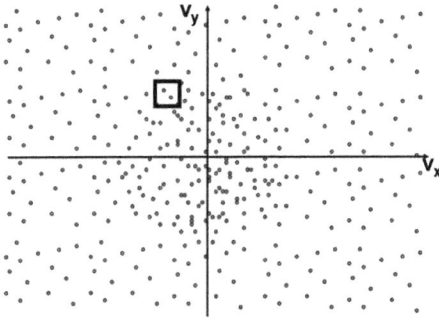

Abb. 13.3: Wie Abb. 13.2, aber mit Markierung eines kleines Flächenelements der Größe $\Delta v_x \times \Delta v_y$.

Mit Hilfe der Funktion $f_{xy}(v_x, v_y)$ können wir die Anzahl der Messungen bestimmen, die im Flächenelement $\Delta v_x \times \Delta v_y$ um (v_x, v_y) liegen,

$$N_{xy}(v_x, v_y) \cdot \Delta v_x \cdot \Delta v_y = N \cdot f_{xy}(v_x, v_y) \cdot \Delta v_x \cdot \Delta v_y . \tag{13.7}$$

Hier ist N die Gesamtzahl der Teilchen, die so groß ist, dass sich $N_{xy}(v_x, v_y)$ – bei Änderung von N um einen bestimmten Faktor – unabhängig von (v_x, v_y) um denselben Faktor ändert.

Dadurch, dass wir die Grenze betrachten

$$\Delta v_x \to dv_x$$
$$\Delta v_y \to dv_y , \tag{13.8}$$

wird aus Gl. (13.7)

$$N_{xy}(v_x, v_y)\, dv_x\, dv_y = N \cdot f_{xy}(v_x, v_y)\, dv_x\, dv_y . \tag{13.9}$$

Die Verteilungsfunktion f_{xy} muss normiert sein, was bedeutet, dass

$$\int \int f_{xy}(v_x, v_y)\, dv_x\, dv_y = 1 \tag{13.10}$$

sein muss.

Möglicherweise sind wir nicht an der gesamten Information interessiert, sondern, z. B., nur daran, wie die v_x Komponente sich verhält unabhängig von v_y. Das würde bedeuten, dass wir (Abb. 13.4) über alle Flächenelemente mit einem bestimmten Wert von v_x aber verschiedenen v_y summieren. In der Grenze (13.8) bedeutet dies, dass wir definieren

$$f_x(v_x) = \int f_{xy}(v_x, v_y)\, dv_y . \tag{13.11}$$

Eventuell ist auch nur der Betrag,

$$v = \left(v_x^2 + v_y^2 \right)^{1/2} , \tag{13.12}$$

von Interesse. In dem Fall würde man für jeden Wert von v über alle Flächenelemente summieren, die v als Abstand zum Koordinatenursprung haben (Abb. 13.5).

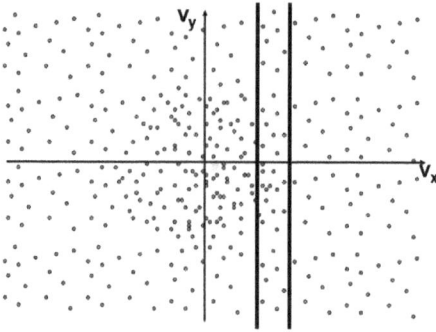

Abb. 13.4: Wie Abb. 13.3, aber mit Markierung eines Flächenelements der Breite Δv_x.

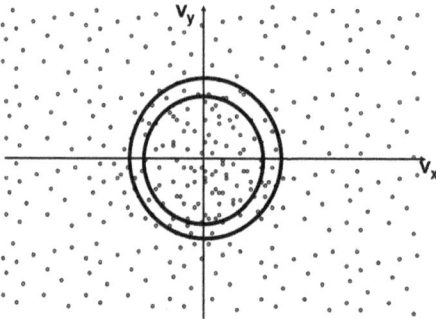

Abb. 13.5: Wie Abb. 13.3, aber mit Markierung eines Flächenelements für konstante $v = (v_x^2 + v_y^2)^{1/2}$ und Breite Δv.

Wir betrachten $f_{xy}(v_x, v_y)$ für verschiedene Werte von v_y und tragen die Funktion $f(v_x, v_y)$ gegen v_x auf. In einigen Fällen bekommen wir immer dieselbe Kurve (mit Ausnahme eines konstanten v_x-unabhängigen Faktors). Umgekehrt können wir auch $f_{xy}(v_x, v_y)$ für festgehaltene v_x gegen v_y auftragen, und wiederum kann es sein, dass wir auch in diesem Fall immer dieselbe Kurve erhalten (mit Ausnahme eines konstanten v_y-unabhängigen Faktors). Wenn beide Annahmen erfüllt sind, sind die v_x- und v_y-Messwerte unabhängig voneinander (man spricht dann davon, dass v_x und v_y **unkorreliert** sind). Mathematisch bedeutet dies, dass

$$f_{xy}(v_x, v_y) = f_x(v_x) \cdot f_y(v_y) \tag{13.13}$$

ist, also f_{xy} kann **faktorisiert** werden. Die zwei Funktionen f_x und f_y müssen nicht, können aber schon, identisch sein.

13.4 Mittelwert, Varianz und Breite

Auch für kontinuierliche Verteilungen können wir einen Mittelwert bilden. Im Beispiel des vorherigen Abschnitts haben wir z. B.

$$\langle v_x \rangle = \int \int v_x \cdot f_{xy}(v_x, v_y) \, dv_x \, dv_y$$

$$\langle v_y \rangle = \int \int v_y \cdot f_{xy}(v_x, v_y) \, dv_x \, dv_y \,. \tag{13.14}$$

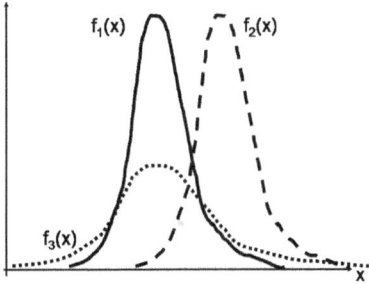

Abb. 13.6: Drei Beispiele für Verteilungsfunktionen $f(x)$.

Das kann verallgemeinert werden zu Mittelwerten beliebiger Funktionen $g(v_x, v_y)$ von v_x und v_y,

$$\langle g(v_x, v_y) \rangle = \int \int g(v_x, v_y) \cdot f_{xy}(v_x, v_y) \, dv_x \, dv_y \,. \tag{13.15}$$

Als Beispiel erwähnen wir, dass v_x und v_y unkorreliert sind, wenn gilt:

$$\langle v_x \rangle \cdot \langle v_y \rangle = \langle v_x v_y \rangle \,. \tag{13.16}$$

Wir werden aber hier etwas anderes diskutieren, was wir später bei der Quantentheorie verwenden werden. Dazu betrachten wir den Fall, dass wir nur eine Variable x haben, und dass die entsprechende Verteilungsfunktion der Einfachheit halber $f(x)$ heißt. In Abb. 13.6 zeigen wir drei verschiedene Beispiele für solche Verteilungsfunktionen. Es ist auf Anhieb klar, dass f_1 und f_2 irgendwie ähnlich sind, während f_3 anders ist. Dass f_3 anders ist, sehen wir auch dadurch, dass die möglichen x-Werte [also die Werte, für welche $f_3(x)$ deutlich ungleich null ist] einen breiteren Bereich abdecken, als es für f_1 und f_2 der Fall ist. Wir werden jetzt sehen, wie wir diese Unterschiede und Ähnlichkeiten qualitativ und quantitativ beschreiben können.

Wir erkennen zuerst, dass

$$\langle x_1 \rangle \approx \langle x_3 \rangle \neq \langle x_2 \rangle \tag{13.17}$$

mit

$$\langle x_1 \rangle = \int x f_1(x) \, dx$$

$$\langle x_2 \rangle = \int x f_2(x) \, dx$$

$$\langle x_3 \rangle = \int x f_3(x) \, dx \,, \tag{13.18}$$

so dass der Mittelwert zuerst nicht benutzt werden kann, um die drei Verteilungen vernünftig zu unterscheiden. Deswegen betrachten wir auch

$$\langle x_1^2 \rangle = \int x^2 f_1(x) \, dx$$

$$\langle x_2^2 \rangle = \int x^2 f_2(x) \, dx$$

$$\langle x_3^2 \rangle = \int x^2 f_3(x) \, dx \,. \tag{13.19}$$

Die drei Größen

$$\langle x_1^2 \rangle - \langle x_1 \rangle^2 = \int (x - \langle x_1 \rangle)^2 f_1(x)\,dx$$

$$\langle x_2^2 \rangle - \langle x_2 \rangle^2 = \int (x - \langle x_2 \rangle)^2 f_2(x)\,dx$$

$$\langle x_3^2 \rangle - \langle x_3 \rangle^2 = \int (x - \langle x_3 \rangle)^2 f_3(x)\,dx \tag{13.20}$$

beschreiben dann, wie die Verteilungsfunktion relativ zum Mittelwert aussieht. Für die Funktionen f_1 und f_2 sind diese Größen identisch, aber anders für f_3. Die Größen in Gl. (13.20) werden **Varianzen** genannt, während die Wurzel davon,

$$\Delta x = \left(\langle x^2 \rangle - \langle x \rangle^2 \right)^{1/2} , \tag{13.21}$$

die **Breite** der Verteilung genannt wird. NB: Hier bedeutet Δ nicht ‚klein', sondern Δx ist der Name der Breite. Ferner haben wir in Gl. (13.21) (aus Bequemlichkeit!) x nicht indiziert.

13.5 Wahrscheinlichste Verteilung

Wenn wir einen Würfel werfen, gibt es dieselbe Wahrscheinlichkeit, 1, 2, 3, 4, 5 oder 6 Augen zu erhalten. Mit zwei Würfeln ändert sich dies, und eine Gesamtaugenzahl von 7 (oder eine durchschnittliche Augenzahl von $3\frac{1}{2}$) wird am wahrscheinlichsten. Dass das so ist, ist in Abb. 13.7 gezeigt, welche die verschiedenen Kombinationen der beiden Würfel zeigt.

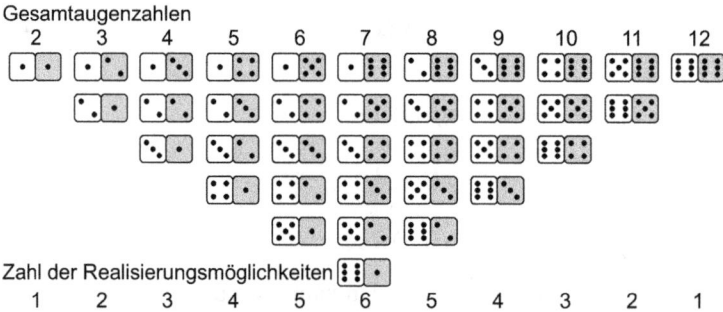

Abb. 13.7: Mögliche Ergebnisse beim Werfen zweier Würfeln. Angepasst aus dem Buch Gerd Wedler, *Lehrbuch der Physikalischen Chemie*, Wiley-VCH, 2004.

Wenn wir die Zahl der Würfel erhöhen, wird ein bestimmtes Ereignis (durchschnittliche Augenzahl gleich $3\frac{1}{2}$) immer wahrscheinlicher und schließlich zum wahrscheinlichsten Ereignis. Wir sehen das in Abb. 13.8, wo wir erkennen, dass auch nur eine kleine Abweichung von diesem Ereignis höchstens unwahrscheinlich wird. Wir werden das ausnutzen und Folgendes annehmen: Wenn wir sehr viele Würfel, Moleküle, ... haben, dann gibt es ein ganz bestimmtes Ereignis, das am wahrscheinlichsten ist und das so dominierend ist, dass wir davon ausgehen können, dass genau dieses Ereignis eintrifft. Unsere Aufgabe ist dann, dieses Ereignis zu bestimmen.

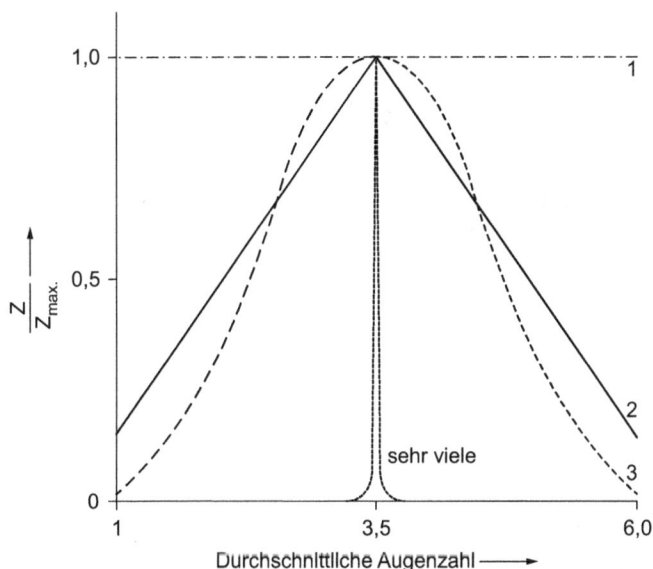

Abb. 13.8: Verteilung des Mittelwerts beim Werfen mit 1, 2, 3 oder vielen Würfeln. Angepasst aus dem Buch Gerd Wedler, *Lehrbuch der Physikalischen Chemie*, Wiley-VCH, 2004.

13.6 Stirlings Näherung

Später werden wir eine mathematische Näherung eines schottischen Mathematikers, James Stirling, benutzen. Die Näherung stammt aus dem 18. Jahrhundert und heißt **Stirlings Näherung**,

$$\ln(N!) \simeq N \ln N - N. \tag{13.22}$$

Die Näherung ist umso genauer, je größer N (Abb. 13.9). Trotzdem werden wir sie auch für kleine N benutzen.

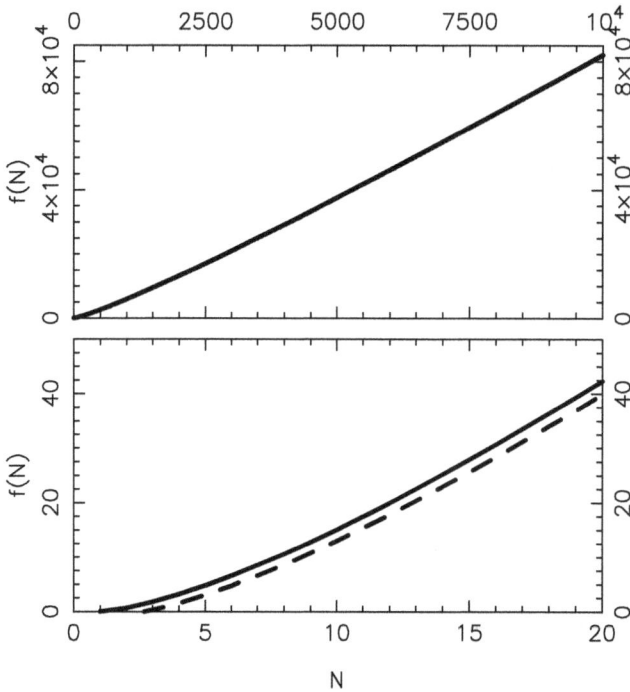

Abb. 13.9: Vergleich zwischen ln $N!$ (durchgezogene Kurve) und Stirlings Näherung, $N \ln N - N$ (gestrichelte Kurve).

13.7 Aufgaben mit Antworten

1. **Aufgabe:** Betrachten Sie eine Gruppe aus vier Personen. Wie groß ist die Wahrscheinlichkeit, dass sie unterschiedliche Geburtstage haben?

   Antwort: Wir nehmen an, dass ein Jahr 365 Tage hat. Es gibt dann insgesamt $(365^4)/(4!)$ mögliche Kombinationen an Geburtstagen der vier Personen. Sollen die vier Geburtstage unterschiedlich sein, gibt es nur $\binom{365}{4}$ = $(365!)/(361!4!)$ = $(365 \cdot 364 \cdot 363 \cdot 362)/(4!)$ mögliche Kombinationen. Das Verhältnis der beiden ist die gesuchte Wahrscheinlichkeit: P = $(365 \cdot 364 \cdot 363 \cdot 362)/(365 \cdot 365 \cdot 365 \cdot 365)$ = $0{,}9836$.

2. **Aufgabe:** Betrachten Sie die Wahrscheinlichkeitsverteilung $f(x)$ mit $f(x) = c$ für $|x| < 1$ und ansonsten 0. c ist eine Konstante. Bestimmen Sie für diese Verteilung die Breite.

   Antwort: Es gilt

   $$1 = \int_{-\infty}^{\infty} f(x)\,dx = \int_{-1}^{1} c\,dx = 2c\,, \tag{13.23}$$

woraus $c = \frac{1}{2}$. Ferner haben wir

$$\langle x \rangle = \int_{-\infty}^{\infty} x f(x)\, dx = 0$$

$$\langle x^2 \rangle = \int_{-\infty}^{\infty} x^2 f(x)\, dx = \int_{-1}^{1} c x^2\, dx = \frac{1}{2}\left[\frac{x^3}{3}\right]_{-1}^{1} = \frac{1}{2}\frac{2}{3} = \frac{1}{3}\,. \tag{13.24}$$

Das erste Ergebnis folgt aus Symmetriegründen.
Dann ist

$$\Delta x = \left[\langle x^2 \rangle - \langle x \rangle^2\right]^{1/2} = \frac{1}{\sqrt{3}}\,. \tag{13.25}$$

13.8 Aufgaben

1. Betrachten Sie eine Gruppe aus vier Personen. Wie groß ist die Wahrscheinlichkeit, dass mindestens zwei von ihnen am selben Wochentag Geburtstag haben?

2. Wie groß ist die Wahrscheinlichkeit 6 aus 49 richtig zu raten?

3. Wie groß ist die Wahrscheinlichkeit 6 aus 49 plus Zusatzzahl richtig zu raten?

4. Betrachten Sie eine Gruppe aus N Personen. Wie groß muss N sein, damit die Wahrscheinlichkeit, dass zwei von ihnen denselben Geburtstag haben, größer als 50 % ist? Nehmen Sie an, dass das Jahr 365 Tage hat.

5. Erklären Sie, was mit dem Begriff Breite einer Verteilung gemeint ist.

14 Kinetische Gastheorie

14.1 Druck und Temperatur eines idealen Gases

Wir werden jetzt die makroskopischen Eigenschaften eines Gases mit den mikroskopischen Eigenschaften der Teilchen (Atome und/oder Moleküle) in Verbindung bringen. Wir werden dabei explizit ein ideales Gas betrachten, also Wechselwirkungen zwischen den Teilchen und das Eigenvolumen der Teilchen nicht berücksichtigen. Explizit werden wir annehmen, dass das Gas folgende Eigenschaften besitzt:

- Das Gas besteht aus sehr vielen kleinen Teilchen.
- Der Abstand zwischen den Teilchen ist sehr viel größer als die Größe der Teilchen.
- Es gibt keine Wechselwirkungen zwischen den Teilchen.
- Die Teilchen bewegen sich ungeordnet und voneinander unabhängig.
- Wir können die Teilchen als starre Kugeln betrachten.
- Die Energie- und Impulserhaltungssätze sind gültig.

Wir werden jetzt den Druck, den diese Teilchen auf die Wände des Gefäßes ausüben, berechnen. Es ist schon seit langer Zeit bekannt, dass ein Druck durch die Zusammenstöße der Teilchen mit den Wänden entsteht. Die Magdeburger Halbkugeln (Abb. 14.1), die 1654 von Otto von Guericke erfunden wurden, sind ein sehr bekanntes Beispiel dafür. Ein anderes bekanntes Beispiel ist Folgendes. Wenn man ein Blatt Papier auf ein mit Wasser bis zum Rand gefülltes Glas legt, kann man das Glas schnell umdrehen, ohne dass das Wasser ausläuft. Auch dies lässt sich dadurch erklären, dass die Teilchen in der Luft durch ihre Stöße verhindern, dass das Papier herunterfällt.

Wir betrachten eine Fläche A an einer Wand (Abb. 14.2). Wir bestimmen die Anzahl der Teilchen, die im Zeitintervall Δt auf diese Fläche treffen. Zuerst betrachten wir nur die Teilchen, die eine Geschwindigkeitskomponente in der x-Richtung im Intervall $[v_x; v_x + dv_x]$ haben. Anschließend werden wir über alle Geschwindigkeiten summieren/integrieren.

Alle Teilchen, die im Zeitintervall Δt die Wand treffen, sind maximal $v_x \cdot \Delta t$ von der Wand entfernt. Deswegen wird nur ein Bruchteil aller Teilchen die Fläche A treffen und zwar diejenigen, die sich im Volumen $v_x \cdot \Delta t \cdot A$ befinden (Abb. 14.2). Hier ist zunächst nicht berücksichtigt, dass einige Teilchen, die sich in dem Volumen $v_x \cdot \Delta t \cdot A$ befinden, Geschwindigkeitskomponenten v_y und v_z ungleich null haben, so dass sie A nicht treffen. Dies wird aber dadurch kompensiert, dass es andere Teilchen außerhalb des Volumens gibt, die A treffen, weil sie auch solche Geschwindigkeitskomponenten haben. Mit N gleich der Gesamtzahl der Teilchen im Gefäß (mit Volumen V) haben $Nf_x(v_x) \, dv_x$ dieser Teilchen die gewünschte v_x-Komponente. Davon befinden sich

$$Nf_x(v_x) \, dv_x \frac{v_x \cdot \Delta t \cdot A}{V} \tag{14.1}$$

in dem betrachteten Volumen.

https://doi.org/10.1515/9783110636932-014

Abb. 14.1: Druck durch Stöße der Teilchen. Reproduziert mit freundlicher Genehmigung von Harper-Collins Publishers aus dem Buch Larry Gonick und Craig Criddle, *The Cartoon Guide to Chemistry*, 2005.

Weil die Teilchen als harte Kugeln aufgefasst werden, fliegen sie nach dem Zusammenstoß mit der Wand wieder weg mit einer Geschwindigkeit, bei welcher sich nur $v_x \to -v_x$ geändert hat. Das bedeutet, dass sich der Impuls jedes Teilchens um $-2mv_x$ geändert hat (m ist Masse eines Teilchens). Dieser Impuls wird von der Wand aufgenommen. Also bekommt die Fläche durch jeden Stoß einen Impuls $+2mv_x$ und insgesamt einen Impuls

$$2mv_x N f_x(v_x)\, dv_x \frac{v_x \cdot \Delta t \cdot A}{V} \tag{14.2}$$

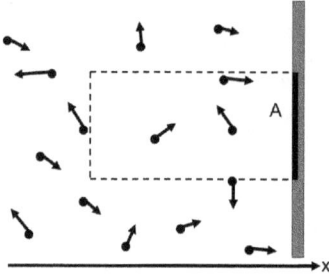

Abb. 14.2: Teilchen, von denen einige die Fläche *A* treffen. Der gestrichelte Bereich umfasst die Teilchen, welche die Fläche *A* im Zeitintervall Δt treffen.

im Zeitintervall Δt. Der Druck ist Kraft pro Fläche, und die Kraft ist wiederum Impuls pro Zeit. Den Druck, den die Wand von diesen Stößen der betrachteten Teilchen spürt, erhalten wir also durch Teilen mit A und Δt,

$$2mv_x N f_x(v_x)\, dv_x \frac{v_x}{V}\,.\tag{14.3}$$

Um den Gesamtdruck zu ermitteln, müssen wir über alle $v_x > 0$ summieren (oder eigentlich integrieren). Nur positive v_x müssen betrachtet werden, weil $v_x < 0$ bedeutet, dass ein Teilchen von der Wand wegfliegt. Also

$$P = \int\limits_0^\infty 2mv_x N f_x(v_x)\frac{v_x}{V}\, dv_x$$

$$= 2m\frac{N}{V}\int\limits_0^\infty v_x^2 f_x(v_x)\, dv_x$$

$$= m\frac{N}{V}\int\limits_{-\infty}^\infty v_x^2 f_x(v_x)\, dv_x$$

$$= m\frac{N}{V}\langle v_x^2\rangle\,.\tag{14.4}$$

Wir haben hier ausgenutzt, dass die Bewegung der Teilchen völlig ungeordnet ist, so dass die Wahrscheinlichkeit, dass ein Teilchen eine v_x Komponente gleich $-v_x$ hat gleich groß ist wie die, dass ein Teilchen eine v_x Komponente gleich $+v_x$ hat. Um weiter zu kommen, nehmen wir an, dass es keine bevorzugte Richtung gibt, so dass die drei Richtungen v_x, v_y und v_z äquivalent sind. Dadurch erhalten wir

$$P = m\frac{N}{V}\frac{1}{3}\left(\langle v_x^2\rangle + \langle v_y^2\rangle + \langle v_z^2\rangle\right)$$

$$= m\frac{N}{V}\frac{1}{3}\langle v^2\rangle\tag{14.5}$$

wobei

$$v^2 = v_x^2 + v_y^2 + v_z^2\tag{14.6}$$

ist.

Gleichung (14.5) liefert eine Beziehung zwischen dem Druck und der Bewegung der Teilchen. Setzen wir die Gleichung eines idealen Gases ein, erhalten wir

$$\frac{1}{3}\langle v^2\rangle Nm = P \cdot V \equiv nRT \tag{14.7}$$

oder

$$nN_A\frac{2}{3}\left\langle\frac{1}{2}mv^2\right\rangle = nRT . \tag{14.8}$$

D. h.

$$\langle E_{\text{kin}}\rangle = \left\langle\frac{1}{2}mv^2\right\rangle = \frac{3}{2}\frac{R}{N_A}T = \frac{3}{2}kT . \tag{14.9}$$

Es gibt also eine einfache Beziehung zwischen durchschnittlicher kinetischer Energie der Teilchen und der Temperatur. Ferner ist

$$\frac{R}{N_A} = k \tag{14.10}$$

die **Boltzmann-Konstante**. Die Boltzmann-Konstante hat den Zahlenwert $k = 1{,}3806505 \cdot 10^{-23}$ J/K.

Wenn das Gas aus zwei verschiedenen Teilchenarten besteht (mit den Massen m_1 und m_2), dann gilt

$$\frac{1}{2}m_1\langle v_1^2\rangle = \frac{1}{2}m_2\langle v_2^2\rangle = \frac{3}{2}kT \tag{14.11}$$

oder

$$\sqrt{\frac{\langle v_1^2\rangle}{\langle v_2^2\rangle}} = \sqrt{\frac{m_2}{m_1}} . \tag{14.12}$$

Die durchschnittliche Geschwindigkeit ist umgekehrt proportional zur Wurzel der Masse der Teilchen.

Weil die Teilchen nicht miteinander wechselwirken, ist die Gesamtenergie der Teilchen gleich der gesamten kinetischen Energie (Abb. 14.3). Die molare innere Energie ist also

$$\overline{U} = N_A\langle E_{\text{kin}}\rangle = \frac{3}{2}RT . \tag{14.13}$$

Daraus erhalten wir die molare Wärmekapazität eines idealen Gases

$$\overline{C}_V = \left(\frac{\partial\overline{U}}{\partial T}\right)_V = \frac{3}{2}R . \tag{14.14}$$

Dieses Ergebnis, zusammen mit

$$\overline{C}_P = \overline{C}_V + (\overline{C}_P - \overline{C}_V) = \frac{3}{2}R + R = \frac{5}{2}R , \tag{14.15}$$

haben wir schon mehrmals benutzt, aber erst jetzt hergeleitet.

Internal Energy

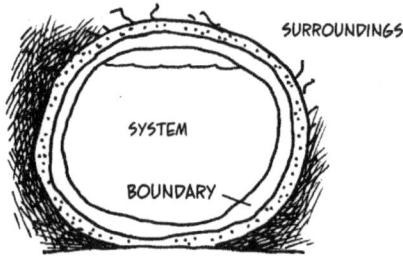

SURROUNDINGS

SYSTEM

BOUNDARY

WHERE DOES HEAT ENERGY GO? TO ANSWER THIS QUESTION, CONSIDER THIS COCONUT, WHICH REALLY STANDS FOR ANY CHEMICAL SYSTEM WITH A DEFINITE BOUNDARY BETWEEN ITSELF AND ITS SURROUNDINGS.

AT CLOSE RANGE, THE COCONUT SEETHES WITH ENERGY. ALL ITS MOLECULES ARE JIGGLING RANDOMLY, SO THEY HAVE KINETIC ENERGY. THEY ALSO HAVE POTENTIAL ENERGY: ELECTRIC ATTRACTIONS AND REPULSIONS ACCELERATE AND DECELERATE PARTICLES, ANALOGOUS TO THE WAY GRAVITY WORKS ON A THROWN OBJECT.

NOT SO FAST...

A SYSTEM'S **INTERNAL ENERGY** IS THE TOTAL KINETIC AND POTENTIAL ENERGY OF ALL ITS PARTICLES.

AN ENERGY YOU CAN'T SEE...

BUT YOU CAN FEEL!

Abb. 14.3: Gesamtenergie als Summe der Energien der Teilchen. Reproduziert mit freundlicher Genehmigung von HarperCollins Publishers aus dem Buch Larry Gonick und Craig Criddle, *The Cartoon Guide to Chemistry*, 2005.

14.2 Gleichverteilung der Energie

Gleichung (14.9) ist ein Beispiel der **Gleichverteilung der Energie**. Wir werden diese hier näher erläutern, aber nicht herleiten.

Die kinetische Energie der Teilchen, die wir oben diskutiert haben, ist die Energie, welche die Teilchen dadurch besitzen, dass sie als starre Körper durch das Universum fliegen. Wir werden diese Energie als Translationsenergie bezeichnen und haben dann

$$E_{\text{trans}} = \frac{1}{2}mv_x^2 + \frac{1}{2}mv_y^2 + \frac{1}{2}mv_z^2 . \tag{14.16}$$

Wir sehen, dass diese Energie aus drei Gliedern besteht, die alle dieselbe Struktur besitzen: Sie haben einen konstanten Koeffizient ($\frac{1}{2}m$), der nur von den Eigenschaften der Teilchen abhängt, und einen Teil, der von den Bewegungskoordinaten der Teilchen abhängt. Die Bewegungskoordinaten sind in diesem Fall die Geschwindigkeitskoordinaten, können aber auch Ortskoordinaten, Winkelkoordinaten, ... sein. Bei der letzten Abhängigkeit geht es um eine quadratische Abhängigkeit (v_x^2, v_y^2 und v_z^2).

Die Teilchen können auch Energie durch andere Bewegungen haben. Zum Beispiel können sie um ihre eigenen Achsen rotieren. Die Energie dieser Bewegung kann als

$$E_{\text{rot}} = \frac{1}{2}I_x\omega_x^2 + \frac{1}{2}I_y\omega_y^2 + \frac{1}{2}I_z\omega_z^2 \tag{14.17}$$

geschrieben werden. Hier sind I_x, I_y und I_z die Trägheitsmomente der Teilchen, und ω_x, ω_y und ω_z die zugehörigen Winkelgeschwindigkeiten, also weitere Bewegungskoordinaten. Das für uns hier Wichtigste ist, dass dieser Ausdruck dieselbe Struktur wie die Translationsbewegungsenergie besitzt: Sie besteht aus Gliedern, die je einen konstanten Koeffizienten besitzen, und einen Teil hat, der quadratisch von den Bewegungskoordinaten der Teilchen abhängt.

Die letzte Bewegung, die wir hier betrachten werden, ist die innere Bewegung der Teilchen. Wenn die Teilchen Moleküle aus mehreren Atomen sind, können die Atome hin und her um ihre Gleichgewichtsposition schwingen. Die Energie dieser Bewegung setzt sich aus zwei Beiträgen zusammen: Zum einen gibt es eine kinetische Energie wegen der Bewegung, und zum anderen gibt es eine potenzielle Energie wegen der Ablenkung aus der Gleichgewichtslage.

Wenn die Atome eines Moleküls schwingen, ist die Masse, die mit einem bestimmten Schwingungstyp verbunden ist, selten die Masse der einzelnen Atome, sondern setzt sich auf komplizierte Weise aus diesen zusammen. Für ein zweiatomiges Molekül, als Beispiel, ist sie die sogenannte reduzierte Masse μ,

$$\mu = \frac{m_1 m_2}{m_1 + m_2} \tag{14.18}$$

mit m_1 und m_2 als Massen der beiden Atome. Allgemein werden wir die kinetische Energie der s-ten Schwingung als $\frac{1}{2}\mu_s v_s^2$ schreiben, wobei μ_s dann die Masse ist, die wir der Schwingung zuordnen, und v_s die Geschwindigkeit der Schwingung (NB: Die Atome bewegen sich nicht alle gleich schnell, aber wir können trotzdem der Schwingung eine Geschwindigkeit zuordnen). Für die potenzielle Energie wird eine einfache Näherung (die aber sehr oft gut ist) verwendet, d. h., wir werden annehmen, dass die Energie quadratisch von der Ablenkung aus der Gleichgewichtslage abhängt, $\frac{1}{2}k_s(s-s_0)^2$.

Hier ist k_s eine Konstante (Kraftkonstante), die beschreibt, wie ,starr' eine Schwingung ist, und s_0 ist die Gleichgewichtslage. Diese Näherung ist die sogenannte harmonische Näherung.

Insgesamt haben wir dann für jede Schwingung folgende Energie

$$E_{\text{schwing},s} = \frac{1}{2}\mu_s v_s^2 + \frac{1}{2}k_s(s - s_0)^2 \,. \tag{14.19}$$

Verglichen mit den anderen Typen von Bewegungen gibt es hier einen wichtigen Unterschied: Jede Schwingung hat zwei Beiträge (statt einen), die beide einen konstanten Koeffizienten besitzen. Jeder Anteil hängt quadratisch von den Bewegungskoordinaten der Teilchen ab.

Die **Gleichverteilung der Energie** besagt, dass für jeden Bewegungstyp, der einen konstanten Koeffizienten und einen Teil besitzt, der quadratisch von einer Bewegungskoordinate der Teilchen abhängt, die mittlere Energie gleich $\frac{1}{2}kT$ ist. Für die Translationsbewegung haben wir drei solcher Glieder (jeweils ein Glied für die x-, y- und z-Koordinate), so dass

$$\langle E_{\text{trans}} \rangle = \frac{3}{2}kT \,. \tag{14.20}$$

Für die Rotation gibt es zwei verschiedene Fälle. Im allgemeinen Fall gibt es drei verschiedene Rotationsbewegungen (je eine um eine der drei Hauptachsen), aber für lineare Moleküle haben wir nicht drei sondern nur zwei (die Rotation um die Molekülachse zählt nicht, weil das Trägheitsmoment um diese Achse verschwindet). Also

$$\langle E_{\text{rot}} \rangle = \begin{cases} \frac{3}{2}kT & \text{nicht linear} \\ kT & \text{linear} \,. \end{cases} \tag{14.21}$$

Für ein Molekül mit M Atomen brauchen wir $3M$ Koordinaten, um die Struktur festzulegen. Aber wenn wir alle x-Werte um eine Konstante ändern (und ähnlich dazu die y- und z-Koordinaten), haben wir das gesamte Molekül starr translatiert. Diese drei Koordinaten beschreiben also die Translationsbewegung des Moleküls. Ähnlich haben wir drei Koordinaten, die eine starre Rotation des Moleküls beschreiben, wenn das Molekül nicht linear ist (in dem letzteren Fall haben wir nur zwei solcher Koordinaten). Also beschreiben insgesamt sechs Koordinaten (oder fünf für lineare Moleküle) starre Bewegungen des ganzen Moleküls, und nur die übrigen $3M - 6$ (oder $3M - 5$) Koordinaten beschreiben die innere Struktur des Moleküls. Diese Koordinaten sind dann gleichzeitig diejenigen, die Schwingungen beschreiben. Das bedeutet, dass wir $3M - 6$ (oder $3M - 5$) Schwingungen haben, die je eine durchschnittliche Energie von kT haben, also insgesamt

$$\langle E_{\text{schwing}} \rangle = \begin{cases} (3M - 6)kT & \text{nicht linear} \\ (3M - 5)kT & \text{linear} \,. \end{cases} \tag{14.22}$$

Die durchschnittliche Gesamtenergie eines Moleküls ist dann die Summe der Beiträge aus Gl. (14.20), (14.21) und (14.22):

$$\langle E \rangle = \langle E_{\text{trans}} \rangle + \langle E_{\text{rot}} \rangle + \langle E_{\text{schwing}} \rangle = \begin{cases} (3M - 3)kT & \text{nicht linear} \\ \left(3M - \frac{5}{2}\right)kT & \text{linear}. \end{cases} \qquad (14.23)$$

Betrachten wir statt eines Moleküls ein ganzes mol, müssen wir mit N_A multiplizieren. Und differenzieren wir anschließend nach der Temperatur, erhalten wir die molare Wärmekapazität,

$$\langle \overline{C}_V \rangle = \begin{cases} (3M - 3)R & \text{nicht linear} \\ \left(3M - \frac{5}{2}\right)R & \text{linear}. \end{cases} \qquad (14.24)$$

Diese Theorie sagt voraus, dass die molare Wärmekapazität unabhängig von der Temperatur ist. Wie in Abb. 14.4 zu erkennen ist, ist das nur begrenzt erfüllt. Aber vor allem für die Edelgase ist das eine gute Näherung. Dass es für andere Gase nicht erfüllt ist, kommt daher, dass diese Gase keine idealen Gase sind, sondern Wechselwirkungen und Eigenvolumina besitzen. Ferner, wie wir später sehen werden, gibt es Abweichungen bei niedrigen Temperaturen, die auf sogenannte Quanteneffekte zurückzuführen sind. Zusätzlich haben wir nicht berücksichtigt, dass die Moleküle nicht nur durch Translations-, Rotations- und Schwingungsbewegungen angeregt werden können, wenn sie Energie erhalten. Auch Elektronen in den Molekülen können die Energie aufnehmen, was zu einer Erhöhung der Wärmekapazität führt.

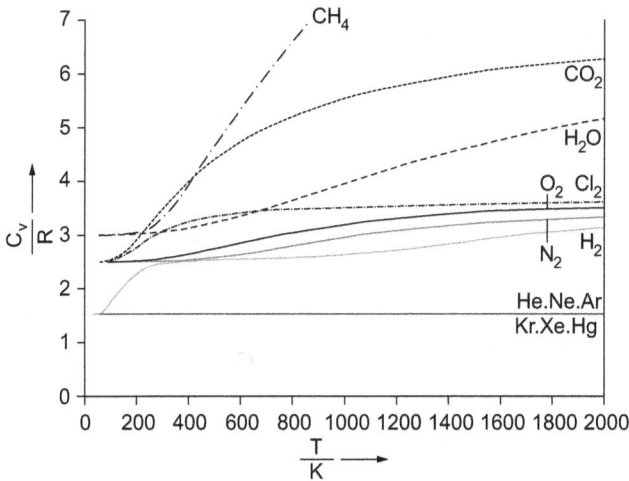

Abb. 14.4: Temperaturabhängigkeit der molaren Wärmekapazitäten verschiedener Gase. Angepasst aus dem Buch Gerd Wedler, *Lehrbuch der Physikalischen Chemie*, Wiley-VCH, 2004.

Zum Schluss betrachten wir einen großen Festkörper. Diesen können wir als ein sehr, sehr großes Molekül betrachten. Dann ist $M \gg 1$, so dass wir pro mol Atome des Festkörpers eine Wärmekapazität von $3R$ haben. Das ist **Dulong-Petits Gesetz**.

14.3 Aufgaben mit Antworten

1. **Aufgabe:** Was gilt für das Verhältnis der mittleren Geschwindigkeiten von H_2- und D_2-Molekülen, die sich bei einer Temperatur von 300 K befinden?

   Antwort: Es gilt: $\langle E_{kin} \rangle = \langle \frac{1}{2}mv^2 \rangle = \frac{3}{2}R/N_A T = \frac{3}{2}kT$. Daraus für zwei verschiedenen Typen von Teilchen bei derselben Temperatur: $\sqrt{\langle v_1^2 \rangle / \langle v_2^2 \rangle} = \sqrt{m_2/m_1}$. In unserem Fall: $\sqrt{\langle v_{H_2}^2 \rangle / \langle v_{D_2}^2 \rangle} = \sqrt{\frac{2}{1}} = 1{,}41$.

2. **Aufgabe:** Bestimmen Sie die Wärmekapazität von 2 mol gasförmigem C_2H_5OH. $R = 8{,}31441\,J/(K\,mol)$.

   Antwort: C_2H_5OH ist nicht linear und besteht aus neun Atomen. Es gibt deswegen 27 Bewegungsfreiheitsgrade, von welchen drei Translationsbewegung und drei Rotationsbewegung sind. Die letzteren liefern zur molaren Wärmekapazität insgesamt $3R$. Die anderen 21 Bewegungsfreiheitsgrade liefern zur molaren Wärmekapazität insgesamt $21R$. Die molare Wärmekapazität wird also gleich $24R$. Für 2 mol haben wir dann eine Wärmekapazität von $24 \cdot 8{,}31441\,J/(K\,mol) \cdot 2\,mol = 399{,}1\,J/K$.

3. **Aufgabe:** Betrachten Sie ein einatomiges, ideales Gas. Bei einem isochoren Prozess werden 10 kJ zugefügt und die Temperatur steigt um 0,2 K. Wie viel mol gibt es von dem Gas? $R = 8{,}314\,J/(mol\,K)$.

   Antwort: Für das Gas ist die Wärmekapazität gleich $C_V = \frac{3}{2}nR$. Wir wissen auch, dass $10\,kJ = C_V \cdot 0{,}2\,K$. Also ist $n = (10\,kJ \cdot 2)/(0{,}2\,K \cdot 3 \cdot 8{,}314\,J/(mol\,K)) = 4009\,mol$.

14.4 Aufgaben

1. Berechnen Sie $\sqrt{\langle v^2 \rangle}$ für ein Gas aus H_2-Molekülen bei einer Temperatur von 300 K. $R = 8{,}31451\,J/(K\,mol)$, $N_A = 6{,}02 \cdot 10^{23}$, Molmasse von H: 1,0794 g/mol.

2. Was besagt der Gleichverteilungssatz der Energie?

3. Was gilt für das Verhältnis der mittleren Geschwindigkeiten bei 323 K von H_2O und D_2O? Die Molmassen von H, D, C und O betragen 1, 2, 12 und 16 amu.

4. Wie ändert sich die mittlere Geschwindigkeit von den Molekülen eines H_2O-Gases, wenn die Temperatur von 400 K auf 500 K erhöht wird?

5. Benutzen Sie das Gesetz der Gleichverteilung der Energie, um die molaren Wärmekapazitäten von Benzol, C_6H_6, und Ethanol, C_2H_5OH, zu bestimmen. Die Ergebnisse sollen mit Hilfe der Gaskonstante ausgedrückt werden.

6. Verwenden Sie den Gleichverteilungssatz der Energie, um die Wärmekapazität pro Atom eines beinahe unendlich großen Diamantkristalls zu bestimmen.

7. Erläutern Sie den Zusammenhang zwischen dem Dulong-Petit-Gesetz und dem Gesetz der Gleichverteilung der Energie.

8. Benutzen Sie das Gesetz der Gleichverteilung der Energie, um die molaren Wärmekapazitäten von H_2O und (linearem) CO_2 zu bestimmen. Die Ergebnisse sollen mit Hilfe der Gaskonstante ausgedrückt werden.

9. Erläutern Sie den Zusammenhang zwischen Druck bzw. Temperatur eines idealen Gases und Impuls der Teilchen des Gases.

10. Verwenden Sie den Gleichverteilungssatz der Energie, um die molare Wärmekapazität $\overline{C}_V$ von gasförmigem $C_{2n}H_{2n+2}$ als Funktion von n zu bestimmen.

15 Statistische Thermodynamik

15.1 Spielregeln

In diesem Kapitel werden wir die Eigenschaften eines Systems mit Hilfe statistischer Methoden bestimmen. Wir gehen davon aus, dass das System aus einer sehr, sehr großen Anzahl an Teilchen besteht, die voneinander unabhängig sind. Jedes Teilchen kann in irgendeinem Zustand sein. Wir werden die Zustände kaum genauer definieren, abgesehen von der Energie eines Zustands. Die Zustände (oder eher: deren Energien) sind gegeben, und wir suchen die Zahl der Teilchen, die in den verschiedenen Zuständen sind. Laut der Argumente von oben (Kapitel 13.5) werden wir die wahrscheinlichste Verteilung suchen, davon ausgehend, dass wegen der sehr großen Anzahl an Teilchen die wahrscheinlichste Verteilung auch diejenige ist, die tatsächlich vorkommt.

Wir betrachten den Fall, dass die Gesamtenergie des Systems, E, bekannt ist (und dann der Summe der Energien der einzelnen Teilchen entspricht, weil die Teilchen unabhängig voneinander sind) und ebenso die Gesamtzahl der Teilchen, N. Dieser Fall entspricht dem sogenannten **mikrokanonischen Ensemble**. Andere Fälle entsprechen dem **kanonischen Ensemble**, für welche nicht die Energie, sondern die Temperatur gegeben ist, sowie dem **makrokanonischen Ensemble**, für welche die Temperatur und das chemische Potenzial statt Energie und Gesamtzahl der Teilchen gegeben sind. Diese drei Fälle beschreiben ein abgeschlossenes System, ein geschlossenes System und ein offenes System. Hier werden wir uns nur mit dem mikrokanonischen Ensemble befassen.

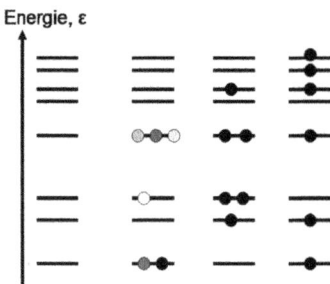

Abb. 15.1: Verschiedene Arten, sechs Teilchen auf verschiedene Energieniveaus zu verteilen. Links sind die Energieniveaus gezeigt, und anschließend sind Beispiele gezeigt für die Fälle, dass die Teilchen unterscheidbar sind, dass sie ununterscheidbar sind und beliebig viele Teilchen in einem Zustand sein dürfen, und dass sie ununterscheidbar sind und höchstens ein Teilchen in einem Zustand sein darf.

Abbildung 15.1 stellt verschiedene mögliche Situationen dar. Gegeben sind die Energien der unterschiedlichen Niveaus, wie sie im linken Teil der Abbildung zu sehen sind. Wenn wir (als Beispiel) sechs Teilchen zu verteilen haben, können wir drei grundsätzlich unterschiedliche Situationen haben:

- Die Teilchen sind unterscheidbar, und beliebig viele Teilchen können in einem Zustand sein. Das ist in der zweiten Spalte in Abb. 15.1 gezeigt und entspricht dem, was wir als die Boltzmann-Verteilung kennenlernen werden.

https://doi.org/10.1515/9783110636932-015

- Die Teilchen sind ununterscheidbar, und beliebig viele Teilchen können in einem Zustand sein. Das ist in der dritten Spalte in Abb. 15.1 gezeigt und entspricht dem, was wir als die Bose-Einstein-Verteilung kennenlernen werden. Teilchen, welche dieser Verteilung gehorchen, werden **Bosonen** genannt.
- Die Teilchen sind ununterscheidbar, und höchstens ein Teilchen kann in einem Zustand sein. Das ist in der vierten Spalte in Abb. 15.1 gezeigt und entspricht dem, was wir als die Fermi-Dirac-Verteilung kennenlernen werden. Teilchen, welche dieser Verteilung gehorchen, werden **Fermionen** genannt.

Hier werden wir uns ausführlich mit der Boltzmann-Verteilung beschäftigen und die beiden anderen, sogenannten **Quantenverteilungen** nur kurz erläutern.

Wir werden die Energien der einzelnen Zustände sortieren,

$$\epsilon_0 \leq \epsilon_1 \leq \epsilon_2 \leq \epsilon_3 \leq \cdots . \tag{15.1}$$

Die Zahl der Teilchen im i-ten Niveau wird n_i genannt und ist die Größe, die wir suchen. Wir kennen die Gesamtzahl der Teilchen,

$$N = \sum_i n_i \tag{15.2}$$

sowie die Gesamtenergie des Systems,

$$E = \sum_i n_i \epsilon_i . \tag{15.3}$$

In Abb. 15.2 zeigen wir ein sehr vereinfachtes Beispiel für die Verteilung von $N = 3$ Teilchen auf vier verschiedene Energieniveaus, deren Energien gleich $1 \cdot \epsilon_0$, $2 \cdot \epsilon_0$, $3 \cdot \epsilon_0$ und $4 \cdot \epsilon_0$ sind (ϵ_0 ist irgendeine Konstante). Die Gesamtenergie ist $E = 6 \cdot \epsilon_0$. Die Teilchen sind unterscheidbar und werden durch die Buchstaben A, B und C auseinandergehalten.

Wir sehen, dass wir insgesamt zehn verschiedene Möglichkeiten haben, diese Teilchen so zu verteilen, dass wir die richtige Gesamtenergie erhalten. Jede dieser Verteilungen wird **Mikrozustand** genannt. In zwei Fällen haben wir mehrere Mikrozustände, die zu den selben Zahlenwerten von n_i führen. Zum Beispiel sind n_i gleich 2, 0, 0 und 1 für die drei ersten Mikrozustände, gleich 1, 1, 1 und 0 für die nächsten 6, und 0, 3, 0 und 0 für den letzten Mikrozustand. Ein Satz von Mikrozuständen, die zu denselben Zahlenwerten von n_i führen, wird als **Makrozustand** bezeichnet. In Abb. 15.2 haben wir also drei Makrozustände, die durch die vertikalen, dünnen Linien getrennt sind.

Die Zahl der Mikrozustände, die zum selbem Makrozustand gehören, wird **Gewicht** bezeichnet, W. Unser Ziel ist es, den Makrozustand mit dem größten Gewicht zu identifizieren mit den Nebenbedingungen, dass Gl. (15.2) und (15.3) erfüllt sind.

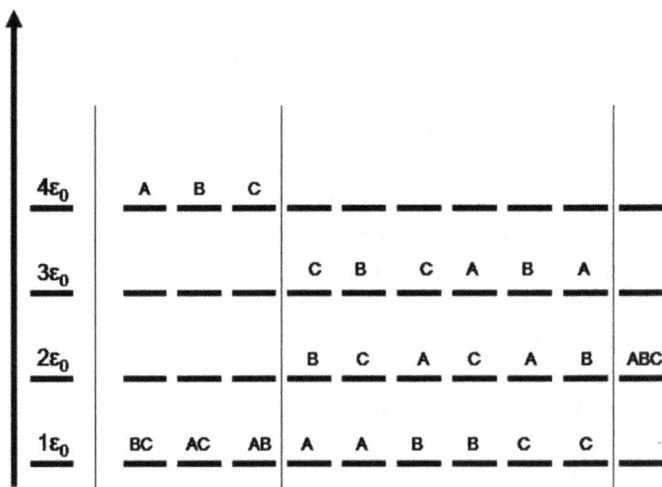

Abb. 15.2: Sehr vereinfachtes Beispiel für die Realisierung von Makrozuständen durch Mikrozustände. Links sind die Energien der Niveaus gezeigt.

15.2 Boltzmann-Verteilung

Wir werden jetzt die **Boltzmann-Verteilung** im Detail behandeln. Wie erwähnt suchen wir den Satz von $\{n_i\}$, der am wahrscheinlichsten ist. Mit Hinweis auf Abb. 15.2 bedeutet dies, dass wir den Makrozustand mit dem größten Gewicht W bestimmen wollen, also in dem Beispiel den Makrozustand mit $W = 6$.

Wir stellen uns also vor, dass wir einen Satz von $\{n_i\}$ haben, und werden jetzt bestimmen, auf wie viele Arten wir diesen Satz realisieren können. Wie wir in Abb. 15.2 sehen können, unterscheiden sich die Mikrozustände, die zum selben Makrozustand gehören, dadurch, dass die einzelnen Teilchen vertauscht sind. Haben wir deswegen einen Mikrozustand mit den N Teilchen, können wir neue Mikrozustände dadurch erhalten, dass wir die N Teilchen vertauschen. Dies können wir auf $N!$ verschiedenen Arten machen.

Diese Zahl ist aber zu groß. Wir sehen in Abb. 15.3, dass wir für Mikrozustände mit mehreren Teilchen in einem Energieniveau diese Teilchen vertauschen können, ohne dass dabei neue Mikrozustände entstehen. Zum Beispiel können wir für Energieniveaus mit $n_i = 2$ Teilchen diese beiden Teilchen vertauschen, und erhalten dabei keine neuen Mikrozustände. Für jedes Energieniveau haben wir deswegen $n_i!$ identische Mikrozustände, die wir fälschlicherweise mitgezählt haben. Also müssen wir für jedes Energieniveau durch $n_i!$ teilen und erhalten dann am Ende das Gewicht

$$W = \frac{N!}{n_0! n_1! n_2! n_3! \cdots} = \frac{N!}{\prod_i n_i!} \, . \tag{15.4}$$

Energie, ε

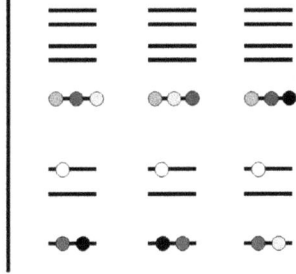

Abb. 15.3: Verschiedene Arten, sechs Teilchen auf verschiedene Energieniveaus zu verteilen. Die linke und die mittlere Verteilung sind aber identisch, während die rechte Verteilung anders ist.

Wir suchen den Satz von $\{n_i\}$ für welchen W am größten ist. Aber gleichzeitig müssen die Nebenbedingungen (15.2) und (15.3) erfüllt werden. Wenn W ein Maximum haben soll, muss auch $\ln W$ ein Maximum haben. Ein Maximum zu haben bedeutet, dass die Ableitung gleich null sein muss. Insgesamt müssen deswegen folgende Gleichungen erfüllt werden

$$\frac{\partial}{\partial n_l} \ln W = 0$$

$$N = \sum_i n_i$$

$$E = \sum_i n_i \epsilon_i \,. \tag{15.5}$$

Die zwei letzten Gleichungen stellen Nebenbedingungen dar. Um diese zu berücksichtigen, ist das Verfahren der **Lagrange-Multiplikatoren** sehr hilfreich. Statt die Größe W in Gl. (15.4) zu betrachten, untersuchen wir

$$\ln W - \alpha \left(N - \sum_i n_i \right) - \beta \left(E - \sum_i n_i \epsilon_i \right) \,. \tag{15.6}$$

Wir verlangen dann, dass

$$\frac{\partial}{\partial n_l} \left[\ln W - \alpha \left(N - \sum_i n_i \right) - \beta \left(E - \sum_i n_i \epsilon_i \right) \right] = 0$$

$$\frac{\partial}{\partial \alpha} \left[\ln W - \alpha \left(N - \sum_i n_i \right) - \beta \left(E - \sum_i n_i \epsilon_i \right) \right] = 0$$

$$\frac{\partial}{\partial \beta} \left[\ln W - \alpha \left(N - \sum_i n_i \right) - \beta \left(E - \sum_i n_i \epsilon_i \right) \right] = 0 \,. \tag{15.7}$$

Es ist leicht zu erkennen, dass die letzten beiden Gleichungen genau die Nebenbedingungen sind. Durch das Einführen der Lagrange-Multiplikatoren α und β haben wir diese Nebenbedingungen ‚durch die Hintertür' eingeführt. Genau dies ist der Vorteil der Lagrange-Multiplikatoren: Mit ihrer Hilfe können Nebenbedingungen auf relativ einfache Weise berücksichtigt werden. Der Nachteil ist eben, dass jede Nebenbedingung zu einem neuen Koeffizienten führt, dessen Wert dann auch bestimmt werden muss.

Wir betrachten zuerst nur die erste Gleichung in Gl. (15.7). Für $\ln W$ verwenden wir Stirlings Näherung,

$$
\begin{aligned}
\ln W &= \ln \frac{N!}{\prod_i n_i!} \\
&= \ln(N!) - \sum_i \ln(n_i!) \\
&\simeq (N \ln N - N) - \sum_i (n_i \ln n_i - n_i) \\
&= \left[N \ln N - \sum_i n_i \ln n_i \right] - \left[N - \sum_i n_i \right] .
\end{aligned}
\tag{15.8}
$$

Die erste Gleichung in Gl. (15.7) wird dann zu

$$
\begin{aligned}
0 &= \frac{\partial}{\partial n_l} \left[\ln W - \alpha \left(N - \sum_i n_i \right) - \beta \left(E - \sum_i n_i \epsilon_i \right) \right] \\
&= \frac{\partial}{\partial n_l} \left[\left(N \ln N - \sum_i n_i \ln n_i \right) - \left(N - \sum_i n_i \right) - \alpha \left(N - \sum_i n_i \right) \right. \\
&\qquad \left. - \beta \left(E - \sum_i n_i \epsilon_i \right) \right] \\
&= \frac{\partial}{\partial n_l} \left[-n_l \ln n_l + n_l + \alpha n_l + \beta n_l \epsilon_l \right] \\
&= -\ln n_l + \alpha + \beta \epsilon_l
\end{aligned}
\tag{15.9}
$$

oder

$$
n_l = \exp(\alpha + \beta \epsilon_l) .
\tag{15.10}
$$

Zunächst sind α und β unbekannt. Es lässt sich aber zeigen (was wir hier nicht machen werden), dass

$$
\beta = \frac{-1}{kT} .
\tag{15.11}
$$

Ferner können wir e^α durch die Nebenbedingung (15.2) bestimmen,

$$
N = \sum_i n_i = \sum_i e^{\alpha + \beta \epsilon_i} = \sum_i e^\alpha e^{\beta \epsilon_i} = e^\alpha \sum_i e^{\beta \epsilon_i} = e^\alpha \sum_i e^{-\epsilon_i/kT}
\tag{15.12}
$$

oder

$$
e^\alpha = \frac{N}{\sum_i e^{-\epsilon_i/kT}} .
\tag{15.13}
$$

Das ergibt dann den Ausdruck für die Zahl der Teilchen im l-ten Energieniveau,

$$
n_l = N \frac{e^{-\epsilon_l/kT}}{\sum_i e^{-\epsilon_i/kT}} .
\tag{15.14}
$$

Diese Formel wird auch **Boltzmanns e-Satz** genannt.

15.3 Barometrische Höhenformel

Als einfache Anwendung betrachten wir die Zahl der Teilchen, die sich in der Höhe h über dem Meeresspiegel befinden. Die Teilchen haben die Energie

$$\epsilon(h) = mgh \tag{15.15}$$

mit m und g gleich der Masse der Teilchen und der Gravitationskonstanten.

Wenn wir das in Gl. (15.14) einsetzen, finden wir

$$n(h) \propto \exp\left(\frac{-mgh}{kT}\right) . \tag{15.16}$$

Anhand dieser **barometrischen Höhenformel** sehen wir, dass die Zahl der Teilchen mit der Höhe exponentiell abnimmt („die Luft wird dünner'). Ferner nimmt die Dichte der schwereren Teilchen schneller ab als die der leichteren Teilchen.

15.4 Geschwindigkeitsverteilungen

Wir können die Boltzmann-Verteilung auch benutzen, um die Geschwindigkeitsverteilungen, die wir in Kapitel 14 verwendeten, näher zu spezifizieren. Für Teilchen, die herumfliegen, ohne miteinander zu wechselwirken, ist die Zahl derjenigen, die eine Geschwindigkeit im kleinen Volumenelement $[v_x; v_x+dv_x] \times [v_y; v_y+dv_y] \times [v_z; v_z+dv_z]$ haben, proportional zu

$$N(v_x, v_y, v_z)\, dv_x\, dv_y\, dv_z$$

$$\propto f_{xyz}(v_x, v_y, v_z)\, dv_x\, dv_y\, dv_z \propto \exp\left(-\frac{mv_x^2 + mv_y^2 + mv_z^2}{2kT}\right) dv_x\, dv_y\, dv_z . \tag{15.17}$$

Weil

$$1 = \int \int \int f_{xyz}(v_x, v_y, v_z)\, dv_x\, dv_y\, dv_z , \tag{15.18}$$

ist

$$f_{xyz}(v_x, v_y, v_z) = \left(\frac{m}{2\pi kT}\right)^{3/2} \exp\left(-\frac{mv_x^2 + mv_y^2 + mv_z^2}{2kT}\right) . \tag{15.19}$$

Die Konstante (Präfaktor) wurde eingeführt, um zu gewährleisten, dass f_{xyz} normiert ist, d. h., dass Gl. (15.18) erfüllt ist.

Mittels des Ausdrucks in Gl. (15.19) erkennen wir, dass die Bewegungen in den drei Richtungen (x, y und z) unabhängig voneinander sind (sie sind unkorreliert), weil wir schreiben können

$$f_{xyz}(v_x, v_y, v_z) = f_x(v_x) \cdot f_y(v_y) \cdot f_z(v_z) \tag{15.20}$$

mit z. B.

$$f_x(v_x) = \left(\frac{m}{2\pi kT}\right)^{1/2} \exp\left(-\frac{mv_x^2}{2kT}\right) \tag{15.21}$$

und ähnlichen Ausdrücken für die beiden anderen Komponenten.

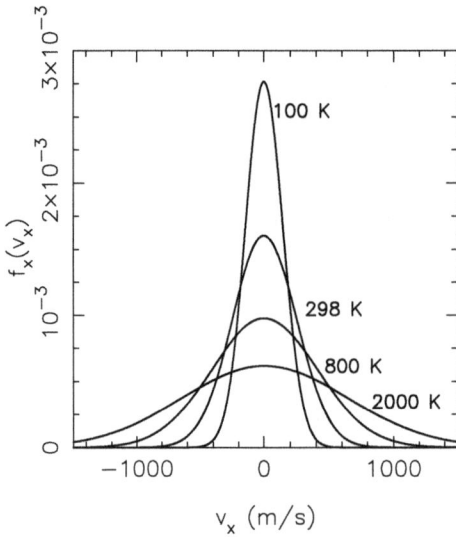

Abb. 15.4: Die Geschwindigkeitsverteilung $f_x(v_x)$ für Ar bei vier verschiedenen Temperaturen.

Die Funktion $f_x(v_x)$ stellt eine Gauß-Verteilung dar. Sie ist in Abb. 15.4 für gasförmiges Ar bei vier verschiedenen Temperaturen gezeigt.

Aus $f_{xyz}(v_x, v_y, v_z)$ können wir die Funktion $f_v(v)$ bestimmen. $f_v(v)\,dv$ ist die Wahrscheinlichkeit, dass $v = (v_x^2 + v_y^2 + v_z^2)^{1/2}$ zwischen v und $v + dv$ liegt. Diese Funktion ist gleich

$$f_v(v) = 4\pi v^2 \left(\frac{m}{2\pi kT} \right)^{3/2} \exp\left(-\frac{mv^2}{2kT} \right) \qquad (15.22)$$

und ist in Abb. 15.5 gezeigt.

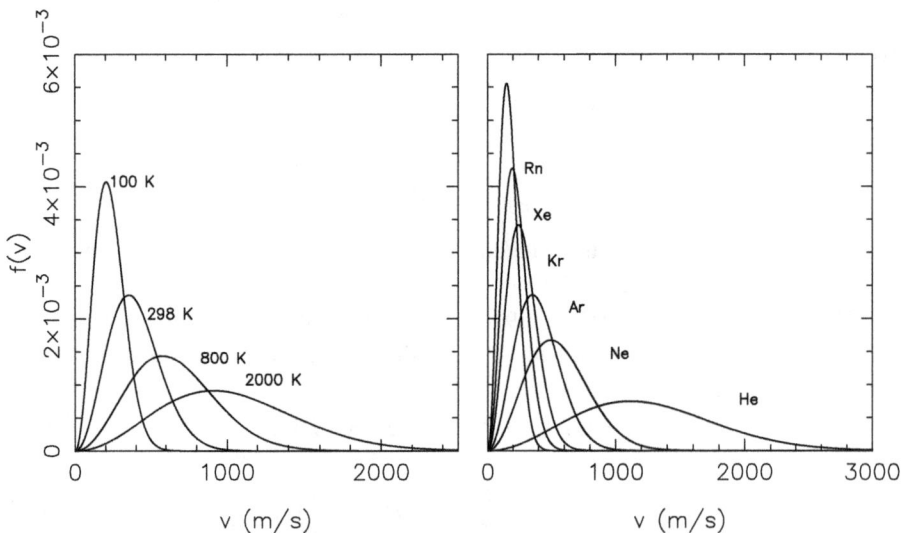

Abb. 15.5: Die Geschwindigkeitsverteilung $f_v(v)$ für Ar bei vier verschiedenen Temperaturen und für Rn, Xe, Kr, Ar, Ne und He bei 298 K.

15.5 Bose-Einstein- und Fermi-Dirac-Verteilung

Für die Boltzmann-Verteilung haben wir

$$n_l \propto \frac{1}{\exp\left(\frac{\epsilon_l - \mu_F}{kT}\right)} \tag{15.23}$$

hergeleitet, außer dass wir hier

$$\mu_F = -\alpha kT \tag{15.24}$$

eingeführt haben.

Für die Bose-Einstein-Verteilung können wir auf ähnliche Weise herleiten, dass

$$n_l \propto \frac{1}{\exp\left(\frac{\epsilon_l - \mu_F}{kT}\right) - 1} , \tag{15.25}$$

während wir für die Fermi-Dirac-Verteilung erhalten, dass

$$n_l \propto \frac{1}{\exp\left(\frac{\epsilon_l - \mu_F}{kT}\right) + 1} . \tag{15.26}$$

μ_F ist die sogenannte **Fermi-Energie**. Für $T \to 0$ gilt für die Fermi-Dirac-Verteilung

$$n_l \to \begin{cases} 1 & \epsilon_l < \mu_F \\ 0 & \epsilon_l > \mu_F \end{cases} \quad \text{für } T \to 0 . \tag{15.27}$$

Umgekehrt, für $T \to \infty$ nähern sich alle Verteilungen der Boltzmann-Verteilung.

15.6 Zustandssumme

Wir kehren zur Boltzmann-Verteilung zurück. Für diese ist es sinnvoll, die **Zustandssumme** q als Hilfsgröße einzuführen. Sie ist definiert als

$$q = \sum_i \exp\left(-\frac{\epsilon_i}{kT}\right) . \tag{15.28}$$

Auch wenn diese Größe nicht direkt messbar ist, kann man sie physikalisch/chemisch interpretieren. Dies ist in Abb. 15.6 gezeigt. Wenn wir die Energieniveaus sortieren,

$$0 = \epsilon_0 \le \epsilon_1 \le \epsilon_2 \le \cdots , \tag{15.29}$$

gilt für $T \to 0$, dass $q \to 1$. Das bedeutet, dass nur das Niveau $i = 0$ besetzt ist, während alle anderen Niveaus unbesetzt sind. Erhöhen wir T ein bisschen, fangen auch die niedrigsten Niveaus mit $i > 0$ an, besetzt zu werden, wie es in Abb. 15.6 gezeigt ist. Gleichzeitig steigt q und wird größer als 1. Für noch größere T werden noch mehr Energieniveaus teilweise besetzt, und q steigt weiter an. Durch diese Analyse kann q als **Maß für die Zahl der thermisch erreichbaren Zustände** interpretiert werden.

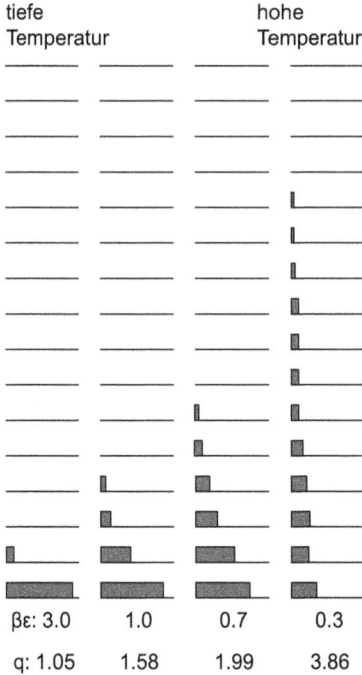

Abb. 15.6: Die Zustandssumme als Maß für die Zahl der thermisch erreichbaren Zustände. Angepasst aus dem Buch Peter W. Atkins, *Physikalische Chemie*, Wiley-VCH, 2001.

tiefe Temperatur		hohe Temperatur	
βε: 3.0	1.0	0.7	0.3
q: 1.05	1.58	1.99	3.86

Die wichtigere Bedeutung der Zustandssumme ist aber, dass unterschiedliche thermodynamische Größen mit ihrer Hilfe berechnet werden können. So ist, z. B., die Gesamtenergie (die innere Energie) des Systems gegeben durch

$$U = E$$
$$= \sum_i \epsilon_i n_i$$
$$= \sum_i \epsilon_i N \frac{e^{-\frac{\epsilon_i}{kT}}}{\sum_k e^{-\frac{\epsilon_k}{kT}}}$$
$$= NkT^2 \frac{\partial \ln q}{\partial T} . \tag{15.30}$$

Wenn wir T und U kennen, können wir im Prinzip jede andere Zustandsfunktion des Systems berechnen.

15.7 Entropie

Laut der statistischen Thermodynamik strebt ein System einem Zustand mit maximalem Gewicht entgegen. Mit Bezug auf Abb. 15.2 bedeutet das, dass das System auf den Makrozustand, der sich aus sechs Mikrozuständen zusammensetzt, zustrebt. In diesem Zustand herrscht ‚maximale Unordnung'. Darunter verstehen wir, dass wir zwar wissen, welche Energieniveaus mit wie vielen Teilchen besetzt sind, aber nicht, welche Teilchen sich in welchem Energieniveau befinden: Es gibt maximal viele Umverteilungen, die zu denselben $\{n_i\}$ führen.

Auf der anderen Seite haben wir in der klassischen Thermodynamik gelernt, dass ein System einem Zustand mit maximaler Entropie zustrebt. Es stellt sich deswegen die Frage, ob die beiden Formulierungen miteinander verknüpft sind, d. h., ob Entropie und Gewicht zusammenhängen.

Wenn wir zwei getrennte Systeme gleichzeitig betrachten, haben wir für jedes System, getrennt betrachtet, irgendwelche Gewichte, die beschreiben, auf wie viele Arten eine bestimmte Verteilung der Teilchen erreicht werden kann. Zum Beispiel können wir uns vorstellen, dass wir für das eine System $W_1 = 6$ verschiedene Mikrozustände haben, die alle zum selben Makrozustand gehören. Für das andere System hätten wir z. B. $W_2 = 8$ verschiedene Mikrozustände, die alle zum selben Makrozustand gehören. Betrachten wir beide Systeme gleichzeitig (ohne jedoch zu erlauben, dass die Teilchen von einem System zum anderen wechseln), haben wir deswegen ein gesamtes Gewicht

$$W = W_1 \cdot W_2 \,, \tag{15.31}$$

in unserem Fall $W = 6 \cdot 8 = 48$.

Die Entropie beider Systeme setzt sich additiv zusammen,

$$S = S_1 + S_2 \,. \tag{15.32}$$

Wenn es eine Beziehung zwischen W und S gibt, müsste sie dann

$$S = c \cdot \ln W \tag{15.33}$$

sein. c ist hier eine Konstante, die wir zunächst nicht kennen. Es lässt sich aber zeigen, dass c die Boltzmann-Konstante ist, also

$$S = k \cdot \ln W \,. \tag{15.34}$$

Diese Beziehung wurde zuerst von Boltzmann vorgeschlagen, wurde aber zunächst nicht so beachtet, wie Boltzmann es sich gewünscht/vorgestellt hatte. Boltzmann, der unter Depressionen litt, hat am Ende Selbstmord begangen. Ein besonderes Denkmal schmückt seinen Grabstein: die Gleichung (15.34); siehe Abb. 15.7.

Abb. 15.7: Grabstein des Grabs von Ludwig Boltzmann.

15.8 Aufgaben mit Antworten

1. **Aufgabe:** Betrachten Sie ein System, bestehend aus vier unterschiedlichen Teilchen, A, B, C und D, wobei jedes die Energien ϵ_0, $2\epsilon_0$, $3\epsilon_0$, $4\epsilon_0$, $5\epsilon_0$, $6\epsilon_0$, $7\epsilon_0$, $8\epsilon_0$, $9\epsilon_0$ und $10\epsilon_0$ haben kann. Die Gesamtenergie des System sei $10\epsilon_0$. Beschreiben Sie die verschiedenen möglichen Verteilungen der Teilchen auf den Energieniveaus sowie ihre Gewichtung. Welche Verteilung ist am wahrscheinlichsten?

Antwort: In Abb. 15.8 sind die verschiedenen Makrozustände gezeigt. Es gibt in diesem Fall insgesamt acht verschiedene Makrozustände. Bei der Berechnung des Gewichts des ersten Makrozustands erkennen wir, dass wir im Niveau 7 (mit der Energie $7\epsilon_0$) vier verschiedene Möglichkeiten haben, ein Teilchen für diesen Zustand auszuwählen. Die anderen drei Teilchen müssen dann im Niveau 1 untergebracht werden. Daraus $W_1 = 4$. Für den zweiten Makrozustand haben wir vier Möglichkeiten, das Teilchen für Niveau 6 auszuwählen und dann jeweils drei Möglichkeiten, das Teilchen für Niveau 2 auszuwählen. Die letzten beiden müssen dann im Niveau 1 untergebracht werden. Daraus $W_2 = 4 \cdot 3 = 12$. Analoge Argumente ergeben, dass wir auch für den dritten und für den vierten Makrozustand $W_3 = W_4 = 12$ haben. Für den fünften Makrozustand erhalten wir auf ähnliche Weise $W_5 = 4 \cdot 3 \cdot 2 \cdot 1 = 24$. Für die Fälle 6 und 7 haben wir zwei der vier Teilchen in einem Niveau und die zwei anderen in einem anderen. Die beiden ersten können auf sechs verschiedene Weisen ausgewählt werden, so dass $W_6 = W_7 = 6$. Der Fall 8 kann wie der Fall 1 behandelt werden, so dass $W_8 = 4$. W_5 ist am größten, und deswegen ist der Makrozustand 5 am wahrscheinlichsten.

Energie

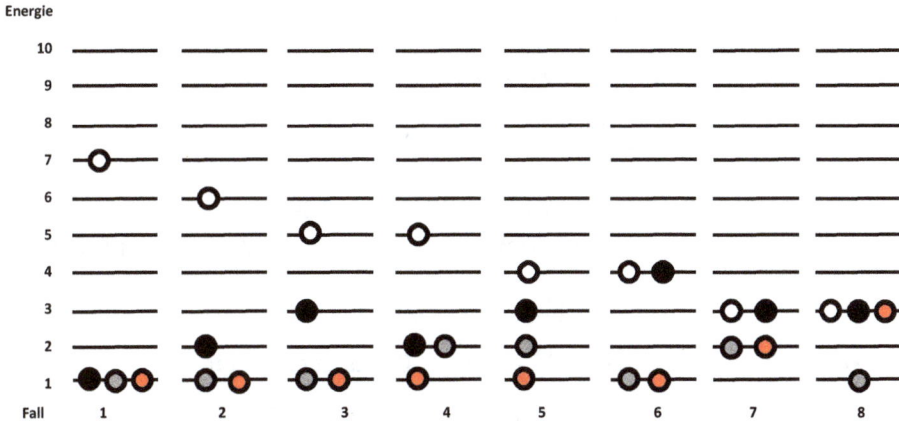

Abb. 15.8: Illustration zur Frage 1 in Kapitel 15. Für jeden Makrozustand ist nur ein Mikrozustand gezeigt.

2. **Aufgabe:** Bestimmen Sie die Zustandssumme für Teilchen, die die Energien $\epsilon_0, 2\epsilon_0, 3\epsilon_0, 4\epsilon_0, \ldots$ haben können. Bestimmen Sie daraus die durchschnittliche innere Energie der Teilchen als Funktion der Temperatur. Hinweis:

$$\sum_{i=1}^{N} x^i = \frac{x^{N+1} - x}{x - 1} \,. \tag{15.35}$$

Antwort: Die Zustandssumme ist gleich

$$\sum_i e^{-\epsilon_i/kT} = \sum_i^{\infty} e^{-i\epsilon_0/kT} = \sum_i^{\infty} \left[e^{-\epsilon_0/kT} \right]^i$$

$$= \lim_{N \to \infty} \sum_i^{N} \left[e^{-\epsilon_0/kT} \right]^i$$

$$= \lim_{N \to \infty} \frac{e^{-N\epsilon_0/kT} - e^{-\epsilon_0/kT}}{e^{-\epsilon_0/kT} - 1}$$

$$= \frac{-e^{-\epsilon_0/kT}}{e^{-\epsilon_0/kT} - 1}$$

$$= \frac{1}{e^{\epsilon_0/kT} - 1} \,. \tag{15.36}$$

3. **Aufgabe:** Betrachten Sie die Funktion $f(x, y) = x^2 + 4y^2 - 3xy$. Bestimmen Sie die Extrema von $f(x, y)$, wenn gleichzeitig $x^2 + y^2 = 1$. Hinweis: Benutzen Sie die Methode der Lagrange-Multiplikatoren.

Antwort: Wir betrachten die Funktion

$$g(x, y) = f(x, y) - \lambda \cdot (x^2 + y^2 - 1) = x^2 + 4y^2 - 3xy - \lambda \cdot (x^2 + y^2 - 1) \tag{15.37}$$

und suchen Extrema für diese. Also

$$0 \equiv \frac{\partial g}{\partial x} = 2x - 3y - 2\lambda x = (2 - 2\lambda)x - 3y$$

$$0 \equiv \frac{\partial g}{\partial y} = 8y - 3x - 2\lambda y = -3x + (8 - 2\lambda)y . \tag{15.38}$$

Diese beiden Gleichungen haben nicht triviale Lösungen [also Lösungen für $(x, y) \neq (0, 0)$; $(x, y) = (0, 0)$ würde (15.38), aber nicht die Nebenbedingung erfüllen], wenn

$$(2 - 2\lambda) \cdot (8 - 2\lambda) - 3 \cdot 3 = 0 \tag{15.39}$$

oder $4\lambda^2 - 20\lambda + 7 = 0$ oder $\lambda^2 - 5\lambda + \frac{7}{4} = 0$. Das ist erfüllt für

$$\lambda = \frac{5}{2} \pm \left[\frac{25}{4} - \frac{7}{4} \right]^{1/2} = \frac{5 \pm 3\sqrt{2}}{2} . \tag{15.40}$$

Setzen wir das in eine der beiden Gleichungen (15.38) ein, erhalten wir

$$(2 - 5 \mp 3\sqrt{2})x - 3y = 0 \tag{15.41}$$

oder

$$y = \frac{2 - 5 \mp 3\sqrt{2}}{3}x = (-1 \mp \sqrt{2})x . \tag{15.42}$$

Aus

$$1 = x^2 + y^2 = x^2 + (1 + 2 \mp 2\sqrt{2})x^2 = (4 \mp 2\sqrt{2})x^2 \tag{15.43}$$

erhalten wir

$$x = (4 \mp 2\sqrt{2})^{-1/2} . \tag{15.44}$$

Dann ist

$$y = (-1 \mp \sqrt{2}) \cdot (4 \mp 2\sqrt{2})^{-1/2} . \tag{15.45}$$

4. **Aufgabe:** Betrachten Sie 10.000 Teilchen, die sich bei einer Temperatur T befinden. Es gilt $kT = 0{,}2$ nJ. Die Teilchen können die Energien 0, 0,1 oder 0,5 nJ besitzen. Wie viele Teilchen haben die Energie 0,1 nJ?

Antwort: Zahl der Teilchen mit einer gegebenen Energie ϵ ist gleich $n = N(\mathrm{e}^{-\epsilon/kT})/(1 + \mathrm{e}^{-0,1/0,2} + \mathrm{e}^{-0,5/0,2})$. Speziell für $\epsilon = 0{,}1$ nJ und $N = 10.000$: $n = 10.000 \cdot \mathrm{e}^{-0,5}/(1 + \mathrm{e}^{-0,5} + \mathrm{e}^{-2,5}) = 3592$.

5. **Aufgabe:** Betrachten Sie ein Gas aus Teilchen, welche die Energien $-kT_0$ und $+2kT_0$ besitzen können (k ist die Boltzmann-Konstante). Bestimmen Sie die Temperatur T, bei welcher die durchschnittliche Energie gleich null ist.

Antwort: Die durchschnittliche Energie ist gleich

$$\langle \epsilon \rangle = \frac{-kT_0 \mathrm{e}^{kT_0/kT} + 2kT_0 \mathrm{e}^{-2kT_0/kT}}{\mathrm{e}^{kT_0/kT} + \mathrm{e}^{-2kT_0/kT}} . \tag{15.46}$$

Diese ist gleich null, wenn

$$0 = -kT_0 e^{kT_0/kT} + 2kT_0 e^{-2kT_0/kT} \tag{15.47}$$

oder

$$e^{T_0/T} = 2e^{-2T_0/T} \tag{15.48}$$

oder

$$e^{3T_0/T} = 2 . \tag{15.49}$$

Daraus

$$T = \frac{3T_0}{\ln 2} . \tag{15.50}$$

6. **Aufgabe:** Bei $T = 300\,\text{K}$ findet man 10^{23} Teilchen eines Stoffs mit einer Energie von $1\,\text{kJ/mol}$. Wie viele Teilchen haben dann die Energie $2\,\text{kJ/mol}$? $R = 8{,}31441\,\text{J/(K mol)}$.

   Antwort: Die Zahl der Teilchen mit einer Energie e ist gleich

$$n(e) = N\frac{\exp(-e/kT)}{q} . \tag{15.51}$$

Daraus:

$$n(e_2) = n(e_1) \cdot e^{-(e_2-e_1)/kT} = n(e_1) \cdot e^{-N_A(e_2-e_1)/RT} . \tag{15.52}$$

In unserem Fall:

$$n(e_2) = 10^{23} \cdot \exp\left[\frac{(1-2)\,\text{kJ/mol}}{8{,}31441\,\text{J/(mol K)} \cdot 300\,\text{K}}\right] = 0{,}6697 \cdot 10^6 . \tag{15.53}$$

7. **Aufgabe:** Für zwei Systeme, die nicht miteinander wechselwirken, ist $W_1 = 3 \cdot 10^{128}$ und $W_2 = 5 \cdot 10^{130}$. Bestimmen Sie daraus W sowie die Entropie des Gesamtsystems, bestehend aus den zwei nicht wechselwirkenden Systemen. Die Boltzmann-Konstante ist $k = 1{,}3806505 \cdot 10^{-23}\,\text{J/K}$.

   Antwort: $S = k \ln W$ und $W = W_1 \cdot W_2$. Daraus

$$S = k \ln(W_1 \cdot W_2)$$

$$= 1{,}3806505 \cdot 10^{-23}\,\frac{\text{J}}{\text{K}} \cdot \ln(15 \cdot 10^{258})$$

$$= 8{,}239 \cdot 10^{-21}\,\frac{\text{J}}{\text{K}} . \tag{15.54}$$

8. **Aufgabe:** Die Teilchen eines großen Systems können die Energien $-\epsilon_0$, 0 oder $+2\epsilon_0$ haben. Bei welcher Temperatur (ausgedrückt in ϵ_0/k) ist die mittlere Energie der Teilchen gleich null?

   Antwort: Die durchschnittliche Energie ist gleich $(-\epsilon_0 e^{\epsilon_0/kT} + 2\epsilon_0 e^{-2\epsilon_0/kT})/$ $(e^{\epsilon_0/kT} + 1 + e^{-2\epsilon_0/kT})$. Diese ist gleich null, wenn $0 = -\epsilon_0 e^{\epsilon_0/kT} + 2\epsilon_0 e^{-2\epsilon_0/kT}$ oder $e^{\epsilon_0/kT} = 2e^{-2\epsilon_0/kT}$ oder $e^{3\epsilon_0/kT} = 2$. Daraus $T = (3\epsilon_0)/(k \ln 2)$.

15.9 Aufgaben

1. Betrachten Sie Teilchen, die nur die drei Energieniveaus ϵ_0, $2\epsilon_0$ und $3\epsilon_0$ besetzen können. Berechnen Sie die Zustandssumme und die innere Energie der Teilchen bei einer gegebenen Temperatur.

2. Was besagt Boltzmanns e-Satz?

3. Warum ist die Luft dünner in den Bergen?

4. Erklären Sie den Begriff ‚Zustandssumme'.

5. Die Zustandssumme eines Systems mit N Teilchen ist $q = \mathrm{e}^{-e_0/kT}/(\mathrm{e}^{-e_0/kT}+\mathrm{e}^{e_0/kT})$. Bestimmen Sie die Gesamtenergie des Systems.

6. Vergleichen Sie Mikro- und Makrozustände.

7. Erklären Sie kurz, warum die Entropie proportional zu $\ln W$ sein soll.

8. Skizzieren Sie die Mikro- und Makrozustände eines Systems, bestehend aus vier Teilchen. Jedes Teilchen kann die Energie ϵ_0, $2\epsilon_0$, $3\epsilon_0$ oder $4\epsilon_0$ besitzen, und die Gesamtenergie des Systems beträgt $8\epsilon_0$.

9. Teilchen, die der Boltzmann Statistik gehorchen, können drei verschiedene Energien haben: $-kT_0$, 0 und $+kT_0$, wobei k die Boltzmann-Konstante ist. Bestimmen Sie den Anteil der Teilchen, welche die Energie $-kT_0$ haben, wenn die Temperatur gleich T_0 ist.

10. Beschreiben Sie die Unterschiede zwischen Boltzmann Statistik, Fermi-Dirac Statistik und Bose-Einstein Statistik.

11. Teilchen, die der Boltzmann Statistik gehorchen, können zwei verschiedene Energien haben: $-kT_0$ und 0, wobei k die Boltzmann-Konstante ist. Bestimmen Sie die Temperatur, bei welcher der Anteil der Teilchen, welche die Energie $-kT_0$ haben, 0,8 ist. Die Temperatur soll mit Hilfe von T_0 ausgedrückt werden.

12. Bei $T = 300\,\mathrm{K}$ findet man 10^6 Teilchen eines Stoffs mit einer Energie von $1\,\mathrm{kJ/mol}$. Wie viele Teilchen haben dann die Energie $1{,}5\,\mathrm{kJ/mol}$? $R = 8{,}31441\,\mathrm{J/(K\,mol)}$.

13. Bei einer Temperatur T findet man $4\cdot10^8$ Teilchen mit einer Energie E_0 und $2\cdot10^4$ Teilchen mit einer Energie $2\,E_0$. Bestimmen Sie daraus kT (ausgedrückt in E_0).

14. Die Teilchen eines großen Systems können die Energie $-2\epsilon_0$ oder $+3\epsilon_0$ haben. Bei welcher Temperatur (ausgedrückt in ϵ_0/k) ist die mittlere Energie der Teilchen gleich null?

16 Ein bisschen praktische Mathematik III

16.1 Komplexe Zahlen

In diesem Kapitel werden wir kurz einige mathematische Begriffe behandeln, die wir anschließend für die Einführung in die Quantentheorie brauchen. Als erstes diskutieren wir **komplexe Zahlen.**

Komplexe Zahlen bestehen aus zwei Teilen und werden als

$$z = x + iy \tag{16.1}$$

geschrieben. Am einfachsten ist es, die Zahlen in einer zwei-dimensionalen Ebene darzustellen, wie in Abb. 16.1 gezeigt. x wird als Realteil von z bezeichnet, und y als Imaginärteil,

$$x = \text{Re}(z)$$
$$y = \text{Im}(z) . \tag{16.2}$$

Hierbei ist i die imaginäre Einheit; sie erfüllt

$$i^2 = -1 . \tag{16.3}$$

Aus einer beliebigen komplexen Zahl z kann man die **komplex konjugierte Zahl** bilden, indem man das Vorzeichen des Imaginärteils ändert,

$$z^* = x - iy . \tag{16.4}$$

Wie wir sehen, wird die komplex konjugierte Zahl durch einen Stern gekennzeichnet. Es gilt dann

$$z \cdot z^* = (x + iy)(x - iy) = (x)^2 - (iy)^2 = x^2 + y^2 = r^2 , \tag{16.5}$$

wobei r der Betrag der Zahl z ist. Wie in Abb. 16.1 gezeigt, ist r der Abstand von z (und auch von z^*) zum Koordinatenursprung.

$$z \cdot z^* = z^* \cdot z = |z|^2 \tag{16.6}$$

ist immer eine nicht negative, reelle Zahl.

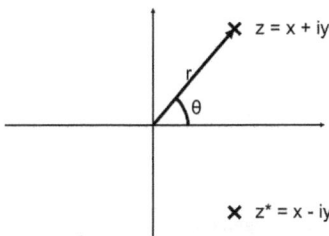

Abb. 16.1: Eine komplexe Zahl und ihre komplex konjugierte Zahl.

https://doi.org/10.1515/9783110636932-016

Wenn man neben r auch den Winkel θ definiert (Abb. 16.1),

$$\theta = \begin{cases} \arccos \dfrac{x}{r} & y > 0 \\[2mm] -\arccos \dfrac{x}{r} & y < 0 \,, \end{cases} \tag{16.7}$$

und **Eulers Satz** benutzt,

$$e^{is} = \cos(s) + i\sin(s) \,, \tag{16.8}$$

kann man z und z^* auch schreiben als

$$z = re^{i\theta}$$
$$z^* = re^{-i\theta} \,. \tag{16.9}$$

16.2 Kugelkoordinaten

Unsere Welt ist dreidimensional, und um einen Punkt eindeutig zu definieren, brauchen wir deswegen drei Koordinaten. Oft benutzen wir dabei die kartesischen Koordinaten, (x, y, z). Für diese gilt

$$-\infty < x < \infty$$
$$-\infty < y < \infty$$
$$-\infty < z < \infty \,. \tag{16.10}$$

Aber auch anderen Typen von Koordinaten sind möglich, solange sie eindeutig einen beliebigen Punkt festlegen können. Sphärische Koordinaten, auch Kugelkoordinaten genannt, werden häufig verwendet, nicht weil sie ‚richtiger‘ sind, sondern weil sie zweckmäßiger sind.

Die Kugelkoordinaten sind in Abb. 16.2 gezeigt. Sie bestehen aus drei Koordinaten: einem Abstand und zwei Winkeln. r ist der Abstand des Punkts zum Koordinatenursprung. θ beschreibt den Winkel zwischen der z-Achse und dem Vektor vom Koordinatenursprung zum Punkt. Und ϕ ist der Winkel zwischen der x-Achse und der

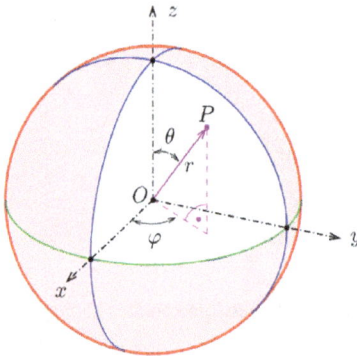

Abb. 16.2: Definition von Kugelkoordinaten.

Projektion des Vektors vom Koordinatenursprung zum Punkt in der (x, y)-Ebene. Es gilt

$$0 \leq r < \infty$$
$$0 \leq \theta \leq \pi$$
$$0 \leq \phi < 2\pi . \qquad (16.11)$$

Ferner können x, y und z durch r, θ und ϕ ausgedrückt werden,

$$x = r \sin \theta \cos \phi$$
$$y = r \sin \theta \sin \phi$$
$$z = r \cos \theta , \qquad (16.12)$$

und umgekehrt gilt

$$r = \left(x^2 + y^2 + z^2\right)^{1/2}$$
$$\theta = \arccos \frac{z}{r}$$
$$\phi = \begin{cases} \arccos \dfrac{x}{(x^2 + y^2)^{1/2}} & y > 0 \\[2mm] -\arccos \dfrac{x}{(x^2 + y^2)^{1/2}} & y < 0 . \end{cases} \qquad (16.13)$$

Später werden wir auch verwenden müssen, dass der Laplace-Operator

$$\nabla^2 = \frac{\partial^2}{\partial x^2} + \frac{\partial^2}{\partial y^2} + \frac{\partial^2}{\partial z^2} \qquad (16.14)$$

in Kugelkoordinaten als

$$\nabla^2 = \frac{\partial^2}{\partial r^2} + \frac{2}{r}\frac{\partial}{\partial r} + \frac{1}{r^2 \sin^2 \theta}\frac{\partial^2}{\partial \phi^2} + \frac{1}{r^2 \sin \theta}\frac{\partial}{\partial \theta} \sin \theta \frac{\partial}{\partial \theta} \qquad (16.15)$$

ausgedrückt wird.

16.3 Operatoren

Funktionen sind in gewisser Weise Kästen, in die man Zahlen steckt, und aus denen Zahlen wieder herauskommen. Beispiele für Funktionen sind

$$f_1(s) = 2s^2$$
$$f_2(x, y) = xy^2$$
$$f_3(a, b, c) = \begin{pmatrix} a + b \\ a - c \end{pmatrix} . \qquad (16.16)$$

Bisher haben wir gesehen, wie alle möglichen physikalisch-chemischen Größen mit Hilfe von Funktionen ausgedrückt werden können. In der Quantentheorie wird das nicht mehr der Fall sein, und stattdessen werden wir Operatoren verwenden müssen.

Auch Operatoren können in gewisser Weise als Kästen aufgefasst werden. Aber bei Operatoren werden Funktionen hineingesteckt, und Funktionen kommen wieder heraus. Wir werden Operatoren durch ein Dach ˆ kennzeichnen. Beispiele für Operatoren sind dann

$$\hat{A}_1 g_1(x) = \frac{\mathrm{d}}{\mathrm{d}x} g_1(x)$$

$$\hat{A}_2 g_2(s, t) = \frac{\partial g_2}{\partial s} + 2 \frac{\partial^2 g_2}{\partial t^2}$$

$$\hat{A}_3 g_3(v) = \int\limits_{-\infty}^{v} g_3(v') \, \mathrm{d}v'$$

$$\hat{A}_4 g_4(z) = z \cdot g_4(z) . \tag{16.17}$$

16.4 Eigenfunktionen und Eigenwerte

Wir betrachten irgendeinen Operator $\hat{A}$. Funktionen f_i, für die

$$\hat{A} f_i = a_i f_i \tag{16.18}$$

erfüllt ist, heißen **Eigenfunktionen** zum Operator $\hat{A}$. a_i soll dabei eine Konstante sein, die als **Eigenwert** bezeichnet wird. Verschiedene Eigenfunktionen (gekennzeichnet durch verschiedene i) können verschiedene Eigenwerte haben.

Als Beispiel können wir

$$\hat{A} = \frac{\mathrm{d}}{\mathrm{d}x} \tag{16.19}$$

betrachten. Alle Funktionen

$$f_i(x) = c_i \cdot \exp(a_i x) \tag{16.20}$$

(c_i und a_i sind Konstanten) sind Eigenfunktionen zu $\hat{A}$, und a_i sind die Eigenwerte.

16.5 Aufgaben mit Antworten

1. **Aufgabe:** Welche der folgenden Funktionen sind Eigenfunktionen des Operators $\mathrm{d}/\mathrm{d}x$? Geben Sie jeweils den Eigenwert an. (a) e^{ikx}; (b) $\cos(kx)$; (c) k; (d) kx; (e) e^{-ax^2}.

Antwort: Eine Funktion $f(x)$ ist Eigenfunktion des Operators $\mathrm{d}/\mathrm{d}x$, wenn gilt, dass $\mathrm{d}/\mathrm{d}x(f(x)) = c \cdot f(x)$. c ist dann der Eigenwert. (a): $\mathrm{d}/\mathrm{d}x(e^{ikx}) = ike^{ikx}$. Ist Eigenfunktion, und Eigenwert ist ik. (b): $\mathrm{d}/\mathrm{d}x(\cos(kx)) = -k\sin(kx)$. Ist keine Eigenfunktion (außer für $k = 0$. Dann ist der Eigenwert gleich 0). (c): $\mathrm{d}/\mathrm{d}x(k) = 0$. Ist

Eigenfunktion, und Eigenwert ist 0. (d): $d/dx(kx) = k$. Ist keine Eigenfunktion (außer für $k = 0$. Dann ist der Eigenwert gleich 0). (e): $d/dx(e^{-ax^2}) = -2axe^{-ax^2}$. Ist keine Eigenfunktion (außer für $a = 0$. Dann ist der Eigenwert gleich 0).

16.6 Aufgaben

1. Welche der folgenden Funktionen sind Eigenfunktionen des Inversionsoperators $\hat{I}$, der überall x durch $-x$ ersetzt? Wie lautet jeweils der Eigenwert? (a) $x^3 - kx$; (b) $\cos(kx)$; (c) $x^2 + 3x - 1$.

2. Welche der folgenden Funktionen sind Eigenfunktionen des Operators d^2/dx^2? Geben Sie jeweils den Eigenwert an. (a) e^{ikx}; (b) $\cos(kx)$; (c) k; (d) kx; (e) e^{-ax^2}.

3. Zeigen Sie, dass die Funktionen $a \cdot x^n$ (mit a und n als Konstanten) Eigenfunktionen zum Operator $x \cdot d/dx$ sind, und bestimmen Sie die zugehörigen Eigenwerte.

4. Bestimmen Sie die Werte von a und n, für welche die Funktion $f(x) = x^n \cdot e^{ax}$ eine Eigenfunktion zum Operator d/dx ist. Welchen Wert hat dann der Eigenwert?

17 Warum Quantentheorie?

17.1 Einleitung

Die Quantentheorie bildet die Basis für das Verständnis der chemischen Bindung und die theoretische Grundlage für die Spektroskopie. Wegen der großen Bedeutung der Spektroskopie bei der Charakterisierung von Materialien und der chemischen Bindung in der Rationalisierung von chemischen Befunden ist ein gutes Verständnis der Quantentheorie ein wichtiger Bestandteil der Chemie. Ferner bildet die Quantentheorie auch die Grundlagen für das Gebiet des *Chemical Modelling*, womit Eigenschaften, Strukturen, Reaktionswege, etc. mit Hilfe von Computerrechnungen untersucht werden.

Die Quantentheorie und die Relativitätstheorie werden als die zwei wichtigsten Entwicklungen der Physik im 20. Jahrhundert bezeichnet. Die Quantentheorie wird wichtig, wenn man Objekte betrachtet, die sehr klein sind (z. B. Elektronen und Atome), während die Relativitätstheorie wichtig wird, wenn die Objekte sich sehr schnell bewegen. In beiden Fällen treten Phänomene auf, die wir aus unserem Alltag nicht kennen. Für den interessierten Leser kann das Buch von George Gamow, *Mr. Tompkins im Wunderland*, empfohlen werden. In diesem Buch wird beschrieben, wie eine Welt aussehen würde, wenn entweder Quanteneffekte oder relativistische Effekte in unserem Alltag spürbar wären. Das Buch ist als Unterhaltung gedacht. Der Autor war ein tüchtiger Wissenschaftler, der es gleichzeitig verstand, Wissenschaft für den Laien darzustellen.

Bevor diese beiden Theorien entwickelt wurden, war man, in der zweiten Hälfte des 19. Jahrhunderts, in einer Situation, die oft mit unserer heutigen verglichen wird. Man war weitgehend davon überzeugt, dass alle wichtigen Gesetzmäßigkeiten in den Naturwissenschaften bekannt waren, und man diese ‚nur' auf alle möglichen Fragestellungen anzuwenden brauchte. Dass sich innerhalb von wenigen Jahren alles ändern würde, war nicht vorhersehbar. Ob auch wir demnächst auf ähnliche Weise eine Revolution in den Naturwissenschaften erleben werden, ist eine offene Frage.

Hier sollen nur kurz einige Vorstellungen der klassischen Physik diskutiert werden, die später mit der Einführung der Quantentheorie als nicht immer gültig erkannt worden sind. ‚Nicht immer' bedeutet, dass die klassische Physik immer noch als ausreichend genau betrachtet werden muss, wenn es um makroskopische Objekte geht – z. B. um eine Rakete zum Mond zu schicken.

Laut der klassischen Physik gilt:
- Orts- und Impulskoordinaten sind unabhängig voneinander und können beliebige Werte annehmen.
- Kennt man die Orts- und Impulskoordinaten eines Objekts zu einem bestimmten Zeitpunkt sowie alle Kräfte, die auf das Objekt wirken, können die Orts- und Impulskoordinaten zu jedem späteren Zeitpunkt im Prinzip beliebig genau berechnet werden.

https://doi.org/10.1515/9783110636932-017

- Die Energie eines Objekts kann jeden beliebigen Wert annehmen.
- Ein Teil der Physik beschäftigt sich mit Körpern, während ein anderer Teil sich mit Wellen beschäftigt. Die beiden Teile haben kaum etwas miteinander zu tun.

17.2 Strahlung eines schwarzen Körpers

Ein schwarzer Körper mit einer bestimmten Temperatur emittiert elektromagnetische Strahlung. Diese Strahlung ist zusammengesetzt aus Strahlung aller möglichen Wellenlängen λ und das ganze Spektrum hängt von der Temperatur des Körpers ab, wie in Abb. 17.1 gezeigt. Als Beispiel kann man sich eine Herdplatte vorstellen, die erhitzt wird. Dadurch ändert sich ihre Farbe von Schwarz über Rot und Orange bis hin zu Hellgelb.

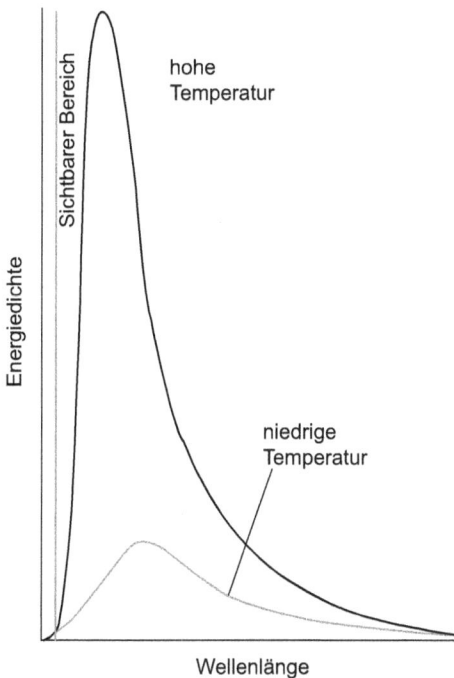

Abb. 17.1: Strahlung eines schwarzen Körpers laut Experiment. Angepasst aus dem Buch Peter W. Atkins, *Kurzlehrbuch Physikalische Chemie*, Wiley-VCH, 2001.

Laut Wien gilt für die Wellenlänge, bei der das Spektrum ein Maximum λ_{max} besitzt, und die Temperatur T des Körpers

$$\lambda_{\mathrm{max}} \cdot T = \text{Konstante} . \tag{17.1}$$

Bevor man wusste, woher die Strahlung der Sonne tatsächlich kommt (als Folge von Kernreaktionen im Inneren der Sonne), hat man geglaubt, dass die Sonne auch einen solchen schwarzen Körper darstellt. Indem man das Spektrum der Sonne untersuchte, hat man dann vorgeschlagen, dass die Temperatur der Sonne ungefähr 6000 K sein muss (Abb. 17.2). Dies ist keine schlechte Näherung für die Temperatur an der Oberfläche der Sonne, aber weit kleiner als die mehreren 100 Millionen K, die im Inneren der Sonne herrschen.

Stefan und Boltzmann fanden ferner, dass die gesamte ausgestrahlte Energie eines schwarzen Körpers proportional zu T^4 ist.

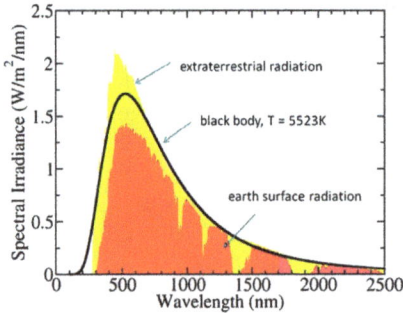

Abb. 17.2: Das Spektrum der Sonnenstrahlung im Vergleich zur Strahlung eines schwarzen Körpers mit Temperatur 5523 K.

Um die Eigenschaften eines solchen schwarzen Körpers zu erklären, schlugen Raleigh und Jeans vor, dass die Strahlung mit Hilfe von kleinen Oszillatoren beschrieben werden kann (also: ,etwas' schwingt und strahlt dabei). Mit dieser Theorie haben sie dann das Spektrum in Abb. 17.3 erhalten. Verglichen mit den experimentellen Spektren in Abb. 17.1 ist deutlich zu erkennen, dass vor allem bei kleinen Wellenlängen die Theorie von Raleigh und Jeans versagt: Statt sich wieder null zu nähern, divergiert das vorgeschlagene Spektrum. Dies passiert bei kleineren Wellenlängen als dem des sichtbaren Lichts, und deswegen wird dieses Versagen **Ultraviolettkatastrophe** genannt.

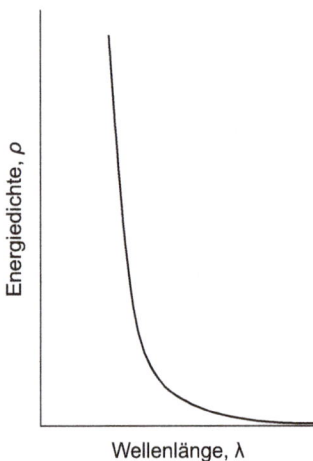

Abb. 17.3: Strahlung eines schwarzen Körpers laut der Theorie von Raleigh und Jeans. Angepasst aus dem Buch Peter W. Atkins, *Kurzlehrbuch Physikalische Chemie*, Wiley-VCH, 2001.

Max Planck hat im Jahre 1900 eine modifizierte Theorie vorgestellt, die seiner Meinung nach zeigt, dass man im Prinzip das experimentelle Spektrum erhalten kann. Ursprünglich hat er nicht ganz an die Gültigkeit dieser Theorie geglaubt und gemeint, dass andere Thesen eingeführt werden sollten als seine. Max Planck modifizierte die Theorie von Raleigh und Jeans in der Weise, dass er annahm, dass die Oszillatoren nicht jede beliebige Energie in Form von Strahlung ausstrahlen können, sondern Strahlung mit einer Frequenz v nur in Vielfachen von v ausgestrahlt werden kann,

$$E = nhv \, . \tag{17.2}$$

n ist eine ganze Zahl, und h eine Konstante – diejenige, die wir jetzt **Plancks Konstante** nennen. Mit dieser, nur leicht modifizierten Theorie erhielt Max Planck Spektren, wie das von Abb. 17.4. Es ist deutlich erkennbar, dass die experimentellen Spektren reproduziert werden können, und dass die Ultraviolettkatastrophe verschwunden ist.

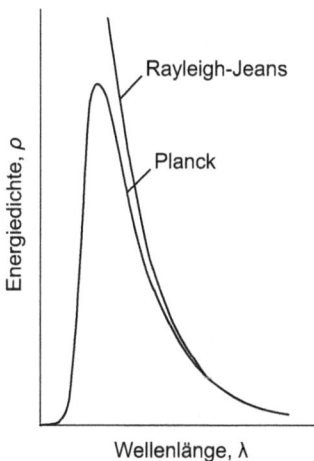

Abb. 17.4: Strahlung eines schwarzen Körpers laut der Theorie von Planck und laut der Theorie von Raleigh und Jeans. Angepasst aus dem Buch Peter W. Atkins, *Kurzlehrbuch Physikalische Chemie*, Wiley-VCH, 2001.

Max Planck präsentierte diesen Vorschlag in einer Sitzung der Deutschen Physikalischen Gesellschaft am 14. Dezember 1900 in Berlin. Dieses Ereignis wird oft als die Geburtsstunde der Quantentheorie bezeichnet.

17.3 Wärmekapazitäten fester Körper

Bei der Behandlung der kinetischen Gastheorie und vor allem bei der Diskussion der Gleichverteilung der Energie (Kapitel 14.2) haben wir erhalten, dass die molare Wärmekapazität eines elementaren Festkörpers gleich $3R$ und unabhängig von der Temperatur ist (Gesetz von Dulong und Petit). Dabei wurde angenommen, dass der Festkörper Energie nur aufnehmen kann, um Schwingungen anzuregen. Laut Experiment

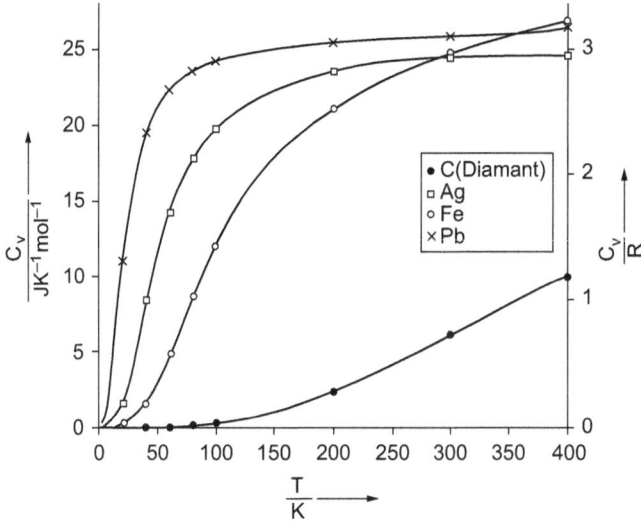

Abb. 17.5: Molare Wärmekapazität verschiedener Festkörper als Funktion der Temperatur. Angepasst aus dem Buch Gerd Wedler, *Lehrbuch der Physikalischen Chemie*, Wiley-VCH, 2004.

sieht es aber etwas anders aus; siehe Abb. 17.5. Vor allem bei niedrigen Temperaturen geht $C_V \rightarrow 0$ und ist gar nicht unabhängig von der Temperatur. Bei einigen Festkörpern stellt man auch fest, dass bei höheren Temperaturen C_V größer als $3R$ wird. Dies lässt sich dadurch erklären, dass auch Elektronen einen Beitrag zu C_V liefern, was bisher nicht berücksichtigt wurde.

Um die Abweichungen bei niedrigen Temperaturen zu erklären, schlug Albert Einstein vor, dass die Schwingungen, ähnlich wie beim schwarzen Körper, nicht jede beliebige Energie haben können. Gemäß seines Modells kann jedes Atom eines Festkörpers mit einer bestimmten Frequenz θ_E schwingen, der Einstein-Frequenz. Durch die Annahme, dass die Energie der Schwingungen nur Werte

$$E = n \cdot h \cdot \theta_E \tag{17.3}$$

(n ist eine ganze Zahl und h eine Konstante) annehmen kann, fand er eine deutlich verbesserte Beschreibung der experimentellen Ergebnisse (Abb. 17.6). Erstaunlich ist zunächst, dass die Konstante h wiederum denselben Wert hat wie oben im Fall des schwarzen Körpers. Das deutet darauf hin, dass diese Konstante eine universelle Naturkonstante ist.

Debye hat später das Modell von Einstein dadurch verbessert, dass er angenommen hat, dass die Frequenzen der Schwingungen eines Festkörpers alle Werte bis zu einem Maximalwert θ_D, der Debye-Frequenz, haben können. Für jede Frequenz θ gilt dann eine Beziehung wie Gl. (17.3),

$$E = n \cdot h \cdot \theta . \tag{17.4}$$

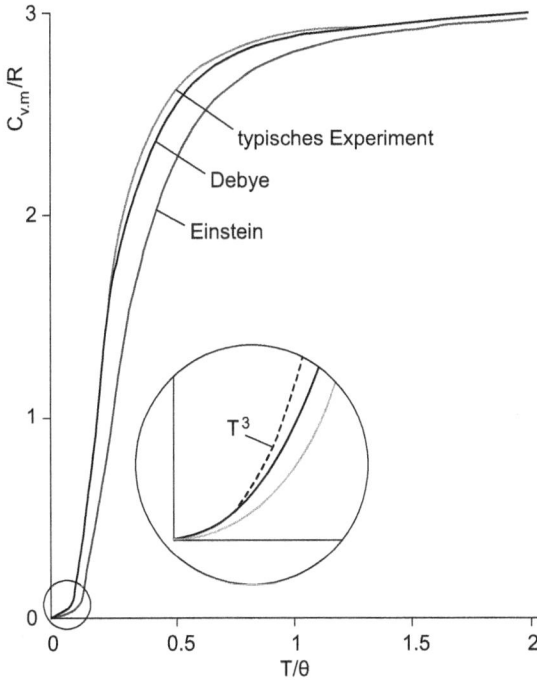

Abb. 17.6: Molare Wärmekapazität eines Festkörpers als Funktion der Temperatur laut Experiment, der Theorie von Einstein und der Theorie von Debye. Angepasst aus dem Buch Peter W. Atkins, *Kurzlehrbuch Physikalische Chemie*, Wiley-VCH, 2001.

Dadurch konnte die Übereinstimmung mit dem Experiment noch verbessert werden; siehe Abb. 17.6.

17.4 Photoelektrischer Effekt

Wenn Licht auf eine Metallplatte fällt, werden Elektronen losgerissen; siehe Abb. 17.7. Dies ist der **photoelektrische Effekt**. Die Elektronen sind geladen, so dass die losgerissenen Elektronen einen elektrischen Strom erzeugen, den man messen kann.

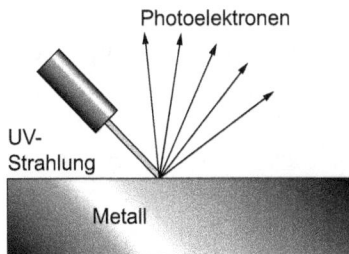

Abb. 17.7: Der photoelektrische Effekt. Angepasst aus dem Buch Peter W. Atkins, *Kurzlehrbuch Physikalische Chemie*, Wiley-VCH, 2001.

Als Funktion der Frequenz der eingestrahlten elektromagnetischen Strahlung erhält man Kurven, wie in Abb. 17.8 gezeigt. Man sieht, dass der Strom bis einer bestimmten Schwellenfrequenz verschwindet. Erstaunlich ist, dass man durch Erhöhung der Intensität der eingestrahlten elektromagnetischen Strahlung denselben Schwellenwert erhält; siehe Abb. 17.8.

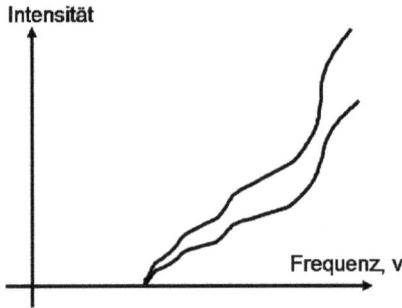

Abb. 17.8: Der photoelektrische Effekt bei zwei verschiedenen Intensitäten der eingestrahlten elektromagnetischen Strahlung.

In seinem sogenannten Wunderjahr, 1905, hat Albert Einstein diesen Effekt erklärt und später dafür den Nobelpreis in Physik erhalten. Er hat angenommen, dass die Energie der elektromagnetischen Strahlung gequantelt ist, also dass die Strahlung mit der Frequenz v in ‚Paketen' mit der Energie hv auftritt. Ein Teil dieser Energie wird dazu genutzt, ein Elektron aus dem Metall loszureißen, und der Rest wird in die kinetische Energie des Elektrons umgewandelt,

$$hv = \Phi + \frac{1}{2}mv^2 \ . \tag{17.5}$$

Φ ist die sogenannte **Austrittsarbeit**, und $\frac{1}{2}mv^2$ ist die kinetische Energie des Elektrons. Also nur wenn die Energie der Strahlung größer als die Austrittsarbeit ist, können Elektronen losgerissen werden.

Durch diese Interpretation tritt elektromagnetische Strahlung in ‚Paketen' auf, sogenannten **Photonen**. D. h., ein Phänomen, das normalerweise als Welle behandelt wird, hat auch eine Teilchennatur.

17.5 Das Doppelspaltexperiment

Wir betrachten zuerst einen langen, schmalen Kanal, der mit Wasser gefüllt ist. Wir können dort Wellen erzeugen, die sich parallel ausbreiten, wie in der linken Hälfte im unteren Teil von Abb. 17.9. Wenn wir in dem Kanal Barrieren eingebaut haben, so dass die Wellen sich nur durch zwei schmale Spalte ausbreiten können, entsteht ein faszinierendes Muster auf der anderen Seite dieser beiden Spalte, ein sogenanntes Interferenzmuster.

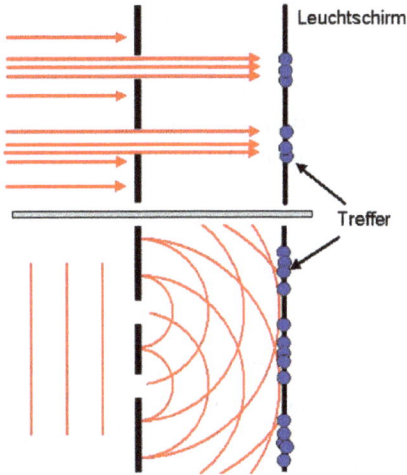

Abb. 17.9: Das Doppelspaltexperiment.

Wir wiederholen das Experiment mit Elektronen. Das bedeutet, dass wir weit weg auf der linken Seite in Abb. 17.9 eine Elektronenquelle haben. Diese erzeugt Elektronen, die von links nach rechts fliegen. Auch diese müssen durch die beiden Spalte. Wären die Elektronen kleine Teilchen, würde man auf der rechten Seite sehen, dass nur an zwei Orten diese Teilchen durch die beiden Spalten gelangen, wie im oberen Teil von Abb. 17.9 gezeigt. Mit einem Film, der durch die geladenen Elektronen dort gefärbt wird, wo die Elektronen ankommen, würde man also nur zwei Punkte sehen. Stattdessen sieht man aber ein Muster, das sehr stark dem Interferenzmuster von Wasserwellen ähnelt.

Dieses **Doppelspaltexperiment** zeigt, dass Elektronen sich nicht nur wie Teilchen verhalten, sondern auch wie Wellen. Später hat man diesen Effekt sogar bei C_{60} Moleküle nachgewiesen, die mehr als 1.000.000-mal schwerer als Elektronen sind.

17.6 Compton-Beugung

In einem Experiment zeigte Compton, dass wenn man hochenergetische elektromagnetische Strahlung (z. B. Röntgenstrahlung) auf Elektronen aufreten lässt, sich die Strahlung wie Teilchen verhält; siehe Abb. 17.10. Die Strahlung trifft ein Elektron und wird gebeugt, während das Elektron sich in eine andere Richtung bewegt. Der ganze

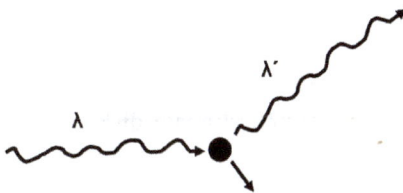

Abb. 17.10: Das Experiment von Compton.

Prozess lässt sich sehr gut beschreiben, wenn man annimmt, dass die Strahlung aus kleinen Teilchen (Photonen) besteht, und anschließend den Prozess wie einen Stoßprozess (wie bei Billardkugeln) zwischen dem Photon und dem Elektron behandelt.

Bei diesem Experiment haben wir also gesehen, dass elektromagnetische Strahlung sich nicht nur wie eine Welle verhält, sondern sich auch wie ein Teilchen verhalten kann.

17.7 Welle-Teilchen-Dualismus

Die Beispiele oben zeigen, dass in der atomaren Welt die Aufteilung in Wellen und Teilchen nicht mehr aufrechtzuerhalten ist. Die Objekte (Licht, Elektronen, ...) verhalten sich ab und zu wie Teilchen und ab und zu wie Wellen. Man spricht vom **Welle-Teilchen-Dualismus**, bzw. **Teilchen-Welle-Dualismus**.

Louis de Broglie schlug 1924 vor, dass es folgende Beziehung zwischen der Wellennatur (beschrieben durch die Wellenlänge λ) und der Teilchennatur (beschrieben durch den Impuls p) gibt,

$$\lambda = \frac{h}{p} \, . \tag{17.6}$$

17.8 Spektren

Als letztes Beispiel zeigen wir in Abb. 17.11 experimentelle Spektren. In einem Fall werden Hg-Atome zunächst angeregt (mit Hilfe elektromagnetischer Strahlung). Anschließend beobachtet man, dass die Hg-Atome ihre aufgenommene Energie wieder emittieren. Das Besondere ist, dass die emittierte Energie nur bestimmte, diskrete Werte annehmen kann.

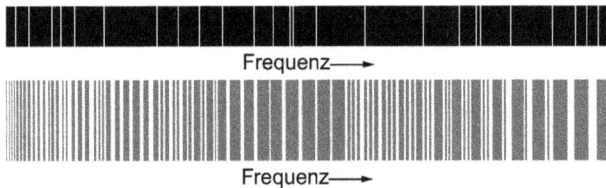

Frequenz⟶

Frequenz⟶

Abb. 17.11: Beispiel eines (oben) Emissions- und eines (unten) Absorptionsspektrums. Angepasst aus dem Buch Peter W. Atkins, *Kurzlehrbuch Physikalische Chemie*, Wiley-VCH, 2001.

Im anderen Fall misst man die Energie, die ein Gas aus ScF-Molekülen aufnehmen kann. Auch in diesem Fall erkennt man, dass die Energie nur bestimmte, diskrete Werte annehmen kann.

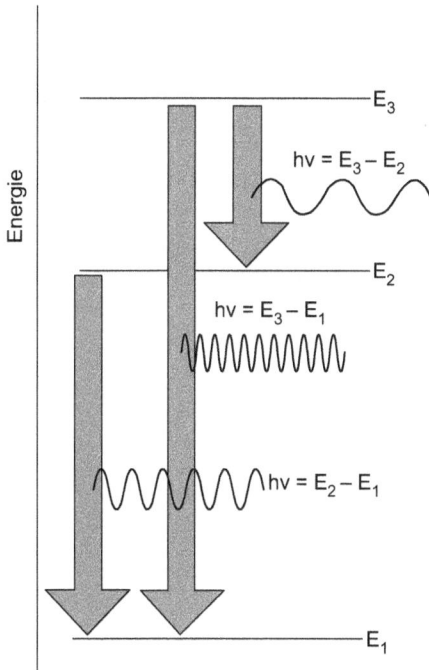

Abb. 17.12: Schematische Darstellung der Energieniveaus eines Atoms oder Moleküls sowie der ausgestrahlten Energie. Angepasst aus dem Buch Peter W. Atkins, *Kurzlehrbuch Physikalische Chemie*, Wiley-VCH, 2001.

In beiden Fällen haben wir eine Situation, die man wie in Abb. 17.12 interpretiert. Ein Molekül oder Atom kann nur ganz bestimmte Energien besitzen. Wenn das System angeregt ist, kann es die Energie wieder dadurch loswerden, dass es von einem Energieniveau zu einem anderen zurückfällt. Die Energie ΔE, die dadurch frei wird, wird in Form eines Photons ausgestrahlt, dessen Frequenz ν Folgendem gehorcht:

$$h\nu = \Delta E . \tag{17.7}$$

Umgekehrt kann das System angeregt werden, indem es ein Photon aufnimmt, dessen Frequenz Gl. (17.7) gehorcht. Dann ist ΔE der Energieunterschied zwischen End- und Anfangszustand.

Dies ist ein weiteres Beispiel dafür, dass Energie gequantelt ist. Diese Quantelung ist spezifisch für jedes System. Deswegen kann die Messung von der absorbierten oder emittierten Strahlung dazu benutzt werden, das System zu charakterisieren. Dies ist gerade die Grundlage für alle Formen von Spektroskopie.

Woher diese diskreten Energieniveaus kommen, haben wir noch nicht erklärt. Die Grundlagen dafür liefert die Schrödinger-Gleichung, die wir im nächsten Kapitel diskutieren werden.

17.9 Aufgaben mit Antworten

1. **Aufgabe:** Skizzieren Sie das Absorptionsspektrum eines Systems, das die Energien ϵ_0, $2\epsilon_0$ und $4\epsilon_0$ haben kann.

    Antwort: Ein Absorptionsspektrum hat Maxima für Energien $0 < E = h\nu = h(c/\lambda)$. Diese erfüllen $E = E_n - E_m$ mit E_n und E_m als zwei der möglichen Energien des Systems. Im vorliegenden Beispiel ist das für $E = \epsilon_0$, $E = 2\epsilon_0$ und $E = 3\epsilon_0$ der Fall. Das Spektrum sieht dann aus wie in Abb. 17.13 gezeigt.

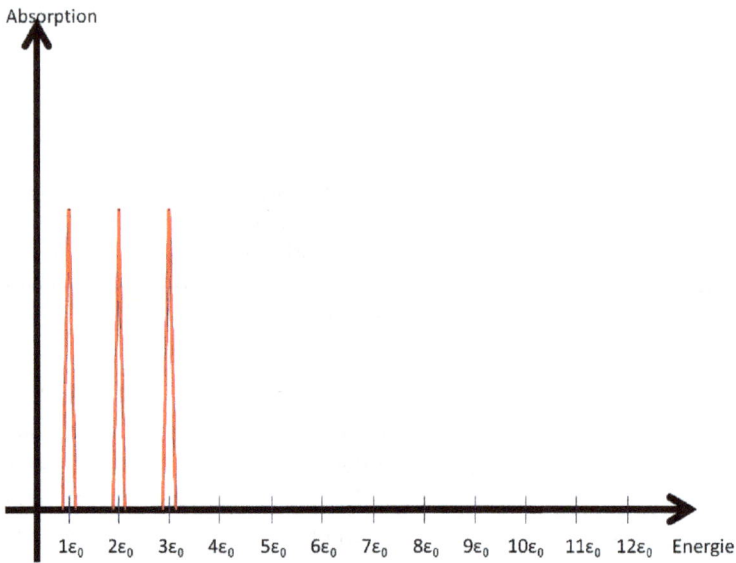

Abb. 17.13: Illustration zur Frage 1 in Kapitel 17.9.

2. **Aufgabe:** Für ein Quantensystem gibt es folgende möglichen Energien: ϵ_0, $4\epsilon_0$, $9\epsilon_0$, $16\epsilon_0$, ... Wie sieht ein Absorptionsspektrum für dieses System qualitativ aus?

    Antwort: Ein Absorptionsspektrum hat Maxima für Energien $0 < E = h\nu = h(c/\lambda)$. Diese erfüllen $E = E_n - E_m$ mit E_n und E_m als zwei der möglichen Energien des Systems. Im vorliegenden Beispiel ist das für $E = (n^2 - m^2) \cdot \epsilon_0$ mit $n > m \geq 1$ der Fall. Die kleinsten Energien sind $E = 3\epsilon_0$, $5\epsilon_0$, $7\epsilon_0$, $8\epsilon_0$, $9\epsilon_0$, $11\epsilon_0$, $12\epsilon_0$, $13\epsilon_0$, ... Das Spektrum sieht dann aus wie in Abb. 17.14 gezeigt.

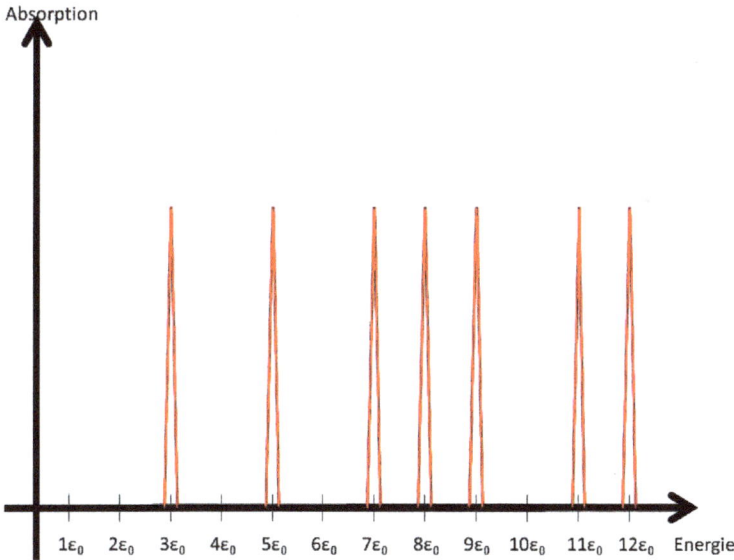

Abb. 17.14: Illustration zur Frage 2 in Kapitel 17.9.

17.10 Aufgaben

1. Für ein Quantensystem gibt es folgende mögliche Energien: $\frac{1}{2}\epsilon_0$, $\frac{3}{2}\epsilon_0$, $\frac{5}{2}\epsilon_0$, $\frac{7}{2}\epsilon_0$, ... Wie sieht ein Absorptionsspektrum für dieses System qualitativ aus?

2. Für ein Quantensystem gibt es folgende mögliche Energien: $-\epsilon_0$, $-\frac{1}{4}\epsilon_0$, $-\frac{1}{9}\epsilon_0$, $-\frac{1}{16}\epsilon_0$, ... Wie sieht ein Absorptionsspektrum für dieses System qualitativ aus?

3. Beschreiben Sie kurz zwei Experimente, die den Welle-Teilchen-Dualismus illustrieren.

4. Was beschreibt die Konstante von Planck?

5. Beschreiben Sie den Compton-Effekt.

6. Beschreiben Sie den Wellen-Teilchen Dualismus.

7. Beschreiben Sie den Begriff ‚Elektronenaustrittsarbeit'.

8. Beschreiben Sie die De-Broglie-Beziehung.

9. Vergleichen Sie die Strahlungspektren von Rayleigh-Jeans und von Planck.

10. Skizzieren Sie das Absorptionsspektrum eines Systems, das nur die Energien 0, ϵ_0 und $5\epsilon_0$ besitzen kann.

11. Vergleichen Sie graphisch das Gesetz von Dulong und Petit mit den Vorhersagen der Modelle von Einstein und Debye und mit experimentellen Befunden. Worum geht es überhaupt?

12. Erläutern Sie den Zusammenhang zwischen Spektren und Quantentheorie.

18 Basis der Quantentheorie

18.1 Die zeitabhängige Schrödinger-Gleichung

Im Jahre 1926 stellten Erwin Schrödinger und Werner Heisenberg zwei mathematisch recht unterschiedliche Theorien vor, die beide eine qualitative und quantitative Beschreibung der Quanteneffekte, die wir im letzten Kapitel diskutiert haben, liefern sollten. Kurze Zeit später zeigte sich, dass die zwei Theorien äquivalent sind. Für unsere Zwecke ist die Formulierung von Schrödinger am besten geeignet, und wir werden diese deswegen behandeln. In diesem Kapitel werden wir die Grundlagen kurz einführen. Einiges davon kann zunächst verwirrend sein, und deswegen werden wir in Kapitel 19 ein Beispiel im Detail behandeln.

Für ein Teilchen, das sich in einem externen Potenzial $V(\vec{r})$ im dreidimensionalen Raum befindet, lautet die zeitabhängige Schrödinger-Gleichung

$$-\frac{\hbar^2}{2m}\nabla^2\tilde{\psi}(\vec{r}, t) + V(\vec{r})\tilde{\psi}(\vec{r}, t) = i\hbar\frac{\partial}{\partial t}\tilde{\psi}(\vec{r}, t) \,. \tag{18.1}$$

m ist die Masse des Teilchens,

$$\hbar = \frac{h}{2\pi} = 1{,}05459 \cdot 10^{-34}\,\text{J} \cdot \text{s} \tag{18.2}$$

mit der Planck-Konstanten h, und $\tilde{\psi}(\vec{r}, t)$ ist die (zeitabhängige) Wellenfunktion. Für diese gilt, dass $|\tilde{\psi}(\vec{r}, t)|^2\,\mathrm{d}\vec{r} = \tilde{\psi}^*(\vec{r}, t)\tilde{\psi}(\vec{r}, t)\,\mathrm{d}\vec{r}$ die Wahrscheinlichkeit ist, das Teilchen in einem Volumenelement $\mathrm{d}\vec{r}$ um $\vec{r}$ zur Zeit t zu finden. Schließlich ist ∇^2 der Laplace-Operator, den wir kurz in Kapitel 16.2 diskutiert haben.

Unten werden wir die Schrödinger-Gleichung näher diskutieren.

18.2 Die zeitunabhängige Schrödinger-Gleichung

Stationäre Lösungen sind Wellenfunktionen, die ‚immer gleich aussehen'. Ein (hypothetisches) Beispiel ist in Abb. 18.1 gezeigt. Wenn man diese mit Abb. 18.2 vergleicht, bei der eine nicht stationäre Wellenfunktion gezeigt ist, ist der Unterschied (hoffentlich) klar.

Für stationäre Wellenfunktionen gilt, dass

$$\tilde{\psi}(\vec{r}, t_1) = a(t_1, t_2)\tilde{\psi}(\vec{r}, t_2) \tag{18.3}$$

für alle $\vec{r}$ und (t_1, t_2), wobei die Größe $a(t_1, t_2)$ nicht von $\vec{r}$ abhängt. Dann ist

$$\tilde{\psi}(\vec{r}, t) = \psi(\vec{r}) \cdot A(t) \,. \tag{18.4}$$

https://doi.org/10.1515/9783110636932-018

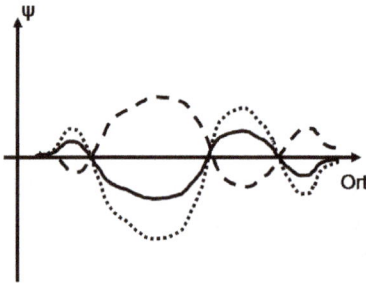

Abb. 18.1: Schematische Darstellung einer stationären Wellenfunktion zu drei verschiedenen Zeitpunkten. Die drei verschiedenen Zeitpunkte sind durch verschiedene Kurven gekennzeichnet. Man sieht, dass die drei Funktionen immer gleich aussehen, so dass sie sich paarweise nur in einem konstanten Faktor unterscheiden.

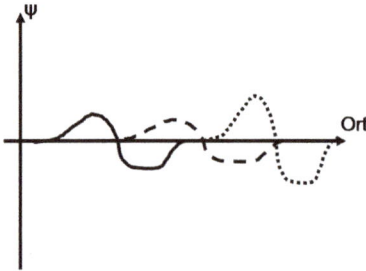

Abb. 18.2: Schematische Darstellung einer nicht stationären Wellenfunktion zu drei verschiedenen Zeitpunkten. Die drei verschiedenen Zeitpunkte sind durch verschiedene Kurven gekennzeichnet. Man sieht, dass die drei Funktionen nicht gleich aussehen, so dass sie sich paarweise in mehr als einem konstanten Faktor unterscheiden.

Setzt man dies in die zeitabhängige Schrödinger-Gleichung, Gl. (18.1), ein, erhält man, dass die stationären Lösungen die Gleichung

$$-\frac{\hbar^2}{2m}\nabla^2\psi(\vec{r}) + V(\vec{r})\psi(\vec{r}) = E\psi(\vec{r}) \tag{18.5}$$

erfüllen müssen. E ist dann die Energie des Teilchens.

Um die zeitunabhängige Schrödinger-Gleichung zu erhalten, kann man formal wie folgt vorgehen: (NB: Dies ist wirklich keine korrekte Herleitung.) Wir betrachten der Einfachheit halber ein Teilchen in einer Dimension, das sich im Potenzial $V(x)$ bewegt (Abb. 18.3). Die Gesamtenergie ist die Summe der kinetischen und der potenziellen Energie,

$$E = E_{\text{kin}} + V(x) = \frac{p^2}{2m} + V(x) \, . \tag{18.6}$$

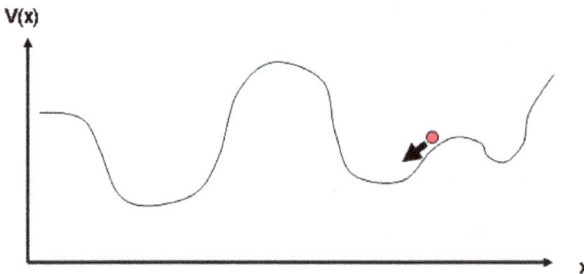

Abb. 18.3: Ein Teilchen, das sich in einem eindimensionalen Potenzial $V(x)$ befindet.

Um quantenmechanische Ausdrücke zu erhalten, muss man wissen, dass in der Quantentheorie alle Observablen nicht durch Funktionen sondern durch Operatoren ausgedrückt werden. So wird der Impuls p zum Operator

$$\hat{p} = -i\hbar \frac{d}{dx} , \tag{18.7}$$

woraus wir erhalten, dass p^2 zum Operator $-\hbar^2 (d^2/dx^2)$ wird. Setzen wir das oben ein, erhalten wir

$$E = -\frac{\hbar^2}{2m} \frac{d^2}{dx^2} + V(x) \tag{18.8}$$

oder durch ‚Multiplikation' auf beiden Seiten mit ‚irgendwas', z. B. $\psi(x)$,

$$E\psi(x) = -\frac{\hbar^2}{2m} \frac{d^2}{dx^2} \psi(x) + V(x)\psi(x) . \tag{18.9}$$

Dadurch haben wir die Schrödinger-Gleichung erhalten, ohne sie wirklich hergeleitet zu haben.

Oft führt man den Hamilton-Operator ein

$$\hat{H} = -\frac{\hbar^2}{2m} \frac{d^2}{dx^2} + V(x) , \tag{18.10}$$

wobei die zeitunabhängige Schrödinger-Gleichung die sehr bekannte Form

$$\hat{H}\psi = E\psi \tag{18.11}$$

erhält. $\hat{H}$ ist der quantenmechanische Operator für Energie.

18.3 Die Wellenfunktion

Eine Wellenfunktion ist allgemein komplex. Sie muss Folgendes erfüllen:
- Sie muss eindeutig sein.
- Sie darf in einem endlichen Intervall nicht unendlich groß werden.
- Sie muss kontinuierlich sein, obwohl sie nicht überall differenzierbar sein muss.

Beispiele für Wellenfunktionen sind in Abb. 18.4 gegeben.
Max Born hat die Wellenfunktion wie folgt interpretiert (siehe Abb. 18.5):

$$|\psi(\vec{r})|^2 \, d\vec{r} = \psi^*(\vec{r})\psi(\vec{r}) \, d\vec{r} \tag{18.12}$$

ist die Wahrscheinlichkeit, das Teilchen in einem Volumenelement $d\vec{r}$ um $\vec{r}$ zu finden. Wegen dieser Interpretation muss gelten

$$1 = \int |\psi(\vec{r})|^2 \, d\vec{r} . \tag{18.13}$$

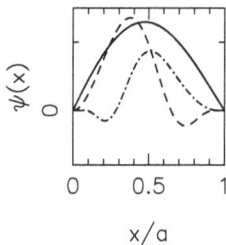

Abb. 18.4: Beispiele für Wellenfunktionen, die nur für $0 \leq x \leq a$ ungleich null sind.

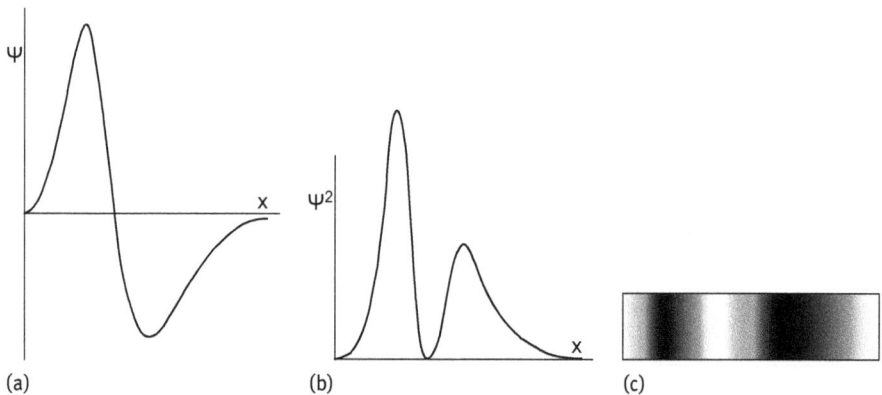

Abb. 18.5: Die Interpretation der Wellenfunktion nach Born. In (a) ist eine Wellenfunktion gezeigt, die nur reelle Werte annimmt, während (b) das Quadrat der Funktion zeigt. In (c) wird die Verteilung der Ergebnisse gezeigt, die man erhält, wenn man Ortskoordinate von vielen identischen Systemen misst. Angepasst aus dem Buch Peter W. Atkins, *Kurzlehrbuch Physikalische Chemie*, Wiley-VCH, 2001.

Gleichzeitig deutet diese Interpretation an, dass man $|\psi(\vec{r})|^2$ als Wahrscheinlichkeitsdichte (oder kurz nur Dichte) verstehen kann. Dann wird es möglich, Erwartungswerte für experimentell messbare Größen zu bestimmen. Ein Erwartungswert ist das Ergebnis, das ein Experiment im Durchschnitt liefern würde, wenn man genau dasselbe Experiment unter denselben Umständen sehr, sehr viele Male durchführen würde. Weil experimentell messbare Größen in der Quantentheorie durch Operatoren beschrieben werden (statt durch Funktionen), ist es zunächst nicht eindeutig, wie die Erwartungswerte berechnet werden. Tatsächlich verwendet man

$$\langle Q \rangle = \int \psi^*(x)\hat{Q}\psi(x)\, \mathrm{d}x = \int \psi^*(x)\left[\hat{Q}\psi(x)\right]\mathrm{d}x \,, \tag{18.14}$$

wobei wir wieder angenommen haben, dass sich das Teilchen in einer Dimension befindet. $\hat{Q}$ ist der quantenmechanische Operator für die experimentelle Größe Q, also z. B. x, x^2, $-i\hbar(\mathrm{d}/\mathrm{d}x)$ und $-\hbar^2(\mathrm{d}^2/\mathrm{d}x^2)$ für die Ortskoordinate, die quadrierte Ortskoordinate, die Impulskoordinate und die quadrierte Impulskoordinate. Der Ausdruck in Gl. (18.14) wird so berechnet, wie die letzte Identität der Gleichung zeigt: Zuerst lässt man den Operator $\hat{Q}$ auf die Wellenfunktion $\psi(x)$ operieren. Das Ergebnis wird anschließend mit $\psi^*(x)$ multipliziert, und letztendlich wird über x integriert.

18.4 Heisenbergs Unschärferelation

Werner Heisenberg präsentierte die Unschärferelationen, die seinen Namen tragen. Zum Beispiel gilt für ein Teilchen, das sich in einer Dimension bewegt, immer

$$\Delta x \cdot \Delta p \geq \frac{\hbar}{2} \, . \tag{18.15}$$

Hier ist Δx die Breite der Ortskoordinate und Δp die der Impulskoordinate (siehe Kapitel 12.4). Je größer die Breite ist, umso weniger genau ist die entsprechende Größe gegeben. Deswegen werden die Breiten auch **Unschärfen** genannt.

Mit dieser Interpretation besagt Gl. (18.15), dass Orts- und Impulskoordinaten nicht unabhängig voneinander sind. Je genauer die eine Koordinate bestimmt werden kann (also, je kleiner die zugehörige Breite ist), umso ungenauer wird die andere Koordinate. Dieser Zusammenhang zwischen Orts- und Impulskoordinaten ist deswegen eine Abweichung von der klassischen Physik, wie wir sie in Abschnitt 17.1 behandelt haben.

Für Teilchen, die sich in mehreren (z. B. drei) Dimensionen bewegen, wird Gl. (18.15) verallgemeinert zu

$$\Delta x \cdot \Delta p_x \geq \frac{\hbar}{2}$$
$$\Delta y \cdot \Delta p_y \geq \frac{\hbar}{2}$$
$$\Delta z \cdot \Delta p_z \geq \frac{h}{2} \, . \tag{18.16}$$

Für Kombinationen wie $\Delta x \cdot \Delta p_y$ gibt es keine solche Beziehung, außer dass sie alle ≥ 0 sein müssen, weil jede Unschärfe nicht negativ ist.

18.5 Aufgaben mit Antworten

1. **Aufgabe:** Die normierte Wellenfunktion sei gegeben: $\Psi(x) = (\frac{2}{\pi})^{1/4} \cdot e^{-x^2}$, $-\infty < x < \infty$. Berechnen Sie die folgenden Erwartungswerte: (a) $\langle x \rangle$; (b) $\langle x^2 \rangle$; (c) $\langle p_x \rangle$; (d) $\langle p_x^2 \rangle$; (e) Δx; (f) Δp_x. Hinweis:

$$\int_0^\infty (e^{-\alpha y^2}) \, dy = \frac{1}{2}\sqrt{\frac{\pi}{a}}$$

$$\int_0^\infty (y^2 \cdot e^{-\alpha y^2}) \, dy = \frac{1}{4\alpha}\sqrt{\frac{\pi}{a}} \tag{18.17}$$

Antwort:

$$\langle x \rangle = \int_{-\infty}^{\infty} \left(\frac{2}{\pi}\right)^{1/4} e^{-x^2} x \left(\frac{2}{\pi}\right)^{1/4} e^{-x^2} \, dx = 0 \tag{18.18}$$

aus Symmetriegründen: Integrand ist ungerade.

$$\langle x^2 \rangle = \int_{-\infty}^{\infty} \left(\frac{2}{\pi}\right)^{1/4} e^{-x^2} x^2 \left(\frac{2}{\pi}\right)^{1/4} e^{-x^2} \, dx$$

$$= \left(\frac{2}{\pi}\right)^{1/2} \int_{-\infty}^{\infty} e^{-2x^2} x^2 \, dx = 2 \left(\frac{2}{\pi}\right)^{1/2} \int_{0}^{\infty} e^{-2x^2} x^2 \, dx$$

$$= 2 \left(\frac{2}{\pi}\right)^{1/2} \frac{1}{8} \left(\frac{\pi}{2}\right)^{1/2} = \frac{1}{4} \, . \tag{18.19}$$

$$\langle p_x \rangle = \int \psi^*(x) \left[\hat{p}_x \psi(x) \right] \, dx$$

$$= \int_{-\infty}^{\infty} \left(\frac{2}{\pi}\right)^{1/4} e^{-x^2} \left[\frac{\hbar}{i} \frac{d}{dx} \left(\frac{2}{\pi}\right)^{1/4} e^{-x^2} \right] \, dx$$

$$= \int_{-\infty}^{\infty} \left(\frac{2}{\pi}\right)^{1/4} e^{-x^2} \frac{\hbar}{i} (-2x) \left(\frac{2}{\pi}\right)^{1/4} e^{-x^2} \, dx$$

$$= 0 \tag{18.20}$$

aus Symmetriegründen: Integrand ist ungerade.

$$\langle p_x^2 \rangle = \int_{-\infty}^{\infty} \left(\frac{2}{\pi}\right)^{1/4} e^{-x^2} \left[(-\hbar^2) \frac{d^2}{dx^2} \left(\frac{2}{\pi}\right)^{1/4} e^{-x^2} \right] \, dx$$

$$= \int_{-\infty}^{\infty} \left(\frac{2}{\pi}\right)^{1/4} e^{-x^2} (-\hbar^2)(-2 + 4x^2) \left(\frac{2}{\pi}\right)^{1/4} e^{-x^2} \, dx$$

$$= 2\hbar^2 \int_{-\infty}^{\infty} \left(\frac{2}{\pi}\right)^{1/4} e^{-x^2} \left(\frac{2}{\pi}\right)^{1/4} e^{-x^2} \, dx$$

$$- 4\hbar^2 \int_{-\infty}^{\infty} \left(\frac{2}{\pi}\right)^{1/4} e^{-x^2} x^2 \left(\frac{2}{\pi}\right)^{1/4} e^{-x^2} \, dx$$

$$= 2\hbar^2 - 4\hbar^2 \frac{1}{4}$$

$$= \hbar^2 \, . \tag{18.21}$$

Dann ist

$$\Delta x = \left[\langle x^2 \rangle - \langle x \rangle^2 \right]^{1/2} = \frac{1}{2} \tag{18.22}$$

und

$$\Delta p_x = \left[\langle p_x^2 \rangle - \langle p_x \rangle^2 \right]^{1/2} = \hbar . \qquad (18.23)$$

Wir können dann auch ausrechnen

$$\Delta x \cdot \Delta p_x = \frac{\hbar}{2} . \qquad (18.24)$$

18.6 Aufgaben

1. Die Wellenfunktion Ψ ist die Grundzustandseigenfunktion eines Systems für die Energie E_0. Was gilt dann für $-\Psi$? Begründen Sie die Antwort.

2. Betrachten Sie ein eindimensionales System mit einem Teilchen mit Masse M, das sich in einem Potenzial $V(x) = c \cdot x^4$ bewegt. Wie sieht die zeitunabhängige Schrödinger-Gleichung für dieses System aus?

3. Für welches Potenzial (in einer Dimension) ist $\psi(x) = N \cdot e^{-a(x-a)^2}$ (N, a und a sind Konstanten) eine Lösung zur Schrödinger-Gleichung?

4. Betrachten Sie ein Teilchen eines eindimensionalen Systems. Die Wellenfunktion des Teilchens sei $\psi(x)$. Wie bestimmt man daraus die Unschärfe im Impulsraum, Δp?

5. Erklären Sie den Unterschied zwischen der zeitabhängigen und der zeitunabhängigen Schrödinger-Gleichung. Wie kommt man von der ersten zur zweiten Gleichung?

6. Für ein Teilchen in einer Dimension ist die Wellenfunktion zu einem bestimmten Zeitpunkt $\psi(x) = N \cdot x$ für $0 \le x \le a$, $N \cdot (2a - x)$ für $a \le x \le 2a$ und ansonsten gleich 0. Bestimmen Sie die Konstante N.

19 Teilchen im Kasten

19.1 Die Schrödinger-Gleichung und ihre Lösungen

Die Anwendung der Schrödinger-Gleichung ist am besten durch ein einfaches Beispiel erläutert. Wir betrachten ein Teilchen (in einer Dimension), dass sich nur im Bereich $0 \leq x \leq a$ befinden kann, siehe Abb. 19.1. Entsprechend ist das Potenzial

$$V(x) = \begin{cases} 0 & 0 \leq x \leq a \\ \infty & \text{sonst.} \end{cases} \tag{19.1}$$

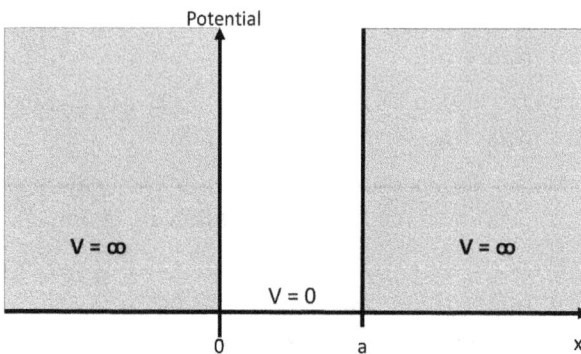

Abb. 19.1: Das Potenzial eines Teilchens in einem Kasten. In dem grauen Bereich ist das Potenzial unendlich, während innerhalb des Kastens das Potenzial gleich null ist.

Um zu verhindern, dass die Energie des Teilchens unendlich wird, muss dann gelten, dass die Wellenfunktion außerhalb des Kastens verschwindet,

$$\psi(x) = 0 , \quad x < 0 \quad \text{oder} \quad x > a . \tag{19.2}$$

Weil $\psi(x)$ kontinuierlich sein muss, muss auch gelten, dass die Wellenfunktion am Rand des Kastens verschwindet,

$$\psi(0) = \psi(a) = 0 . \tag{19.3}$$

Innerhalb des Kastens lautet die Schrödinger-Gleichung

$$-\frac{\hbar^2}{2m}\frac{d^2}{dx^2}\psi(x) = E\psi(x) . \tag{19.4}$$

Diese Gleichung hat die allgemeine Lösung

$$\psi(x) = A \cdot \sin(kx) + B \cdot \cos(kx) \tag{19.5}$$

https://doi.org/10.1515/9783110636932-019

mit

$$\frac{\hbar^2}{2m}k^2 = E .$$
(19.6)

Weil $\psi(0) = 0$, muss $B = 0$ sein. Die andere Randbedingung, $\psi(a) = 0$, bedeutet, dass

$$A \cdot \sin(ka) = 0 .$$
(19.7)

$A = 0$ ist keine akzeptable Lösung (dann würde die Wellenfunktion null sein, und das Teilchen ist verschwunden!). Stattdessen muss gelten

$$\sin(ka) = 0$$
(19.8)

oder

$$ka = n\pi$$
(19.9)

mit $n = 1, 2, 3, \ldots$.
Wir haben dann

$$\psi(x) = A \cdot \sin\left(\frac{n\pi x}{a}\right)$$
(19.10)

und

$$E = \frac{\hbar^2 n^2 \pi^2}{2ma^2} .$$
(19.11)

n ist eine ganze, positive Zahl. Man sieht, dass die Energie gequantelt ist.

Die Konstante A können wir bestimmen, wenn wir verlangen, dass die Wellenfunktion ‚normiert' ist. D. h., die gesamte Wahrscheinlichkeit, das Teilchen irgendwo zu finden, soll gleich 1 sein,

$$\int_0^a |\psi(x)|^2 \, dx = 1 ,$$
(19.12)

woraus (durch nicht ganz triviale Rechnungen) folgt:

$$A = \sqrt{\frac{2}{a}} .$$
(19.13)

Die Zahl n, welche die verschiedenen Energien und Wellenfunktionen charakterisiert, wird Quantenzahl genannt. Oft werden die Quantenzahlen explizit auf den Ausdrücken für Energie und Wellenfunktion angegeben, um diese auseinanderhalten zu können,

$$\psi(x) = \psi_n(x) = \sqrt{\frac{2}{a}} \cdot \sin\left(\frac{n\pi x}{a}\right)$$

$$E = E_n = \frac{\hbar^2 n^2 \pi^2}{2ma^2} .$$
(19.14)

Allgemein gilt, dass man so viele Quantenzahlen hat wie Dimensionen des Problems, also z. B. zwei für ein Teilchen in einem zweidimensionalen Kasten und sechs für zwei Teilchen in einem dreidimensionalen Kasten.

Aus der Herleitung oben erkennen wir auch, dass die Quantelung der Energie durch die Randbedingungen entsteht und nicht direkt aus der Differenzialgleichung (Schrödinger-Gleichung).

Letztendlich zeigen wir in Abb. 19.2 die Wellenfunktionen und deren zugehörigen Dichten [$= |\psi(x)|^2$]. Wir sehen hier deutlich, wie die erlaubten Wellenfunktionen diejenigen $\sin(kx)$-Funktionen sind, die gleich null für $x = 0$ sind, und die dann genau so oszillieren, dass sie bei $x = a$ wieder gleich null werden.

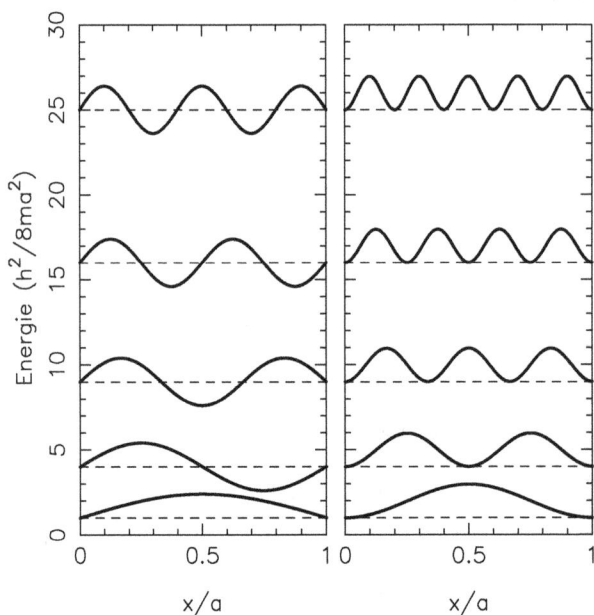

Abb. 19.2: Die Wellenfunktionen (linke Hälfte) und deren Quadrate (rechte Hälfte) für das Teilchen in einem Kasten. Die Funktionen sind gleichzeitig als Funktion der Energie dargestellt.

19.2 Zeitabhängige Lösungen

Die stationären Lösungen werden diejenigen sein, mit denen wir uns beinahe ausschließlich beschäftigen werden. Trotzdem kann es interessant sein, auch die nicht stationären Lösungen anzuschauen, auch weil wir dabei einen Vergleich zwischen klassischer Physik und Quantenphysik erhalten können.

Im oberen Teil von Abb. 19.3 zeigen wir die zeitliche Entwicklung der Dichte einer Wellenfunktion, deren Dichte ursprünglich eine Gauß-Funktion im linken Teil des Kastens ist. Man sieht, dass die Wellenfunktion zuerst breiter wird und dann später die rechte Wand trifft, an der eine Menge Oszillationen auftreten. Nach der Reflexion

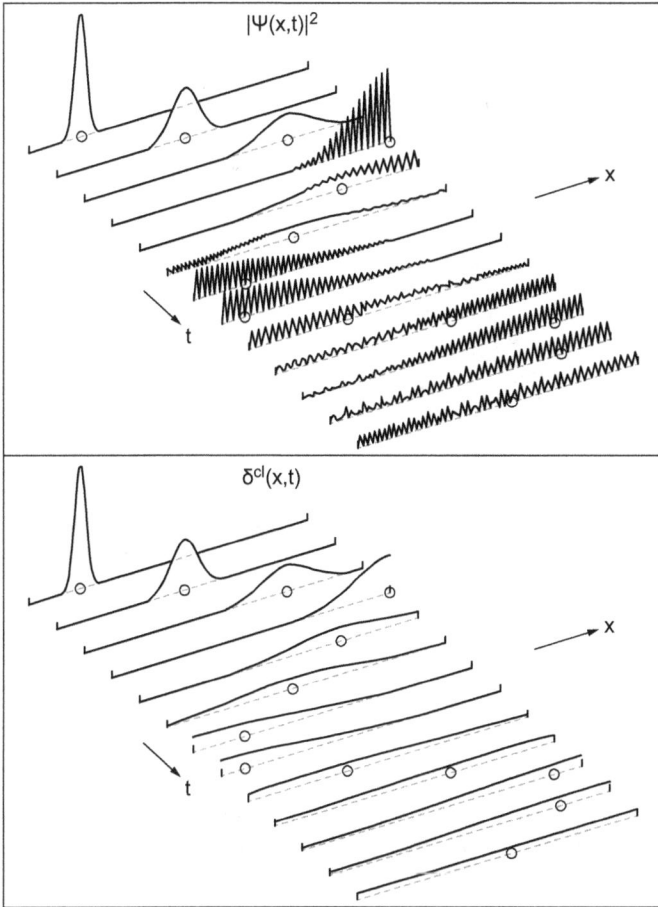

Abb. 19.3: Die zeitliche Entwicklung der Dichte einer Wellenfunktion, die sich in einem eindimensionalen Kasten befindet, im Vergleich zu einem klassischen System. Angepasst aus dem Buch S. Brandt und H. D. Dahmen, *The Picture Book of Quantum Mechanics*, Springer-Verlag, 1995.

an der rechten Wand, wird die Wellenfunktion zunehmend breiter und delokalisiert über den ganzen Kasten.

Wenn wir das mit dem Verhalten einer zähflüssigen Flüssigkeit vergleichen, die sich in einem Kasten befindet, sehen wir ein ähnliches Verhalten (unteres Bild in Abb. 19.3), obwohl die Oszillationen hier ausbleiben.

Aber betrachtet man noch längere Zeiträume, passiert Erstaunliches in der Quantenwelt. Wie Abb. 19.4 zeigt, wird die Wellenfunktion später wieder zusammenlaufen und bildet das Spiegelbild der ursprünglichen Wellenfunktion in der rechten Hälfte des Kastens. Und noch später ist die ursprüngliche Wellenfunktion wieder aufgetaucht. Dieses Verhalten ist eine klare Abweichung vom klassischen Verhalten.

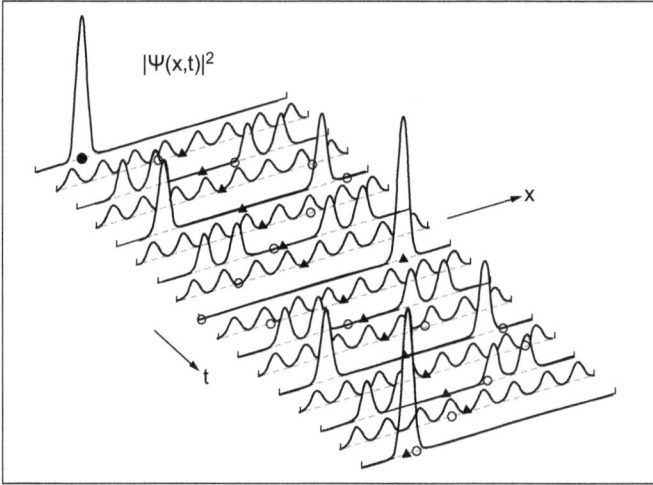

Abb. 19.4: Wie im oberen Teil von Abb. 19.3, aber über einen deutlich längeren Zeitraum. Angepasst aus dem Buch S. Brandt und H. D. Dahmen, *The Picture Book of Quantum Mechanics*, Springer-Verlag, 1995.

19.3 Erwartungswerte

Wir werden jetzt die stationären Wellenfunktionen für das Teilchen in dem eindimensionalen Kasten benutzen, um verschiedene Erwartungswerte und Unschärfen zu berechnen. Zuerst erhalten wir (indem wir ausnutzen, dass die Wellenfunktionen reell sind)

$$\langle x \rangle = \int_0^a \psi(x) x \psi(x) \, dx$$

$$= \frac{2}{a} \int_0^a x \sin^2\left(\frac{n\pi x}{a}\right) dx$$

$$= \frac{2}{a} \left[\frac{x^2}{4} - \frac{x}{4\alpha} \sin(2\alpha x) - \frac{1}{8\alpha^2} \cos(2\alpha x) \right]_0^a$$

$$= \frac{a}{2}, \tag{19.15}$$

wo wir der Einfachheit halber

$$\alpha = \frac{n\pi}{a} \tag{19.16}$$

eingeführt haben. Gleichung (19.15) zeigt, dass das Teilchen im Durchschnitt in der Mitte des Kastens zu finden ist – ein Ergebnis, das durchaus Sinn macht.

In Gl. (19.15) haben wir Integraltafeln zu Rate gezogen.

Ferner finden wir

$$\langle x^2 \rangle = \int_0^a \psi(x) x^2 \psi(x) \, dx$$

$$= \frac{2}{a} \int_0^a x^2 \sin^2\left(\frac{n\pi x}{a}\right) dx$$

$$= \frac{2}{a} \left[\frac{x^3}{6} - \frac{x}{4\alpha^2} \cos(2\alpha x) - \left(\frac{x^2}{4\alpha} - \frac{1}{8\alpha^3}\right) \sin(2\alpha x) \right]_0^a$$

$$= \frac{2}{a} \left(\frac{a^3}{6} - \frac{a}{4\alpha^2} \right)$$

$$= \frac{2}{a} \left(\frac{a^3}{6} - \frac{a^3}{4n^2\pi^2} \right)$$

$$= a^2 \left(\frac{1}{3} - \frac{1}{2n^2\pi^2} \right). \tag{19.17}$$

Aus Gl. (19.15) und (19.17) erhalten wir die Unschärfe der Ortskoordinate,

$$\Delta x = \left[\langle x^2 \rangle - \langle x \rangle^2 \right]^{1/2} = a \sqrt{\frac{1}{12} - \frac{1}{2n^2\pi^2}}. \tag{19.18}$$

Für die Impulskoordinate finden wir

$$\langle p \rangle = \int_0^a \psi(x) \frac{\hbar}{i} \frac{d}{dx} \psi(x) \, dx$$

$$= \int_0^a \psi(x) \left[\frac{\hbar}{i} \frac{d}{dx} \psi(x) \right] dx$$

$$= \frac{\hbar}{i} \frac{2}{a} \int_0^a \sin(\alpha x) \left[\frac{d}{dx} \sin(\alpha x) \right] dx$$

$$= \frac{\hbar}{i} \frac{2}{a} \alpha \int_0^a \sin(\alpha x) \cos(\alpha x) \, dx$$

$$= \frac{\hbar}{i} \frac{2}{a} \alpha \left[\frac{-1}{4\alpha} \cos(2\alpha x) \right]_0^a$$

$$= 0. \tag{19.19}$$

Dieses Ergebnis zeigt, dass es gleich wahrscheinlich ist, dass das Teilchen sich nach links oder nach rechts bewegt, was nicht überraschen kann. Ferner erkennen wir aus dem vorletzten Ausdruck, dass $\langle p \rangle$ rein imaginär wäre, wenn ungleich null, was keinen Sinn macht.

Auf ähnliche Weise erhalten wir

$$\langle p^2 \rangle = \int_0^a \psi(x) \left[\frac{\hbar}{i} \frac{d}{dx} \right]^2 \psi(x) \, dx$$

$$= \int_0^a \psi(x) \left[\frac{\hbar^2}{i^2} \frac{d^2}{dx^2} \psi(x) \right] dx$$

$$= -\hbar^2 \frac{2}{a} \int_0^a \sin(\alpha x) \left[\frac{d^2}{dx^2} \sin(\alpha x) \right] dx$$

$$= \hbar^2 \frac{2}{a} \alpha^2 \int_0^a \sin^2(\alpha x) \, dx$$

$$= \hbar^2 \alpha^2$$

$$= \frac{n^2 \pi^2 \hbar^2}{a^2} . \tag{19.20}$$

Aus Gl. (19.19) und (19.20) erhalten wir

$$\Delta p = \left[\langle p^2 \rangle - \langle p \rangle^2 \right]^{1/2} = \frac{n \pi \hbar}{a} . \tag{19.21}$$

Und dann letztendlich

$$\Delta x \cdot \Delta p = a \sqrt{\frac{1}{12} - \frac{1}{2n^2 \pi^2}} \cdot \frac{n \pi \hbar}{a}$$

$$= \left(\sqrt{\frac{n^2 \pi^2}{12} - \frac{1}{2}} \right) \hbar$$

$$\geq 0{,}568 \hbar , \tag{19.22}$$

wo wir in der letzten Zeile genau den Wert von n, 1, eingesetzt haben, der zum kleinsten Wert von $\Delta x \cdot \Delta p$ führt. Also ist Heisenbergs Unschärferelation erfüllt!

Die Gleichungen zeigen auch: Je mehr das Teilchen delokalisiert ist (je größer also a wird), umso schmaler wird die Verteilung der Impulswerte.

19.4 Kinetische Energie

Die Wellenfunktion

$$\psi(x) = \sqrt{\frac{2}{a}} \sin \left(\frac{n \pi x}{a} \right) \tag{19.23}$$

ist nur im Bereich $0 \leq x \leq a$ ungleich null. In diesem Bereich ist das Potenzial gleich null, was bedeutet, dass die Energie des Teilchens,

$$E = \frac{\hbar^2 \pi^2}{2ma^2} n^2 , \tag{19.24}$$

aus der kinetischen Energie kommt. Wir erkennen aus Gl. (19.24), dass die kinetische Energie geringer wird, wenn die Länge des Kasten breiter wird, obwohl es zunächst nicht einfach ist, die Ursache dafür zu identifizieren. Letztendlich gibt es keinen besonderen, erkennbaren Grund dafür, dass das Teilchen langsamer wird, wenn es sich in einem größeren Bereich bewegen kann.

Aber in der Quantentheorie kann die kinetische Energie mit Hilfe der Wellenfunktion im Ortsraum berechnet werden. Wir haben

$$\langle E_{\text{kin}} \rangle = \int_0^a \psi^*(x) \left[-\frac{\hbar^2}{2m} \frac{\mathrm{d}^2}{\mathrm{d}x^2} \psi(x) \right] \mathrm{d}x = -\frac{\hbar^2}{2m} \int_0^a \psi^*(x) \left[\frac{\mathrm{d}^2}{\mathrm{d}x^2} \psi(x) \right] \mathrm{d}x$$

$$= -\frac{\hbar^2}{2m} \left[\psi^*(x) \frac{\mathrm{d}}{\mathrm{d}x} \psi(x) \right]_0^a + \frac{\hbar^2}{2m} \int_0^a \frac{\mathrm{d}}{\mathrm{d}x} \psi^*(x) \frac{\mathrm{d}}{\mathrm{d}x} \psi(x) \, \mathrm{d}x$$

$$= \frac{\hbar^2}{2m} \int_0^a \frac{\mathrm{d}}{\mathrm{d}x} \psi^*(x) \frac{\mathrm{d}}{\mathrm{d}x} \psi(x) \, \mathrm{d}x = \frac{\hbar^2}{2m} \int_0^a \left| \frac{\mathrm{d}}{\mathrm{d}x} \psi(x) \right|^2 \mathrm{d}x \,, \tag{19.25}$$

wo wir benutzt haben, dass die Wellenfunktion bei $x = 0$ und $x = a$ verschwindet. Gleichung (19.25) ist allgemeingültig, wenn wir Systeme betrachten, für welche die Wellenfunktion am Rand ihres Gültigkeitsbereichs verschwindet.

Gleichung (19.25) zeigt, dass die kinetische Energie groß wird, wenn die Wellenfunktion stark oszilliert und dadurch eine große Ableitung besitzt. Für das Teilchen im Kasten bedeutet dies: Wenn der Kasten größer wird, wird die Wellenfunktion mehr ausgedehnt und gleichzeitig, wegen der Normierungskonstante, allgemein kleiner. Die Wellenfunktion oszilliert also weniger, und die kinetische Energie wird reduziert. Grundsätzlich gilt deswegen, dass die kinetische Energie am geringsten wird, wenn die Wellenfunktion so wenige Knoten wie möglich besitzt und über ein maximal großes Volumen verteilt ist.

19.5 Experimentelle Realisierungen

Das Teilchen im Kasten ist ein Modellsystem, das sich relativ leicht mathematisch behandeln lässt und gleichzeitig auch die Entstehung der Quantelung der Energie illustriert. Aber das Teilchen im Kasten liefert auch keine schlechte Beschreibung von π-Elektronen in langen, konjugierten Systemen, z. B. in β-Carotin.

In einer neueren Arbeit, *Realization of a particle-in-a-box: electron in an atomic Pd chain*, veröffentlicht in J. Phys. Chem. B **109**, 20657–20660 (2005), haben N. Nilius, T. M. Wallis und W. Ho Ergebnisse eines weiteren Systems dargestellt, das dem Teilchen im Kasten recht nahe kommt.

Mit Hilfe eines Rastertunnelmikroskops (siehe Abschnitt 20.3) haben die Autoren zuerst Ketten aus Pd-Atomen auf einer NiAl-Oberfläche erzeugt. Diese Ketten haben bis zu 20 Atome und sind linear (Abb. 19.5). Wenn Elektronen zum System dazugegeben werden, bleiben sie in Wellenfunktionen (Orbitalen), die in den Ketten lokalisiert sind, sie gehen also nicht ein in das NiAl-Substrat. Diese Wellenfunktionen ähneln denen eines Teilchens im Kasten, obwohl es auch Abweichungen davon gibt (das Sys-

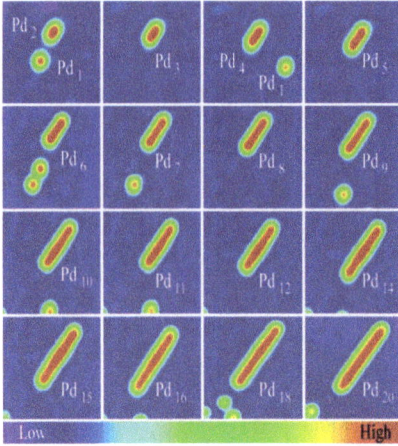

Abb. 19.5: Ketten aus Pd-Atomen auf einer NiAl-Oberfläche. Reproduziert mit freundlicher Genehmigung der American Chemical Society aus N. Nilius, T. M. Wallis und W. Ho, *Realization of a particle-in-a-box: electron in an atomic Pd chain*, J. Phys. Chem. B **109**, 20657–20660 (2005).

tem ist nicht ganz eindimensional, und das Potenzial ist nicht ganz konstant entlang der Pd-Kette). Trotzdem ähneln die Dichten denjenigen, die man für das Teilchen im Kasten findet.

Dies ist in Abb. 19.6 gezeigt. Diese Abbildung zeigt an der rechten und linken Seite Höhenlinien der Dichten verschiedener Orbitale, während die mittleren Bilder die Dichten entlang der Mitte der Kette zeigen. Die Spannungen, die angegeben sind, sind

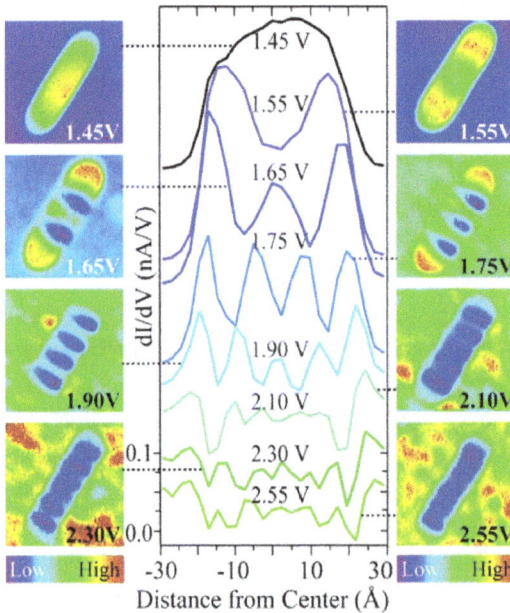

Abb. 19.6: Elektronendichten verschiedener Orbitale einer Pd_{20}-Kette. Reproduziert mit freundlicher Genehmigung der American Chemical Society aus N. Nilius, T. M. Wallis und W. Ho, *Realization of a particle-in-a-box: electron in an atomic Pd chain*, J. Phys. Chem. B **109**, 20657–20660 (2005).

die Spannungen, die man benutzt, um die Elektronen in die Pd-Kette zu injizieren. Je höher die Spannung, umso höher ist die Energie der Wellenfunktion.

Man sieht, dass für die niedrigste Spannung (1,45 V) die Dichte sehr derjenigen des energetisch niedrigsten Zustands des Teilchens im Kasten ähnelt. Auch für die nächste Dichte (1,55 V) ist eine Ähnlichkeit mit der entsprechenden Wellenfunktion des Teilchens im Kasten erkennbar. Bei höheren Spannungen wird die Ähnlichkeit langsam geringer, aber trotzdem kann man mit gutem Willen die grundlegenden Prinzipien der Wellenfunktionen des Teilchens im Kasten erkennen.

19.6 Mehrere Dimensionen

Als Beispiel betrachten wir das Teilchen in einem dreidimensionalen Kasten. Das Potenzial sei

$$V(x, y, z) = \begin{cases} 0 & 0 \le x \le a, \, 0 \le y \le b, \, 0 \le z \le c, \\ \infty & \text{sonst,} \end{cases} \tag{19.26}$$

und die (zeitunabhängige) Schrödinger-Gleichung lautet

$$\left[-\frac{\hbar^2}{2m} \left(\frac{\partial^2}{\partial x^2} + \frac{\partial^2}{\partial y^2} + \frac{\partial^2}{\partial z^2} \right) + V(x, y, z) \right] \psi(x, y, z) = E \cdot \psi(x, y, z). \tag{19.27}$$

Wir werden es nicht beweisen (dies ist leicht durch Einsetzen getan), aber die allgemeine Lösung zu Gl. (19.27) ist

$$\psi(x, y, z) = \psi_{n_x, n_y, n_z}(x, y, z) = \sqrt{\frac{8}{abc}} \sin\left(\frac{n_x \pi x}{a}\right) \sin\left(\frac{n_y \pi y}{b}\right) \sin\left(\frac{n_z \pi z}{c}\right)$$

$$E = E_{n_x, n_y, n_z} = \frac{\hbar^2 \pi^2}{2m} \left(\frac{n_x^2}{a^2} + \frac{n_y^2}{b^2} + \frac{n_z^2}{c^2} \right). \tag{19.28}$$

Wir haben hier explizit angeführt, dass die Wellenfunktion und die Energie von den drei **Quantenzahlen** n_x, n_y und n_z abhängen. Die drei Quantenzahlen sind ganze, positive Zahlen.

Ein Sonderfall tritt auf für

$$a = b = c. \tag{19.29}$$

Dann ist

$$E_{n_x, n_y, n_z} = \frac{\hbar^2 \pi^2}{2ma^2} (n_x^2 + n_y^2 + n_z^2). \tag{19.30}$$

Zum Beispiel haben dann alle Zustände für $(n_x, n_y, n_z) = (1, 8, 5)$, (1,5,8), (5,1,8), (5,8,1), (8,1,5), (8,5,1), (4,7,5), (4,5,7), (7,4,5), (7,5,4), (5,4,7) und (5,7,4) dieselbe Energie. Man spricht davon, dass diese Zustände **energetisch entartet** sind. Auch für andere Fälle von (a, b, c) gibt es solche **Entartungen**.

19.7 Aufgaben mit Antworten

1. **Aufgabe:** Die Wellenfunktion eines Quantensystems für ein Teilchen in einer Dimension sei $\psi(x) = N \cdot \sin((x\pi)/L)$ für $0 \leq x \leq L$ und 0 sonst. Wie groß ist N?

    Antwort: Die Funktion muss normiert sein,

    $$1 = \int_0^L [\psi(x)]^2 \, dx = N^2 \cdot \int_0^L \sin^2\left(\frac{\pi x}{L}\right) dx = N^2 \cdot \frac{L}{2}, \tag{19.31}$$

    woraus $N = \sqrt{2/L}$ folgt.

2. **Aufgabe:** Betrachten Sie das System aus Aufgabe 1. Wie groß ist die Wahrscheinlichkeit, das Teilchen im Intervall (a) $[0; L]$, (b) $[0; L/2]$, (c) $[0; L/4]$, (d) $[-L; L]$, (e) $[-L; 0]$, (f) $[-L/2; L/2]$ zu finden?

    Antwort: Die Wahrscheinlichkeit, das System im Bereich $a \leq x \leq b$ zu finden, ist gegeben durch:

    $$P = \int_a^b N^2 \sin^2\left(\frac{\pi x}{L}\right) dx = \frac{2}{L} \int_a^b \sin^2\left(\frac{\pi x}{L}\right) dx$$

    $$= \frac{2}{L} \frac{L}{\pi} \left[-\frac{1}{4} \sin\left(\frac{2\pi x}{L}\right) + \frac{1}{2} \frac{\pi x}{L}\right]_a^b$$

    $$= \frac{2}{\pi} \left[-\frac{1}{4} \sin\left(\frac{2\pi x}{L}\right) + \frac{1}{2} \frac{\pi x}{L}\right]_a^b. \tag{19.32}$$

    Dies gilt nur für $a \geq 0$ und $b \leq L$, weil außerhalb dieses Bereichs die Wellenfunktion gleich null ist. Ist das nicht erfüllt, wird a durch 0, bzw. b durch L ersetzt. Daraus erhalten wir folgende Ergebnisse: (a) : 1. (b) : $\frac{1}{2}$. (c) : $\frac{2}{\pi}[-\frac{1}{4} + \frac{\pi}{8}] = \frac{1}{4} - \frac{1}{2\pi}$. (d) : a wird durch null ersetzt. Dann wird das Ergebnis: 1. (e) : a wird durch null ersetzt. Dann erhalten wir: 0, (f) : a wird durch null ersetzt. Das Ergebnis ist dann: $\frac{1}{2}$.

3. **Aufgabe:** Die Energie für den Übergang $(n = 1) \rightarrow (n = 2)$ für ein Teilchen in einem Kasten mit Kantenlänge a sei ΔE. Wie groß ist dann die Energie des Übergangs $(n = 2) \rightarrow (n = 3)$ (ausgedrückt in ΔE) für ein Teilchen in einem Kasten mit Kantenlänge $2a$?

    Antwort: $E_n = ((\pi^2 \hbar^2)/(2mL^2))n^2$. m, L, und n sind Masse des Teilchens, Kastenlänge, und Quantenzahl. Mit $L = a$ haben wir

    $$E_2 - E_1 = \frac{\pi^2 \hbar^2}{2ma^2}(2^2 - 1^2) = \frac{3\pi^2 \hbar^2}{2ma^2} \equiv \Delta E.$$

    Mit $L = 2a$ haben wir

    $$E_3 - E_2 = \frac{\pi^2 \hbar^2}{8ma^2}(3^2 - 2^2) = \frac{5\pi^2 \hbar^2}{8ma^2} = \frac{5}{12}\frac{3\pi^2 \hbar^2}{2ma^2} = \frac{5}{12}\Delta E.$$

4. **Aufgabe:** Betrachten Sie zwei lineare Moleküle. Das eine Molekül ist zweimal so groß wie das andere, und die $2N$ Elektronen im kleineren sowie die $4N$ Elektronen

im größeren Molekül verhalten sich wie Teilchen in einem Kasten. Wir nehmen an, dass jedes Energieniveau mit zwei Elektronen besetzt werden kann, und dass die Energieniveaus von unten besetzt werden. Bestimmen Sie das Verhältnis der Energien der energetisch niedrigsten Anregungen der beiden Moleküle.

Antwort: Für das eine Molekül sind die Energien gegeben durch $E_{1,n} = ((\pi^2\hbar^2)/(2mL^2))n^2$. m, L, und n sind Masse des Teilchens, Kastenlänge, und Quantenzahl. Für das andere Molekül sind die Energien gegeben durch $E_{2,n} = ((\pi^2\hbar^2)/(8mL^2))n^2$. Weil wir annehmen, dass jedes Energieniveau mit zwei Elektronen besetzt werden kann, und dass die Energieniveaus von unten besetzt werden, ist die Energie der energetisch niedrigsten Anregung für das erste Molekül

$$\Delta E_1 = E_{1,N+1} - E_{1,N} = \frac{\pi^2\hbar^2}{2mL^2}\left((N+1)^2 - N^2\right) = \frac{\pi^2\hbar^2}{2mL^2}(2N+1) \ . \tag{19.33}$$

Für das zweite Molekül sind die Energien gegeben durch $E_{2,n} = ((\pi^2\hbar^2)/(8mL^2))n^2$. Dann ist die Energie der energetisch niedrigsten Anregung

$$\Delta E_2 = E_{2,2N+1} - E_{2,2N} = \frac{\pi^2\hbar^2}{8mL^2}\left((2N+1)^2 - (2N)^2\right) = \frac{\pi^2\hbar^2}{8mL^2}(4N+1)$$

$$= \frac{\pi^2\hbar^2}{2mL^2}\left(N + \frac{1}{4}\right) \ . \tag{19.34}$$

Das Verhältnis der beiden ist

$$\frac{\Delta E_1}{\Delta E_2} = \frac{2N+1}{N + \frac{1}{4}} \ . \tag{19.35}$$

5. **Aufgabe:** Bestimmen Sie die fünf niedrigsten, unterschiedlichen Energien eines Teilchens in einem zweidimensionalen Kasten, für welchen die zwei Kantenlängen $4a$ und $5a$ sind.

Antwort: Für ein Teilchen im zweidimensionalen Kasten sind die Energieniveaus

$$E_{n_x,n_y} = \frac{\hbar^2\pi^2}{2m}\left[\frac{n_x^2}{(4a)^2} + \frac{n_y^2}{(5a)^2}\right] = \frac{\hbar^2\pi^2}{2ma^2}\left[\frac{n_x^2}{16} + \frac{n_y^2}{25}\right] \ . \tag{19.36}$$

Die energetisch niedrigsten Niveaus:

$$(n_x, n_y) = (1, 1): \quad E = \frac{\hbar^2\pi^2}{2ma^2}\left(\frac{1}{16} + \frac{1}{25}\right) = \frac{\hbar^2\pi^2}{2ma^2}\frac{41}{400}$$

$$(n_x, n_y) = (1, 2): \quad E = \frac{\hbar^2\pi^2}{2ma^2}\left(\frac{1}{16} + \frac{4}{25}\right) = \frac{\hbar^2\pi^2}{2ma^2}\frac{89}{400}$$

$$(n_x, n_y) = (2, 1): \quad E = \frac{\hbar^2\pi^2}{2ma^2}\left(\frac{1}{4} + \frac{1}{25}\right) = \frac{\hbar^2\pi^2}{2ma^2}\frac{116}{400}$$

$$(n_x, n_y) = (2, 2): \quad E = \frac{\hbar^2\pi^2}{2ma^2}\left(\frac{1}{2} + \frac{4}{25}\right) = \frac{\hbar^2\pi^2}{2ma^2}\frac{164}{400}$$

$$(n_x, n_y) = (1, 3): \quad E = \frac{\hbar^2\pi^2}{2ma^2}\left(\frac{1}{16} + \frac{9}{25}\right) = \frac{\hbar^2\pi^2}{2ma^2}\frac{169}{400} \ . \tag{19.37}$$

19.8 Aufgaben

1. Die Wellenfunktion eines Quantensystems in einer Dimension sei $\psi(x) = N \cdot \sin((2(x - a)\pi)/(b - a))$ für $a \leq x \leq b$ und sonst 0. Wie groß ist N?

2. Die Wellenfunktion eines Quantensystems in zwei Dimensionen sei $\psi(x, y) = N \cdot \sin((x\pi)/L)\sin((y\pi)/L)$ für $0 \leq x, y \leq L$ und sonst 0. Wie groß ist N?

3. Die Wellenfunktion eines Quantensystems in zwei Dimensionen sei $\psi(x, y) = N \cdot \sin((x\pi)/L_x)\sin((y\pi)/L_y)$ für $0 \leq x \leq L_x$, $0 \leq y \leq L_y$, und sonst 0. Wie groß ist N?

4. Wie hängen die Energieniveaus eines Teilchens in einem eindimensionalen Kasten von der Kastenlänge ab?

5. Skizzieren Sie die Wellenfunktionen und Energien der drei energetisch niedrigsten Niveaus eines Teilchens in einem eindimensionalen Kasten.

6. Die Energie für den Übergang $(n = 2) \rightarrow (n = 3)$ für ein Teilchen in einem Kasten mit Kantenlänge $2a$ sei ΔE. Wie groß ist dann die Energie des Übergangs $(n = 1) \rightarrow (n = 2)$ (ausgedrückt in ΔE) für ein Teilchen in einem Kasten mit Kantenlänge $3a$?

7. Betrachten Sie ein Teilchen in einem zweidimensionalen Kasten mit den Kantenlängen $2a$ und a. Gibt es Entartungen für dieses System? Begründen Sie die Antwort.

8. Skizzieren Sie das Absorptionsspektrum eines Teilchens, das sich in einem eindimensionalen Kasten befindet.

9. Betrachten Sie ein Teilchen in einem eindimensionalen Kasten, $0 \leq x \leq a$. Bei welchen x-Werten hat das Teilchen die größte Wahrscheinlichkeit sich aufzuhalten, wenn das Teilchen sich im Grundzustand $n = 1$ bzw. im ersten angeregten Zustand $n = 2$ befindet? Begründen Sie die Antwort.

10. Betrachten Sie ein Teilchen (Masse m) in einem dreidimensionalen Kasten mit den Kantenlängen a, $2a$ und $4a$. Bestimmen Sie die Energieniveaus dieses Systems.

11. Bestimmen Sie die Energie für den Übergang zwischen Niveau n und Niveau $n + 1$ für ein Teilchen in einem Kasten mit Kastenlänge $n \cdot a$. Skizzieren Sie die Energie als Funktion von n.

12. Bestimmen Sie die fünf niedrigsten, unterschiedlichen Energien eines Teilchens in einem dreidimensionalen Kasten, für welchen die drei Kantenlängen $4a$, $5a$, und $6a$ sind.

20 Andere einfache Systeme

20.1 Freies Teilchen in einer Dimension

Es gibt nur sehr wenige Systeme, für welche man die Schrödinger-Gleichung exakt lösen kann. Einige davon sollen hier kurz behandelt werden, auch weil sie relevant sind für physikalische/chemische Phänomene.

Wir betrachten in diesem Kapitel zuerst ein freies Teilchen in einer Dimension. Für dieses ist das Potenzial überall konstant und kann ohne Einschränkung gleich null gesetzt werden. Die stationäre Schrödinger-Gleichung lautet dann

$$-\frac{\hbar^2}{2m}\frac{d^2\psi(x)}{dx^2} = E \cdot \psi(x) \,, \tag{20.1}$$

wobei m die Masse des Teilchens ist. Die allgemeine Lösung dieser Gleichung ist

$$\psi(x) = Ae^{ikx} + Be^{-ikx} \,, \tag{20.2}$$

mit

$$k = \sqrt{\frac{2mE}{\hbar^2}} \,. \tag{20.3}$$

Genau wie im letzten Kapitel hätten wir auch trigonometrische Funktionen (cos und sin) verwenden können, aber wegen Eulers Satz [Gl. (16.8)] sind die trigonometrischen Funktionen und die Exponentialfunktionen äquivalent. Hier benutzen wir die Letzteren, weil das zweckmäßiger ist, wie wir sehen werden.

Eigentlich sollte die Wellenfunktion normiert werden, was bedeuten würde, dass

$$\lim_{L\to\infty} \left(|A|^2 + |B|^2\right) L = 1 \,. \tag{20.4}$$

L ist hier die Länge des Bereichs, worin sich das Teilchen befindet, und der letztendlich unendlich groß werden soll. Hier werden wir uns aber nicht um die Normierung kümmern, weil sie für unsere Argumente nicht relevant ist.

Wir betrachten

$$\hat{p}e^{\pm ikx} = \frac{\hbar}{i}\frac{d}{dx}e^{\pm ikx} = \pm\frac{\hbar}{i}ike^{\pm ikx} = \pm\hbar ke^{\pm ikx} \,. \tag{20.5}$$

Jeder der beiden Summanden in Gl. (20.2) beschreibt also eine Eigenfunktion zum Impulsoperator. Die erste Funktion, e^{ikx}, beschreibt ein Teilchen, das sich mit dem Impuls $p = \hbar k$ nach rechts bewegt, während die andere Funktion, e^{-ikx}, ein Teilchen beschreibt, das sich mit dem Impuls $p = \hbar k$ nach links bewegt. Jede dieser Funktionen wird **ebene Welle** genannt. Gilt entweder $A = 0$ oder $B = 0$, ist die Funktion in Gl. (20.2) eine Funktion mit nur einem Wert für den Impuls. Deswegen ist $\Delta p = 0$ für eine solche Funktion.

https://doi.org/10.1515/9783110636932-020

Dies kann auch dadurch erkannt werden, dass

$$\langle p \rangle = \int \psi^*(x)\hat{p}\psi(x)\,\mathrm{d}x = \int \psi^*(x)\hbar k\psi(x)\,\mathrm{d}x = \hbar k$$

$$\langle p^2 \rangle = \int \psi^*(x)\hat{p}^2\psi(x)\,\mathrm{d}x = \int \psi^*(x)\hat{p}[\hat{p}\psi(x)]\,\mathrm{d}x$$

$$= \int \psi^*(x)\hat{p}[\hbar k\psi(x)]\,\mathrm{d}x = (\hbar k)^2$$

$$\Delta p = \left[\langle p^2 \rangle - \langle p \rangle^2\right]^{1/2} = 0\,. \tag{20.6}$$

Dies gilt aber nur, wenn eine der beiden Konstanten A oder B gleich null ist. Ansonsten ist $\Delta p > 0$.

Dass in diesem einen Fall $\Delta p = 0$ sein kann, steht nicht im Widerspruch zu Heisenbergs Unschärferelation. Für $A = 0$ oder $B = 0$ ist die Wellenfunktion in Gl. (20.2) vollkommen delokalisiert, so dass $\Delta x \to \infty$.

Wenn man eine Wellenfunktion als Linearkombination mehrerer ebener Wellen bildet, kann eine Funktion erhalten werden, die zunehmend im Ortsraum lokalisiert ist, bei welcher also Δx kleiner wird. Das ist in Abb. 20.1 gezeigt, wo mehrere Funktionen des Typs Gl. (20.2) überlagert sind. Hier ist deutlich zu erkennen, dass die Unschärfe im Ortsraum abnimmt, wenn die Anzahl von Funktionen des Typs Gl. (20.2) (diese Zahl ist in der Abbildung angegeben) zunimmt. Aber gleichzeitig nimmt die Zahl der ebenen Wellen, die man dazu benötigt, zu, so dass Δp größer wird. Dies illustriert auf andere Weise Heisenbergs Unschärferelation.

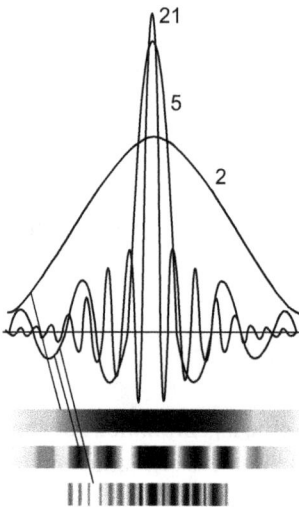

Abb. 20.1: Wellenfunktionen, die aus einer wachsenden Zahl von ebenen Wellen zusammengesetzt sind. Die Zahlen geben die Anzahl der $(+k, -k)$-Paare an, die verwendet werden, um die verschiedenen Funktionen zu erzeugen. Angepasst aus dem Buch Peter W. Atkins, *Kurzlehrbuch Physikalische Chemie*, Wiley-VCH, 2001.

20.2 Stufen

Auch für das Potenzial

$$V(x) = \begin{cases} 0 & x < 0 \\ V_0 & x > 0 \end{cases} \tag{20.7}$$

können wir stationäre Lösungen zur Schrödinger-Gleichung bestimmen. Hier werden wir aber, als Illustration, stattdessen die zeitliche Entwicklung von Wellenfunktionen untersuchen, die auf eine solche Stufe treffen, auch weil wir dabei wichtige Unterschiede zur klassischen Physik illustrieren können.

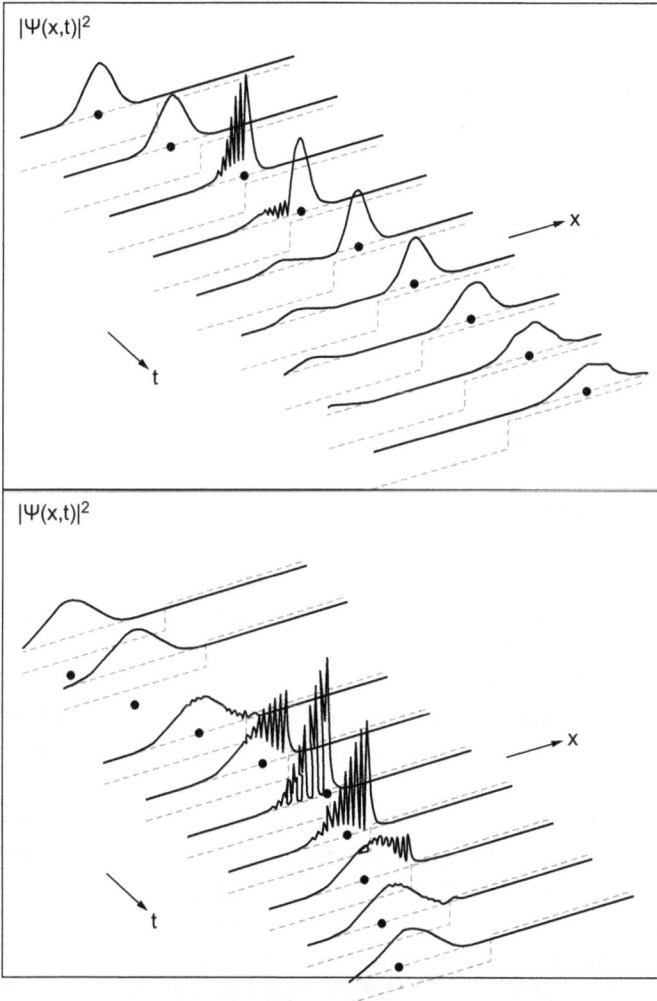

Abb. 20.2: Die zeitliche Entwicklung von Wellenfunktionen, die auf eine Stufe treffen. In der oberen Hälfte ist die Energie höher als die Stufe; in der unteren kleiner. Angepasst aus dem Buch S. Brandt und H. D. Dahmen, *The Picture Book of Quantum Mechanics*, Springer-Verlag, 1995.

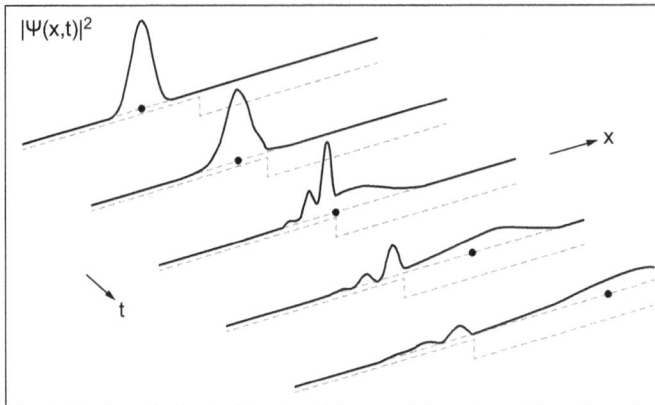

Abb. 20.3: Die zeitliche Entwicklung einer Wellenfunktion, die auf eine Stufe trifft. Angepasst aus dem Buch S. Brandt und H. D. Dahmen, *The Picture Book of Quantum Mechanics*, Springer-Verlag, 1995.

Wir betrachten deswegen eine Wellenfunktion mit der Energie E, die auf diese Stufe trifft. In Abb. 20.2 und 20.3 sind Beispiele gezeigt; einmal für $V_0 < 0$ und einmal für $V_0 > 0$.

Im ersten Fall in Abb. 20.2 (für $E > V_0$) sieht man, wie die Wellenfunktion sich der Stufe nähert und in der Nähe der Stufe viele Oszillationen entwickelt, wie wir es auch für ein Teilchen im Kasten gesehen haben. Etwas später hat sich die Wellenfunktion in zwei Teile aufgeteilt, und es ist erkennbar, dass sich die Funktion rechts von der Stufe langsamer ausbreitet als die reflektierte Funktion links von der Stufe. Das kommt daher, dass ein Teil der Energie rechts von der Stufe nicht mehr kinetische Energie darstellt, sondern sich in potenzielle Energie umgewandelt hat, und dass deswegen nur ein kleinerer Teil der Gesamtenergie für die kinetische Energie übrigbleibt.

Auch wenn es anders aussieht, soll betont werden, dass dieser Fall **nicht** beinhaltet, dass Teilchen in zwei Teile zerlegt werden. Eher bedeutet es, dass wenn eine sehr große Zahl von Teilchen die Stufe trifft, ein Teil reflektiert wird, und der andere weiterfliegt. Der Fall zeigt aber auch eine Abweichung vom klassischen Verhalten: Selbst wenn $E > V_0$, gibt es eine endliche Wahrscheinlichkeit dafür, dass ein Teilchen reflektiert wird.

Im zweiten Fall in Abb. 20.2 (für $E < V_0$) sieht man, dass es auch für $E < V_0$ eine endliche Wahrscheinlichkeit dafür gibt, dass ein Teilchen in den klassisch verbotenen Bereich $x > 0$ eindringt, aber nur in einen kleinen Teil dieses Bereichs.

In Abb. 20.3 zeigen wir den Fall $V_0 < 0$. Auch hier sieht man die Oszillationen, die auftreten, wenn das Teilchen sich in der Nähe der Stufe befindet. In diesem Fall breitet sich die Wellenfunktion auf der rechten Seite der Stufe schneller aus, weil dort die potenzielle Energie kleiner wird.

20.3 Tunneleffekt

Die Beispiele im letzten Abschnitt deuten an, dass ein Teilchen mit der Energie E, das auf eine Potenzialbarriere (Höhe V_0) mit endlicher Breite L trifft, eine Wahrscheinlichkeit ungleich null besitzt, durch diese Barriere zu tunneln, auch wenn $E < V_0$, bzw. reflektiert zu werden, wenn $E > V_0$. Dieser Effekt ist der sogenannte **Tunneleffekt**.

Wir betrachten das Potenzial

$$V(x) = \begin{cases} 0, & x < 0 \\ V_0, & 0 < x < L \\ 0, & x > L \end{cases} \tag{20.8}$$

Die Situation ist in Abb. 20.4 schematisch dargestellt: Eine ebene Welle bei $x < 0$ trifft auf die Barriere und setzt sich zum Teil dort (geschwächt) fort und wird zum Teil reflektiert.

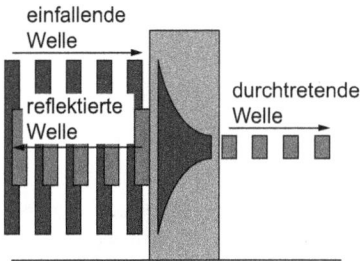

Abb. 20.4: Der Tunneleffekt. Angepasst aus dem Buch Peter W. Atkins, *Physikalische Chemie*, Wiley-VCH, 2001.

In jedem Bereich ist die zeitunabhängige Schrödinger-Gleichung

$$-\frac{\hbar^2}{2m}\frac{d^2\psi(x)}{dx^2} + C\psi(x) = E\psi(x) \tag{20.9}$$

mit $C = 0$ für $x < 0$ oder $x > L$, während $C = V_0$ für $0 < x < L$. Diese Gleichung lässt sich sofort umschreiben als

$$-\frac{\hbar^2}{2m}\frac{d^2\psi(x)}{dx^2} = (E - C)\psi(x) \tag{20.10}$$

mit den Lösungen

$$\psi(x) = Ae^{icx} + Be^{-icx}$$

$$c = \sqrt{\frac{2m(E - C)}{\hbar^2}}\ . \tag{20.11}$$

In unserem Fall gilt, dass auf der anderen Seite der Barriere, bei $x > L$, sich die Wellenfunktion weiter als ebene Welle nach rechts ausbreitet, während es in diesem Bereich keinen Beitrag von einer ebener Welle gibt, die sich nach links ausbreitet. Insgesamt haben wir also (siehe Abb. 20.5)

$$\psi(x) = \begin{cases} A_1 e^{ikx} + B_1 e^{-ikx} & x < 0 \\ A_2 e^{ikx} + B_2 e^{-ikx} & 0 < x < L \\ A_3 e^{ikx} & x > L \end{cases} \tag{20.12}$$

Hier sind

$$k = \sqrt{\frac{2mE}{\hbar^2}}$$

$$\kappa = \sqrt{\frac{2m(E - V_0)}{\hbar^2}} \, . \tag{20.13}$$

Für $E < V_0$ ist κ komplex.

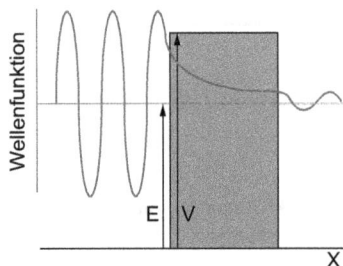

Abb. 20.5: Schematische Darstellung der Wellenfunktion beim Tunneleffekt. Angepasst aus dem Buch Peter W. Atkins, *Physikalische Chemie*, Wiley-VCH, 2001.

Die meisten der Konstanten A_1, B_1, A_2, B_2 und A_3 werden dadurch bestimmt, dass wir verlangen, dass $\psi(x)$ und $d/dx(\psi(x))$ kontinuierlich bei $x = 0$ und bei $x = L$ sind. Das ergibt vier Nebenbedingungen, wodurch vier der fünf unbekannten Konstanten bestimmt werden können. Letztendlich erkennen wir, dass die Größe, die für uns von Interesse ist, der Anteil einer ebenen Welle bei $x < 0$ ist, die auf die Barriere trifft und durchkommt. Dieser Anteil ist A_3/A_1. Die Wahrscheinlichkeit, dass ein Teilchen durch die Barriere durchtunnelt, ist dementsprechend (der Transmissionskoeffizient)

$$T = \left| \frac{A_3}{A_1} \right|^2 \tag{20.14}$$

während der reflektierte Anteil (der Reflexionskoeffizient)

$$R = 1 - T = 1 - \left| \frac{A_3}{A_1} \right|^2 = \left| \frac{B_1}{A_1} \right|^2 \tag{20.15}$$

ist, wobei wir ausgenutzt haben, dass das Glied $B_1 e^{-ikx}$ die reflektierte Welle des Teilchens beschreibt.

Wir werden die Berechnung dieser Koeffizienten nicht durchführen (obwohl sie relativ einfach, wenn auch etwas länger, ist), sondern geben nur das Ergebnis an:

$$T = \left\{ 1 + \frac{V_0^2}{4E(V_0 - E)} \sinh^2 \left[\frac{2mL^2(V_0 - E)}{\hbar^2} \right]^{1/2} \right\}^{-1}. \tag{20.16}$$

Diese Gleichung zeigt Folgendes:
- Auch für $E < V_0$ gibt es eine endliche Wahrscheinlichkeit, dass ein Teilchen durch die Barriere durchtunnelt.
- Für $E > V_0$ gibt es eine endliche Wahrscheinlichkeit, dass ein Teilchen reflektiert wird.
- Die Wahrscheinlichkeiten hängen von der Masse des Teilchens ab: Je schwerer das Teilchen ist, umso näher kommt T an die Werte der klassischen Physik heran: $T = 1$ für $E > V_0$ und $T = 0$ für $E < V_0$. Dies ist in Abb. 20.6 und 20.7 gezeigt.

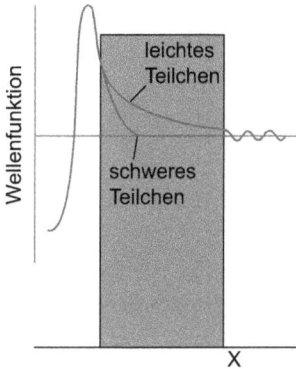

Abb. 20.6: Der Unterschied zwischen leichten und schweren Teilchen beim Tunneleffekt. Angepasst aus dem Buch Peter W. Atkins, *Physikalische Chemie*, Wiley-VCH, 2001.

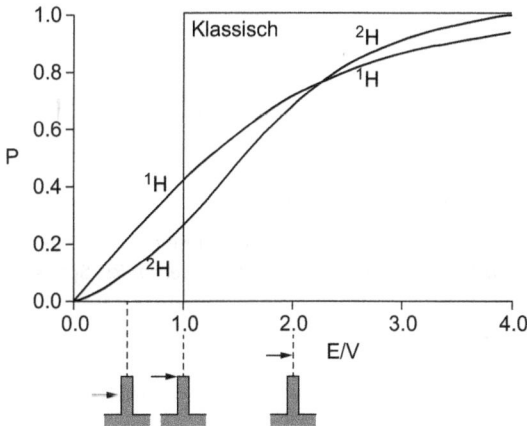

Abb. 20.7: Der Unterschied zwischen leichten und schweren Teilchen beim Tunneleffekt. Angepasst aus dem Buch Peter W. Atkins, *Physikalische Chemie*, Wiley-VCH, 1990.

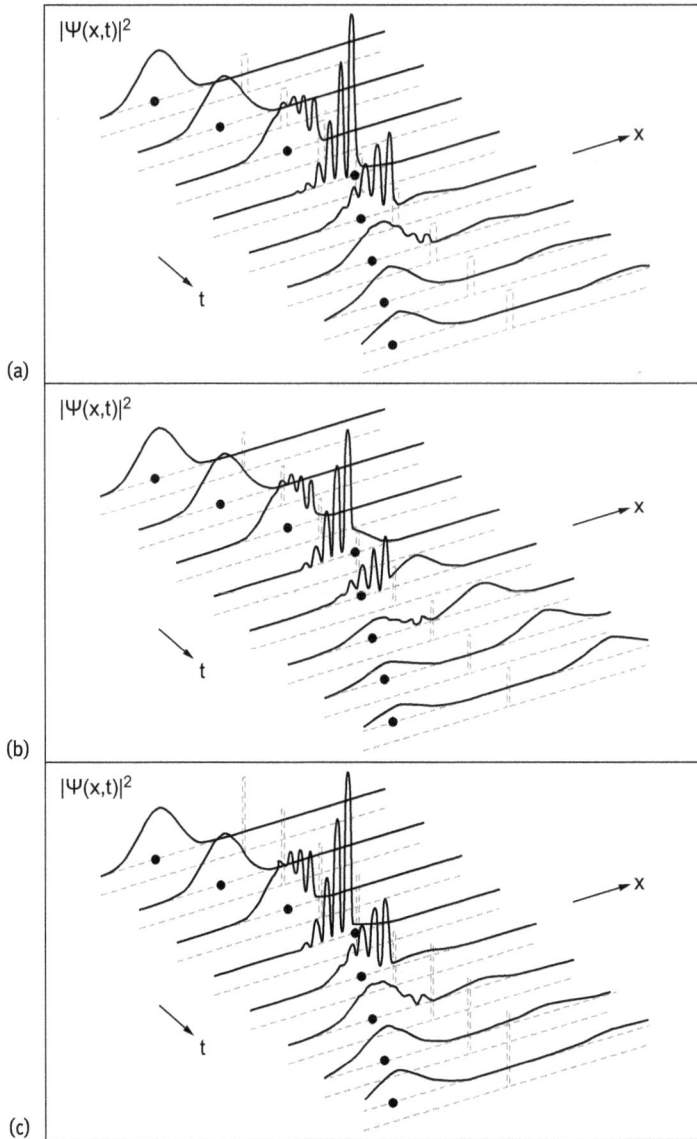

Abb. 20.8: Zeitliche Entwicklung einer Wellenfunktion, die auf eine Potenzialbarriere trifft. Angepasst aus dem Buch S. Brandt und H. D. Dahmen, *The Picture Book of Quantum Mechanics*, Springer-Verlag, 1995.

Als weitere Illustration des Tunneleffekts zeigt Abb. 20.8 die zeitliche Entwicklung der Dichte einer Wellenfunktion, die auf eine Potenzialbarriere trifft. Die drei Fälle unterscheiden sich in Breite und Höhe der Potenzialbarriere. Man sieht, wie sich die Dichte in zwei Teile aufteilt: einen Teil, der transmittiert wird, und einen Teil, der reflektiert wird. Je schmaler und niedriger die Barriere ist, umso größer ist der transmittierte Teil. Wie oben soll betont werden, dass auch hier kein Teilchen zerlegt wird. Stattdessen gilt für eine sehr große Anzahl an Teilchen, die auf die Barriere treffen, dass ein Teil reflektiert wird und der andere weiterfliegt.

Der Tunneleffekt ist wichtig für unterschiedliche physikalische und chemische Phänomene. In diesem Kapitel haben wir ein sehr einfaches Beispiel durchgerechnet, während für ‚richtige' Systeme das Potenzial als Funktion des Orts oft deutlich anders aussieht. Dementsprechend werden die quantitativen Formeln zur Wahrscheinlichkeit, dass ein Teilchen durchtunneln kann, anders sein, aber die qualitative Aussage besteht: Es gibt eine endliche Wahrscheinlichkeit, dass ein Teilchen eine Potenzialbarriere durchtunnelt.

Als Beispiel zeigen wir in Abb. 20.9 das Potenzial, das ein Teilchen in einem Atomkern spürt. Die Energie des Teilchens kann in einigen Fällen dadurch erniedrigt werden, dass das Teilchen durch die Potenzialbarriere durchtunnelt und den Kern verlässt. Dann ist der Kern zerfallen und war **radioaktiv**. Die Energie des Teilchens sowie die Breite, Höhe und Form der Barriere hängen vom Atomkern ab, und deswegen sind unterschiedliche Atomkerne unterschiedlich radioaktiv.

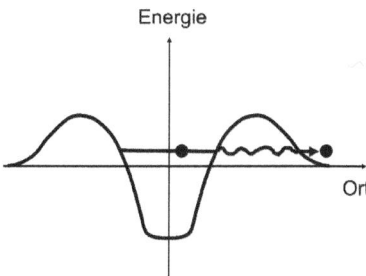

Abb. 20.9: Schematische Darstellung eines radioaktiven Zerfalls, der durch den Tunneleffekt erklärt werden kann.

Ein weiteres Beispiel ist das der chemischen Reaktionen. Das System, bestehend aus den miteinander reagierenden Molekülen, muss oft eine Energiebarriere überwinden, um zu den Produkten zu reagieren. Auch dieser Prozess lässt sich in einigen Fällen mit dem Tunneleffekt theoretisch erklären.

20.4 Rastertunnelmikroskop

Eine modernere Anwendung des Tunneleffekts ist die Rastertunnelmikroskopie. In diesem Experiment wird eine Metallspitze entlang einer Oberfläche irgendeines Substrats geführt. Es gibt eine (sehr) kleine Lücke zwischen Spitze und Oberfläche, und durch Anlegen einer Spannung zwischen den beiden, können Elektronen durch diese Lücke durchtunneln. Dies führt zu einem Strom, der gemessen werden kann. Wird plötzlich der Abstand zwischen Metallspitze und Oberfläche kleiner (Abb. 20.10), wächst die Tunnelwahrscheinlichkeit und deswegen auch der Strom. Das kann dadurch passieren, dass sich weitere Atome auf der Oberfläche befinden. Dadurch, dass man den Strom konstant hält, muss man die Spitze von der Oberfläche entfernen. Man misst diese Bewegung (Abb. 20.11) und hat dadurch eine Abbildung der auf der Oberfläche befindlichen Atome. Abbildung 20.12 zeigt ein Beispiel der Ergebnisse eines solchen Experiments. Man kann hier das Vorhandensein von Cs-Atomen auf einer GaAs-Oberfläche erkennen.

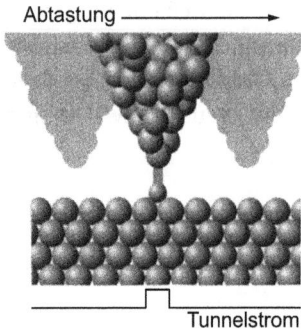

Abtastung ⟶

Abb. 20.10: Das Prinzip des Rastertunnelmikroskops. Angepasst aus dem Buch Peter W. Atkins, *Kurzlehrbuch Physikalische Chemie*, Wiley-VCH, 2001.

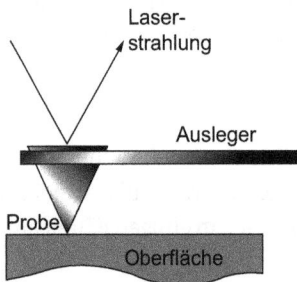

Abb. 20.11: Das Prinzip des Rastertunnelmikroskops. Angepasst aus dem Buch Peter W. Atkins, *Kurzlehrbuch Physikalische Chemie*, Wiley-VCH, 2001.

Abb. 20.12: Beispiel der Ergebnisse von rastertunnelmikroskopischen Experimenten. Gezeigt sind Cs-Atome, die sich auf einer GaAs-Oberfläche befinden. Angepasst aus dem Buch Peter W. Atkins, *Kurzlehrbuch Physikalische Chemie*, Wiley-VCH, 2001.

20.5 Harmonischer Oszillator

Als letztes Beispiel behandeln wir hier kurz den **harmonischen Oszillator**. Wir haben früher (Abschnitt 14.2) gesehen, dass es für die Beschreibung von Schwingungen in einem Molekül oft eine gute Näherung ist, anzunehmen, dass die Energie des Moleküls quadratisch von der Ablenkung aus der Gleichgewichtslage abhängt,

$$V(s) = V_0 + \frac{1}{2}k(s - s_0)^2 \,. \tag{20.17}$$

Hier ist s eine Koordinate, die diese Ablenkung beschreibt. s_0 und k sind Konstanten. Für dieses Potenzial haben wir folgende zeitunabhängige Schrödinger-Gleichung

$$-\frac{\hbar^2}{2\mu}\frac{d^2}{ds^2}\psi(s) + \left[V_0 + \frac{1}{2}k(s - s_0)^2\right]\psi(s) = E'\psi(s) \,. \tag{20.18}$$

Hierbei ist μ die Masse, die schwingt; für ein zweiatomiges Molekül ist sie die reduzierte Masse,

$$\mu = \frac{m_1 \cdot m_2}{m_1 + m_2} \,. \tag{20.19}$$

Wir führen ein

$$x = s - s_0$$
$$E = E' - V_0 \,, \tag{20.20}$$

und erhalten dann die modifizierte Schrödinger-Gleichung

$$-\frac{\hbar^2}{2\mu}\frac{d^2}{dx^2}\psi(x) + \frac{1}{2}kx^2\psi(x) = E\psi(x) \,. \tag{20.21}$$

Wir werden diese Gleichung nicht im Detail behandeln, sondern nur einige Aspekte der Lösungen kurz erwähnen:

- Die Energie ist gequantelt:

$$E = E_n = \hbar \sqrt{\frac{k}{\mu}} \left(n + \frac{1}{2} \right) , \quad n = 0, 1, 2, 3, \cdots . \tag{20.22}$$

- Sogar der Grundzustand ($n = 0$) hat eine Energie ungleich null. Das ist die sogenannte Nullpunktsenergie.

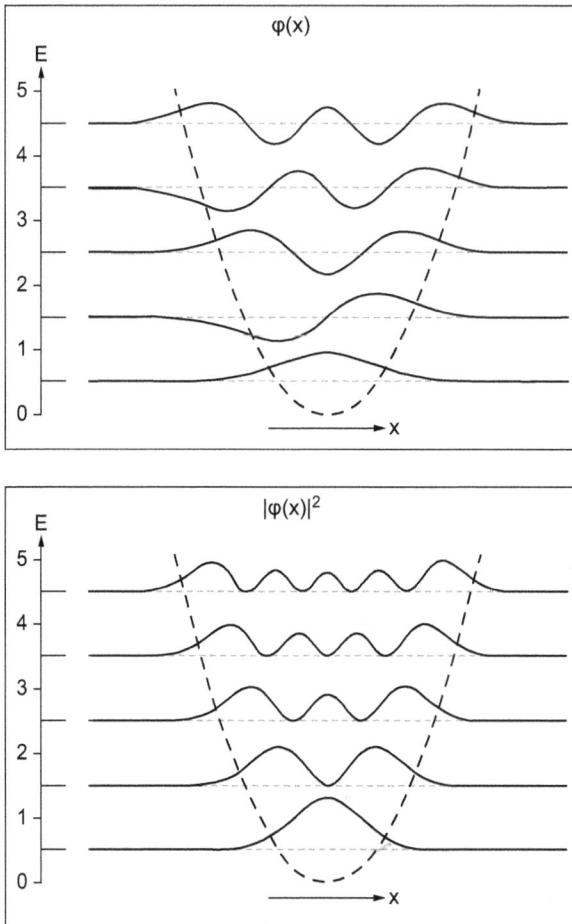

Abb. 20.13: Die Wellenfunktionen und deren Dichten für einen harmonischen Oszillator. Angepasst aus dem Buch S. Brandt und H. D. Dahmen, *The Picture Book of Quantum Mechanics*, Springer-Verlag, 1995.

Abb. 20.14: Gauß und ‚seine' Funktion.

- Dass die Nullpunktsenergie ungleich null ist, kann als eine Folge von Heisenbergs Unschärferelation interpretiert werden. Wäre die Energie null, würde das Teilchen sich nicht bewegen und gleichzeitig immer bei $x = 0$ sein. Dann wären $\Delta p = \Delta x = 0$, und Heisenbergs Unschärferelation wäre verletzt.
- Wie Gl. (20.22) zeigt, sind die Energien äquidistant – ein Unterschied zu den Energien des Teilchens im Kasten.
- Die Wellenfunktionen, in Abb. 20.13 gezeigt, haben kleine Beiträge in dem klassisch verbotenen Bereich: dort, wo das Potenzial größer ist als die Energie der Wellenfunktion. Das ist ein Verhalten, das wir auch beim Tunneleffekt gesehen haben.
- Die Wellenfunktion des Grundzustands (d. h. $n = 0$) ist eine Gauß-Funktion (siehe auch Abb. 20.14),

$$\psi(x) = \left(\frac{2\alpha}{\pi}\right)^{1/4} e^{-\alpha x^2}$$

$$\alpha = \frac{\sqrt{\mu k}}{2\hbar} \; . \tag{20.23}$$

Das ist die einzige Funktion, für welche das ‚=' in Heisenbergs Unschärferelation gilt: $\Delta x \cdot \Delta p = \hbar/2$.

Zuletzt zeigen wir in Abb. 20.15 die zeitliche Entwicklung von Gauß-Funktionen, die sich in einem harmonischen Potenzial bewegen. Nur wenn die Breite der Funktion [gegeben durch α in Gl. (20.23)] diejenige des Grundzustands ist, bleibt die Form der Funktion unverändert. Ansonsten bleibt sie eine Gauß-Funktion aber mit variierender Breite. Dass die Wellenfunktion zu allen Zeitpunkten immer gleich aussieht, und höchstens die Breite variiert wird, ist ein Sonderfall des harmonischen Oszillators.

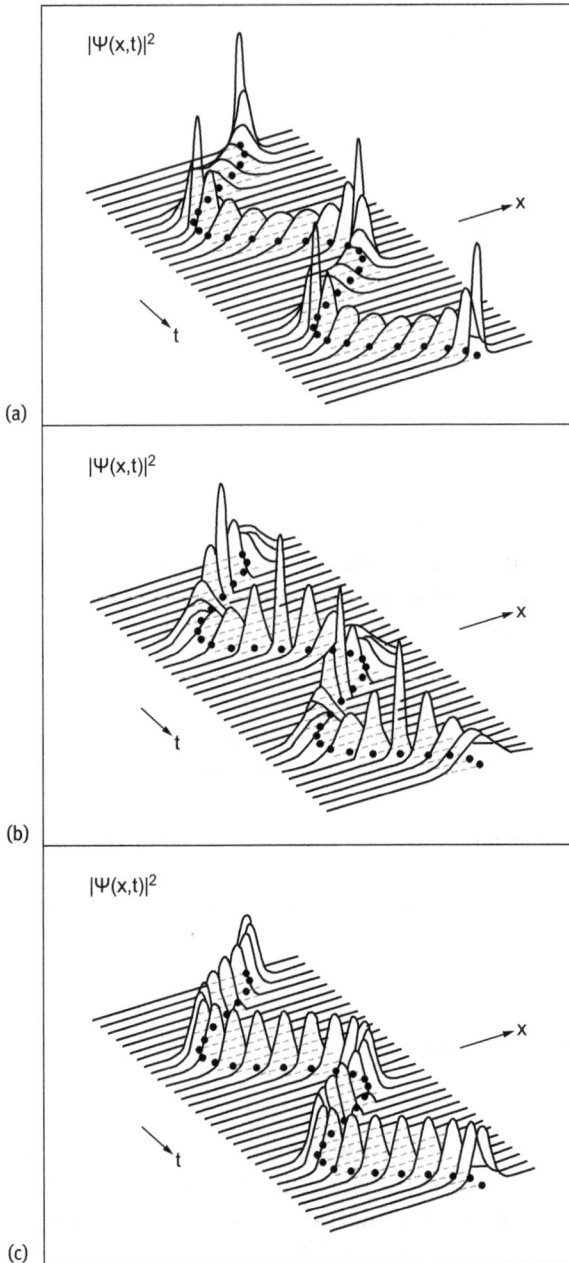

Abb. 20.15: Zeitliche Entwicklung von Gauß-Funktionen, die sich in einem harmonischen Potenzial bewegen. Die Breiten der Gaußfunktionen können mit Hilfe eines Parameters β beschrieben werden, der im allgemeinen Fall zeitabhängig ist. In (a) hat β am Anfang einen Wert größer als α aus Gl. (20.23), in (b) einen Anfangswert kleiner als α, und in (c) ist β am Anfang gleich α. Angepasst aus dem Buch S. Brandt und H. D. Dahmen, *The Picture Book of Quantum Mechanics*, Springer-Verlag, 1995.

20.6 Aufgaben mit Antworten

1. **Aufgabe:** Betrachten Sie ein Teilchen in einem harmonischen Potenzial. Das Teilchen hat die Masse m, und die Kraftkonstante des harmonischen Potenzials wird k genannt. Der Energieunterschied zwischen den Niveaus mit $n = 1$ und $n = 2$ beträgt 1 eV. Wie groß ist er dann zwischen den Niveaus mit $n = 3$ und $n = 6$, wenn k und m beide verdreifacht werden? Begründen Sie die Antwort.

   Antwort: Für den harmonischen Oszillator ist $E_n = (n + \frac{1}{2})\hbar\sqrt{k/m}$, $n = 0, 1, 2, 3, \ldots$ mit k und m als Kraftkonstante und Masse. Wir wissen, dass $E_2 - E_1 = \hbar\sqrt{k/m} \equiv 1$ eV. Wenn die Masse und die Kraftkonstante beide verdreifacht werden, ist $E_6 - E_3 = 3\hbar\sqrt{(3k)/(3m)} = 3\hbar\sqrt{k/m} = 3 \cdot 1$ eV $= 3$ eV.

20.7 Aufgaben

1. Kann ein Teilchen durch den Tunneleffekt in zwei Teile zerlegt werden? Begründen Sie die Antwort.

2. Erklären Sie den Begriff ‚Tunneleffekt' sowie ein Experiment, wo er ausgenutzt wird.

3. Elektronen mit der Energie 4 nJ treffen auf eine Potenzialbarriere mit der Höhe 2 nJ. Erklären Sie, warum einige Elektronen von der Barriere reflektiert werden.

4. Betrachten Sie ein Teilchen mit der kinetischen Energie E, das auf einen Potenzialwall, Breite a und Höhe V_0, trifft. Skizzieren Sie die Tunnelwahrscheinlichkeit als Funktion von E für zwei verschiedene Massen $m_1 < m_2$ des Teilchens.

5. Vergleichen Sie die Abhängigkeiten der quantenmechanischen Energien von der Quantenzahl n eines Teilchens im Kasten und eines harmonischen Oszillators.

6. Was beschreibt der Transmissionskoeffizient bei der Durchtunnelung eines Potenzialwalls, und wie ist er definiert?

7. Für einen harmonischen Oszillator ist der Energieunterschied zwischen den $n = 1$ und $n = 3$ Niveaus gleich 2 eV. Wie groß ist er dann für den Energieunterschied zwischen den $n = 5$ und $n = 6$ Niveaus, wenn die Masse verdoppelt wird? Begründen Sie die Antwort.

8. Erklären Sie den Begriff ‚Nullpunktsenergie'.

9. Für ein Teilchen (Masse gleich 10^{-19} kg) in einem harmonischen Potenzial (Kraftkonstante k) ist die Energie für den Übergang $n = 2 \rightarrow n = 3$ gleich 4 eV. Wie groß ist dann die Energie für den Übergang $n = 2 \rightarrow n = 4$, wenn sich die Kraftkonstante und die Masse des Teilchens beide verdoppeln? Begründen Sie die Antwort.

10. Erklären Sie kurz, wie ein Rastertunnelmikroskop funktioniert.

21 Atome

21.1 Bohrs Modell für das Wasserstoffatom

1913 stellte Niels Bohr ein Modell vor, das die Eigenschaften eines H-Atoms qualitativ und quantitativ erklären konnte. Wir werden hier das **Bohr-Modell** kurz und in leicht geänderter Form skizzieren, ohne auf die Details einzugehen.

Zu der Zeit war bekannt, dass Atome aus einem sehr kleinen (verglichen mit der Gesamtgröße eines Atoms), positiv geladenen Kern, worin der größte Teil der Masse gesammelt ist, und den negativ geladenen Elektronen bestehen. Für das Wasserstoffatom war zusätzlich bekannt, dass die energetischen Übergänge Folgendes erfüllen:

$$h\nu = \Delta E = R_H \left(\frac{1}{n_1^2} - \frac{1}{n_2^2} \right) . \tag{21.1}$$

Hier ist R_H die sogenannte Rydberg-Konstante und n_1 und n_2 zwei positive, ganze Zahlen. Aber woher dieses Gesetz kam, war unbekannt.

Laut der klassischen Physik wird ein beschleunigter, geladener Körper elektromagnetische Strahlung emittieren. Das müsste dann auch für ein Elektron, das um einen Kern kreist, gelten, würde die klassische Physik auch für dieses System gelten. Durch die Emission der elektromagnetischen Strahlung würde das Elektron Energie verlieren, und sich deswegen dem Kern immer weiter annähern. Einfache Überlegungen ergaben, dass das Elektron Bruchteile einer Sekunde braucht, um den Kern zu erreichen. Die Elektronen sind aber immer noch recht weit vom Kern entfernt. Also müssen andere Gesetze für solche Systeme gelten.

Niels Bohr postulierte, dass das Elektron eines Wasserstoffatoms sich auf einer kreisförmigen Bahn um den Kern bewegt. Die Gesamtenergie des Elektrons besteht aus der kinetischen Energie und der potenziellen Energie, die aus der Anziehung zwischen Kern und Elektron herrührt,

$$E = \frac{p^2}{2m_e} + \frac{1}{4\pi\epsilon_0} \frac{-e^2}{r} . \tag{21.2}$$

Hier ist ϵ_0 die Dielektrizitätskonstante des Vakuums, e die Elementarladung ($-e$ ist dann die Ladung des Elektrons und $+e$ die des Kerns), und r ist der Radius der kreisförmigen Bahn. Ferner ist m_e die Masse des Elektrons und p sein Impuls.

Die kinetische Energie kann aber nicht beliebige Werte annehmen: Die Geschwindigkeit des Elektrons muss genau so groß sein, dass die Zentrifugalkraft und die Kraft vom Kern sich gegenseitig aufheben, damit das Elektron in der kreisförmigen Bahn bleibt, woraus folgt:

$$\frac{p^2}{m_e r} = \frac{1}{4\pi\epsilon_0} \frac{e^2}{r^2} \tag{21.3}$$

https://doi.org/10.1515/9783110636932-021

oder

$$p^2 = \frac{e^2 m_e}{4\pi\epsilon_0 r} \qquad (21.4)$$

bzw.

$$r = \frac{e^2 m_e}{4\pi\epsilon_0 p^2} \, . \qquad (21.5)$$

Aus Gl. (21.2) und (21.4) erhält man dann folgenden Ausdruck für die Energie des Elektrons:

$$E = -\frac{1}{8\pi\epsilon_0}\frac{e^2}{r} \, . \qquad (21.6)$$

Laut der Beziehung von de Broglie (die eigentlich erst ungefähr 10 Jahre später eingeführt wurde),

$$\lambda = \frac{h}{p} \, , \qquad (21.7)$$

kann man aus dem Impuls eines Teilchens die zugehörige Wellenlänge bestimmen. Weil wir aus den oben angedeuteten Überlegungen die Geschwindigkeit des Elektrons, und damit auch den Impuls, bestimmen können, können wir auch die Wellenlänge, die wir dem quantenmechanischen Verhalten des Elektrons zuordnen werden, bestimmen. In gewisser Weise beschreibt diese Wellenlänge eine Welle, die entlang der kreisförmigen Bahn des Elektrons liegt. Diese Wellenlänge muss dann in sich selber übergehen, wenn wir einmal den Kreis durchlaufen haben. Also muss gelten, dass der Umkreis des Kreises gleich einer ganzen Zahl (n) multipliziert mit der Wellenlänge ist,

$$2\pi r = n\lambda \, . \qquad (21.8)$$

Benutzen wir diese Beziehung, erhält man mit Hilfe von Gl. (21.5), dass der Radius der Bahn des Elektrons gleich

$$r = r_n = \frac{\epsilon_0 h^2}{\pi m_e e^2} n^2 \qquad (21.9)$$

ist, und die Energie wird dann

$$E = E_n = -\frac{m_e e^4}{8\epsilon_0^2 h^2}\frac{1}{n^2} \, . \qquad (21.10)$$

Durch diese Theorie erhalten wir einen Wert für die Rydberg-Konstante

$$R_H = \frac{m_e e^4}{8\epsilon_0^2 h^2} \, , \qquad (21.11)$$

der keine anpassbaren Parameter enthält. Durch Vergleich mit den experimentellen Werten entdeckte man, dass die experimentellen Ergebnisse mit dieser Theorie tatsächlich erklärt werden konnten, was Niels Bohr einen Nobelpreis für Physik einbrachte.

21.2 Das H-Atom

Nach der Einführung der Schrödinger-Gleichung hat man sehr früh auch das Wasserstoffatom mit Hilfe dieser Theorie behandelt. Für dieses System lautet die Schrödinger-Gleichung

$$\hat{H}\psi(\vec{r}) = E \cdot \psi(\vec{r}) , \tag{21.12}$$

wobei der Hamilton-Operator

$$\hat{H} = -\frac{\hbar^2}{2m}\nabla^2 + \frac{-e^2}{4\pi\epsilon_0|\vec{r} - \vec{R}|} \tag{21.13}$$

ist. Hier ist $\vec{R}$ die Position des (festgehaltenen) Kerns.

Es ist zweckmäßig, zuerst $\vec{R} = \vec{0}$ zu setzen, und anschließend Kugelkoordinaten (sphärische polare Koordinaten; siehe Kapitel 16.2) zu verwenden. Löst man dann die Schrödinger-Gleichung, findet man, dass es viele mögliche Wellenfunktionen gibt. Sie können mit Hilfe von drei Quantenzahlen charakterisiert werden (dem entspricht, dass das Elektron sich in drei Dimensionen bewegt),

$$\psi(x, y, z) = \psi_{nlm}(r, \theta, \phi) = R_{nl}(r)Y_{lm}(\theta, \phi) . \tag{21.14}$$

Wie man sieht, lässt sich die Wellenfunktion als Produkt zweier Faktoren schreiben, wobei der erste Faktor nur vom Abstand r zwischen Elektron und Kern abhängt, und der zweite Faktor nur von den Winkeln θ und ϕ.

Die Y_{lm} Funktionen sind die sogenannten Kugelflächenfunktionen.

Die Quantenzahlen n, l und m müssen erfüllen:

$$n = 1, 2, 3, \ldots$$
$$l = 0, 1, 2, \ldots, n - 1$$
$$m = -l, -l + 1, \ldots, l - 1, l . \tag{21.15}$$

Es ist üblich, statt $l = 0, l = 1, l = 2, l = 3, \ldots$, die Funktionen mit s, p, d, f, ... zu kennzeichnen. Ferner wird n Hauptquantenzahl, l Nebenquantenzahl und m magnetische Quantenzahl genannt.

Die Kugelflächenfunktionen, die wir jetzt eingeführt haben, sind im allgemeinen Fall komplex, was bedeutet, dass sie komplexe (statt reine reelle) Werte annehmen. Aus diesen Kugelflächenfunktionen können aber die wohl bekannten s, p_x, ... Funktionen gebildet werden, die nur reelle Werte annehmen. Allgemein bildet man aus $Y_{l,m}$ und $Y_{l,-m}$ für $m \neq 0$ zwei neue Funktionen,

$$Y_{l,m,\pm} = \frac{c_{l,m,\pm}}{\sqrt{2}} \left(Y_{l,m} \pm Y_{l,-m} \right) , \tag{21.16}$$

während die Funktionen $Y_{l,0}$ unverändert bleiben. Durch geschickte Wahl der Konstanten $c_{l,m,\pm}$ (d. h. $c_{l,m,\pm} = \pm 1$ oder $\pm i$) kann erreicht werden, dass die Funktionen $Y_{l,m,\pm}$ reell (statt komplex) sind. Zum Beispiel werden p_x und p_y von $Y_{1,1}$ und $Y_{1,-1}$ gebildet, während $d_{x^2-y^2}$ und d_{xy} von $Y_{2,2}$ und $Y_{2,-2}$ gebildet werden.

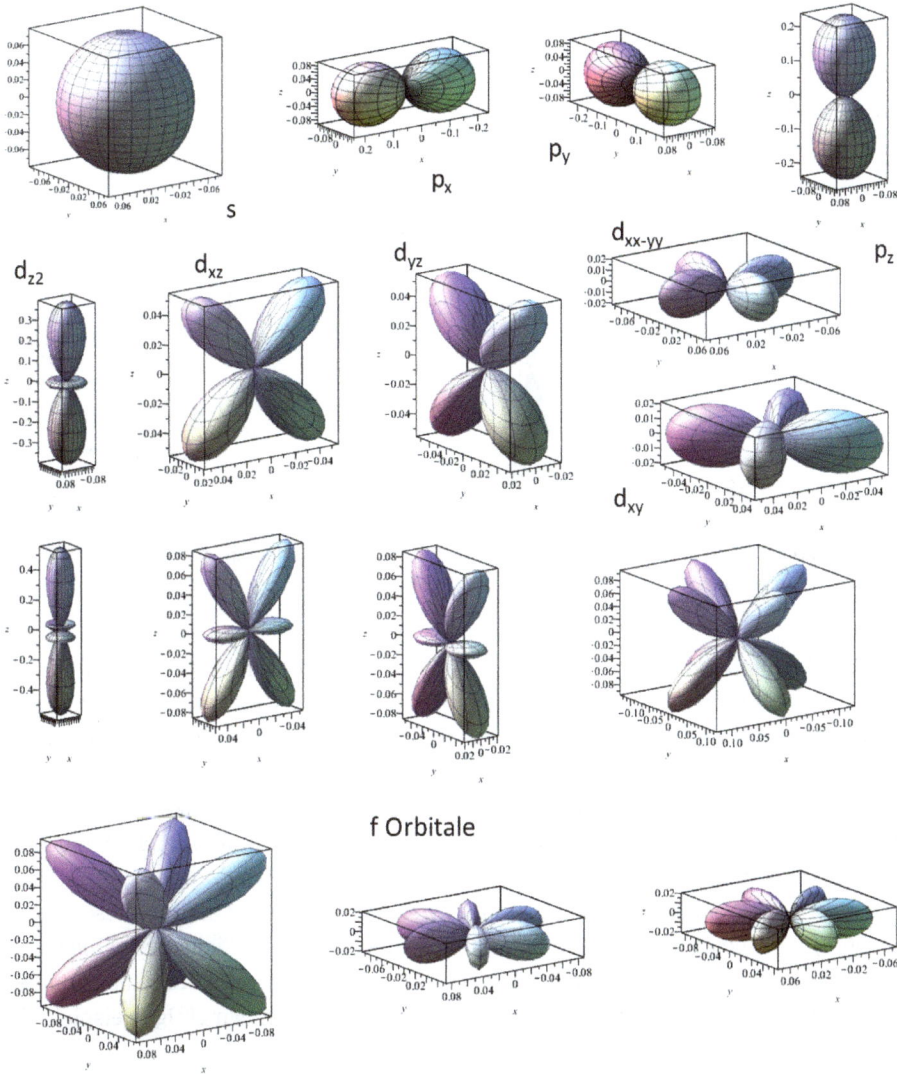

Abb. 21.1: Darstellung der quadrierten Beträge der reellen s-, p-, d- und f-Kugelflächenfunktionen.

Um die Kugelflächenfunktionen graphisch darzustellen, geht man wie folgt vor. Unabhängig davon, ob man die reellen oder die komplexen Kugelflächenfunktionen betrachtet, ist die betrachtete Funktion eine Funktion der beiden Winkel θ und ϕ, die eine Richtung im dreidimensionalen Koordinatensystem beschreiben. Man wählt deswegen eine Richtung (d. h. Werte für θ und ϕ), berechnet $|Y_{lm}(\theta, \phi)|$ und markiert einen Punkt mit diesem Wert entlang der Richtung (θ, ϕ). Wenn man das für alle Werte von θ und ϕ gemacht hat, hat man eine Fläche im dreidimensionalen Raum, die bildlich dargestellt werden kann, wie in Abb. 21.1.

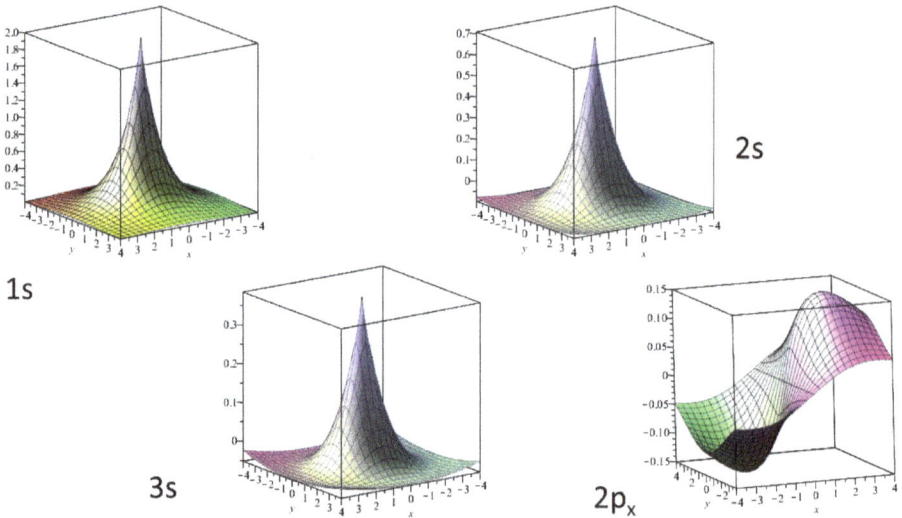

Abb. 21.2: Die Wellenfunktionen 1s, 2s, 3s und 2p$_x$ für das Wasserstoffatom, gezeichnet in der Ebene $z = 0$. Der Kern befindet sich im Punkt $(x, y) = (0, 0)$.

Die Wellenfunktionen, die wir gefunden haben, repräsentieren die Orbitale für das Wasserstoffatom. Im Grundzustand befindet sich das Elektron im energetisch niedrigsten Orbital, dem 1s-Orbital. Durch Anregung kann das Elektron in andere Orbitale wechseln.

Um die Orbitale bildlich darzustellen, gibt es mehrere Möglichkeiten. Entweder wählt man eine bestimmte Richtung (z. B. entlang der z-Achse) und zeichnet die Wellenfunktion entlang dieser Richtung. Oder ein Wert wird gewählt, und man zeichnet die Fläche im dreidimensionalen Raum, in welcher die Wellenfunktion diesen (konstanten) Wert besitzt. Letztendlich kann man eine beliebige Fläche auswählen und die Funktionswerte entweder mit Hilfe von Höhenlinien oder als dreidimensionales Objekt in dieser Ebene darstellen. In Abb. 21.2 und 21.3 zeigen wir einige Beispiele für solche Darstellungen.

Die Energien der Orbitale sind

$$E_{nlm} = -\frac{m_e e^4}{8\epsilon_0^2 h^2 n^2} \equiv -\frac{1\,\text{Ry}}{n^2} \tag{21.17}$$

mit 1 Ry = 13,605 eV (Ry steht für Rydberg). Die Energie hängt also nur von der Hauptquantenzahl n und nicht von der Nebenquantenzahl l oder der magnetischen Quantenzahl m ab. Die Energien sind in Abb. 21.4 gezeigt.

In Abb. 21.5 sind die radialen Wellenfunktionen $R_{nl}(r)$ gezeigt. Man erkennt, dass $R_{nl}(r) \neq 0$ auch in Bereichen, in dem das Kernpotenzial größer als die Energie E_{nlm} ist. Dies ist wiederum ein Beispiel dafür, dass Teilchen eine endliche Wahrscheinlichkeit besitzen, in das klassisch verbotene Gebiet vorzudrängen.

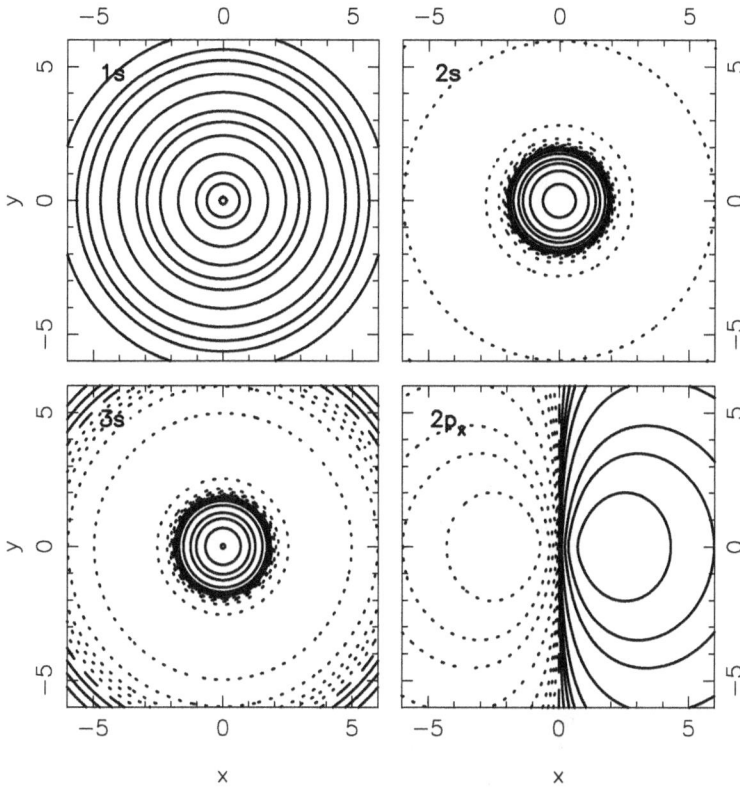

Abb. 21.3: Wie in Abb. 21.2 aber dargestellt mit Hilfe von Höhenlinien.

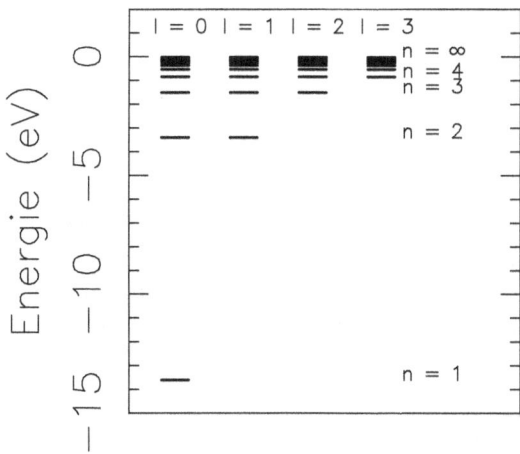

Abb. 21.4: Energieniveaus für das Wasserstoffatom.

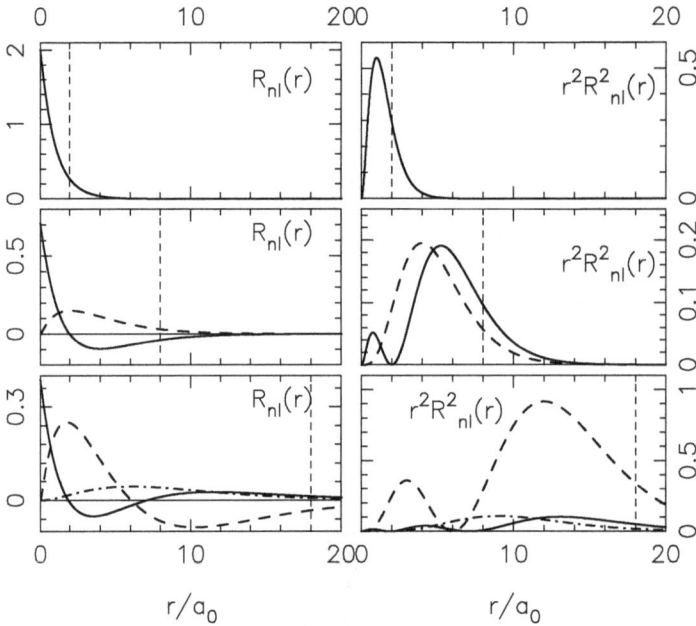

Abb. 21.5: Die radialen Funktionen $R_{nl}(r)$ für das Wasserstoffatom für $n = 1$ (oben), $n = 2$ (Mitte) und $n = 3$ (unten). Die linke Hälfte zeigt die eigentlichen Funktionen, während die rechte Hälfte die radialen Verteilungen $r^2 R_{nl}^2(r)$ zeigt. Die durchgezogene und die gestrichelten Kurven zeigen die s- und p-Funktionen, während die Punkt-Strich-Kurve die d-Funktion zeigt. Die vertikalen, gestrichelten Geraden trennen das klassisch erlaubte Gebiet vom klassisch verbotenen Gebiet.

Die Wellenfunktion des Grundzustands (d. h. des 1s Zustands) ist eine Exponentialfunktion

$$R_{10}(r) \cdot Y_{00}(\theta, \phi) = \frac{2}{\sqrt{a_0^3}} e^{-r/a_0} \cdot \frac{1}{\sqrt{4\pi}} = \frac{1}{\sqrt{\pi a_0^3}} e^{-r/a_0} , \qquad (21.18)$$

mit dem Bohr-Radius

$$a_0 = \frac{\epsilon_0 h^2}{\pi m_e e^2} = 0{,}52917 \, \text{Å} . \qquad (21.19)$$

Man sieht, dass die größte Elektronendichte am Platz des Kerns zu finden ist, und dass die Wellenfunktion dort eine Spitze besitzt. Auf der anderen Seite können wir auch die radiale Verteilung betrachten, also: Wie groß ist die Wahrscheinlichkeit, dass das Elektron einen bestimmten Abstand zum Kern hat? Diese Wahrscheinlichkeit (die radiale Verteilungsfunktion) ist

$$P(r) = \int_0^{2\pi} \int_0^\pi r^2 \sin\theta \left[R_{10}(r) \cdot Y_{00}(\theta, \phi) \right]^2 \mathrm{d}\theta \, \mathrm{d}\phi$$

$$= 4\pi r^2 \left[R_{10}(r) \cdot Y_{00}(\theta, \phi) \right]^2$$

$$= r^2 \left[R_{10}(r) \right]^2 \qquad (21.20)$$

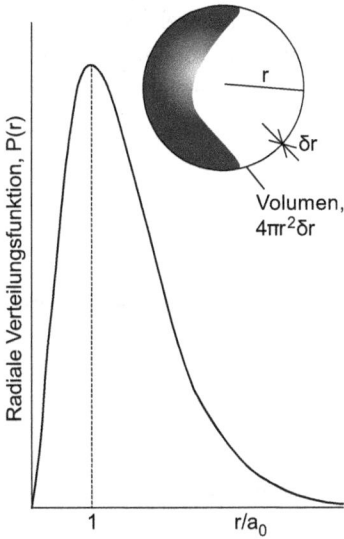

Abb. 21.6: Die radiale Verteilungsfunktion für das 1s-Orbital des H-Atoms. Angepasst aus dem Buch Peter W. Atkins, *Kurzlehrbuch Physikalische Chemie*, Wiley-VCH, 2001.

weil

$$Y_{00}(\theta, \phi) = \frac{1}{\sqrt{4\pi}} \tag{21.21}$$

unabhängig von θ und ϕ ist. $P(r)$ ist in Abb. 21.6 gezeigt und für weitere Orbitale in Abb. 21.5.

Wenn wir die Ergebnisse dieses Kapitels mit denen von Niels Bohr vergleichen, lässt sich die Hauptquantenzahl als Maß für den Abstand zwischen Elektron und Kern interpretieren. Die anderen beiden Quantenzahlen, l und m, lassen sich dann so interpretieren, dass sie genau beschreiben, wie sich das Elektron um den Kern bewegt.

21.3 Spin

Es hat sich herausgestellt, dass die Bewegung eines Elektrons komplexer ist als oben angedeutet. Das, was man sich vorstellt, ist, dass das Elektron auch um seine eigene Achse rotieren kann. Auch diese Bewegung, der Spin, ist gequantelt, und für sie gibt es ebenfalls eine Quantenzahl, m_s, die aber nur zwei verschiedene Werte annehmen kann, $+\frac{1}{2}$ und $-\frac{1}{2}$, was auch als spin-up und spin-down (oder α- und β-Spin) bezeichnet wird.

Insgesamt wird die Bewegung eines Elektrons also durch

$$\vec{x} \equiv (\vec{r}, m_s) \tag{21.22}$$

beschrieben, d. h. einen vierdimensionalen Vektor, für welchen die letzte Komponente nur zwei verschiedene Werte annehmen kann.

Es soll erwähnt werden, dass diese Beschreibung nicht ganz korrekt ist. Letztendlich ist der Spin eine Folge von relativistischen Effekten, aber die Vorstellung, die wir hier präsentiert haben, ist eine hilfreiche Modellvorstellung, die meistens zu den richtigen Ergebnissen führt.

21.4 Das Periodensystem

Einzelne, isolierte Atome sind kugelsymmetrisch. Um ihre elektronischen Eigenschaften zu rationalisieren, verwendet man das Aufbau-Prinzip.

Wegen der Kugelsymmetrie können alle Orbitale als

$$\psi(\vec{x}) = R_{nl}(r)Y_{lm}(\theta, \phi)\sigma(m_s) \tag{21.23}$$

geschrieben werden, wobei σ die Spinabhängigkeit beschreibt. Die Orbitale haben also dieselbe Struktur wie für das Wasserstoffatom; der einzige Unterschied ist, dass die radialen Funktionen R_{nl} vom Atom abhängen. Um die Orbitale, die zur niedrigsten Gesamtenergie führen, zu erhalten, nimmt man an, dass die Orbitale energetisch so angeordnet sind, wie in Abb. 21.7 angedeutet. Vor allem bedeutet dies, dass die Orbitalenergien nicht nur von n, sondern auch von l abhängen, was einen Unterschied zum Wasserstoffatom ausmacht. Anschließend werden die Orbitale in energetisch steigender Reihenfolge besetzt. Dabei nutzt man aus, dass die s-, p-, d-, ... Orbitale insgesamt zwei, sechs, zehn, ... Elektronen aufnehmen können, wenn der Spin berücksichtigt wird. Um herauszufinden, welche Orbitale besetzt sind, verwendet man das Aufbau-Prinzip, das Folgendes besagt:

– Die Orbitale sind energetisch so angeordnet, wie in Abb. 21.7 gezeigt.
– Weil Elektronen Fermionen sind, kann jedes Orbital nur von einem Elektron besetzt sein. Dies wird auch Pauli-Prinzip genannt.
– Die Elektronen besetzen die Orbitale energetisch von unten nach oben.

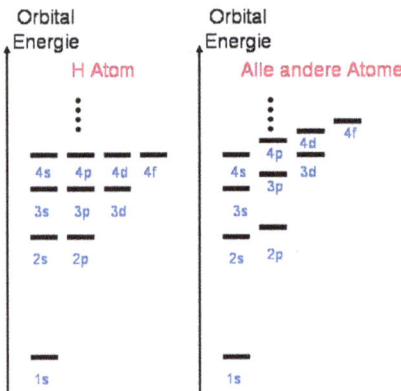

Abb. 21.7: Die Orbitalenergien der Orbitale für (links) das Wasserstoffatom und (rechts) alle anderen Atome.

- Können mehrere räumlich unterschiedliche, energetisch entartete Orbitale besetzt werden (z. B. die p_x-, p_y- und p_z-Orbitale), werden zuerst die räumlich verschiedenen Orbitale besetzt. Zum Beispiel wird für das C-Atom ein $2p_x$- und ein $2p_y$-Orbital mit je einem Elektron besetzt, und erst beim O-Atom kommt ein zweites Elektron im $2p_x$-Orbital hinzu. Das ist die erste Hälfte von Hunds Regel.
- Im Fall oben werden die räumlich unterschiedlichen Orbitale mit selber Spinabhängigkeit zuerst besetzt. Das ist die zweite Hälfte von Hunds Regel.

Mit diesem Verfahren können das Periodensystem, Abb. 21.8, und vor allem das Verhalten der Eigenschaften der Atome erklärt werden.

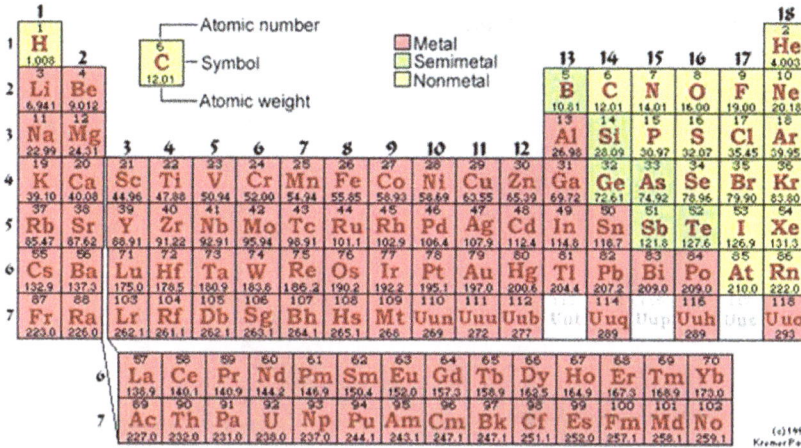

Abb. 21.8: Das Periodensystem.

21.5 Aufgaben

1. Skizzieren Sie die Energieniveaus eines H-Atoms.

2. Betrachten Sie das Wasserstoffatom. Wie hängt die Energie von Haupt-, bzw. Nebenquantenzahl ab?

3. Welche Zahlenwerte können die Quantenzahlen n, l und m des Wasserstoffatoms besitzen?

4. Erläutern Sie das Aufbau-Prinzip.

5. Vergleichen Sie die Energien von 1s-, 2s-, 2p-, 3s- und 3p-Orbitalen eines H-Atoms mit denen eines Ne-Atoms.

6. Erläutern Sie kurz Paulis Prinzip und Hunds Regel.

7. Skizzieren Sie die radiale Eigenfunktionen des Wasserstoffatoms für die 1s-, 2s- und 2p-Orbitale.

8. Betrachten Sie ein Wasserstoffatom, für welches das Proton im Koordinatenursprung sitzt. Skizzieren Sie die 1s-Wellenfunktion entlang einer Geraden, die durch den Koordinatenursprung geht.

9. Oft wird ein p-Orbital als zwei aufeinanderliegende Kugeln dargestellt. Was beschreibt diese Darstellung?

10. Betrachten Sie das 1s-Orbital des Wasserstoffatoms. Wo ist das Maximum der Wellenfunktion, und welcher Abstand zwischen Elektron und Kern ist am wahrscheinlichsten?

11. Skizzieren Sie Kugelflächenfunktionen für $l = 0$, $l = 1$ und $l = 2$.

22 Moleküle

22.1 Das Problem

Kurz nach der Einführung der mathematischen Theorie der Quantentheorie durch Heisenberg und Schrödinger im Jahre 1926 hat man angefangen, diese Theorie für verschiedene Systeme anzuwenden. Darunter war das H-Atom, das wir in Kapitel 21 behandelt haben. Die sehr gute Übereinstimmung zwischen berechneten und gemessenen Größen, vor allem für das Spektrum des H-Atoms, wurde als sehr aufmunternd betrachtet, aber recht bald kam die Ernüchterung. Wenn man, beginnend mit dem H-Atom, ein Elektron oder einen Kern dazu addiert, kann man das He-Atom, bzw. das H_2^+-Ion erhalten. Für diese beiden Systeme entdeckte man, dass sich die Schrödinger Gleichung nicht exakt lösen ließ. Erst Jahre später wurden genaue theoretische Beschreibungen dieser Systeme vorgestellt. Für das Wasserstoffmolekülion dauerte es sogar ungefähr 20 Jahre, bis eine genaue mathematische und quantitative Beschreibung vorgestellt wurde, obwohl Øyvind Burrau schon 1927 die Grundlagen dazu vorgestellt hatte.

Schon 1929 hat Paul Andre Maurice Dirac die Probleme zusammengefasst:

> The fundamental laws necessary for the mathematical treatment of large parts of physics and the whole of chemistry are thus fully known, and the difficulty lies only in the fact that application of these laws leads to equations that are too complex to be solved.

Eigentlich beinhaltet diese Aussage zuerst die Behauptung, dass man mit Hilfe der Quantentheorie keine experimentelle Arbeit in der Chemie mehr braucht, weil sich alles im Prinzip berechnen lässt. Auf der anderen Seite wird von Dirac auch behauptet, dass die Quantentheorie in der Praxis nicht anwendbar ist, so dass die theoretische Arbeit sinnlos ist.

Die Entwicklung während der letzten knapp 100 Jahre zeigt, dass keine der Behauptungen wahr geworden ist. Die fundamentalen Probleme, die Dirac erwähnt, werden dadurch umgangen, dass sinnvoll genäherte Verfahren entwickelt worden sind (wie auch von Dirac vorgeschlagen), die sich vor allem mit Hilfe von Computerprogrammen zu wichtigen Instrumenten in der Chemie entwickelt haben. Weil diese Verfahren Näherungen darstellen und gleichzeitig große Ansprüche an Computerleistungen erfordern, können chemische Fragestellungen nicht 100 %ig exakt behandelt werden, und die Verfahren können nur für vereinfachte oder idealisierte Systeme eingesetzt werden. Insgesamt bedeutet dies, dass die Aussage von Dirac nicht wahr geworden ist: Weder haben theoretische Studien experimentelle Studien ersetzen können, noch sind theoretische Studien zu schwierig. Stattdessen haben sich die theoretischen Verfahren zu einer wichtigen Ergänzung experimenteller Arbeiten in der Chemie entwickelt, die auch zunehmend in der Industrie eingesetzt werden.

https://doi.org/10.1515/9783110636932-022

Die oben erwähnten genäherten Verfahren basieren auf mathematischen Argumenten, die hier nicht näher diskutiert werden sollen. Ihre Folge ist aber, dass vernünftig genäherte Verfahren genaue Informationen liefern können. Tatsächlich haben wir solche Argumente im letzten Kapitel benutzt, um das Periodensystem zu erklären. In diesem Kapitel werden wir weitere solcher Verfahren benutzen, um die elektronischen Orbitale von Molekülen zu analysieren.

22.2 Das H_2^+-Molekülion

Wir fangen unsere Diskussion mit dem H_2^+-Molekülion an, d. h. dem einfachsten System mit mehr als einem Kern. Für dieses System haben wir $M = 2$ Kerne und $N = 1$ Elektronen, und das einzige Elektron bewegt sich im Feld der beiden Kerne.

Wenn die beiden Kerne weit auseinander liegen, spürt das Elektron nur das Potenzial eines der beiden Kerne. In dem Fall muss dann die Wellenfunktion gleich der des isolierten Wasserstoffatoms sein. Dies muss unabhängig davon gelten, ob das Elektron sich in der Nähe des einen oder des anderen Kerns befindet. Deswegen ist eine sinnvolle, genäherte Wellenfunktion (Abb. 22.1 und 22.2)

$$\psi(\vec{r}) = N \cdot [\chi_a(\vec{r}) + \chi_b(\vec{r})] \tag{22.1}$$

mit den 1s-Orbitalen χ_a und χ_b, die an dem linken (χ_a) und rechten (χ_b) Wasserstoffatom lokalisiert sind. N ist eine Konstante, die dafür sorgt, dass die Funktion normiert ist. D. h., wenn sie zuerst quadriert und anschließend über dem ganzen Raum integriert wird, erhält man das Ergebnis 1:

$$\begin{aligned}
1 &= \int |\psi(\vec{r})|^2 \, d\vec{r} \\
&= N^2 \int [\chi_a(\vec{r}) + \chi_b(\vec{r})]^2 \, d\vec{r} \\
&= N^2 \left\{ \int [\chi_a(\vec{r})]^2 \, d\vec{r} + \int [\chi_b(\vec{r})]^2 \, d\vec{r} + 2 \int \chi_a(\vec{r})\chi_b(\vec{r}) \, d\vec{r} \right\} \\
&= N^2 (2 + 2S) , \tag{22.2}
\end{aligned}$$

wenn angenommen wird, dass die einzelnen Atomorbitale χ_a und χ_b reell und normiert sind, und

$$S = \int \chi_a(\vec{r})\chi_b(\vec{r}) \, d\vec{r} . \tag{22.3}$$

Wir werden jetzt annehmen, dass wir diese Wellenfunktion auch für kleine Abstände zwischen den beiden Kernen verwenden können. Dies entspricht einer chemisch motivierten, sinnvollen Näherung zur exakten Wellenfunktion.

Berechnen wir anschließend die Gesamtenergie als Funktion des Abstands zwischen den Kernen, erhalten wir eine Kurve, die ein Minimum aufweist (Abb. 22.3). Das Minimum entspricht dann dem theoretisch vorhergesagten Gleichgewichtsabstand zwischen den beiden Kernen.

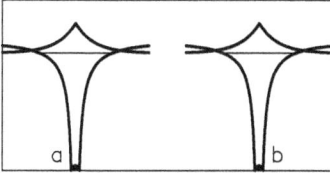

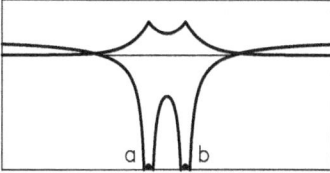

Abb. 22.1: Das Potenzial und das Orbital für das H$_2^+$-Molekülion für (oben) einen großen und (unten) einen kleinen Abstand zwischen den beiden Kernen. Mit den horizontalen, dünnen Strichen werden die Energien der Orbitale relativ zum Potenzial dargestellt. Diese Linien stellen gleichzeitig die Achsen für die Orbitale dar.

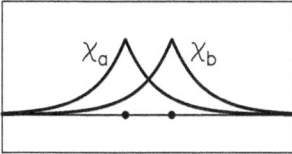

Abb. 22.2: Die zwei Funktionen χ_a und χ_b, die an den einzelnen Wasserstoffatomen zentriert sind, und die für das Wasserstoffmolekülion verwendet werden, um Molekülorbitale zu erzeugen.

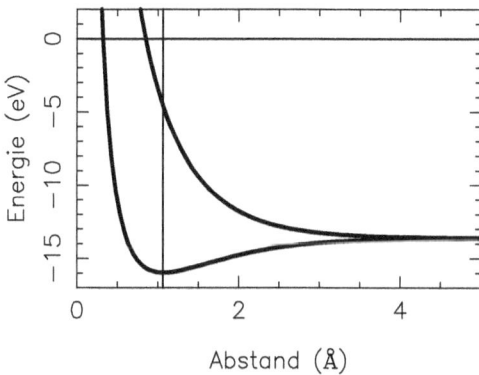

Abb. 22.3: Gesamtenergie als Funktion des Abstands zwischen den beiden Kernen für das Wasserstoffmolekülion. Die zwei Kurven unterscheiden sich dadurch, dass bei der oberen das Elektron das antibindende Orbital besetzt, während es bei der unteren das bindende Orbital besetzt. Die vertikale Gerade zeigt den Abstand der niedrigsten Gesamtenergie, wenn das bindende Orbital besetzt ist.

Die Wellenfunktion, die wir oben erzeugt haben,

$$\psi_b(\vec{r}) = N_b \cdot [\chi_a(\vec{r}) + \chi_b(\vec{r})] \,, \tag{22.4}$$

führt zu einer Erhöhung der Elektronendichte zwischen den Kernen. Dadurch entsteht eine bindende Wechselwirkung zwischen den Kernen, und wir bezeichnen die Wellenfunktion als bindend. Auch wenn diese Beschreibung nicht ganz korrekt ist, ist sie sehr hilfreich. Laut dieser Beschreibung haben wir eine bindende Wechselwirkung zwischen zwei Atomen (Kernen), wenn wir die Elektronendichte zwischen den beiden Kernen erhöhen, verglichen mit dem Zustand der nicht wechselwirkenden Atome. Teilweise erhalten wir eine stabilisierende Wechselwirkung dadurch, dass das negative Elektron eine Energieerniedrigung erfährt, weil es nicht von einem, sondern von zwei positiv geladenen Kernen angezogen wird.

Ferner gilt, dass das Orbital in Gl. (22.4) über einen größeren Bereich delokalisiert wird als die einzelnen Atomorbitale χ_a und χ_b, so dass für dieses Orbital $|\nabla\psi_b(\vec{r})|^2$ kleiner ist als $|\nabla\chi_a(\vec{r})|^2$ oder $|\nabla\chi_b(\vec{r})|^2$. Dadurch wird auch die kinetische Energie reduziert, was wiederum zu einer Stabilisierung führt, wenn das Molekülorbital statt der einzelnen Atomorbitale besetzt wird. Eine Absenkung sowohl der kinetischen Energie als auch der potenziellen Energie kann also die stabilisierenden Effekte des bindenden Orbitals erklären.

Wir hätten aber auch eine antibindende Wellenfunktion aus den 1s-Funktionen der beiden Wasserstoffatome erzeugen können,

$$\psi_a(\vec{r}) = N_a \cdot [\chi_a(\vec{r}) - \chi_b(\vec{r})] \tag{22.5}$$

($N_a^2 = 2 - 2S$), die aber zu einer Reduktion der Elektronendichte zwischen den Kernen führt. Wäre dieses Orbital besetzt, hätten wir keine bindende Wechselwirkung zwischen den beiden Kernen, und der Zustand der niedrigsten Gesamtenergie wäre derjenige, bei dem beide Kerne unendlich weit auseinander liegen (Abb. 22.3). Äquivalent zu den Argumenten oben hätten wir in diesem Fall, dass $|\nabla\psi_a(\vec{r})|^2$ größer ist als $|\nabla\chi_a(\vec{r})|^2$ oder $|\nabla\chi_b(\vec{r})|^2$, so dass auch die kinetische Energie steigt, wenn ψ_a besetzt wird, verglichen mit der Situation, dass die Atomorbitale χ_a und χ_b besetzt sind. Auch dies führt zu einer Destabilisierung des Moleküls.

Insgesamt haben wir durch das Beispiel illustriert, wie wir aus Atomorbitalen Molekülorbitale erzeugen können, die zu bindenden und antibindenden Wechselwirkungen zwischen den Kernen führen können (Abb. 22.4). Ferner sehen wir, dass es, wie

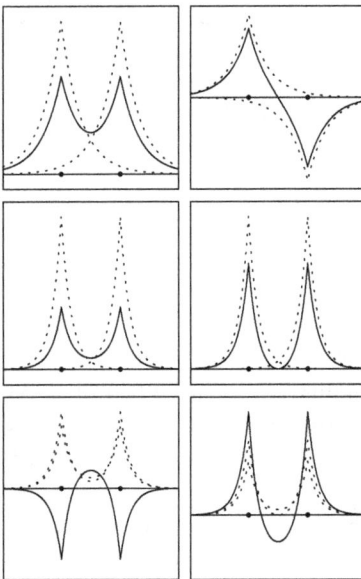

Abb. 22.4: Das bindende und das antibindende Orbital, die man aus zwei 1s-Orbitalen, χ_a und χ_b, erzeugen kann. Links sind die Ergebnisse für das bindende (ψ_b) Orbital gezeigt, rechts diejenige für das antibindende (ψ_a). In den obersten Diagrammen sind die Wellenfunktionen (durchgezogene Kurven) verglichen mit den beiden atomzentrierten 1s-Orbitalen (gepunktete Kurven), während in der Mitte dieselben Größen quadriert (d. h. die Elektronendichten) gezeigt sind. Schließlich zeigen die untersten Diagramme die Differenzdichten $|\psi_b|^2 - \frac{1}{2}(|\chi_a|^2 + |\chi_b|^2)$ und $|\psi_a|^2 - \frac{1}{2}(|\chi_a|^2 + |\chi_b|^2)$ (durchgezogene Kurven, multipliziert mit 5) im Vergleich zu den einzelnen Beiträgen [$|\psi_b|^2$, bzw. $|\psi_a|^2$, und $\frac{1}{2}(|\chi_a|^2 + |\chi_b|^2)$] (gepunktete Kurven).

für die Atome, auch für Moleküle viele Orbitale gibt, die nicht alle besetzt werden. Im Grundzustand sind die energetisch niedrigsten Orbitale besetzt. Diese Aspekte sollen jetzt näher illustriert werden.

22.3 Das H_2- und das He_2-Molekül

Für das H_2-Molekül gehen wir analog vor. Wir nehmen an, dass die zwei Elektronen das bindende Orbital, das wir aus den 1s-Funktionen der einzelnen H-Atome erzeugen können, besetzen; ein Elektron mit Spin-up- und ein Elektron mit Spin-down-Spinabhängigkeit.

Die Berechnung der Gesamtenergie ist jetzt komplexer, weil wir berücksichtigen müssen, dass die zwei Elektronen miteinander wechselwirken. Deswegen ist die Gesamtenergie nicht die Summe der Energien der einzelnen Elektronen in ihren Orbitalen, obwohl diese Summe schon einen wesentlichen Beitrag liefert. Es stellt sich heraus, dass die Beschreibung der Gesamtenergie als Funktion des Abstands zwischen den beiden Kernen relativ genau ist, wenn der Abstand nicht zu groß ist, aber für größere Abstände gibt es deutliche Abweichungen (Abb. 22.5). Die Ursache für dieses Verhalten soll hier nicht diskutiert werden.

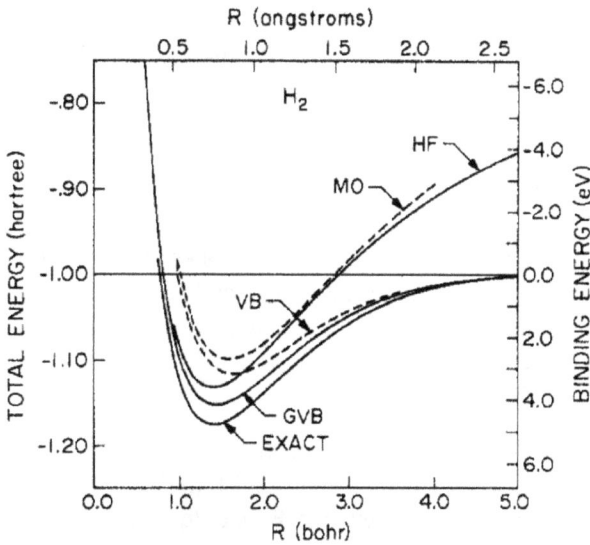

Abb. 22.5: Gesamtenergie als Funktion des Abstands zwischen den beiden Kernen für das Wasserstoffmolekül, wie sie mit Hilfe verschiedener theoretischer Methoden gefunden wird. Die Methoden, die in diesem Buch beschrieben sind, liefern die Ergebnisse, die durch HF und MO dargestellt sind. Reproduziert mit freundlicher Genehmigung der American Chemical Society aus William A. Goddard III, Thom H. Dunning, Jr., William J. Hunt und P. Jeffrey Hay, *Generalized Valence Bond Description of Bonding in Low-Lying States of Molecules*, Acc. Chem. Res. **6**, 368–376 (1973).

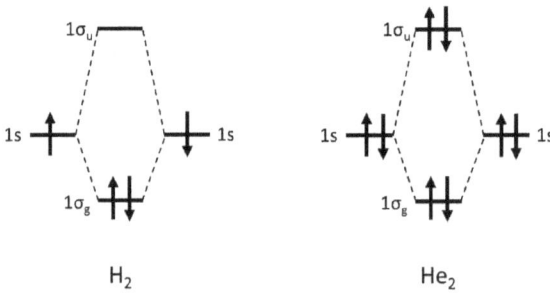

Abb. 22.6: Orbitalbild für (links) H_2 und (rechts) He_2.

Auch für He_2 (siehe Abb. 22.6) werden wir so vorgehen. Aus den zwei 1s-Orbitalen können wir eine bindende und eine antibindende Kombination bilden. Aber diesmal müssen wir beide mit jeweils zwei Elektronen besetzen. Die bindende Kombination liegt immer energetisch tiefer als die beiden Atomorbitale, während die antibindende Kombination höher liegt. Weil sich die antibindende Kombination energetisch mehr von den Atomorbitalen unterscheidet als die bindende Kombination, wird die gesamte Wechselwirkung zwischen den beiden Atomen in He_2 mehr antibindend als bindend sein: Das Molekül ist instabil, und die zwei Atome fliegen auseinander. Dass He_2 kaum existiert (die Bindungsenergie ist so gering, dass das Molekül bei normalen Bedingungen nicht existiert), ist wohlbekannt und kann mit Hilfe dieses einfaches Orbitalbilds teilweise erklärt werden.

22.4 Komplexere Moleküle

Auch für komplexere Moleküle geht man im Prinzip so vor, wie wir es für H_2 und He_2 skizziert haben. Sehr oft werden die Molekülorbitale als Linearkombination aus atomzentrierten Funktionen (LCAO = Linear Combination of Atomic Orbitals) geschrieben,

$$\psi_k(\vec{r}) = \sum_{p,(lm),\alpha} c_{k,p,(lm),\alpha} \chi_{p,(lm),\alpha}(\vec{r}) \,. \tag{22.6}$$

Hier ist k ein Index, der die unterschiedlichen Molekülorbitale unterscheidet. Ferner beschreibt p das Atom, an welchem die Funktion zentriert ist, (lm) die Winkelabhängigkeit der Funktion und α andere Abhängigkeiten (z. B. Hauptquantenzahl oder räumliche Reichweite der Funktion sowie Spin). Oft werden Computerrechnungen benutzt, um die Koeffizienten $c_{k,p,(lm),\alpha}$ zu bestimmen.

Für größere Moleküle sind die Orbitale selten so lokalisiert, dass man sie als bindende oder antibindende Orbitale zwischen zwei benachbarten Atomen interpretieren kann.

Für diatomare, homonukleare Moleküle haben alle Orbitale denselben Beitrag durch die beiden Atome, und es gibt immer Paare von bindenden und antibinden-

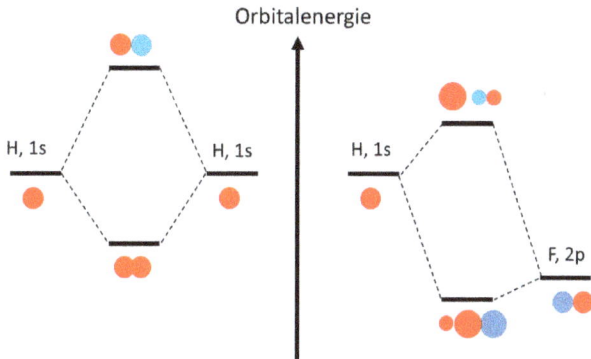

Abb. 22.7: Orbitalbild für (links) H_2 und (rechts) HF.

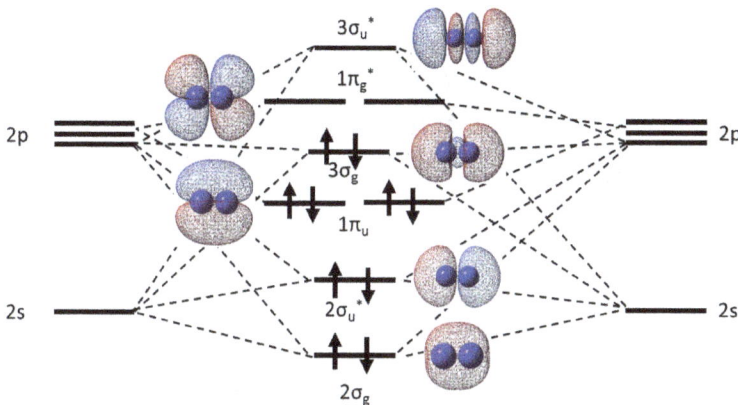

Abb. 22.8: Orbitalbild für N_2.

den Orbitalen. In dem Fall haben beide Atome dieselbe Zahl von Elektronen, und die Bindung ist rein kovalent. Ähnliches gilt für diatomare, heteroatomare Moleküle mit der Ausnahme, dass die einzelnen Orbitale nicht mehr denselben Beitrag durch die beiden Atome haben. Das bedeutet, dass wir eine unterschiedliche Anzahl an Elektronen in den beiden Atomen vorfinden, und die Bindung wird zumindest teilweise ionisch. Abb. 22.7 zeigt ein Beispiel für diese beiden Fälle, während in Abb. 22.8, 22.9 und 22.10 Beispiele für ein komplettes Orbitaldiagramm für einige diatomare, homonukleare Moleküle gezeigt sind.

Ferner gilt, dass alle Atomorbitale, die Beiträge zum selben Molekülorbital liefern, dieselben Symmetrieeigenschaften besitzen, was bedeutet, dass man die Molekülorbitale nach den Symmetrieeigenschaften klassifizieren kann. Zum Beispiel können für zwei-atomare Moleküle die Molekülorbitale in solche, die vollständig rotationssymmetrisch um die Molekülachse sind (d. h. σ-Orbitale), solche, die eine Knotenebene (welche die Molekülachse beinhaltet) besitzen (π-Orbitale), usw. aufgeteilt werden. Dadurch können auch komplexere Orbitaldiagramme leichter interpretiert werden.

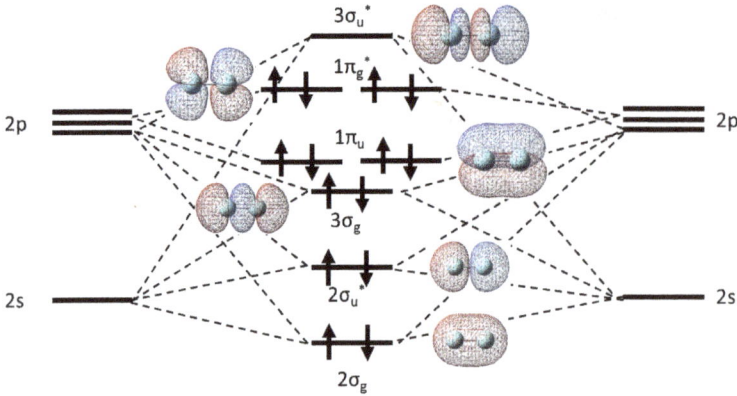

Abb. 22.9: Orbitalbild für F_2.

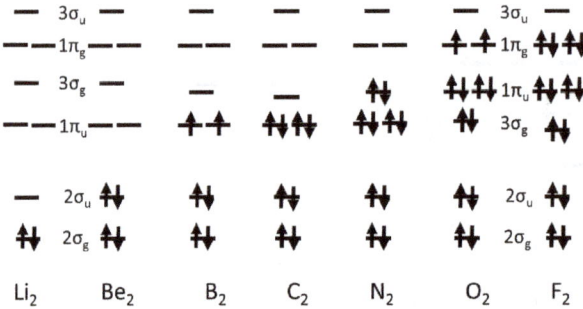

Abb. 22.10: Energien und die Besetzung der Orbitale für Li_2, Be_2, B_2, C_2, N_2, O_2 und F_2.

Für einige Atome werden atomzentrierte Orbitale erzeugt, die aus Funktionen mit mehreren verschiedenen (lm) desselben Atoms bestehen. Diese sogenannten Hybridorbitale sind sehr wichtig, um gerichtete Bindungen in Molekülen zu erzeugen. In Abb. 22.11 zeigen wir, was dahinter steckt. Wir haben oben gesehen, dass die Erzeugung einer erhöhten Elektronendichte zwischen den Atomen zu einer speziell starken Bindung führt. Wir betrachten dann das Atom A im oberen Teil von Abb. 22.11, auf welchem eine s- und eine p-Funktion zentriert sind. Wenn wir versuchen, eine Bindung zu Atom B aufzubauen, ist die s-Funktion nicht optimal, um eine Erhöhung der Elektronendichte zwischen den beiden Atomen zu erhalten. Das geht besser mit der p-Funktion, aber Elektronen in solchen Orbitalen haben eine höhere Energie, wie wir im letzten Kapitel gesehen haben. Stattdessen erzeugen wir zwei neue Orbitale,

$$\chi_1 = \frac{1}{\sqrt{2}} (\chi_s + \chi_p)$$

$$\chi_2 = \frac{1}{\sqrt{2}} (\chi_s - \chi_p) \, , \tag{22.7}$$

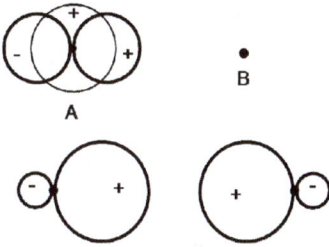

Abb. 22.11: Die Bildung von sp-Hybridorbitalen.

die wir im unteren Teil von Abb. 22.11 veranschaulichen. Wir sehen, dass vor allem eines dieser Orbitale stärker zu Atom B hin ausgerichtet ist, und sich deswegen optimal dazu eignet, eine Erhöhung der Elektronendichte zwischen den beiden Atomen zu erreichen. Wenn nur dieses Orbital, aber nicht das andere besetzt ist, haben wir dadurch eine stabilere Bindung erhalten.

Durch diese Bildung von sogenannten Hybridorbitalen haben wir einen Bruchteil der Elektronen von dem energetisch niedrigeren s-Niveau zu dem energetisch höheren p-Niveau transferiert (dies heißt Promotion), was Energie kostet, aber dies wird mehr als kompensiert durch die stärkere Bindung, die wir am Ende erhalten.

Vor allem Kohlenstoff ist sehr gut imstande, verschiedene Typen von gerichteten Hybridorbitalen zu erzeugen (Abb. 22.12). Das erklärt, warum die Kohlenstoffchemie (Organische Chemie) so umfangreich ist. Auch bei Verbindungen mit Gold sind oft Hybridorbitale an Goldatomen beteiligt, aber sein Preis macht Gold weniger relevant für praktische Anwendungen.

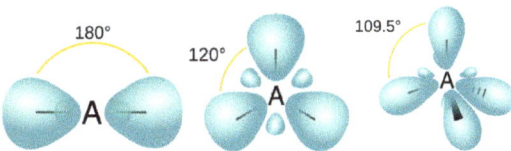

Abb. 22.12: sp-, sp^2- und sp^3-Hybridorbitale für Kohlenstoff. Kopiert am 03.02.17 aus https://commons.wikimedia.org/wiki/File_AAE4h.svg, https://commons.wikimedia.org/wiki/File_AAE3h.svg und https://commons.wikimedia.org/wiki/File_AAE2h.svg. Von Jfmelero (Own work) [CC BY-SA 3.0 (http://creativecommons.org/licenses/by-sa/3.0)], via Wikimedia Commons.

22.5 Aufgaben

1. Warum ist H_2 stabil, während He_2 instabil ist?

2. Skizzieren Sie das bindende und das antibindende Orbital des H_2-Moleküls. Wie hängen ihre Energien vom Kern-Kern-Abstand ab?

3. Erläutern Sie kurz den Begriff LCAO.

4. Erläutern Sie den Zusammenhang zwischen LCAO und bindenden/antibindenden Orbitalen.

5. Erklären Sie, warum H_2^{2-} instabil ist, während He_2^{2+} stabil ist.

6. Erklären Sie den Begriff Hybridorbital.

7. Skizzieren Sie das bindende und das antibindende Molekülorbital eines HF-Moleküls, die man mit Hilfe eines Wasserstoff-1s-Atomorbitals und eines Fluor-2p-Atomorbital bilden kann.

8. Skizzieren Sie das bindende und das antibindende Molekülorbital eines HCl-Moleküls, die man mit Hilfe eines Wasserstoff-1s-Atomorbitals und eines Chlor-3p-Atomorbital bilden kann.

9. Skizzieren Sie alle bindenden und antibindenden Orbitale des B_2-Moleküls, die mit Hilfe der 1s-, 2s- und 2p-Orbitale der Atome erzeugt werden können. Welche der Orbitale sind besetzt?

10. Vergleichen Sie die Bindungsverhältnisse von Li_2 und Be_2.

23 Kinetik

23.1 Grundlagen

Das vielleicht wichtigste Thema der Chemie ist das Verständnis und die Manipulation von chemischen Bindungen. Im letzten Kapitel haben wir die Grundlagen zum Verständnis der chemischen Bindung präsentiert. Die Diskussion hätte damit fortgeführt werden können, dass wir die Änderungen der chemischen Bindungsverhältnisse weniger Moleküle betrachten, wenn diese miteinander in chemischen Reaktionen reagieren. Stattdessen werden wir hier nicht wenige, sondern eine große Menge von Molekülen betrachten und statistische Methoden verwenden, um die Änderungen der Zusammensetzung durch eine oder mehrere chemische Reaktionen zu behandeln. Das übergeordnete Ziel ist, zu verstehen, wie wir die Zusammensetzung ändern können, um z. B. mehr Ausbeute schneller und verbunden mit weniger Kosten sowie unerwünschten Nebenprodukten erhalten zu können.

Zuerst werden wir einige Begriffe einführen. Wenn wir die Reaktionen

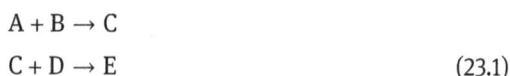

$$A + B \rightarrow C$$
$$C + D \rightarrow E \tag{23.1}$$

betrachten, ist die Gesamtreaktion

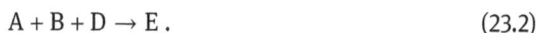

$$A + B + D \rightarrow E. \tag{23.2}$$

Obwohl wir dasselbe Endergebnis haben, ist es für das Thema dieses Kapitels, Kinetik, sehr wichtig zu unterscheiden, ob im Gefäß die beiden Reaktionen in Gl. (23.1) stattfinden, oder nur die Reaktion der Gl. (23.2).

Im ersten Fall müssen zuerst ein A und ein B Molekül zusammenfinden, miteinander reagieren, und C bilden. Anschließend müssen ein C und ein D Molekül zusammenfinden, miteinander reagieren, und E bilden. Wichtig ist hier, dass wir zwei sogenannte **Elementarreaktionen** haben, die nacheinander stattfinden, und die zur **Bruttoreaktion** der Gl. (23.2) führen.

Im zweiten Fall müssen die drei Moleküle A, B und D zusammenfinden, miteinander reagieren und das Produkt E bilden. Dann wäre die Reaktion der Gl. (23.2) sowohl die Elementarreaktion als auch die Bruttoreaktion.

Physikalisch sind es zwei verschiedene Situationen. Im ersten Fall müssen jeweils nur zwei Moleküle zusammenfinden, während im zweiten Fall drei zusammenfinden müssen. Das Letztere ist deutlich weniger wahrscheinlich, was letztendlich bedeutet, dass sich die meisten Bruttoreaktionen aus 1, 2, ... Elementarreaktionen zusammensetzen, bei denen nur wenige Moleküle miteinander reagieren. Wenn man versucht, eine Bruttoreaktion zu beeinflussen, ist es wichtig zu wissen, wie diese sich aus wel-

https://doi.org/10.1515/9783110636932-023

chen Elementarreaktionen zusammensetzt. Deswegen gibt es sehr viele experimentelle Studien und Methoden zur Untersuchung von **Reaktionsmechanismen**, d. h. wie sich eine Bruttoreaktion aus Elementarreaktionen zusammensetzt.

Hier werden wir aber nur die theoretische Beschreibung der Reaktionen behandeln. Wir fangen mit einer Elementarreaktion an, die wir als

$$|\nu_A|A + |\nu_B|B + \cdots \to |\nu_C|C + |\nu_D|D + \cdots \tag{23.3}$$

schreiben. Hier ist ν_X der stöchiometrische Koeffizient des Stoffs X, der für Reaktanden/Edukte negativ ist und für Produkte positiv. Deswegen haben wir die Betragssymbole eingeführt. Wir erinnern uns, dass Gl. (23.3) eine Elementarreaktion sein soll, so dass weder die einzelnen stöchiometrischen Koeffizienten noch deren Summe groß ist.

Es gilt für jede Komponente in Gl. (23.3)

$$dn_X = \nu_X\, d\xi\,, \tag{23.4}$$

mit ξ gleich der Reaktionslaufzahl. Daraus erhalten wir als

$$d\xi = \frac{1}{\nu_A}\, dn_A = \frac{1}{\nu_B}\, dn_B = \cdots\,, \tag{23.5}$$

oder, indem wir zuerst durch ein kleines Zeitintervall dt teilen,

$$\frac{d\xi}{dt} = \frac{1}{\nu_A}\frac{dn_A}{dt} = \frac{1}{\nu_B}\frac{dn_B}{dt} = \cdots\,, \tag{23.6}$$

und anschließend durch das Volumen des Systems V teilen,

$$\frac{d\xi/V}{dt} = \frac{1}{\nu_A}\frac{dn_A/V}{dt} = \frac{1}{\nu_B}\frac{dn_B/V}{dt} = \cdots \tag{23.7}$$

bzw.

$$\frac{dx}{dt} = \frac{1}{\nu_A}\frac{d[A]}{dt} = \frac{1}{\nu_B}\frac{d[B]}{dt} = \cdots\,, \tag{23.8}$$

mit [X] gleich der Konzentration von Stoff X. In Gl. (23.6) ist $d\xi/dt$ die **Reaktionsgeschwindigkeit**, während dx/dt die Reaktionsgeschwindigkeit pro Volumen ist.

Wenn wir zuerst eine sehr einfache Reaktion betrachten,

$$A \to \cdots\,, \tag{23.9}$$

dann ist die Zahl der A-Moleküle, die in einem bestimmten Zeitintervall und pro Volumen zerfallen, proportional zur Konzentration von A, siehe Abb. 23.1.

A SIMPLE MODEL ACCOUNTS FOR THIS BEHAVIOR. START WITH A BIG BUNCH OF MOLECULES OF REACTANT **A**, AND IMAGINE THAT EVERY MOLECULE HAS THE SAME PROBABILITY OF DECOMPOSING. THEN A FIXED FRACTION OF THE WHOLE WILL REACT IN EACH UNIT OF TIME.

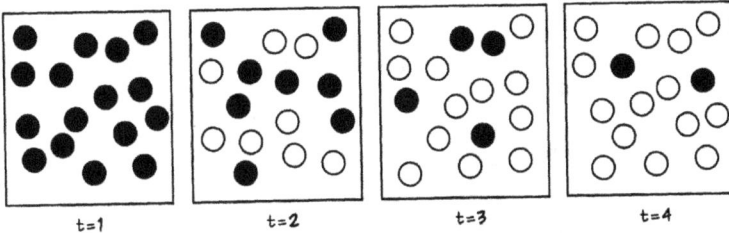

t=1   t=2   t=3   t=4

IN OTHER WORDS, THE REACTION **RATE** (NUMBER OF MOLES OR MOL/L DECOMPOSING PER UNIT TIME) IS PROPORTIONAL TO THE **QUANTITY OF REACTANT** PRESENT (NUMBER OF MOLES OR MOL/L). SO WE CAN WRITE A SECOND FORMULA FOR THE REACTION RATE: AT ANY GIVEN TIME,

$$r_A = -k[A]$$

k IS A CONSTANT CALLED THE **RATE CONSTANT**. BY CONVENTION, k IS ALWAYS A POSITIVE NUMBER, SO THE MINUS SIGN IS NECESSARY TO MAKE r NEGATIVE, MEANING [A] IS DECREASING.

OH, IT SHRINKS! I GET IT!

Abb. 23.1: Eine Reaktion, A → ···. Reproduziert mit freundlicher Genehmigung von HarperCollins Publishers aus dem Buch Larry Gonick und Craig Criddle, *The Cartoon Guide to Chemistry*, 2005.

Für eine leicht komplexere Reaktion,

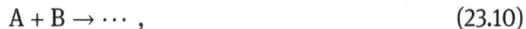

$$A + B \rightarrow \cdots , \tag{23.10}$$

ist die Zahl der Reaktionen, die in einem bestimmten Zeitintervall und pro Volumen ablaufen, proportional zum Produkt der Konzentration von A und der Konzentration von B, siehe Abb. 23.2: Nur wenn sich ein A- und ein B-Molekül gleichzeitig in nächs-

IMAGINE THAT A VOLUME OF GAS OR SOLU-
TION IS DIVIDED INTO COUNTLESS TINY COM-
PARTMENTS. IF TWO PARTICLES SHARE A
COMPARTMENT, WE'LL CALL THAT A
COLLISION.

IF [B] IS CONSTANT, THEN CHANGING
[A] CHANGES THE NUMBER OF A-B
COLLISIONS PROPORTIONALLY. (HERE **A**
ARE BLACK AND **B** ARE WHITE.)

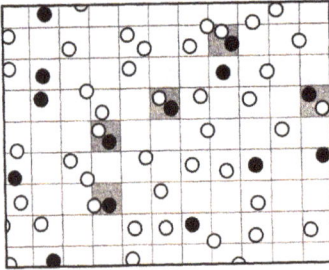
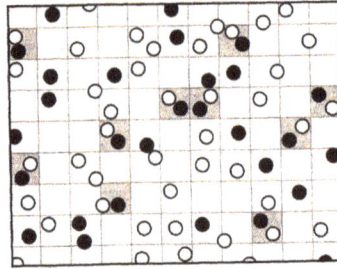

THE SAME IS TRUE WHEN [B] IS CHANGED, SO THE FREQUENCY OF
COLLISIONS MUST BE PROPORTIONAL TO [A][B], OR $P_A P_B$, IF A
AND B ARE GASES.

NOT ALL COLLISIONS RESULT IN REACTION. THE ONES THAT DO ARE CALLED
EFFECTIVE. WE ASSUME THAT THE RATIO OF EFFECTIVE COLLISIONS TO
TOTAL COLLISIONS IS CONSTANT (AT A FIXED TEMPERATURE).

SO: REACTION RATE
EQUALS RATE OF
EFFECTIVE COLLISIONS,
WHICH IS PROPOR-
TIONAL TO RATE OF
TOTAL COLLISIONS,
WHICH IS PROPOR-
TIONAL TO [A][B]
OR $P_A P_B$. CONCLUSION:

AMAZING THAT THE
LITTLE THINGS EVER
MEET AT ALL!

r = –k[A][B]

k A POSITIVE CONSTANT

WE SAY THE REACTION IS FIRST ORDER IN **A**, FIRST ORDER IN **B**, AND SECOND
ORDER OVERALL.

Abb. 23.2: Eine Reaktion, A+B → ⋯. Reproduziert mit freundlicher Genehmigung von HarperCollins
Publishers aus dem Buch Larry Gonick und Craig Criddle, *The Cartoon Guide to Chemistry*, 2005.

ter Umgebung zueinander befinden, können sie miteinander reagieren. In Abb. 23.2
ist die ‚nächste Umgebung' dadurch gekennzeichnet, dass sich ein A- und ein B-Molekül im selben Quadrat befinden müssen. Wir erwähnen, dass es nicht immer, wenn
dies der Fall ist, auch zu einer Reaktion kommt. Deswegen gilt allgemein, dass die
Reaktionsgeschwindigkeit pro Volumen

$$\frac{dx}{dt} = k[A]^a [B]^b \cdots \tag{23.11}$$

ist. Auf der rechten Seite stehen nur die Edukte/Reaktanden. Die Exponenten $a, b, \ldots$ geben an, wie viele Moleküle vom Typ A, B, ..., sich gleichzeitig in nächster Umgebung zueinander befinden müssen.

Wir können diese Gleichung mit Gl. (23.8) kombinieren und erhalten dann

$$\frac{d[X]}{dt} = kv_X[A]^a[B]^b \cdots . \tag{23.12}$$

Hierbei ist k die **Reaktionsgeschwindigkeitskonstante**, auch **Geschwindigkeitskonstante** genannt. Sie beschreibt die Wahrscheinlichkeit, dass die Moleküle zusammenstoßen und tatsächlich miteinander reagieren, statt unverändert wieder auseinander zu fliegen. Die Summe $a + b + \cdots$ wird **Reaktionsordnung** genannt, während die einzelnen Exponenten $a, b, \ldots$ jeweils die Reaktionsordnung bezüglich A, B, ... darstellen.

Wir betonen, dass wir hier angenommen haben, dass die Bewegungen der Teilchen unkorreliert sind, d. h., dass die Teilchen sich gegenseitig nicht beeinflussen. Wäre das nicht der Fall, müssen die Gesetze oben [z. B. Gl. (23.12)] modifiziert werden. Deswegen sind die Überlegungen hier eher für sehr verdünnte Lösungen gültig.

23.2 Reaktion erster Ordnung

Wir werden jetzt einige Fälle kurz erläutern. Die Reaktionsordnung ist selten besonders groß (kaum über 3), weil das erfordern würde, dass viele Moleküle sich gleichzeitig in der nächsten Umgebung voneinander befinden und miteinander reagieren würden, was sehr unwahrscheinlich ist. Deswegen gibt es auch nicht sehr viele verschiedene Fälle.

Wir fangen mit einer **Reaktion erster Ordnung** an. Beispiele sind

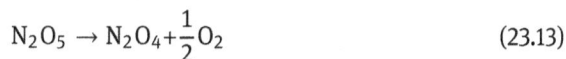

$$N_2O_5 \rightarrow N_2O_4 + \frac{1}{2}O_2 \tag{23.13}$$

und

$$CH_3OCH_3 \rightarrow CH_4 + H_2 + CO . \tag{23.14}$$

In der ersten Reaktion (23.13) wird selbstverständlich kein halbes Sauerstoffmolekül gebildet, sondern zuerst ein isoliertes Sauerstoffatom. Anschließend bilden zwei Sauerstoffatome ein Sauerstoffmolekül,

$$2O \rightarrow O_2 \tag{23.15}$$

Falsch wäre es aber hier, die Reaktion in Gl. (23.13) als

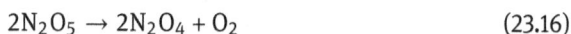

$$2N_2O_5 \rightarrow 2N_2O_4 + O_2 \tag{23.16}$$

zu schreiben. Das würde nämlich implizieren, dass die Reaktion eine Reaktion zweiter Ordnung wäre. Die Reaktion (23.16) ist eher die Bruttoreaktion aus zweimal der

Reaktion (23.13) und einmal der Reaktion (23.15). Um den Ausdruck für die Reaktionsgeschwindigkeit für Reaktion (23.13) aufzustellen, ist es aber ausreichend, zu wissen, wie viele Moleküle miteinander reagieren, während die Produktmoleküle zunächst nicht relevant sind. Deswegen würde es eigentlich reichen, die Reaktion (23.13) als

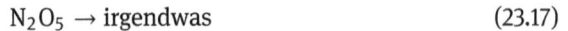

$$N_2O_5 \rightarrow \text{irgendwas} \tag{23.17}$$

zu schreiben.

Im allgemeinen Fall haben wir für eine Reaktion erster Ordnung

$$A \rightarrow \cdots . \tag{23.18}$$

Für diese haben wir laut Gl. (23.12)

$$\frac{d[A]}{dt} = -k_1[A] . \tag{23.19}$$

Wir haben hier die Geschwindigkeitskonstante k_1 genannt.

Durch Umstellen dieser Gleichung erhalten wir

$$\frac{d[A]}{[A]} = -k_1\,dt . \tag{23.20}$$

Diese Gleichung beschreibt, wie die kleine Änderung in der Konzentration von A sich zeitlich ändert. Summieren (integrieren) wir diese kleinen Änderungen von einem Anfangswert der Konzentration $[A]_0$ und einem Anfangswert der Zeit, 0, erhalten wir

$$\int_{[A]_0}^{[A]} \frac{d[A]}{[A]} = -k_1 \int_0^t dt , \tag{23.21}$$

oder

$$\ln\left(\frac{[A]}{[A]_0}\right) = -k_1 t , \tag{23.22}$$

d. h.

$$[A] = [A]_0 e^{-k_1 t} . \tag{23.23}$$

Nach der Zeit

$$t = \tau_{1/2} = \frac{\ln 2}{k_1} \tag{23.24}$$

ist die Menge von A auf die Hälfte gesunken. Nach nochmals der Zeit $\tau_{1/2}$ ist sie nochmals auf die Hälfte gesunken usw. (Abb. 23.1). $\tau_{1/2}$ wird die **Halbwertszeit** genannt. Die Halbwertszeit zu definieren, macht nur Sinn bei Reaktionen erster Ordnung.

23.3 Reaktion zweiter Ordnung

Ein Beispiel einer **Reaktion zweiter Ordnung** ist

$$2\,NO_2 \rightarrow 2\,NO + O_2 . \tag{23.25}$$

Allgemein gibt es zwei Typen von Reaktionen zweiter Ordnung,

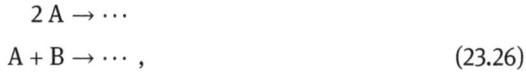

$$2\,A \rightarrow \cdots$$

$$A + B \rightarrow \cdots\,, \tag{23.26}$$

aber hier werden wir uns nur mit dem ersten Fall beschäftigen.

Laut Gl. (23.12) gilt für diese

$$\frac{d[A]}{dt} = -2k_2[A]^2\,. \tag{23.27}$$

Wir haben hier die Geschwindigkeitskonstante k_2 genannt. Durch Umstellen und anschließende Integration erhalten wir daraus

$$\frac{1}{[A]} - \frac{1}{[A]_0} = 2k_2t\,, \tag{23.28}$$

wenn wir annehmen, dass $[A] = [A]_0$ bei $t = 0$ ist.

Dieser Ausdruck gilt auch für die zweite Reaktion in Gl. (23.26), wenn $[A]_0 = [B]_0$, mit der Ausnahme, dass auf der rechten Seite von Gl. (23.28) dann k_2t stehen wird.

23.4 Reaktion dritter Ordnung

Ein Beispiel einer **Reaktion dritter Ordnung** ist

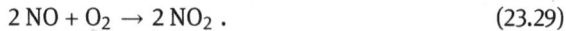

$$2\,NO + O_2 \rightarrow 2\,NO_2\,. \tag{23.29}$$

Allgemein gibt es drei Typen von Reaktionen dritter Ordnung,

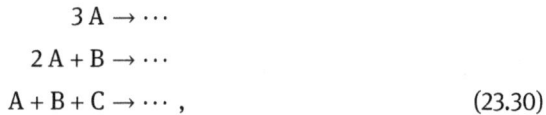

$$3\,A \rightarrow \cdots$$

$$2\,A + B \rightarrow \cdots$$

$$A + B + C \rightarrow \cdots\,, \tag{23.30}$$

aber hier werden wir uns nur mit dem ersten Fall beschäftigen.

Laut Gl. (23.12) gilt für diesen

$$\frac{d[A]}{dt} = -3k_3[A]^3\,. \tag{23.31}$$

Wir haben hier die Geschwindigkeitskonstante k_3 genannt. Durch Umstellen und anschließende Integration erhalten wir daraus

$$\frac{1}{([A])^2} - \frac{1}{([A]_0)^2} = 6k_3t\,. \tag{23.32}$$

wenn wir auch hier annehmen, dass $[A] = [A]_0$ bei $t = 0$ ist.

Dieser Ausdruck gilt auch für die anderen Reaktionen in Gl. (23.30), wenn $2\,[A]_0 = [B]_0$ in der zweiten Reaktion oder $[A]_0 = [B]_0 = [C]_0$ in der dritten Reaktion, mit den Ausnahmen, dass auf der rechten Seite in Gl. (23.31) $4k_3t$ [für die zweite Reaktion in Gl. (23.30)] oder $2k_3t$ [für die dritte Reaktion in Gl. (23.30)] stehen wird.

23.5 Reaktion nullter Ordnung

Streng genommen gibt es keine **Reaktion nullter Ordnung**, aber wenn für die Reaktion

$$A \to \cdots \tag{23.33}$$

die Menge von A so groß ist (wenn A z. B. das Lösungsmittel ist), dass die Änderung der Menge von A vernachlässigt werden kann, kann man in gewisser Weise von einer Reaktion nullter Ordnung sprechen. Für eine solche erhalten wir

$$[A] = [A]_0 - k_0 t . \tag{23.34}$$

Auch hier haben wir $[A] = [A]_0$ bei $t = 0$ gesetzt.

Diese Näherung gilt nur, solange

$$k_0 t \ll [A]_0 . \tag{23.35}$$

23.6 Bestimmung der Reaktionsordnung

In den letzten Abschnitten haben wir gesehen, dass wir durch geschicktes Auftragen der Konzentration von A als Funktion der Zeit eine lineare Funktion erhalten. Diese Funktion ist $\frac{1}{[A]}$, $\ln[A]$, $\frac{1}{([A])^2}$ und $[A]$ für eine Reaktion zweiter, erster, dritter und nullter Ordnung. Indem man $[A]$ als Funktion der Zeit misst und diese verschiedenen Funktionen gegen die Zeit aufträgt, kann man bestimmen, welche Reaktionsordnung vorliegt.

23.7 Folgereaktionen

Wir betrachten die zwei Reaktionen

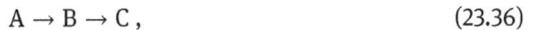

$$A \to B \to C , \tag{23.36}$$

die gleichzeitig im Gefäß ablaufen. Dies ist ein Beispiel einer **Folgereaktion**.

Wir lassen k_1 und k_2 die Reaktionsgeschwindigkeitskonstanten der beiden Reaktionen sein und erhalten dann

$$\frac{d[A]}{dt} = -k_1[A]$$

$$\frac{d[B]}{dt} = k_1[A] - k_2[B]$$

$$\frac{d[C]}{dt} = k_2[B] . \tag{23.37}$$

Hier ist besonders die zweite Gleichung hervorzuheben. Die Änderung in [B] kann auf zwei verschiedene Weisen zustandekommen: Gleichzeitig läuft die erste Reaktion in Gl. (23.36) ab, und [B] nimmt dadurch zu, und die zweite Reaktion in Gl. (23.36) läuft ab, wodurch [B] abnimmt. Die Änderung in [B] ist demzufolge die Summe der beiden Beiträge (NB: **nicht** die einzelnen Beiträge!), wie angeführt.

Wir nehmen an, dass [A] bei $t = 0$ gleich $[A]_0$ ist, während die Mengen von B und C bei $t = 0$ gleich null sind. Durch mathematische Rechnungen, die nicht besonders schwierig, aber dennoch hier nicht relevant sind, erhält man

$$[A] = [A]_0 e^{-k_1 t}$$

$$[B] = [A]_0 \frac{k_1}{k_2 - k_1} \left(e^{-k_1 t} - e^{-k_2 t} \right)$$

$$[C] = [A]_0 \left(1 - \frac{k_2}{k_2 - k_1} e^{-k_1 t} + \frac{k_1}{k_2 - k_1} e^{-k_2 t} \right) . \tag{23.38}$$

Es gilt, dass

$$[A] + [B] + [C] = [A]_0 , \tag{23.39}$$

was gelten muss, weil die Reaktionsgleichung (23.37) zeigt, dass die Gesamtstoffmenge konstant ist.

Wir betrachten zwei Sonderfälle: $k_1 \gg k_2$ und $k_1 \ll k_2$. Im ersten Fall läuft die erste Reaktion sehr schnell ab, so dass [A] schnell zu B reagiert, das wiederum eher langsam zu C reagiert. Im zweiten Fall ist die erste Reaktion so langsam, dass [A] nur langsam kleiner wird, während das entstandene B ‚sofort‘ wieder zu C reagiert. Deswegen ist [B] nie besonders groß in diesem Fall. Solche Fälle sind in Abb. 23.3 gezeigt.

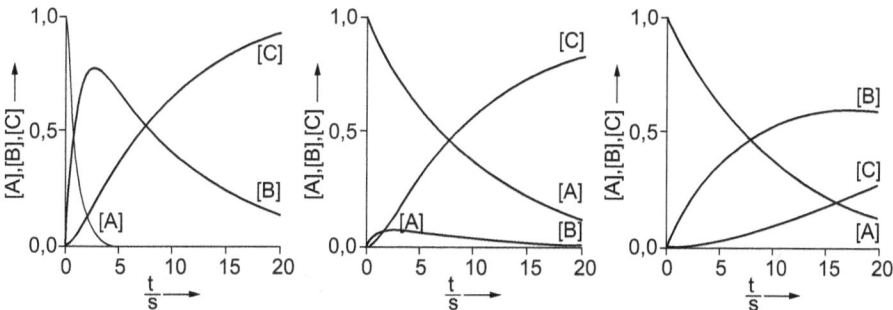

Abb. 23.3: Die zeitliche Abhängigkeit der Konzentrationen [A], [B] und [C] für drei Fälle von (k_1, k_2) im Fall einer Folgereaktion A → B → C. In s^{-1} sind (k_1, k_2) gleich $(1, 0,1)$, $(0,1, 1)$ und $(0,1, 0,03)$ in den drei Beispielen. Angepasst aus dem Buch Gerd Wedler, *Lehrbuch der Physikalischen Chemie*, Wiley-VCH, 2004.

23.8 Parallele Reaktionen

Ein Beispiel von **parallelen Reaktionen** ist

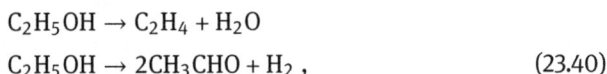

$$C_2H_5OH \rightarrow C_2H_4 + H_2O$$

$$C_2H_5OH \rightarrow 2CH_3CHO + H_2 \,, \tag{23.40}$$

oder allgemein

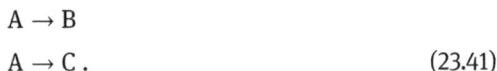

$$A \rightarrow B$$

$$A \rightarrow C \,. \tag{23.41}$$

Wir bezeichnen die Geschwindigkeitskonstanten der beiden Reaktionen als k_1 und k_2 und erhalten dann

$$\frac{d[A]}{dt} = -k_1[A] - k_2[A]$$

$$\frac{d[B]}{dt} = k_1[A]$$

$$\frac{d[C]}{dt} = k_2[A] \,. \tag{23.42}$$

Wir nehmen an, dass [A] bei $t = 0$ gleich $[A]_0$ ist, während die Mengen von B und C bei $t = 0$ gleich null sind. Durch mathematische Rechnungen, die nicht besonders schwierig, aber trotzdem hier nicht relevant sind, erhält man

$$[A] = [A]_0 \exp\left[-(k_1 + k_2)\,t\right]$$

$$[B] = \frac{k_1[A]_0}{k_1 + k_2}\left\{1 - \exp\left[-(k_1 + k_2)\,t\right]\right\}$$

$$[C] = \frac{k_2[A]_0}{k_1 + k_2}\left\{1 - \exp\left[-(k_1 + k_2)\,t\right]\right\} \,. \tag{23.43}$$

Es gilt auch in diesem Fall, dass

$$[A] + [B] + [C] = [A]_0 \,. \tag{23.44}$$

Ferner gilt in diesem Fall

$$\frac{[B]}{[C]} = \frac{k_1}{k_2} \,, \tag{23.45}$$

was bedeutet, dass es durch Variation der Geschwindigkeitskonstanten möglich wird, die relativen Mengen der Produkte zu variieren.

23.9 Arrhenius-Gleichung

Wenn Moleküle miteinander reagieren, müssen einige chemische Bindungen zuerst gebrochen werden, und anschließend neue chemische Bindungen gebildet werden. Der erste Schritt kostet Energie (Abb. 23.4), und nicht alle Moleküle, die sich treffen,

NEARLY EVERY COMBINATION REACTION WORKS THE SAME WAY: IT NEEDS AN ADDED ENERGY PUSH TO BRING THE REACTANTS TOGETHER. THIS BOOST IS CALLED THE **ACTIVATION ENERGY** OF THE REACTION, E_A. IN OTHER WORDS, CHEMICAL REACTIONS ARE NOT JUST LIKE FALLING DOWNHILL!

FALLING DOWNHILL

CHEMICAL REACTION

THE OBVIOUS WAY TO GET A REACTION MOVING FASTER, THEN, IS TO MAKE MORE OF THE PARTICLES EXCEED THE ACTIVATION ENERGY—IN OTHER WORDS, BY **RAISING TEMPERATURE**. THEN A HIGHER FRACTION OF COLLISIONS WILL BE EFFECTIVE.

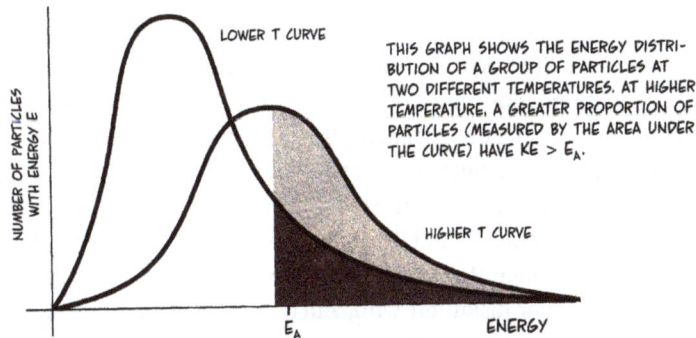

THIS GRAPH SHOWS THE ENERGY DISTRIBUTION OF A GROUP OF PARTICLES AT TWO DIFFERENT TEMPERATURES. AT HIGHER TEMPERATURE, A GREATER PROPORTION OF PARTICLES (MEASURED BY THE AREA UNDER THE CURVE) HAVE KE > E_A.

Abb. 23.4: Die Arrhenius-Gleichung. Reproduziert mit freundlicher Genehmigung von HarperCollins Publishers aus dem Buch Larry Gonick und Craig Criddle, *The Cartoon Guide to Chemistry*, 2005.

besitzen die notwendige Energie dazu. Aber je höher die Temperatur ist, desto mehr Moleküle haben die notwendige Energie, und dementsprechend entstehen mehr Produkte bei höherer Temperatur.

Svante Arrhenius formulierte dies empirisch durch folgende Formel für die Reaktionsgeschwindigkeitskonstante

$$k = A \exp\left(-\frac{E_a}{RT}\right), \tag{23.46}$$

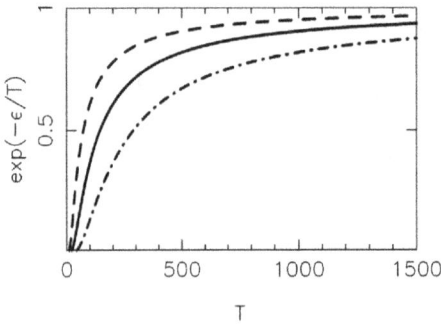

Abb. 23.5: Die Funktion $\exp(-\epsilon/T)$ der Arrhenius-Gleichung. $\epsilon = 100, 50$ und 200 für die durchgezogene, die gestrichelte und die Punkt-Strich-Kurve.

die seinen Namen trägt. Eine schematische Darstellung dieser Funktion ist in Abb. 23.5 gezeigt, woraus man erkennt, dass k mit T steigt, und auch, dass k größer wird, wenn E_a kleiner wird.

In Abb. 23.6 zeigen wir eine schematische Darstellung der Variation der Energie während der chemischen Reaktion der zwei zweiatomigen Moleküle AB und CD,

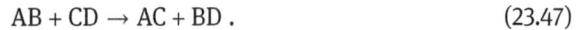

$$AB + CD \rightarrow AC + BD \,. \tag{23.47}$$

Zuerst liegen die Edukte/Reaktanden AB und CD weit auseinander. Die zwei Moleküle nähern sich einander, und gleichzeitig werden die intramolekularen A-B- und C-D-Bindungen schwächer, während die intermolekularen Bindungen A-C und B-D aufgebaut werden. Das führt zur Bildung des sogenannten **aktivierten Komplexes**. Diese Situation ist energetisch am ungünstigsten. Anschließend werden die A-C- und B-D-Bindungen endgültig gebildet und die A-B- und C-D-Bindungen endgültig gebrochen, und wir haben die Produktmoleküle AC und BD. Es soll betont werden, dass nicht jede Reaktion, bei der zwei zweiatomige Moleküle miteinander reagieren, so abläuft, wie in Abb. 23.6 angedeutet und hier diskutiert wird. Auch andere Szenarien sind möglich.

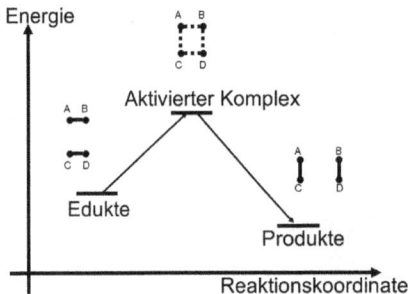

Abb. 23.6: Schematische Darstellung der Variation der Energie durch eine chemische Reaktion.

Mit Hinweis auf Abb. 23.6 ist die Reaktionsenergie definiert als

$$\text{Reaktionsenergie} = \text{Energie(Produkte)} - \text{Energie(Edukte)} , \qquad (23.48)$$

während die Aktivierungsenergie definiert ist als

$$\text{Aktivierungsenergie} = \text{Energie(aktivierter Komplex)} - \text{Energie(Edukte)} . \qquad (23.49)$$

E_a in Gl. (23.46) ist die Aktivierungsenergie pro Mol.

Um eine Reaktion zu beschleunigen, muss die Reaktionsgeschwindigkeitskonstante größer werden. Das kann man z. B. durch den Einsatz von Katalysatoren erreichen. Dadurch wird die Aktivierungsenergie abgesenkt, während die Reaktionsenergie unverändert bleibt. Im Fall von Abb. 23.6 könnte das der Fall sein, wenn der Katalysator die Oberfläche eines Festkörpers ist, worauf die AB- und CD-Moleküle zunächst adsorbiert werden, anschließend chemische Bindungen zu der Oberfläche bilden und dadurch die A-B- und C-D-Bindungen geschwächt werden.

23.10 Explosion

Wenn bei einer Reaktion Energie frei wird (die Reaktion ist dann exotherm), kann die durch die Reaktion entstandene Energie dazu führen, dass das System aufgewärmt wird, also die Temperatur höher wird. Wie die Arrhenius-Gleichung zeigt, wird dabei die Reaktion schneller ablaufen. Das setzt sich verstärkt fort, und es kann dadurch zu einer **thermischen Explosion** kommen.

Alternativ kann es sein, dass Kettenreaktionen stattfinden, so dass bei den Elementarreaktionen eine wachsende Zahl von reaktionsfähigen Reaktanden entsteht. Das führt zu einer **mechanischen Explosion.**

Ein berühmtes Beispiel ist die Knallgasreaktion, $2\,H_2 + O_2 \rightarrow 2\,H_2O$. Abhängig von den Versuchsbedingungen kann es zu einer thermischen oder einer mechanischen Explosion kommen.

23.11 Kettenreaktionen

Kettenreaktionen bestehen aus mehreren Elementarreaktionen. In einigen oder mehreren **Kettenfortpflanzungsreaktionen** werden einige der Produkte einer Elementarreaktion als Edukte einer anderen Elementarreaktion benutzt. Um die ganze Kettenreaktion zu starten, muss zuerst eine **Ketteninitialisierungsreaktion** ablaufen, wobei einige der Reaktanden für die Kettenfortpflanzungsreaktionen erzeugt werden. Aber es gibt auch **Kettenabbruchreaktionen**, die dazu führen, dass die notwendigen Edukte der Kettenfortpflanzungsreaktionen entfernt werden.

23.12 Bodenstein-Reaktion

Als Beispiel einer Kettenreaktion werden wir hier die **Bodenstein-Reaktion** diskutieren. Bodenstein betrachtete Reaktionen vom Typ

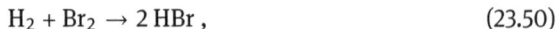

$$H_2 + Br_2 \rightarrow 2\,HBr\,, \tag{23.50}$$

die zuerst wie ein Beispiel einer Elementarreaktion der Abb. 23.6 aussieht. Aber Bodenstein fand experimentell

$$\frac{d[HBr]}{dt} = \frac{k[H_2][Br_2]^{1/2}}{1 + k'[HBr][Br_2]}\,, \tag{23.51}$$

was darauf hindeutet, dass die Reaktion der Gl. (23.50) keine Elementarreaktion ist, sondern eine Bruttoreaktion, die sich aus mehreren Elementarreaktionen zusammensetzt.

Bodenstein schlug deswegen folgende Kettenreaktion vor. Die Ketteninitialisierungsreaktion ist

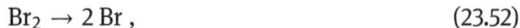

$$Br_2 \rightarrow 2\,Br\,, \tag{23.52}$$

während die Kettenfortpflanzungsreaktionen aus zwei Elementarreaktionen bestehen:

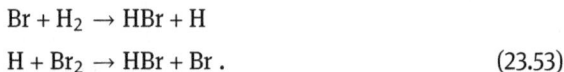

$$Br + H_2 \rightarrow HBr + H$$
$$H + Br_2 \rightarrow HBr + Br\,. \tag{23.53}$$

Letztendlich gibt es mehrere Kettenabbruchreaktionen:

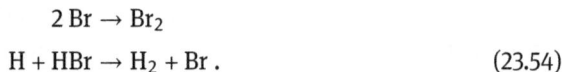

$$2\,Br \rightarrow Br_2$$
$$H + HBr \rightarrow H_2 + Br\,. \tag{23.54}$$

Durch Analyse dieser Elementarreaktionen konnte Bodenstein die Gl. (23.51) erklären. Die Konstanten k und k' dieser Gleichung hängen demnach von den Reaktionsgeschwindigkeitskonstanten der Reaktionen (23.52), (23.53) und (23.54) ab.

Außerdem konnte Bodenstein zeigen, dass ähnliche Mechanismen auch gelten, wenn Brom durch andere Halogene ersetzt wird.

23.13 Polymerisation

Ein anderes Beispiel einer Kettenreaktion ist die **Polymerisation**. Dabei werden bei den Ketteninitialisierungsreaktionen Radikale erzeugt, die bei den Kettenfortpflanzungsreaktionen mit neutralen Monomeren, Dimeren, oder größeren Oligomeren reagieren, und dadurch zur Bildung von größeren Radikalen führen. Dieses Wachstum kann sich dann fortsetzen. Kettenabbruchreaktionen sind solche, bei denen zwei Radikale miteinander reagieren.

23.14 Gleichgewichtskonstante

Wenn eine Reaktion in beide Richtungen ablaufen kann, ist jede Richtung für sich separat eine Elementarreaktion mit einer eigenen Reaktionsgeschwindigkeitskonstante. Wenn ein Gleichgewicht herrscht, ist es nicht so, dass nichts passiert, sondern es laufen dann beide Reaktionen gleich schnell ab, und wir können dann mit Hilfe der Reaktionsgeschwindigkeitskonstanten die Gleichgewichtskonstante bestimmen. Ein Beispiel ist in Abb. 23.7 gezeigt.

AND A LITTLE MORE MATH...

NOW WE MAKE AN UNWARRANTED ASSUMPTION: SUPPOSE THE REACTION ORDERS ARE GIVEN BY THE STOICHIOMETRIC COEFFICIENTS a, b, c, AND d. THAT IS:

$$r_F = -k_F[A]^a[B]^b$$
$$r_{REV} = -k_{REV}[C]^c[D]^d$$

(HERE k_F AND k_{REV} ARE THE FORWARD AND REVERSE RATE CONSTANTS.)

AT EQUILIBRIUM, THEN, THE RATES ARE EQUAL:

$$k_F[A]^a[B]^b = k_{REV}[C]^c[D]^d$$

REARRANGING,

$$\frac{[C]^c[D]^d}{[A]^a[B]^b} = \frac{k_F}{k_{REV}} = K,$$

WHERE K IS A **CONSTANT.**

BUT WHAT IF OUR ASSUMPTION IS WRONG, AND THOSE ARE NOT THE REAL RATES? NO PROBLEM! BY SOME MIRACLE, ALL INTERMEDIATE STEPS CAN BE SHOWN TO COMBINE PERFECTLY TO **VALIDATE THE USE OF THE STOICHIOMETRIC COEFFICIENTS.** THAT IS, THERE REALLY IS A CONSTANT K, SUCH THAT AT EQUILIBRIUM:

$$\frac{[C]^c[D]^d}{[A]^a[B]^b} = K$$

TO PUT IT ANOTHER WAY, NO MATTER WHERE THE REACTION STARTS OR HOW MUCH OF ANY INGREDIENT IS PRESENT AT ANY TIME, THE CONCENTRATIONS **AT EQUILIBRIUM** ALWAYS SATISFY THE EQUATION:

$$\frac{[C]^c[D]^d}{[A]^a[B]^b} = K$$

THIS FACT IS CALLED THE **law of mass action,** AND K IS THE REACTION'S **equilibrium constant.**

GEE... THREE TIMES ON ONE PAGE... THINK THAT'S ENOUGH?

NO!

$$\frac{[C]^c[D]^d}{[A]^a[B]^b} = K$$

Abb. 23.7: Eine Gleichgewichtskonstante als Funktion der Reaktionskonstanten. Reproduziert mit freundlicher Genehmigung von HarperCollins Publishers aus dem Buch Larry Gonick und Craig Criddle, *The Cartoon Guide to Chemistry*, 2005.

23.15 Aufgaben mit Antworten

1. **Aufgabe:** Für eine Reaktion A → B wird die Geschwindigkeitskonstante k genannt. Bei $t = 0$ ist [A] gleich 0,80 mol/l. Nach $t = 362$ s ist [A] gleich 0,2 mol/l. (a) Berechnen Sie die Geschwindigkeitskonstante k und die Halbwertszeit. (b) Berechnen Sie die Zeit t, nach der [A] von 1,00 mol/l auf 0,05 mol/l gesunken ist.

    Antwort: Wir wissen, dass $[A] = [A]_0 e^{-kt}$. (a) Daraus

    $$k = \frac{\ln([A]_0/[A])}{t} = \frac{\ln 4}{362\,\text{s}} = 3{,}830 \cdot 10^{-3}\,\text{s}^{-1}\,.$$

    Die Halbwertszeit ist dann $\tau_{1/2} = (\ln 2)/k = 181$ s. (b) Die gesuchte Zeit ist

    $$t = \frac{\ln([A]_0/[A])}{k} = \frac{\ln 20}{(\ln 4)/362\,\text{s}} = 362\,\text{s}\frac{\ln 20}{\ln 4} = 782{,}3\,\text{s}\,.$$

2. **Aufgabe:** Welche Einheiten haben die Geschwindigkeitskonstanten, wenn gilt: (a) $d[C]/dt = k[A][B]^2$, (b) $d[C]/dt = k_1[A] + k_2[B]^2$, (c) $dP_C/dt = kP_A^2$, (d) $dn_C/dt = k(V/RT)P_A$, (e) $d[C]/dt = k([A]/[B])$, (f) $d[C]/dt = (k_1[A]\sqrt{[B]})/(1 + k_2[C]/[B])$?

    Antwort: (a) Die Einheit von $d[C]/dt$ ist (mol/l)/s, während die von $[A][B]^2$ $(\text{mol/l})^3$ ist. Dann ist die Einheit von k $(1/\text{mol})^2/s$. (b) Die Einheit von $d[C]/dt$ ist (mol/l)/s, während die von [A] mol/l und die von $[B]^2$ $(\text{mol/l})^2$ sind. Dann ist die Einheit von k_1 s^{-1} und die von k_2 l/(mol s). (c) Die Einheit von dP_C/dt ist bar/s, während die von P_A^2 bar^2 ist. Dann ist die Einheit von k $\text{bar}^{-1}s^{-1}$. In dieser Aufgabe ist es auch möglich, andere Druckeinheiten wie Pa oder atm zu verwenden. Dann muss überall bar durch diese andere Einheit ersetzt werden. (d) Die Einheit von dn_C/dt ist mol/s, während die von $(V/RT)P_A$ mol ist. Dann ist die Einheit von k s^{-1}. (e) Die Einheit von $d[C]/dt$ ist (mol/l)/s, während [A]/[B] dimensionslos ist. Dann ist die Einheit von k (mol/l)/s. (f) Die Einheit von $d[C]/dt$ ist (mol/l)/s, was dann auch für $(k_1[A]\sqrt{[B]})/(1 + k_2[C]/[B])$ der Fall sein muss. In diesem Fall besteht der Nenner aus zwei Teilen, wovon ein Teil, 1, dimensionslos ist. Also muss auch $k_2[C]/[B]$ dimensionslos sein. Also ist auch k_2 dimensionslos. Die Einheit von $[A]\sqrt{[B]}$ ist $(\text{mol/l})^{3/2}$. Also muss k_2 die Einheit $(\text{mol/l})^{-1/2}s^{-1}$ haben.

3. **Aufgabe:** Eine Reaktion erster Ordnung hat eine Halbwertszeit von 500 s. Nach welcher Zeit sind 90 % (99 %) des Ausgangsstoffs umgesetzt?

    Antwort: Wir wissen, dass $[A] = [A]_0 e^{-kt}$ mit $k = (\ln 2)/\tau_{1/2}$. Also ist

    $$t = \frac{\ln([A]_0/[A])}{k} = \frac{\tau_{1/2} \cdot \ln([A]_0/[A])}{\ln 2}\,.$$

    Für $[A]_0/[A]$ gleich 10 (100) erhalten wir dann $t = 1661$ s (3322 s).

4. **Aufgabe:** Bei einer Reaktion erster Ordnung ist innerhalb von 30 min die Konzentration des Ausgangsstoffs A von 0,312 mol/l auf 0,285 mol/l gefallen. Nach welcher Zeit sind nur noch 20 % von A vorhanden? Wie groß sind die Geschwindigkeitskonstante und Halbwertszeit?

   Antwort: Wir wissen, dass $[A] = [A]_0 e^{-kt}$. Daraus

$$k = \frac{\ln([A]_0/[A])}{t} = \frac{\ln(0,312/0,285)}{1800\,\text{s}} = 5,029 \cdot 10^{-5}\,\text{s}^{-1}\,. \tag{23.55}$$

   Die Halbwertszeit ist dann $\tau_{1/2} = (\ln 2)/k = 1,378 \cdot 10^4$ s. Die gesuchte Zeit ist

$$t = \frac{\ln([A]_0/[A])}{k} = \frac{\ln 5}{5,029 \cdot 10^{-5}}\text{s} = 3,201 \cdot 10^4\,\text{s}\,.$$

5. **Aufgabe:** Bei einer Reaktion zweiter Ordnung, $2\,\text{A} \rightarrow \cdots$, ist innerhalb von 30 min die Konzentration des Ausgangsstoffs A von 0,312 mol/l auf 0,285 mol/l gefallen. Nach welcher Zeit sind nur noch 20 % von A vorhanden? Wie groß ist die Geschwindigkeitskonstante?

   Antwort: Für eine Reaktion zweiter Ordnung gilt $1/[A] - 1/[A]_0 = 2kt$. Daraus: $1/0,285 - 1/0,312 = 2k \cdot 1800$ s mol/l, oder $k = 8,4345 \cdot 10^{-5}$ s^{-1} l/mol. Anschließend erhalten wir für die gesuchte Zeit

$$t = \frac{1}{2k}\left(\frac{1}{[A]} - \frac{1}{[A]_0}\right) = \frac{1}{2k}\left(\frac{1}{0,2 \cdot [A]_0} - \frac{1}{[A]_0}\right) = \frac{4}{2k[A]_0} = 76.000\,\text{s}\,.$$

6. **Aufgabe:** Betrachten Sie die Reaktion $A + 2B \rightarrow C$. Drücken Sie $[dA]/dt$, $[dB]/dt$ und $[dC]/dt$ mit Hilfe der Geschwindigkeitskonstanten k und $[A]$, $[B]$ und $[C]$ aus.

   Antwort: Bei jeder Elementarreaktion, $|v_L|L + |v_M|M + |v_N|N + \cdots \rightarrow \cdots$ ist die zeitliche Änderung in der Menge von Stoff Q gleich $d[Q]/dt = v_Q \cdot k[L]^{|v_L|}[M]^{|v_M|}$. $[N]^{|v_N|} \cdots$. Wenn mehrere Elementarreaktionen gleichzeitig ablaufen, ist die gesamte Änderung in $[Q]$ gleich der Summe der Beiträge der einzelnen Elementarreaktionen. Im vorliegenden Beispiel erhalten wir dadurch: $d[A]/dt = -k[A][B]^2$, $d[B]/dt = -2k[A][B]^2$, $d[C]/dt = k[A][B]^2$.

7. **Aufgabe:** Die Geschwindigkeitskonstante einer Reaktion hat den Wert $0,5$ s^{-1} bei 200 K und $0,8$ s^{-1} bei 300 K. Welchen Wert hat sie bei 400 K?

   Antwort: Laut der Arrhenius-Gleichung gilt:

$$k(T) = A\exp\left(-\frac{E_a}{RT}\right) \equiv A\exp\left(-\frac{E_a' \cdot 100\,\text{K}}{T}\right), \tag{23.56}$$

   wobei

$$E_a' = \frac{E_a}{R \cdot 100\,\text{K}} \tag{23.57}$$

in der zweiten Gleichung nur als zweckmäßige Vereinfachung eingeführt wurde.
Daraus

$$A = k(T_1) \exp\left(\frac{E'_a \cdot 100\,\text{K}}{T_1}\right) , \tag{23.58}$$

so dass

$$k(T_2) = k(T_1) \exp\left[E'_a \cdot 100\,\text{K}\left(\frac{1}{T_1} - \frac{1}{T_2}\right)\right] \tag{23.59}$$

oder

$$E'_a = \frac{\ln\left[k(T_2)/k(T_1)\right]}{100\,\text{K}\,(1/T_1 - 1/T_2)} . \tag{23.60}$$

Wir benutzen dann alle Gleichungen, woraus

$$k(T_3) = k(T_1) \exp\left\{\frac{\ln\left[k(T_2)/k(T_1)\right]}{100\,\text{K}\,(1/T_1 - 1/T_2)} \cdot \left(\frac{100\,\text{K}}{T_1} - \frac{100\,\text{K}}{T_3}\right)\right\} . \tag{23.61}$$

Die Gültigkeit dieser Gleichung kann dadurch kontrolliert werden, dass wir $T_3 = T_1$, bzw. $T_3 = T_2$, einsetzen und dann tatsächlich $k_3 = k_1$, bzw. $k_3 = k_2$ erhalten.
In unserem Fall:

$$k(400\,\text{K}) = 0{,}5\,\text{s}^{-1} \exp\left[\frac{\ln 1{,}6}{1/2 - 1/3} \cdot \left(\frac{1}{2} - \frac{1}{4}\right)\right] = 1{,}012\,\text{s}^{-1} . \tag{23.62}$$

8. **Aufgabe:** Betrachten Sie die Elementarreaktion A → B. Die Geschwindigkeits-konstante bei 100 K und 200 K beträgt 3 und 6 s^{-1}. Bei welcher Temperatur ist sie dann 9 s^{-1}?

Antwort: Laut der Arrhenius-Gleichung gilt:

$$k(T) = A \exp\left(-\frac{E_a}{RT}\right) \equiv A \exp\left(-\frac{E'_a \cdot 100\,\text{K}}{T}\right) , \tag{23.63}$$

wobei

$$E'_a = \frac{E_a}{R \cdot 100\,\text{K}} \tag{23.64}$$

in der zweiten Gleichung nur als zweckmäßige Vereinfachung eingeführt wurde.
Daraus

$$A = k(T_1) \exp\left(\frac{E'_a \cdot 100\,\text{K}}{T_1}\right) , \tag{23.65}$$

so dass

$$k(T_2) = k(T_1) \exp\left[E'_a \cdot 100\,\text{K}\left(\frac{1}{T_1} - \frac{1}{T_2}\right)\right] \tag{23.66}$$

oder

$$E'_a = \frac{\ln\left[k(T_2)/k(T_1)\right]}{100\,\text{K}\,(1/T_1 - 1/T_2)} . \tag{23.67}$$

Wir benutzen dann alle Gleichungen, woraus

$$k(T_3) = k(T_1) \exp\left\{\frac{\ln\left[k(T_2)/k(T_1)\right]}{100\,\text{K}\,(1/T_1 - 1/T_2)} \cdot \left(\frac{100\,\text{K}}{T_1} - \frac{100\,\text{K}}{T_3}\right)\right\} . \tag{23.68}$$

Daraus erhalten wir

$$\left(\frac{100\,\text{K}}{T_1} - \frac{100\,\text{K}}{T_2}\right)\ln\left(\frac{k_3}{k_1}\right) = \left(\frac{100\,\text{K}}{T_1} - \frac{100\,\text{K}}{T_3}\right)\ln\left(\frac{k_2}{k_1}\right) \qquad (23.69)$$

oder

$$T_3 = 100\,\text{K} \cdot \left[\frac{100\,\text{K}}{T_1} - \left(\frac{100\,\text{K}}{T_1} - \frac{100\,\text{K}}{T_2}\right)\frac{\ln(k_3/k_1)}{\ln(k_2/k_1)}\right]^{-1}. \qquad (23.70)$$

Die Gültigkeit dieser Gleichung kann dadurch kontrolliert werden, dass wir $k_3 = k_1$, bzw. $k_3 = k_2$, einsetzen und erhalten dann tatsächlich $T_3 = T_1$, bzw. $T_3 = T_2$. In unserem Fall:

$$T_3 = 100\,\text{K} \cdot \left[\frac{1}{1} - \left(\frac{1}{1} - \frac{1}{2}\right)\frac{\ln 3}{\ln 2}\right]^{-1} = 481{,}9\,\text{K}. \qquad (23.71)$$

9. **Aufgabe:** Betrachten Sie die Reaktionen $A + B \to C$ und $A \to D$. Die Geschwindigkeitskonstanten sind k_1 und k_2. Bestimmen Sie einen Ausdruck für $d[A]/dt$.

   Antwort: Bei jeder Elementarreaktion, $|v_L|L + |v_M|M + |v_N|N + \cdots \to \cdots$ ist die zeitliche Änderung in der Menge von Stoff Q gleich $d[Q]/dt = v_Q \cdot k[L]^{|v_L|}[M]^{|v_M|} \cdot [N]^{|v_N|} \cdots$. Wenn mehrere Elementarreaktionen gleichzeitig ablaufen, ist die gesamte Änderung in $[Q]$ gleich der Summe der Beiträge der einzelnen Elementarreaktionen. Im vorliegenden Beispiel erhalten wir dadurch: $d[A]/dt = -k_1[A][B] - k_2[A]$, $d[B]/dt = -k_1[A][B]$, $d[C]/dt = k_1[A][B]$, $d[D]/dt = k_2[A]$.

23.16 Aufgaben

1. Welche Halbwertszeit hat eine Reaktion erster Ordnung, bei der nach 20 min ein Drittel des Ausgangsstoffs umgesetzt war?

2. Bei einer Reaktion erster Ordnung war nach zwei Stunden noch ein Rest von 12,5 % des Ausgangsstoffs vorhanden. Wie groß war die Reaktionsgeschwindigkeit zu Beginn der Reaktion bei einer Anfangsstoffmenge von 0,5 mol/l? Man gebe die Reaktionsgeschwindigkeit in Einheiten mol/(l s), mol/(l min) und mol/(l h) an.

3. Vergleichen Sie Parallel- und Folgereaktionen.

4. Die Reaktion erster Ordnung $A \to B$ mit der Geschwindigkeitskonstanten $k = 0{,}5\,\text{s}^{-1}$ läuft ab. Wie lange dauert es, bis von 1 mol A nur 0,5 mol übrig sind?

5. Betrachten Sie die Elementarreaktion $A + B \to C$. Drücken Sie $d[A]/dt$, $d[B]/dt$ und $d[C]/dt$ mit Hilfe der Konzentrationen $[A]$, $[B]$ und $[C]$ sowie der Geschwindigkeitskonstanten k aus.

6. Die Elementarreaktion $2\,A \rightarrow B$ läuft ab. Bei $t = 0$ gibt es $1\,mol$ A und bei $t = 1\,s$ gibt es $0{,}5\,mol$ A. Wann gibt es $0{,}25\,mol$ A?

7. Was besagt die Arrhenius-Gleichung? Was hat sie mit Katalyse zu tun?

8. Betrachten Sie die Reaktion $A + 2\,B \rightarrow 2\,C$. Drücken Sie $d[A]/dt$, $d[B]/dt$ und $d[C]/dt$ mit Hilfe der Geschwindigkeitskonstanten k sowie $[A]$, $[B]$ und $[C]$ aus.

9. Betrachten Sie die Reaktion $2\,A \rightarrow B$. Bei $t = 0$ gibt es $3\,mol/l$ von Stoff A, und die Geschwindigkeitskonstante sei $k = 2\,l/(mol\,s)$. Wann ist nur $1\,mol/l$ von Stoff A übrig?

10. Die Geschwindigkeitskonstante einer Reaktion hat den Wert $0{,}5\,s^{-1}$ bei $100\,K$ und $0{,}6\,s^{-1}$ bei $120\,K$. Welchen Wert hat sie bei $130\,K$?

11. Die Geschwindigkeitskonstante einer Reaktion ist bei $100\,K$ gleich $0{,}1\,s^{-1}$ und bei $200\,K$ gleich $0{,}2\,s^{-1}$. Bei welcher Temperatur ist sie dann gleich $0{,}3\,s^{-1}$?

12. Die Halbwertszeit einer Reaktion erster Ordnung ist bei $100\,K$ gleich $0{,}3\,s$ und bei $200\,K$ gleich $0{,}2\,s$. Bei welcher Temperatur ist sie dann gleich $0{,}15\,s$?

13. Erläutern Sie die Bodenstein-Reaktion.

14. Beschreiben Sie, wie man graphisch eine Reaktion erster Ordnung erkennt.

15. Durch welche graphischen Darstellungen kann man unterscheiden, ob eine Reaktion erster oder zweiter Ordnung ist? Skizzieren die Kurven in den beiden Fällen.

16. Die Aktivierungsenergie der Reaktion $P + Q \rightarrow S$ sei gleich $20\,kJ/mol$ und bei einer Temperatur von $350\,K$ ist die Geschwindigkeitskonstante gleich $20\,l/(mol\,s)$. Welchen Wert hat sie dann bei der Temperatur $400\,K$? $R = 8{,}31441\,J/(mol\,K)$.

17. Betrachten Sie die Elementarreaktion $A \rightarrow B$. Die Geschwindigkeitskonstante sei $k = 10\,s^{-1}$. Zur Zeit $t = 0$ werden $2\,mol$ A und $1\,mol$ B gemischt. Bestimmen Sie, wie lange es dauert, bis insgesamt $2\,mol$ von B vorliegen.

18. Betrachten Sie die beiden Reaktionen $A + 2\,B \rightarrow C$ und $C + A \rightarrow 2\,D$, die gleichzeitig ablaufen. Die Geschwindigkeitskonstanten der beiden Reaktionen sind k_1 und k_2. Stellen Sie Ausdrücke für $X = A, B, C$ und D für $d[X]/dt$ auf.

24 Elektrochemie

24.1 Einleitung

Die **Elektrochemie** ist ein wichtiger Bestandteil der Physikalischen Chemie und verdient eigentlich mehr Raum als den, den wir ihr hier widmen werden. Basis der Elektrochemie ist, dass sehr viele chemische Reaktionen geladene Teilchen (Ionen) involvieren. Geladene Teilchen können mit Hilfe von elektrostatischen Feldern beeinflusst werden, und dadurch können wir erreichen, dass die chemischen Reaktionen durch externe elektrostatische Felder beeinflusst werden können. Umgekehrt können wir auch erreichen, dass wir durch chemische Reaktionen elektrostatische Felder erzeugen können, die wir wiederum als Energiequelle (Batterie, Akkumulator) benutzen können.

Als ein Beispiel zeigen wir in Abb. 24.1 das Prinzip hinter der **Brennstoffzelle**. Hier wird die chemische Reaktion

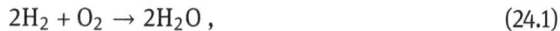

$$2H_2 + O_2 \rightarrow 2H_2O \,, \tag{24.1}$$

benutzt, um Energie zu erzeugen, die wir letztendlich gern als Triebkraft für Autos verwenden möchten.

Abbildung 24.2 und 24.3 zeigen das Prinzip einer **elektrochemischen Zelle**. In einer Lösung mit einem gelöstem Salz stecken zwei **Elektroden**. Die positiv geladene davon ist die **Anode**, während die negativ geladene die **Kathode** ist. Das Salz ist (teilweise oder komplett) dissoziiert in geladene **Ionen**, von welchen die positiv geladenen **Kationen** und die negativ geladenen **Anionen** genannt werden. Die Lösung wird als **Elektrolyt** bezeichnet. Wenn die Zelle so betrieben wird wie in Abb. 24.3, können wir dadurch eine **Elektrolyse** erhalten, wobei eine Metallschicht auf einem anderen Metall (das dann eine der beiden Elektroden sein muss) erzeugt werden kann. Oder wenn wir die Zelle als Stromquelle benutzen (also die äußere Stromquelle durch ein Strom verbrauchendes Gerät ersetzen), haben wir eine Batterie.

Im erweiterten Sinne gehört auch Solarenergie (Photovoltaik) zum Bereich der Elektrochemie. In diesem Fall induziert Licht eine elektronische Anregung eines Materials, und anschließend werden Elektron und Loch (,fehlendes Elektron') getrennt in zwei verschiedene Richtungen diffundieren, wodurch ein Strom entsteht.

https://doi.org/10.1515/9783110636932-024

Example: Fuel Cell

A FUEL CELL EXTRACTS ELECTRICAL ENERGY FROM A COMBUSTION REACTION SUCH AS

$$2H_2 + O_2 \longrightarrow 2H_2O$$

ONE KIND OF FUEL CELL INTRODUCES HYDROGEN AND OXYGEN ON OPPOSITE SIDES OF A POLYMER (PLASTIC) MEMBRANE. PROTONS CAN PASS THROUGH THE MEMBRANE, BUT IT BLOCKS ELECTRONS.

CATHODE   ANODE

H^+ O^-
H_2 H^+
H_2 O_2
        O_2
H_2 H^+
H_2 O_2
H_2

H_2 GAS

O_2 GAS

MEMBRANE   "EXHAUST" WATER

THE HALF-REACTIONS ARE

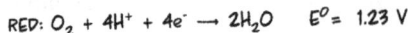

RED: $O_2 + 4H^+ + 4e^- \longrightarrow 2H_2O$ $E^0 = 1.23$ V

OX: $H_2 \longrightarrow 2H^+ + 2e^-$ $E^0 = 0$

SO THE TOTAL VOLTAGE OF THE CELL IS—OR SHOULD BE—**1.23 VOLTS.**

IN REAL LIFE, A CELL GENERATES LESS THAN 0.9 V. WHY THE DIFFERENCE? ONE REASON IS THAT THE CELL IS NOT 100% EFFICIENT. SOME GASES ESCAPE WITHOUT REACTING, AND THE SYSTEM SUFFERS FROM ELECTRICAL RESISTANCE. AND A FULL 0.2V IS LOST IN OVERCOMING THE REACTION'S **ACTIVATION ENERGY BARRIER.**

BY THE WAY—IF HYDROGEN FUEL MUST BE EXTRACTED FROM WATER IN THE FIRST PLACE, HOW CAN YOU **POSSIBLY** GAIN MORE ENERGY BURNING IT THAN YOU USE UP MAKING IT?

GOOD QUESTION....

Abb. 24.1: Prinzip einer Brennstoffzelle. Reproduziert mit freundlicher Genehmigung von Harper-Collins Publishers aus dem Buch Larry Gonick und Craig Criddle, *The Cartoon Guide to Chemistry*, 2005.

A ZINC BAR IS IMMERSED IN A 1M AQUEOUS SOLUTION OF $ZnSO_4$. COPPER IS IMMERSED IN A 1M SOLUTION OF $CuSO_4$. THE TWO BARS—OR **ELECTRODES**—ARE CONNECTED BY A WIRE. ELECTRONS WILL STILL NOT FLOW, HOWEVER, SINCE THEY WOULD CREATE A CHARGE IMBALANCE.

TO MAINTAIN CHARGE BALANCE, IONS MUST BE ALLOWED TO FLOW FROM ONE SOLUTION TO THE OTHER.

Zn

Cu

Zn^{2+} Zn^{2+}
SO_4^{2-}
Zn^{2+}
SO_4^{2-}
SO_4^{2-}
Zn^{2+}
SO_4^{2-}

IONS MUST GET ACROSS SOMEHOW!

SO_4^{2-} Cu^{2+}
SO_4^{2-}
Cu^{2+}
SO_4^{2-} Cu^{2+}
Cu^{2+} SO_4^{2-}

IF WE MAKE A PATH FOR IONS, ELECTRONS WILL MOVE THROUGH THE WIRE. IT'S THE ONLY WAY THEY CAN GET FROM Zn TO Cu^{2+}! DISSOLVED Cu^{2+} IS REDUCED AND DEPOSITED ON THE COPPER ELECTRODE. Zn IS OXIDIZED AND DISSOLVES. SO_4^{2-} MIGRATES TOWARD THE ZINC ELECTRODE. $[Zn^{2+}]$ RISES AND $[Cu^{2+}]$ FALLS.

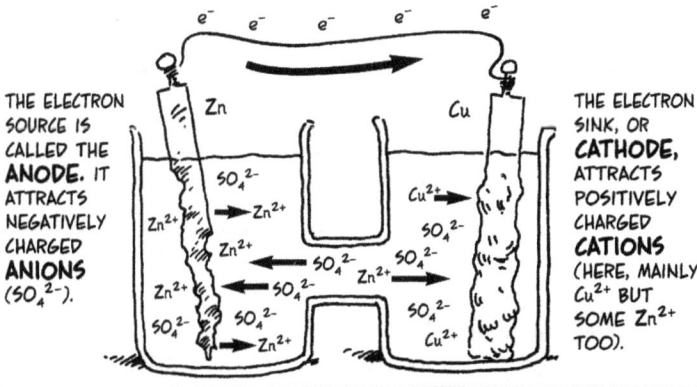

e^- e^- e^- e^- e^-

THE ELECTRON SOURCE IS CALLED THE **ANODE.** IT ATTRACTS NEGATIVELY CHARGED **ANIONS** (SO_4^{2-}).

Zn

Cu

SO_4^{2-}
Zn^{2+} Zn^{2+}
Zn^{2+}
Zn^{2+} SO_4^{2-} SO_4^{2-} Zn^{2+}
SO_4^{2-} SO_4^{2-}
Zn^{2+}

Cu^{2+}
SO_4^{2-}
SO_4^{2-}
Cu^{2+}

THE ELECTRON SINK, OR **CATHODE,** ATTRACTS POSITIVELY CHARGED **CATIONS** (HERE, MAINLY Cu^{2+} BUT SOME Zn^{2+} TOO).

Abb. 24.2: Prinzip einer elektrochemischen Zelle. Reproduziert mit freundlicher Genehmigung von HarperCollins Publishers aus dem Buch Larry Gonick und Craig Criddle, *The Cartoon Guide to Chemistry*, 2005.

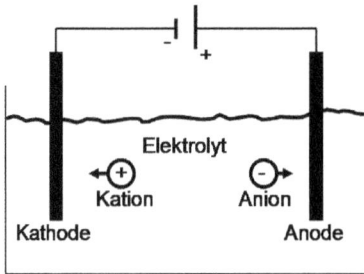

Abb. 24.3: Prinzip einer elektrochemischen Zelle.

24.2 Fünf Beispiele

Als Beispiel behandeln wir die fünf Fälle der Tab. 24.1. Die Fälle unterscheiden sich im Elektrolyten und/oder Material der Elektroden. Als Folge dieser Unterschiede beobachtet man unterschiedliche Prozesse an den Elektroden, wie die Tabelle zeigt. Wir gehen jetzt die fünf Fälle einzeln durch.

Tab. 24.1: Die fünf Beispiele zusammengefasst.

Fall	Elektrolyt	Anoden-material	Kathoden-material	An der Anode	An der Kathode
1	H_2O	Pt	Pt	–	–
2	HCl	Pt	Pt	Chlorgas entsteht	Wasserstoffgas entsteht
3	$CuCl_2$-Lösung	Pt	Pt	Chlorgas entsteht	Kupferabscheidung
4	Na_2SO_4-Lösung	Pt	Pt	Sauerstoffgas entsteht	Wasserstoffgas entsteht
5	$AgNO_3$-Lösung	Ag	Pt	Silberauflösung	Silberabscheidung

Fall 1 ist trivial: Nichts passiert.

Im Fall 2 laufen folgende Reaktionen ab:

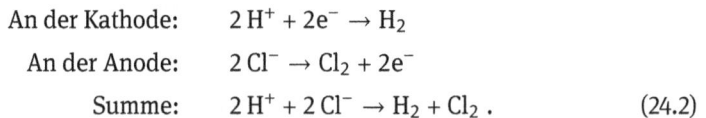

$$\text{An der Kathode:} \quad 2\,H^+ + 2\,e^- \rightarrow H_2$$

$$\text{An der Anode:} \quad 2\,Cl^- \rightarrow Cl_2 + 2\,e^-$$

$$\text{Summe:} \quad 2\,H^+ + 2\,Cl^- \rightarrow H_2 + Cl_2 \,. \tag{24.2}$$

An der Kathode nehmen also die Wasserstoffionen Elektronen auf und bilden Wasserstoffmoleküle, während an der Anode die Chlorionen Elektronen abgeben und Chlormoleküle bilden. Anhand der Gesamtreaktion (Summe) sind die Elektronen nicht sichtbar, aber sie sind wichtig, und die Gesamtreaktion spiegelt nur teilweise den tatsächlichen Ablauf wider.

Im Fall 3 laufen folgende Reaktionen ab:

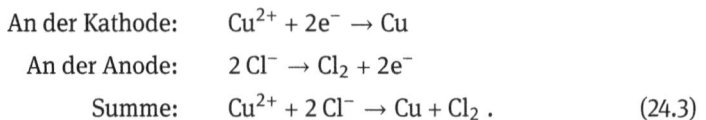

$$\text{An der Kathode:} \quad Cu^{2+} + 2\,e^- \rightarrow Cu$$

$$\text{An der Anode:} \quad 2\,Cl^- \rightarrow Cl_2 + 2\,e^-$$

$$\text{Summe:} \quad Cu^{2+} + 2\,Cl^- \rightarrow Cu + Cl_2 \,. \tag{24.3}$$

Die Kupferabscheidung auf der Kathode ist ein Beispiel für eine Galvanisierung: das elektrochemische Abscheiden von dünnen Metallschichten.

Im Fall 4 laufen folgende Reaktionen ab:

$$\text{An der Kathode:} \quad 4\,H^+ + 4e^- \rightarrow 2\,H_2$$

$$\text{An der Anode:} \quad 4\,OH^- \rightarrow 2\,H_2O + O_2 + 4e^-$$

$$\text{Summe:} \quad 4\,H^+ + 4\,OH^- \rightarrow 2\,H_2O + O_2 + 2\,H_2 \,. \tag{24.4}$$

Im Fall 5 laufen folgende Reaktionen ab:

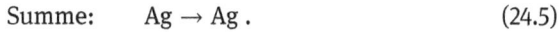

$$\text{An der Kathode:} \quad Ag^+ + e^- \rightarrow Ag$$

$$\text{An der Anode:} \quad Ag \rightarrow Ag^+ + e^-$$

$$\text{Summe:} \quad Ag \rightarrow Ag \,. \tag{24.5}$$

Vor allem in diesem Fall wird deutlich, wie wenig die Gesamtreaktion über die einzelnen Reaktionen aussagt.

Auch Korrosion ist ein elektrochemischer Prozess. Als Beispiel betrachten wir Abb. 24.4, die einen Wassertropfen auf einer Eisenoberfläche zeigt. Am Rand des Tropfens ist die Wasserschicht so dünn, dass Sauerstoff aus der Atmosphäre aktiv an den (elektro)chemischen Prozessen teilnehmen kann, was für das Innere des Wassertropfens nicht der Fall ist. Deswegen laufen unterschiedliche Prozesse im Inneren und am Rand ab, und letztendlich agieren die zwei Teilgebiete als Anode und Kathode, während der Wassertropfen als Elektrolyt agiert (Abb. 24.4). Aus dem Produkt an der Anode, FeO(OH), entsteht letztendlich Rost, eine Mischung aus FeO, Fe_2O_3 und Wasser.

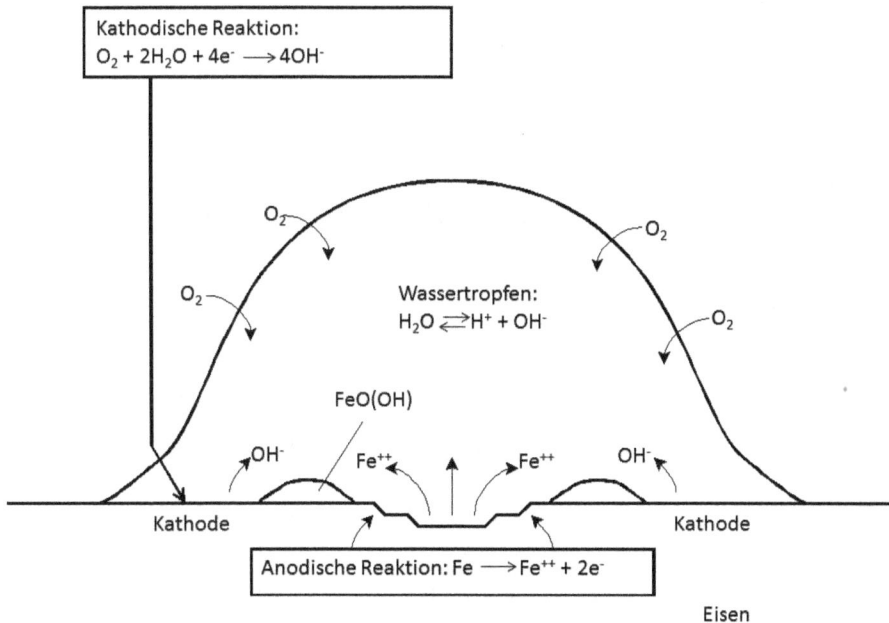

Abb. 24.4: Korrosion.

24.3 Faradays Gesetze

Wir betrachten wiederum das System der Abb. 24.3 und stellen uns vor, dass wir messen, welcher Strom I durch den äußeren Teil des Stromkreises fließt (also durch die Spannungsquelle in der Abbildung). Während einer Zeit t fließt dann die Ladung

$$Q_a = I \cdot t \qquad (24.6)$$

durch den äußeren Teil.

Im inneren Teil (d. h. im Elektrolyten) fließt dieselbe Ladung, aber diesmal durch den Transport von Ionen. Stellen wir uns vor, dass wir nur einen Typ von Ionen haben, dann fließt die Ladung

$$Q_i = \frac{m}{M} \cdot z \cdot N_A \cdot e . \qquad (24.7)$$

Hier ist m die geflossene Masse, M die Molmasse der Ionen, m/M dann die Zahl der Ionen, $z \cdot e$ die Ladung der einzelnen Ionen (mit e gleich der Elementarladung) und N_A Avogadros Zahl.

Das Produkt der zwei Konstanten,

$$F = N_A \cdot e = 96.487 \text{ Coulomb} \qquad (24.8)$$

wird **Faraday-Konstante** genannt und ist die Ladung eines Mols Elementarladungen.

Weil

$$Q_i = Q_a , \qquad (24.9)$$

ist

$$\frac{m}{M} \cdot z \cdot N_A \cdot e = I \cdot t \qquad (24.10)$$

oder

$$m \propto I \cdot t . \qquad (24.11)$$

Die Masse der geflossenen Ionen im Elektrolyten ist also proportional zur gemessenen Ladung im äußeren Teil des Kreislaufs. Dies ist **Faradays erstes Gesetz**.

Ferner, wenn wir zwei verschiedene Zellen betrachten, die mit verschiedenen Elektrolyten arbeiten, aber dieselbe Menge an geflossener Ladung im äußeren Teil messen, haben wir laut Gl. (24.10)

$$\frac{m_1}{M_1} \cdot z_1 \cdot N_A \cdot e = I \cdot t$$

$$\frac{m_2}{M_2} \cdot z_2 \cdot N_A \cdot e = I \cdot t \qquad (24.12)$$

(die Indizes markieren die zwei Zellen) oder (unter den angeführten Bedingungen) **Faradays zweites Gesetz**:

$$\frac{m_1}{m_2} = \frac{M_1/z_1}{M_2/z_2} . \qquad (24.13)$$

24.4 Leitfähigkeit

Oft sieht der experimentelle Aufbau eher so aus wie in Abb. 24.5 gezeigt. Die zwei Elektroden tauchen ganz in die Lösung ein. Solche Aufbauten werden verwendet, um z. B. pH Werte und Leitfähigkeiten zu messen und sollen hier näher diskutiert werden.

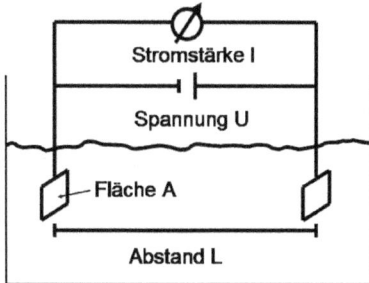

Abb. 24.5: Die Messung der Leitfähigkeit.

In Abb. 24.5 ist der Widerstand gemäß Ohms Gesetz gegeben als

$$R = \frac{U}{I} \, . \tag{24.14}$$

Der Widerstand wird umso größer, je weiter die zwei Elektroden voneinander entfernt sind, und je kleiner die Elektroden sind. Es gilt also

$$R \propto \frac{L}{A} \tag{24.15}$$

mit L als dem Abstand zwischen den beiden Elektroden und A als ihre Fläche. Deswegen definiert man den **spezifischen Widerstand**

$$\rho = R \cdot \frac{A}{L} \, , \tag{24.16}$$

der den Vorteil hat (im Gegensatz zu R), dass er unabhängig vom Versuchsaufbau ist, so dass man durch Angabe von ρ eher eine Größe hat, welche die Eigenschaften des Elektrolyten beschreibt.

Der Kehrwert von ρ ist die **spezifische Leitfähigkeit**

$$\kappa = \frac{1}{\rho} \, . \tag{24.17}$$

Sie beschreibt, wie gut Ladung durch den Elektrolyten transportiert wird. Zwar hängt. κ nicht von der Geometrie des Aufbaus (also L und A) ab, wohl aber davon, wie viele Ladungsträger es in dem Elektrolyten gibt, also von der Konzentration c des Elektrolyten. Um auch diese Abhängigkeit zu eliminieren, definiert man die **Äquivalenzleitfähigkeit**

$$\Lambda = \frac{\kappa}{c} \, , \tag{24.18}$$

die auch als partielle molare spezifische Leitfähigkeit bezeichnet werden kann.

Im Prinzip ist Λ nach den Argumenten oben unabhängig von der Konzentration des Elektrolyts und von der Geometrie der Elektroden. Dass dies doch nicht ganz der Fall ist, werden wir im nächsten Abschnitt sehen.

Wir betrachten jetzt einen Elektrolyten, in welchem ein Salz $A_{v^+}B_{v^-}$ mehr oder weniger vollständig in Ionen zerlegt wird:

$$A_{v^+}B_{v^-} \rightarrow v^+ A^{z^+ +} + v^- B^{z^- -} . \tag{24.19}$$

Ein Beispiel dafür könnte sein:

$$Na_2SO_4 \rightarrow 2\,Na^+ + SO_4^{2-} . \tag{24.20}$$

Hier ist dann $v^+ = 2$, $v^- = 1$, $z^+ = 1$ und $z^- = 2$. Wegen Ladungsneutralität muss im allgemeinen Fall Gl. (24.19) gelten

$$v^+ z^+ = v^- z^- , \tag{24.21}$$

obwohl wir diese Beziehung nicht benutzen werden.

Wir nehmen an, dass die Konzentration der zerlegten Salzionen gleich c ist, und lassen v^+ und v^- die Geschwindigkeiten der (positiv geladenen) Kationen und (negativ geladenen) Anionen sein. Im Zeitintervall Δt werden also alle Kationen in einem Volumen $A \cdot v^+ \cdot \Delta t$ auf die Fläche A der Kathode treffen. Deren Anzahl ist dann dieses Volumen multipliziert mit der Konzentration und mit Avogadros Zahl, $A \cdot v^+ \cdot \Delta t \cdot c \cdot N_A$. Jedes Kation trägt die Ladung $z^+ e$, so dass im Zeitintervall Δt die Ladung $A \cdot v^+ \cdot \Delta t \cdot c \cdot N_A \cdot z^+ e$ die Kathode trifft. Teilen wir durch Δt, erhalten wir dann den daraus resultierenden Strom. Auf ähnliche Weise erhalten wir die Ladung, die im selben Zeitintervall die Anode trifft, $A \cdot v^- \cdot \Delta t \cdot c \cdot N_A \cdot z^- (-e)$, wo wir ausgenutzt haben, dass die Anionen negativ geladen sind. Auch hier können wir den daraus resultierenden Strom erhalten, wenn wir mit Δt teilen. Weil der elektrische Strom der Kationen und jener der Anionen in entgegengesetzte Richtungen fließen, messen wir im Versuchsaufbau in Abb. 24.5 dann folgenden Strom:

$$I = [A \cdot v^+ \cdot \Delta t \cdot c \cdot N_A \cdot v^+ \cdot z^+ e - A \cdot v^- \cdot \Delta t \cdot c \cdot N_A \cdot v^- \cdot z^- (-e)] \frac{1}{\Delta t}$$
$$= F \cdot A \left(v^+ c z^+ v^+ + v^- c z^- v^- \right) . \tag{24.22}$$

Die Feldstärke, welche die Ionen spüren und welche direkt für die Kräfte verantwortlich ist, die auf die Ionen wirken, ist gegeben durch

$$E = \frac{U}{L} . \tag{24.23}$$

Wir führen die **Beweglichkeit** der Ionen ein,

$$u^+ = \frac{v^+}{E}$$
$$u^- = \frac{v^-}{E} , \tag{24.24}$$

die beschreibt, wie leicht die Ionen sich bewegen, wenn sie ein elektrisches Feld spüren. Dadurch wird indirekt angenommen, dass die Ionen sich umso schneller bewegen, je größer die Kräfte (die von der angelegten Spannung stammen) sind, die auf die Ionen wirken.

Kombinieren wir alle Gleichungen (24.22), (24.23) und (24.24), erhalten wir

$$I = \frac{F \cdot A}{L} c \left(v^+ z^+ u^+ + v^- z^- u^- \right) U \equiv \frac{1}{R} U . \tag{24.25}$$

Daraus erhalten wir einen Ausdruck für die Äquivalenzleitfähigkeit

$$\Lambda = \frac{L}{ARc} = F \left(v^+ z^+ u^+ + v^- z^- u^- \right) . \tag{24.26}$$

Demzufolge ist die Äquivalenzleitfähigkeit unabhängig von der Feldstärke und setzt sich additiv aus den Beiträgen der einzelnen Ladungsträger zusammen. Tatsächlich sind die einzelnen Beiträge der Kationen und Anionen zum Strom experimentell zugänglich.

24.5 Starke und schwache Elektrolyte

Dass die Diskussion im vorherigen Abschnitt doch zu vereinfacht ist, kann experimentell beobachtet werden. Dabei unterscheidet man zwischen starken und schwachen Elektrolyten. **Starke Elektrolyte** sind solche, für welche die Salzionen 100 %ig dissoziiert vorliegen, während für **schwache Elektrolyte** nur ein Bruchteil des Salzes in Ionen dissoziiert. Im letzten Fall kann dieser Bruchteil von der Feldstärke und anderen Parametern (z. B. der Temperatur) abhängig sein.

Für starke Elektrolyte fand Kohlrausch das Gesetz, das jetzt **Kohlrauschs Quadratwurzelgesetz** genannt wird, wonach die Äquivalenzleitfähigkeit doch von der Konzentration abhängt:

$$\Lambda = \Lambda_0 - k \cdot \sqrt{c} . \tag{24.27}$$

Hier ist Λ_0 ein Grenzwert, der bei unendlicher Verdünnung erreicht wird, und k ist eine Konstante. In Abschnitt 24.6, werden wir den Grund dieses Gesetzes sehr kurz diskutieren.

Für schwache Elektrolyte fand Ostwald die folgende Gesetzmäßigkeit:

$$\frac{\Lambda^2}{(\Lambda_0 - \Lambda)\Lambda_0} \cdot c = K_c \tag{24.28}$$

(**Ostwalds Verdünnungsgesetz**). Hier ist Λ_0 die Äquivalenzleitfähigkeit für den Fall, dass das Salz 100 %ig dissoziiert wäre und K_c ist eine Gleichgewichtskonstante.

In beiden Fällen nimmt Λ mit zunehmender Konzentration c ab. Wir werden jetzt kurz diskutieren, woher dies kommt.

24.6 Debye-Hückel-Onsager-Theorie

Debye, Hückel und Onsager haben eine mikroskopische Theorie entwickelt, womit das Verhalten von Elektrolyten in elektrostatischen Feldern behandelt werden kann. Die **Debye-Hückel-Onsager-Theorie** ist zu komplex, um sie hier im Detail zu behandeln, aber einige wenige Grundgedanken sollen angedeutet werden.

Zuerst stellt man fest, dass ein Ion die Gegenionen anzieht. Dabei wird jedes Ion, ob positiv oder negativ geladen, von einer **Ionenwolke** von umgekehrt geladenen Gegenionen umgeben, siehe Abb. 24.6. Wenn ein elektrostatisches Feld eingeschaltet wird, möchte sich das Ion in die eine Richtung bewegen, aber die Gegenionen in die andere Richtung. Dadurch wird die Beweglichkeit der Ionen reduziert. Diese Ionenwolke ist um so größer, je größer die Konzentration der Ladungsträger ist. Deswegen wird die Äquivalenzleitfähigkeit kleiner, wenn die Konzentration zunimmt.

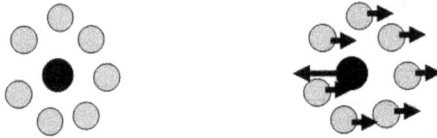

Abb. 24.6: Ein Ion mit seiner Ionenwolke ohne (links) und mit (rechts) einem elektrostatischen Feld.

Ein weiterer Effekt, der von Debye, Hückel und Onsager berücksichtigt wird, ist, dass die Beweglichkeit der Ionen nicht beliebig groß ist, sondern durch die Reibung mit dem Lösungsmittel abgesenkt wird.

24.7 Grotthuss-Mechanismus

Ein erstaunliches Ergebnis ist, dass die Leitfähigkeit von Systemen mit Wasserstoffbrückenbindungen deutlich größer ist, als man es mit den hier bisher vorgestellten Theorien erklären kann. Doch schon 1806, also lange bevor man eine genaue Vorstellung von Atomen und chemischen Bindungen hatte, hat Grotthuss einen Mechanismus vorgeschlagen, mit welchem solche Beobachtungen erklärt werden können. Dieser Mechanismus trägt jetzt seinen Namen und soll hier kurz vorgestellt werden.

Als Beispiel betrachten wir Wasser. Im flüssigen Wasser ist jedes Sauerstoffatom von vier Wasserstoffatomen umgeben, wovon zwei an dem Sauerstoffatom durch kurze, kovalente Bindungen gebunden sind, und die beiden anderen durch lange Wasserstoffbrückenbindungen mit den Sauerstoffatomen von benachbarten Wassermolekülen verknüpft sind. Dadurch wird ein ganzes Netzwerk aus Sauerstoffatomen aufgebaut, die über Wasserstoffatome durch Wasserstoffbrückenbindungen miteinander verbunden sind. Solche Netzwerke findet man sowohl für flüssiges Wasser als auch für festes Wasser (Eis) in verschiedenen Kristallstrukturen. Die verschiedenen Kristallstrukturen in Abb. 5.1 unterscheiden sich meistens in der Organisation der kovalenten Bindungen und den Wasserstoffbrückenbindungen.

Wenn ein zusätzliches Proton dazu kommt, wird zuerst ein Sauerstoffatom mit zu vielen Wasserstoffatomen durch kovalente Bindungen verbunden sein. Um diese Zahl zu reduzieren, wird ein anderes Proton (also kein neutrales Wasserstoffatom – die Ladung, die eingeführt wurde, wird mittransportiert) über eine Wasserstoffbrückenbindung an ein anderes Sauerstoffatom abgegeben: Eine kovalente Bindung und eine Wasserstoffbrückenbindung sind vertauscht worden. Dies setzt sich fort, wie in Abb. 24.7 gezeigt, und am Ende kann dann ein Proton an die Umgebung abgegeben werden. Dieses Proton ist nicht dasselbe wie das, welches zusätzlich dazugekommen ist, aber es trägt die gleiche Ladung. Da nur Ladung, aber keine Atome über längere Strecken transportiert werden, ist der Prozess sehr schnell.

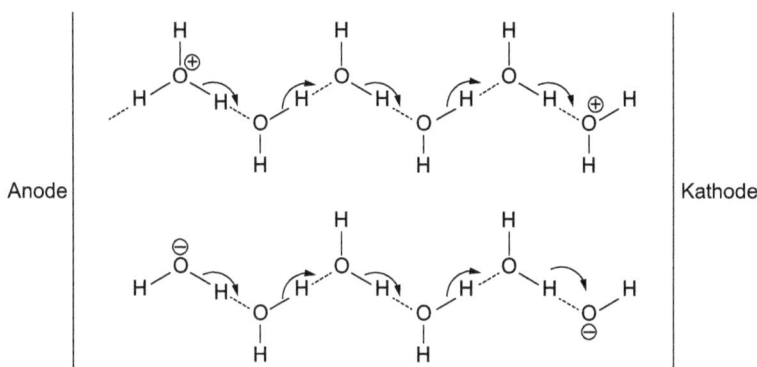

Abb. 24.7: Der Grotthuss-Mechanismus. Angepasst aus dem Buch Gerd Wedler, *Lehrbuch der Physikalischen Chemie*, Wiley-VCH, 2004.

Heutzutage werden solche Transportvorgänge mit Hilfe von sogenannten Solitonen beschrieben. Solitonen sind auch für den Ladungstransport in einigen konjugierten Polymeren verantwortlich. Der Nobelpreis in Chemie des Jahres 2000 wurde für die Entdeckung der Leitfähigkeitseigenschaften der konjugierten Polymere vergeben.

Nicht nur bei Wasser findet man diesen Effekt, sondern auch z. B. bei Alkoholen. Hier treten dann Effekte auf, die den Grotthuss-Mechanismus verdeutlichen. Obwohl die Leitfähigkeit von Wasser größer ist als die von Alkohol, sinkt die Leitfähigkeit der Lösung, wenn man zu wasserfreiem Alkohol geringe Mengen Wasser hinzufügt. Das liegt daran, dass das Gleichgewicht

$$ROH_2^+ + H_2O \rightleftharpoons ROH + H_3O^+ \tag{24.29}$$

auf der rechten Seite liegt, weil Wasser eine stärkere Base als Alkohol ist. Die Protonen werden im Alkohol auf diese Weise von den H_2O-Molekülen gebunden. Damit elektrische Leitung in dem Alkohol stattfinden kann, müsste die $H\text{-}OH_2^+$-Bindung gelöst werden. Dazu ist aber eine viel zu hohe Energie erforderlich. Erst bei genügend hoher Konzentration des Wassers findet eine Leitung über die Wassermoleküle statt, so dass dann die Leitfähigkeit der Lösung wieder ansteigt.

24.8 Zellspannung

Wir werden jetzt die elektrische Spannung bestimmen, die z. B. eine Brennstoffzelle (Abb. 24.8) erzeugt. Die Reaktionen der Brennstoffzelle sind verwandt mit den Reaktionen des Falls 4, den wir im Abschnitt 24.2 diskutiert haben. Wir haben folgende Reaktionen:

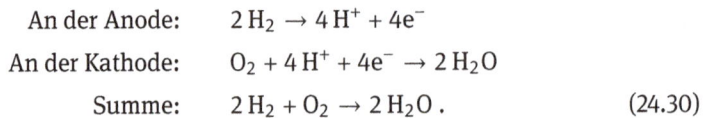

$$\text{An der Anode:} \quad 2\,H_2 \rightarrow 4\,H^+ + 4e^-$$

$$\text{An der Kathode:} \quad O_2 + 4\,H^+ + 4e^- \rightarrow 2\,H_2O$$

$$\text{Summe:} \quad 2\,H_2 + O_2 \rightarrow 2\,H_2O\,. \tag{24.30}$$

Die Reaktion an der Anode ist eine Oxidation, bei der Elektronen abgegeben werden, während jene an der Kathode eine Reduktion ist, bei der Elektronen aufgenommen werden. Die Wasserstoffionen (Protonen) wandern durch die Lösung, während die Elektronen im äußeren Stromkreis wandern. Anders ausgedrückt: Ein Strom fließt im äußeren Stromkreis, und das Ganze fungiert als eine elektrische Batterie.

Ziel dieses Abschnitts ist, die elektrische Spannung einer solchen Batterie zu bestimmen. Zu diesem Zweck werden wir eine etwas andere Reaktion betrachten:

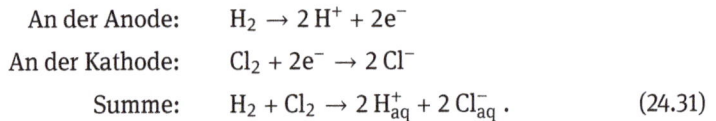

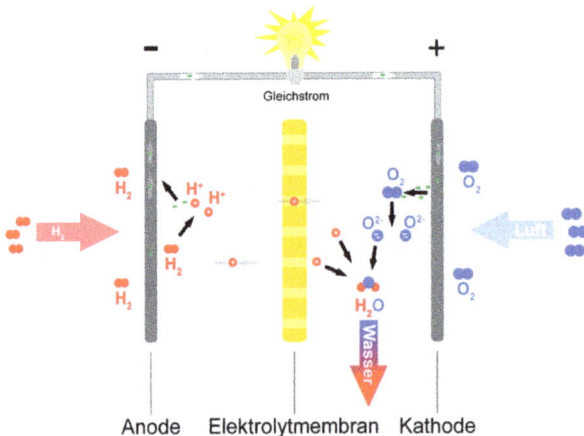

$$\text{An der Anode:} \quad H_2 \rightarrow 2\,H^+ + 2e^-$$

$$\text{An der Kathode:} \quad Cl_2 + 2e^- \rightarrow 2\,Cl^-$$

$$\text{Summe:} \quad H_2 + Cl_2 \rightarrow 2\,H^+_{aq} + 2\,Cl^-_{aq}\,. \tag{24.31}$$

Abb. 24.8: Schematische Darstellung einer Brennstoffzelle.

In der letzten Reaktion haben wir explizit angeführt, dass die entstandenen Ionen sich in der (wässrigen) Lösung befinden.

Im allgemeinen Fall können wir die Summenreaktion mit Hilfe der stöchiometrischen Koeffizienten schreiben

$$\sum_i -v_i E_i \rightarrow \sum_k v_k P_k \, , \tag{24.32}$$

wobei E_i und P_k verschiedene Edukte und Produkte repräsentieren. Noch einfacher wäre es, die Reaktionsgleichung als

$$0 = \sum_j v_j X_j \tag{24.33}$$

zu schreiben, wobei die X_j jetzt sowohl Edukte als auch Produkte repräsentieren.

Die freie Reaktionsenthalpie ist definiert als

$$\Delta_{\text{reak}} G = G(\text{Produkte}) - G(\text{Edukte}) \, . \tag{24.34}$$

Auf der anderen Seite wissen wir, dass wir für eine beliebige Mischung die freie Enthalpie mit Hilfe der partiellen molaren freien Enthalpien schreiben können:

$$G = \sum_i n_i \overline{G}_i = \sum_i n_i \mu_i \, . \tag{24.35}$$

Wir haben hier benutzt, dass die partielle molare freie Enthalpie des Stoffs i gleich seinem chemischen Potenzial ist.

Aus Abschnitt 12.10 wissen wir, dass

$$\mu_l = \mu_i^0 + RT \ln(a_i) \, . \tag{24.36}$$

Hier ist μ_i^0 das chemische Potenzial für den Stoff i bei irgendeinem Standardzustand. Im Abschnitt 12.10 hatten wir als Standardzustand den reinen Stoff i gewählt (und dann den oberen Index 0 durch $*$ ersetzt), aber für die Ionen in einer Batterie (also H_{aq}^+ und Cl_{aq}^- in unserem Fall) ist es sinnvoller, als Standardzustand die unendlich verdünnte Lösung zu betrachten, während wir für die neutralen Spezies (also H_2 und Cl_2 in unserem Fall) den üblichen Standardzustand wählen können. Dass dies sinnvoller ist, kann verstanden werden, wenn man z. B. die Reaktion aus Gl. (24.31) betrachtet. Dann bezeichnet i nacheinander H_2, Cl_2, H_{aq}^+ und Cl_{aq}^-. Vor allem die Ionen findet man kaum in reinem Zustand vor, dafür aber in (beinahe) unendlicher Verdünnung. In Gl. (24.36) ist a_i die Aktivität des Stoffs i. Diese beschreibt die Abweichung des chemischen Potenzials im aktuellen System vom Wert im Standardzustand.

Wir kombinieren jetzt die verschiedenen Gleichungen. Zuerst erkennen wir: Wenn die Reaktion in Gl. (24.32) um eine Formeleinheit vorangeschritten ist, kann die Änderung der freien Reaktionsenthalpie geschrieben werden als

$$\Delta_{\text{reak}} G = \sum_i v_i \mu_i \, . \tag{24.37}$$

Wir setzen Gl. (24.36) ein und erhalten

$$\Delta_{\text{reak}} G = \sum_i v_i \left[\mu_i^0 + RT \ln(a_i) \right]$$

$$= \left(\sum_i v_i \mu_i^0 \right) + \left[\sum_i v_i RT \ln(a_i) \right]$$

$$= \left(\sum_i v_i \mu_i^0 \right) + RT \left[\sum_i \ln(a_i)^{v_i} \right]$$

$$= \Delta_{\text{reak}} G^0 + RT \ln \left(\prod_i a_i^{v_i} \right) . \tag{24.38}$$

Wenn $\Delta_{\text{reak}} G < 0$ ist, wird Energie frei, und betrachten wir dann eine Reaktion wie in Gl. (24.30) oder (24.31), kann diese Energie benutzt werden, um die Batterie zu betreiben. Die dafür zur Verfügung stehende Energie ist also $-\Delta_{\text{reak}} G$. Für die Reaktion in Gl. (24.31) werden dadurch 2 mol Elektronen durch den äußeren Stromkreis geleitet. Im allgemeinen Fall werden z mol Elektronen durch den äußeren Stromkreis geleitet. Dies entspricht einer Gesamtladung von zF mit der Faraday-Konstante

$$F = N_A \cdot e = 96.487 \, \text{Coulomb} . \tag{24.39}$$

Die elektrische Spannung ist die Energie geteilt durch die transportierte Ladung,

$$E = -\frac{\Delta_{\text{reak}} G}{zF} . \tag{24.40}$$

Das Minuszeichen entspricht einer Konvention.

Zusammen mit Gl. (24.38) erhalten wir dann die Nernst-Gleichung

$$E = E^0 - \frac{RT}{zF} \ln \left(\prod_i a_i^{v_i} \right) \tag{24.41}$$

mit

$$E^0 = -\frac{\Delta_{\text{reak}} G^0}{zF} . \tag{24.42}$$

Weil

$$\Delta_{\text{reak}} G = \Delta_{\text{reak}} H - T \Delta_{\text{reak}} S \tag{24.43}$$

ist

$$E^0 = -\frac{1}{zF} \left(\Delta_{\text{reak}} H^0 - T \Delta_{\text{reak}} S^0 \right) . \tag{24.44}$$

Für die Reaktion in Gl. (24.31) können wir dann Tabellenwerte, wie in Tab. 24.2 zusammengestellt, benutzen, um E^0 bei Standardbedingungen zu bestimmen. Man erhält dann in dem Fall

$$E^0 = -\frac{1}{2 \cdot 96.487 \, \text{C}} \left[2 \cdot (-167,4 \cdot 10^3) - 298,2 \cdot (2 \cdot 55,1 - 223,0 - 130,6) \right] \, \text{J}$$

$$= 1,36 \, \text{V}. \tag{24.45}$$

Tab. 24.2: Standard-Bildungsenthalpien und -entropien für die Stoffe der Reaktion (24.31).

Stoff	ΔH^0 kJ/mol	S^0 J/(mol K)
$H_2(g)$	0	130,6
$Cl_2(g)$	0	223,0
H_{aq}^+	0	0
Cl_{aq}^-	−167,4	55,1

Ähnlich würde man für die Reaktion der Brennstoffzelle, Gl. (24.30), $E^0 = 1,229\,V$ erhalten.

Für eine Reaktion, bestehend aus einer Oxidation (Reaktion, bei welcher Elektronen von einem Reduktionsmittel Red abgegeben werden) und einer Reduktion (Reaktion, bei welcher Elektronen von einem Oxidationsmittel Ox aufgenommen werden),

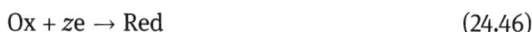

$$Ox + ze \rightarrow Red \tag{24.46}$$

(eine solche Reaktion wird allgemein Redoxreaktion genannt), kann die Nernst-Gleichung so geschrieben werden:

$$E = E^0 - \frac{RT}{zF} \ln\left(\frac{a_{Red}}{a_{Ox}}\right) = E^0 + \frac{RT}{zF} \ln\left(\frac{a_{Ox}}{a_{Red}}\right). \tag{24.47}$$

Für sehr verdünnte Lösungen ist

$$a_{Ox} \simeq x_{Ox}, \quad a_{Red} \simeq x_{Red} \tag{24.48}$$

so dass

$$E = E^0 + \frac{RT}{zF} \ln\frac{x_{Ox}}{x_{Red}} = E^0 + \frac{RT}{zF} \ln\frac{x_{Ox}n/V}{x_{Red}n/V} = E^0 + \frac{RT}{zF} \ln\frac{[Ox]}{[Red]}, \tag{24.49}$$

was der bekanntesten Form der Nernst-Gleichung entspricht. Hierbei ist n die Gesamtmolzahl aller Teilchen (auch Lösungsmoleküle), und V das Gesamtvolumen. Diese Gleichung gibt die Konzentrationsabhängigkeit des Elektrodenpotenzials an.

24.9 Aufgaben

1. Wo tritt die Faraday-Konstante auf?

2. Erläutern Sie kurz die Gesetze von Kohlrausch und von Ostwald.

3. Erklären Sie das Prinzip einer Brennstoffzelle.

4. Was besagt das erste Gesetz von Faraday?

5. Vergleichen Sie Leitfähigkeit, spezifische Leitfähigkeit und Äquivalenzleitfähigkeit.

6. Betrachten Sie eine elektrochemische Zelle mit $AgNO_3$ als Elektrolyt, Ag als Anodenmaterial und Pt als Kathodenmaterial. Welche Reaktionen laufen an den Elektroden ab?

7. Was besagt das zweite Gesetz von Faraday?

8. Beschreiben Sie den Transport von H^+-Ionen in wässrigen Lösungen.

9. Erklären Sie die Gleichung von Nernst zur Beschreibung der Zellspannung.

10. Erklären Sie den Begriff ‚Ionenwolke'.

Stichwortverzeichnis

https://doi.org/10.1515/9783110636932-025

www.ingramcontent.com/pod-product-compliance
Lightning Source LLC
Chambersburg PA
CBHW080927220326
41598CB00034B/5711